普通高等教育"十二五"规划教材

新编大学物理实验
（第二版）

主　编　周自刚　赵福海

科学出版社

北　京

内 容 简 介

本书是贯彻教育部高等学校物理基础课程教学指导分委员会 2010 年的《理工科类大学物理实验课程教学基本要求》而编写的教材,在第一版基础上增加了预备知识和基础性实验.本书突出对学生基本能力的训练以及科学思维、科学方法、科学精神和创新能力的培养,内容涵盖绪论、预备知识、基础性实验、综合性实验、设计性实验、研究性实验和开放性实验,共 6 个部分,45 个独立实验和若干个仿真演示实验.同时,书中还集中体现了功能模块化物理实验教学方法.

本书可作为普通高等工科院校、综合大学和师范类院校非物理专业的物理实验教材,也可供相关人员参考.

图书在版编目(CIP)数据

新编大学物理实验/周自刚,赵福海主编.—2 版.—北京:科学出版社,2013.8
普通高等教育"十二五"规划教材
ISBN 978-7-03-038257-3

Ⅰ.①新… Ⅱ.①周…②赵… Ⅲ.①物理学-实验-高等学校-教材
Ⅳ.①O4-33

中国版本图书馆 CIP 数据核字(2013)第 175814 号

责任编辑:窦京涛 /责任校对:郭瑞芝
责任印制:徐晓晨 /封面设计:迷底书装

科学出版社 出版
北京东黄城根北街 16 号
邮政编码:100717
http://www.sciencep.com
北京市密东印刷有限公司印刷
科学出版社发行 各地新华书店经销
*
2010 年 7 月第 一 版 开本:787×1092 1/16
2013 年 8 月第 二 版 印张:24¼
2018 年 7 月第六次印刷 字数:576000

定价:40.00 元
(如有印装质量问题,我社负责调换)

《新编大学物理实验(第二版)》
编委会

主　编　周自刚　赵福海

副主编　罗晓琴　罗　浩　李　祥

主　审　陶纯匡

参　编　(排序不分先后)

万　伟　康丽华　谢英英　马婷婷

邓先金　杨振萍　毛祥庆　林洪文

序

　　大学物理实验课是面向大学中理、工、医、农、文、商等各科最基本的实验课程之一，也是大学课程中一门独立的基础实验课程.《新编大学物理实验(第二版)》的教学目的不仅仅是为了让学生能够掌握一些科学实验的基本技巧和基础的实验操作知识，更重要的是通过这些系统化的科学操作，培养学生严谨的科学思维、科学方法和科学态度，使学生具备独立完成科学研究的基本素质. 在科学改革高度发展、高新技术不断更新的大环境的影响下，开展大学物理实验的目的就是要培养学生的基本功，提高学生的基本动手能力，掌握一定基本方法，并且使之具有严谨的研究精神和敏锐的观察能力.

　　该书是根据 2010 年提出的《非物理类理工学科大学物理实验课程教学基本要求》，结合西部地区工科学校尤其是西南科技大学近年来的物理实验教学基本情况，在《新编大学物理实验》的基础上进一步修订和完善的.

　　西南科技大学结合 21 世纪人才培养目标，总结大学物理实验课程建设多年来的实践经验，在已使用教材的基础上，广泛吸取国内同类教科书的精华. 这次修订进一步扩充功能模块化物理实验教学方法在物理实验教学中的案例，突出"精、广、统"理念. 精：指每个实验都是学生掌握的基础；广：指涵盖基础物理各领域；统：指从基本实验到开放性实验统为一体，遵从由浅及深的规律.

　　特别是，该书将实验教学内容分为六个层次，并把"功能模块与设计性"贯穿所有各个层次的始终，即：第一个层次——预备基础知识，第二个层次——基础性实验，第三个层次——综合性实验，第四个层次——设计性实验，第五个层次——研究性实验，第六个层次——开发性实验，形成从基础到综合应用，从感性认识到理性认识的循环过程，并增加了反映当代特点的实验内容和方法.

　　该书具有以下特点：

　　(1)教学层次的完备性. 主要包括：基础性实验(22 个)、综合性实验(9 个)、设计性实验(8 个)、研究性实验(6 个)和开放性实验(仿真实验和演示实验). 其中突出基础性实验是学生掌握的主体，综合性、设计性实验是学生在基础性实验掌握基础上的提高，研究性实验是训练学生科技创新能力，开放性实验是文科等学生了解自然科学的素质拓展.

　　(2)教学方法的独特性. 结合西南科技大学的理工科专业培养特点，该书贯穿一种行之有效的教学方法——功能模块化教学方法，该方法主要体现同一物理现象(原理)观测(验证)的多种方法和同一物理方法多种应用的一组实验组成功能模块. 在该书基础性、综合性和设计性实验涉及基本物理量的测量方法时该方法体现得较明显.

　　(3)教学内容的先进性. 该书除了介绍最基本而又重要的力、热、声、电、磁、光和近代物理的最基本实验外，还补充了一定量现代科技的物理内容. 例如，在综合性实验部分增加了 PASCO、材料热物性和传感器等实验,在设计性实验部分增加了硅光电池的特性实验,在研究性实验部分增加了变折射率介质传输光信息等实验.同时,该书还把仿真实验和演示实验列入,这是其他同类书没有的.

(4)教学过程的完整性.该书主要包括:预备理论知识、实验报告撰写格式、实验背景、实验目的、原理和步骤、主要数据处理、实验过程、注意事项等教学环节,同时在每个实验后都安排了思考题,课程结束后还有配套练习题,可以用作学生预习时的习题.

该书可作为高等学校理工科非物理类专业的教科书,也可作为有关实验教师和实验技术人员的参考书.

全国高校实验物理教学研究会副理事长

重庆大学物理学院教授

2013 年 3 月 10 日

前 言

《新编大学物理实验(第二版)》是根据教育部高等学校物理基础课程教学指导分委员会在 2010 年提出的《非物理类理工学科大学物理实验课程教学基本要求》,按照四川"省级基础物理实验教学示范中心"建设要求,结合我校具体情况与专业特点,实验室仪器设备情况和教学实践,在不断探索高等教育改革与不断总结经验基础上,对 2010 年由我们编写的《新编大学物理实验》(科学出版社出版)进行的修订.

本书以学生为中心,突出对学生基本能力的训练和创新思维、创新方法、创新能力的培养. 从基础性实验出发,以综合性实验、设计性实验、研究性实验和开放性实验训练递进. 本教材在基础性实验中贯穿功能模块化物理实验教学方法.(功能模块化就是指按同一物理现象(原理)观测(验证)的多种方法和同一物理方法多种应用的一组实验组成功能模块.)该方法的施行,既能使学生的实验基本技能得到全面训练,又能使学生在校期间的科研素养得到一定的提升.

本书第一部分是预备知识,主要介绍基本物理量的测量方法.第二部分是基础性实验,主要包括力学、热学、声学、电学、磁学、光学和近代物理的 22 个实验.第三部分是综合性实验,主要包括 PASCO 等 9 个实验.第四部分是设计性实验,主要包括自组望远镜与显微镜等 8 个实验.第五部分是研究性实验,主要包括迈克耳孙干涉仪应用研究等 6 个实验.第六部分是开放性实验,主要包括演示实验和仿真实验若干.同时在每部分有理论知识介绍、实验背景、实验过程注意事项、思考题和综合模拟题等.本书还可以针对 64 学时、48 学时和 32 学时开设,也可以为文科物理实验和专科学生素质课程.

本书由周自刚和赵福海同志担任主编,罗晓琴、罗浩、李祥担任副主编. 参编人员有万伟、林洪文、毛祥庆、康丽华、杨振萍、邓先金、谢英英、马婷婷等. 其中绪论和第一部分由赵福海老师编写,第二部分由万伟、康丽华、赵福海、罗晓琴、罗浩、邓先金和杨振萍负责编写,第三部分由杨振萍负责编写,第四部分由罗晓琴和邓先金负责编写,第五部分由周自刚负责编写,第六部分由毛祥庆、罗浩、谢英英和马婷婷负责编写.最后由罗晓琴和罗浩整理,周自刚与赵福海负责统稿和审核.本书由重庆大学陶纯匡教授主审.

四川省级大学物理实验教学示范中心教材编写组
2013 年 3 月于中国科技城·绵阳

目 录

绪　　论

物理学是一门实验科学,在物理学的建立和发展中,物理实验起到了直接的推动作用.从经典物理到近代、现代物理,物理实验在发现新事物、建立新规律、检验理论、测量物理量等诸多方面发挥着巨大作用.随着现代科学技术水平的高度发展,物理实验的思想、方法、技术与装置已广泛地渗透到了自然学科和工程技术的各个领域,解决了一大批生产和科研问题.

大学物理实验是一门重要的基础课程,是学生进入大学后系统地接受科学实验方法和实验技能训练的开端.通过学习,可以提高学生用实验手段发现、分析和解决问题的能力,激发学生的创新意识和创造力,培养和增强独立开展科学研究的素质.

0.1　大学物理实验的地位和作用

科学的理论来源于科学的实验,并受到科学实验的检验.物理学的理论,就是通过观察、实验、抽象、假说等研究方法,并通过实验的检验而建立起来的.

观察和实验是物理学中的重要研究方法.观察就是对自然界中发生的某种现象,在不改变自然条件的情况下,按照原来的样子加以观察研究.而实验则是人们按照一定的研究目的,借助按规定的仪器设备,人为地控制或模拟自然现象,使自然现象以比较纯粹或典型的形式表现出来,进而对其进行反复地观察和测试,探索其内部规律的一种方法.

物理学从本质上说是一门实验科学,无论是物理规律的发现,还是物理理论的验证,都有待于实验.

物理实验不仅在物理学的发展中占有重要的地位,而且在推动其他自然科学、工程技术的发展中也起着重要作用.特别在不少交叉学科中,物理实验的构思、方法和技术与化学、生物学、天文学等学科的相互结合已取得丰硕的成果.此外,物理实验还是众多高技术发展的源泉,原子能、半导体、激光、超导和空间技术等最新科技成果,都是与物理实验密切相关的.

0.2　大学物理实验课的主要任务

(1)通过对实验现象的观察分析和对物理量的测量,使学生掌握物理实验的基本知识、基本方法和基本技能.运用物理学原理和物理实验方法研究物理规律,加深对物理学原理的理解.

(2)培养与提高学生从事科学实验的能力.主要包括:①自学能力.能够自行阅读实验教材与参考资料,正确理解实验内容,做好实验前的准备工作.②动手能力.能借助教材与仪器说明书,正确调整和使用仪器,制作样品,发现和排除故障.③思维判断能力.运用物理学理论,对实验现象与结果进行分析和判断.④书面表达能力.能够正确记录和处理实验数据,绘制图表,分析实验结果,撰写规范、合格的实验报告或总结报告.⑤综合运用能力.能够将多种实验方法、实验仪器结合在一起,运用经典与现代测量技术和手段,完成某项实验任务.⑥初步的实验设计能力.根据课题要求,能够确定实验方法和条件,合理选择、搭配仪器,拟定具体的实施步骤.

(3)培养学生从事科学实验的素质.包括理论联系实际、实事求是的科学作风;严肃认真的工作态度;不怕困难、勇于探索的创新精神;遵章守纪、爱护公物的优良品德;团结协作、共同进取的作风.

0.3 大学物理实验课的基本程序和要求

1. 实验预约

目前,大学物理实验课程大多采用开放式教学方式,即学生可在物理实验中心提供的上课时间和开设的实验项目内,根据自己的专业特点、兴趣爱好及时间安排,自己选择实验项目和实验时间.因此,做好上课前的预约工作是至关重要的.实验预约主要通过计算机网络实现,学生在预约时应仔细阅读学校教务处选课系统及大学物理实验中心关于开放实验的有关管理规定和预约指南,合理地安排好自己的实验课表,保证实验课的顺利进行.

2. 实验前的预习

预习是训练和提高自学能力的极好途径,为了在规定时间内高质量地完成实验内容,必须做好预习工作.预习时,通过阅读实验教材及参考资料,重点考虑三方面问题:做什么(最终目的);根据什么去做(实验原理和方法);怎样做(实验方案、条件、步骤和关键要领).在此基础上写好预习报告,报告主要内容是:实验名称,简单实验原理(如主要计算公式、线路图等),实验内容(需观察的现象或需测量的物理量,数据记录表格),遇到的问题及注意事项.每次实验前,教师将检查预习情况.

3. 实验操作

实验时应严格遵守实验室的规章制度.在实验正式进行前,首先结合仪器实物,对照实验讲义或仪器说明书,认识和熟悉仪器的结构和使用方法;其次要全面考虑实验的操作程序,怎样做更为合理,不要急于动手.因为对于操作程序中某些关键步骤而言,哪怕是有很小的错误,都有可能使实验前功尽弃.

仪器的安装和调整是决定实验成败的关键一环,使用仪器进行测量时,必须满足仪器的正常工作条件.

实验测量应遵循"先定性、后定量"的原则,即先定性地观察实验全过程,确认整个实验装置工作是否正常,对所测内容要做到心中有数.在可能的情况下,对数据的数量级和趋势作出估计后,再定量地读取和记录测量数据.测量时,观测者应集中精力、细心操作、仔细观察,并积极发挥主观能动性,以获得所用仪器可能达到的最佳效果.

原始数据是宝贵的第一手资料,是以后计算和分析问题的依据,要按有效数字的规则正确记录.

实验记录的内容应包括:日期、时间、地点、指导教师、仪器的名称和编号、原始数据及有关现象.

实验数据是否合理,学生应首先自查,然后交给指导老师审查.对不合理的和错误的实验结果,应分析原因,及时补测或重做,离开实验室前,应听从实验管理员和指导老师的指挥,自觉整理好仪器,并做好清洁工作.

4. 实验后的报告

实验报告是一次实验的总结,由于实验是有目的和要求的,作为总结的报告,要对实验目的和要求给以回答.

报告的基本内容有:①目的,②理论依据,③仪器和用具,④实施实验的步骤,⑤记录,⑥数据处理,⑦结果与分析,⑧实验后的思考.

写实验报告也是学习的过程,绝不是抄写记录和计算结果,而是要思索,在思索中提高科学的素养,增强独立进行实验的能力.

以下介绍的几点,可能对写好报告有参考作用.

1)标准不确定度的分析

测量不确定度的分析与计算是实验工作的重要方面.计算标准不确定度的意义在于:

(1)可以正确评定测量的质量;

(2)从各来源的不确定度分量,说明测量有待改进的重点;

(3)从仪器引入的不确定度和非仪器引入不确定度的比较,说明仪器配置是否合理;

(4)增强分析不确定度的能力,对以后独立进行实验,预测不确定度是有利的基础.

2)测量结果的评价

在实际工作中,对测量的质量总是有要求的,比如实验要求相对不确定度不能大于百分之几.在学生实验中往往不明确提出具体的质量指标,这时如何评价测量的质量呢?

(1)计算标准不确定度和相对不确定度.如果总的标准不确定度比来源于仪器的不确定度不是显著过大,可以认为测量达到了仪器可以达到的精度.

(2)测量结果 y 和其公认值(标准值)A_y 相差不超过其标准不确定度 $u(y)$ 的 3 倍,即

$$|y-A_y| \leqslant 3u(y)$$

则可以认为测量结果和公认值在测量误差范围内是一致的.

(3)当 $|y-A_y| > 3u(y)$ 时,可能是:①测量有错误;②存在未发现的比较大的不确定度来源;③实验原理或仪器有问题;④A_y 作为 y 的近似真值是不合适的,即 y 不可与 A_y

进行比较.

经分析,重复测量或调整实验去探索问题的所在.

(4)实际工作中的测量一般是面对未知的,如果已知就不必测量了.我们在不断地学习中,作各种测量和分析,提高测量与分析的准确性,使我们对自己的测量结果和标准不确定度计算越来越有信心,这样实验报告不仅是针对一个实验,而是和我们的科学素质的提高密切相关.

3)分析与思考

实验后可供思考的问题很多,如:

(1)实验中遇到的困难的处理.

(2)实验设计的特点是什么? 普遍意义何在?

例如,用单摆测重力加速度的实验,实验设计并不复杂,但是从测量设计上它有很多巧妙之处. 重力加速度之值较大,从落下运动难以测好,而作为单摆,它使加速度由 g 变成 $g\sin\theta$,$\sin\theta$ 很小,所以单摆运动加速度较小,振动较慢,容易测出振动周期;又单摆将落下的单向运动变成等周期的往复运动,测量 n 个周期 T 的时间($t=nT$),可减小测量误差,提高测量的准确度. 再有使用铁球为锤,由于铁的密度远大于空气的密度,空气浮力引入的误差大为减小.

(3)对实验设计改进的设想和问题.

(4)对实验中出现的异常现象的分析与判断,等等.

学生实验一般是按指定的方法,使用指定的仪器进行的. 由于实验方法与仪器是经仔细设计和反复实验检验过的,一般均可能获得较好结果. 对于学生实验,虽然希望实验有好的结果,但从根本上讲,重要的不是结果如何好,而是对实验设计的认识,这才是实验全过程对学生的锻炼.

最后强调一点,实验报告不是写给指导教师的,而应是学习生活的足迹.

第一部分 预 备 知 识

1.1 测量误差与数据处理基础知识

人类认识自然离不开观察和测量. 在物理实验中对自然界的物理现象或人工再现的物质运动形态的研究,不仅需要定性的观察,更需要定量的测量,以探索各物理量之间的定量关系,从而验证理论或发现规律.

测量是为确定被测对象的量值而进行的被测量与同类标准量(量具或仪器)相比较的过程. 因此,为进行测量,必须具备测量对象、测量单位、测量方法和测量准确度等要素. 测量的读数是被测量与计量单位的比值,测量数据(被测量量值)则必须包含测量值的大小和测量单位,二者缺一不可.

根据测量方法,测量可分为直接测量与间接测量.

直接测量是把待测量与标准量直接比较得出结果. 如用米尺测量物体的长度,用天平称衡物体的质量,用电表测电流等.

间接测量是借助于函数关系由直接测量的结果来计算出所要求的物理量. 如立方体的长(L)、宽(D)、高(H)由直接测量得出,而其体积则由公式 $V=L \cdot D \cdot H$ 计算得出,这就是间接测量.

在物理实验中有直接测量和间接测量,但大量的是间接测量. 因为在某些情况下,直接测量比较复杂或者测量精度不高,而另一些情况下直接测量无法实现.

根据测量条件,测量可分为等精度测量与非等精度测量. 等精度测量是指在同一(相同)条件下对同一待测量进行的多次测量. 例如,同一个人,用同一个仪器,每次测量的环境条件均相同. 等精度测量,每次测量的可靠程度相同. 若每次测量的条件不同,或测量仪器,或测量方法改变,这样进行的一系列测量叫非等精度测量. 显然非等精度测量,每次测量的可靠程度也不相同. 物理实验中大多数采用等精度测量.

测量仪器是指用以直接或间接测出被测对象量值所用的器具,如游标尺、天平、停表、电桥、分光计等.

测量结果给出被测量的量值,它包括两部分,数值和单位.(不标出单位的数值不能是量值!)

一个国家的最准确的计量器具是一些主基准,在全国各地则有由主基准校准过的工作基准,实验室使用的仪器已直接或间接用工作基准进行校准过.

仪器的准确度等级在测量时是以仪器为标准进行比较,当然要求仪器准确. 不过由于测量的目的不同,对仪器准确程度的要求也不同,比如称量金戒指的天平必须准确到 0.001g,而粮店卖粮的台秤差几克都是无关紧要的. 为了适应各种测量对仪器的准确程度的不同要求,国家规定工厂生产的仪器分为若干准确度等级. 各类各等级的仪器,又有对准确程度的具体规定. 例如,1 级螺旋测微计,测量范围小于 50mm,最大误差不超过±0.004mm;又如,1.0 级电流表,测量范围为 0~500mA,最大误差不超过±5mA.

　　实验时要恰当地选取仪器. 仪器使用不当对仪器和实验均不利. 表示仪器的性能有许多指标,其中最基本的是测量范围和准确度等级. 当被测量超过仪器原测量范围时,首先对仪器会造成损伤,其次可能测不出量值(如电流表),或勉强测出(如天平),但误差将增大. 对仪器原准确度等级的选择也要适当,一般是在满足测量要求的条件下,尽量选用准确程度低的仪器. 减少准确度高的仪器的使用次数,可以减少在反复使用时的损耗,延长其使用寿命.

1.1.1　测量与误差

1. 测量的目的

　　测量的目的是确定被测量的量值大小,被测量在一定的时间、一定空间环境条件下,存在着不以人的意志为转移的真实大小,称此值为被测量的真值 x_0. 测量的理想结果是真值,但是由于诸多因素影响,真值是不能确知的,因为:

　　(1)被测量的数值形式与标准量的比常常是不可通约的(不能以有限位数表示).

　　(2)人类认识能力的不足和科学技术水平的限制. 如测量仪器只能准确到一定程度;测量的理论和方法不完备,具有近似性;观测者操作和读数不准确;环境条件的影响;等等.

　　因而测得值和真值总是不一致的,即测量结果都具有误差,误差自始至终存在于一切科学实验和测量过程中,此称为误差公理.

　　为了衡量和表示误差的大小,规定测得值 x 减去真值 x_0 为测得值的误差 δ,即

$$\delta = x - x_0 \tag{1.1.1}$$

误差 δ 也称为绝对误差,是一个具有与测得值和真值相同单位的数据,且为一代数值. 当 $x \geqslant x_0$ 时,$\delta \geqslant 0$;$x < x_0$ 时,$\delta < 0$.

　　一般说来,真值是理想的概念,是不能确知的,因而测得值的误差也不能确知. 但是在某些情况下真值是可知的,而另一些情况下从相对意义上说也是可知的.

　　真值可知和相对可知的情况如下.

　　(1)理论真值:如平面三角形三内角之和恒为 $180°$;理想电容和电感上,其电压和电流的相位差为 $90°$;此外,还有理论设计值和理论公式表达值等.

　　(2)计量学约定真值:由国际计量大会决议规定的基本物理量的计量标准,如长度单位——米(m)是光在真空中在 $\dfrac{1}{299792458}$s 的时间间隔行程的长度.

　　(3)标准器相对真值:高一级标准器的误差与低一级标准器或普通计量仪器的误差相比,为其 $\dfrac{1}{5}$(或 $\dfrac{1}{3} \sim \dfrac{1}{20}$)时,则可认为前者是后者的相对真值. 如一个高稳定度晶体振荡

器输出的频率,相对于普通频率计的频率而言是真值.

(4)近似真值(近真值)——最佳估计值:直接测量时若不需要对被测量进行系统误差的修正,一般就取多次测量的算术平均值 $\bar{x}$ 作为近真值,$\bar{x}=\dfrac{1}{n}(x_1+x_2+x_3+\cdots+x_n)$,实验中有时只需测一次或只能测一次,该次测量值就为被测量的近真值.若要求对被测量进行已定系统误差的修正,通常是将已定系统差(绝对值和符号都确定的可估计出的误差分量)从算术平均值 $\bar{x}$ 或一次测量值中减去,从而求得被修正后的直接测量结果的近真值.例如,螺旋测微计测长时,从被测量结果中减去螺旋测微计的零差.在间接测量中,近真值 N 即为被测量的计算值,$N=F(\bar{x},\bar{y},\bar{z},\cdots)$.

同一被测量,在相同环境条件下,采用当今最精确的方法和最高精度的仪器经多次测量所得结果,且为科技界公认的值,也作为一般测量的真值,如在标准大气压下 4℃ 的水的密度 $\rho_{公认}=0.999\ 973\mathrm{g/cm^3}\approx1\mathrm{g/cm^3}$,He-Ne 激光器橙色光波的波长 $\lambda_{公认}=632.8\mu\mathrm{m}$.

以上所述约定真值、近真值、公认值等,有的文献统称为约定真值.

2. 测量的任务

基于以上理由,测量的任务是:

(1)给出被测量真值的最佳估计值.

(2)给出真值最佳估计值的可靠程度的估计.

最佳估计值是误差比较小的测量结果,为了减少误差就必须分析误差的来源以便采取相应对策.实际上任何测量的误差都是多种因素引入的综合效应,现以单摆测重力加速度实验为例分析.

理想的单摆模型是悬线质量为零,无弹性,摆锤为无大小的质点.摆角接近于零,则摆 l 和周期 T 之间满足关系 $T=2\pi\sqrt{l/g}$,其中 g 为当地的重加速度.

用实际的单摆测重力加速度时,误差来源大致为以下几方面:

(1)测量仪器,如米尺和停表不准确;

(2)对仪器的操作和读数不准确;

(3)单摆本身不是理想模型,摆线质量不为零,或摆线具有弹性,摆锤体积不为零,摆角大小不接近零;

(4)空气的阻力和浮力的影响;

(5)支点状态不理想,支架不稳定,存在振动和气流影响.

由此可见,对误差的来源可概括为:

(1)理论和方法;

(2)元器件、仪器装置等;

(3)实际环境条件;

(4)观测者和监视器.

3. 误差的表达形式

除上述绝对误差外,为了比较两个或两个以上不同测量结果的可靠程度,以及比较不同仪器的测量精确度,还引入了相对误差和引用误差,它是一个比值,没有单位,通常用百分数来表示,一般用"四舍六入五看右左"取两位有效数字.

$$相对误差\ E_r = \frac{|测量值\ x - 真值\ x_0|}{真值\ x_0} \times 100\% \tag{1.1.2}$$

在真值不确知,而误差 δ 较小时采用

$$相对误差\ E_r = \frac{|测量值\ x - 近真值\ \bar{x}|}{近真值\ \bar{x}} \times 100\% = \frac{\Delta x}{\bar{x}} \times 100\% \tag{1.1.3}$$

引用误差是一种简化的和实用方便的相对误差.一般用它来表示仪器、仪表的精确度等级.在多档和连续分度的仪器中,其可测范围不是一个点而是一个量程,各分度点的示值和对应的真值都不一样.若用测得值(仪表示值)或真值来计算相对误差,每一点的分母就不一样.为了计算和划分准确度等级方便,一律取该仪器的量程或测量上限值为分母

$$引用误差\ S\% = \frac{绝对误差\ \Delta x}{量程(或测量上限)x_m} \times 100\% \tag{1.1.4}$$

仪表的准确度级别分为 0.1,0.2,0.5,1.0,1.5,2.5 和 5.0 七级,即仪表所对应的最大引用误差为 0.1%,0.2%,…,5.0%.

在实验中,一般用仪表的准确度(最大引用误差)求仪表读数的最大误差,若某仪表的精度等级为 S,取最大引用误差为 $S\%$,满刻度值为 x_m,则该仪表测量值 x 的最大误差为

$$绝对误差 \leqslant x_m \times S\%$$

$$相对误差 \leqslant \frac{x_m}{x} \cdot S\%$$

一般 $x < x_m$,由此可见,当 x 越接近 x_m 时,测量精确度越高,反之越低.因此利用这类仪表测量时,应尽可能在仪表满刻度值 $\frac{2}{3}$ 或 $\frac{1}{2}$ 以上的量值内使用.

1.1.2 误差的分类

一般测量误差随着不同的测量次数、测量时刻或测量条件而改变,为研究和处理误差方便,根据误差产生的原因和表现形式,将误差划分为系统误差、随机误差和粗大误差.

1. 系统误差

1)系统误差的定义

在规定的测量条件下多次测量同一量时,误差的绝对值和符号保持恒定;或在该测量条件改变时,按某一确定规律变化的误差.

2)系统误差的特性

确定性规律性,即误差是恒定的或为某些因素的确定函数,此函数一般可用解析公式、曲线或数表来表达,如某些电量测量值是频率的函数,长度是温度的函数等.

3)系统误差的检查

可以从系统误差产生的原因来检查系统误差是否存在.

(1)理论方法方面:实验所用的理论公式、方法具有近似性和不完备性,以致于忽略了某些项或某些项取近似而引入系统误差. 如单摆测重力加速度时,忽略了空气阻力或摆角过大等.

(2)仪器及环境方面:分析仪器和环境是否符合实验要求如天平是否等臂,秒表是否准确,刻度是否偏心,环境温度、湿度是否在规定范围内,否则会产生系统误差.

(3)检查测量数据:对某一物理量进行多次测量时,将各测量值之误差按测量先后次序排列,观察其变化,如果呈现规律性变化(线性增大或减小,或周期性变化),则必有系统误差存在. 若用不同的方法或不同精度的仪器测量同一物理量时,在随机误差允许范围内测量结果仍有明显的不同时,说明其中某种方法或某种仪器的测量结果存在系统误差.

4)系统差的消除

a. 消除产生系统误差的原因

在明确了系统误差产生原因后,应采取相应的方法在实验前进行消除,使它在实验过程中不再出现,这是消除系统误差的有效方法. 如系统误差的出现是由于仪器使用不当,就应该把仪器调整好,并按规定的使用条件去使用;如误差来源于环境因素的影响,应排除这种环境因素等.

b. 由实验方法消除系统误差

若有些系统误差在实验前不能消除时,在实验过程中,可采用适当的实验方法使系统误差互相抵消.

(1)恒定系统误差的消除. ①交换法. 将测量中某些条件(如被测物的位置)互相交换,使产生系统误差的原因对测量结果起相反的影响,从而抵消系统误差. 如为了消除天平不等臂带来的系统误差,可将被测物与砝码互换位置后再测量一次,若第一次测量结果为 $x=\dfrac{l_2}{l_1}P$,被测物与砝码互换位置后测量结果为 $x=\dfrac{l_1}{l_2}P'$,将两次测量结果相乘后再开方得 $x=\sqrt{PP'}$(P,P'为两次测量的砝码质量),这就消除了不等臂系统误差. ②代替法. 代替法是在测量条件不变的情况下,用一个标准量去代替被测量,并调整标准量使仪器原示值不变,这样被测量就等于标准量的数值. 由于在代替过程中,仪器的状态和示值都不变,故仪器原误差和其造成系统误差的因素对测量结果不产生什么影响. 如用电桥测电阻时,将电桥调平衡后,用一标准电阻代替被测电阻接入桥路,此时仅调整标准电阻仍使电桥平衡,读出标准电阻之值,即为测量结果.③异号法.在实验过程中,可改变测量方法(如测量方向等)使两次测量中的符号相反,取平均值以消除系统误差.例如,在用霍尔元件测磁场的实验中,为了消除由于不等位等因素带来的附加电压,在测量时,要两次分别改变加在霍尔元件的电流方向和外加磁场方向,就是这个道理.

(2)周期性系统误差的消除

用半周期偶数观测法可有效地消除周期性系统误差,即测得一个数据后,相隔半个周期再测量一个数据,只要观测次数为偶数,取其平均值,就可以消除周期性系统误差对测量结果的影响.例如,在光学实验中,用分光计测角度时,为了消除轴偏心所带来的系统误差,而采用相隔180°的一对游标读数.

c. 对系统误差进行修正

对于在实验前和在实验过程中没有得到消除的系统误差,应在测量结果中得到修正.

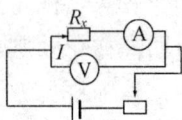

图 1.1.1　伏安法测电阻

例如,用伏安法测电阻时,如图 1.1.1 所示,测量值为 $R'_x = \dfrac{V}{I}$,若考虑电流表内阻 R_a 的影响,被测电阻的客观实际值应为

$$R_x = R'_x - R_a = \frac{V}{I} - R_a$$

式中,R_a 就是用图 1.1.1 电路测量电阻时的修正值.

2. 随机误差

1)随机误差的定义

在实际测量条件下,多次测量同一量时,绝对值和符号变化,即时大时小,时正时负,以不可预知的方式变化的误差.

如对准标志(刻线汞柱、光标)的不一致,读数偏大与偏小有相等的可能性引起的误差.天平变动性、实验条件的波动等都会产生随机误差.

如用手控数字毫秒计,测量一单摆的周期共100次,测量值的大小变化不定,现将测得值分布的区域等分为横坐标9个区间,统计各个区间内测量值的个数 N_i,以测量值为横坐标,N_i/N 为纵坐标(N 为总数),作统计直方图(图 1.1.2).

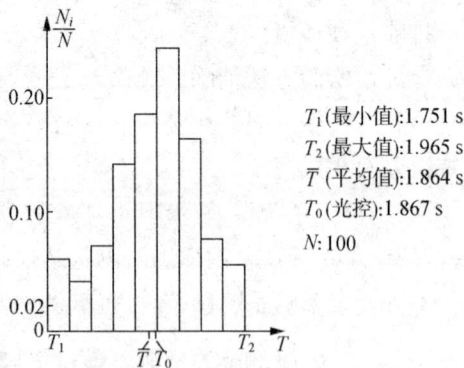

T_1(最小值):1.751 s
T_2(最大值):1.965 s
$\overline{T}$(平均值):1.864 s
T_0(光控):1.867 s
N:100

图 1.1.2　随机误差正态分布

从图上可见,比较多的测量值集中在分布区域的中部,而区域的左右两半的测量值个数都接近一半.由此可以设想被测真值就在数据比较集中的部分.

由此可见随机(偶然)误差虽然是不确定的,即具有随机性、偶然性,但这种偶然现象服从统计规律,即服从正态(高斯)分布.

2)随机误差的特性

由图 1.1.2 的随机误差正态分布图可以看出随机误差具有以下特性.

(1)有界(限)性:在一定测量条件下,随机误差的绝对值不会超过一定的限度.

(2)单峰性:绝对值小的误差出现的概率大,而绝对值大的误差出现的概率小.

(3)对称性:绝对值相等的正误差和负误差出现的概率相等.

(4)抵偿性(互补性):一列等精度测量中,随机误差的代数和有

$$\sum_{i=1}^{n} \delta_i \rightarrow 0, \lim_{n \to \infty} \sum_{i=1}^{n} \delta_i = 0$$

随机误差的以上四个特性,又称为随机误差的四个公理.对于一系列测量,不论其条件优劣,只要这些测量是在相同条件下独立进行的,则所产生的一组随机误差必然具有上述四个特性,而当测量值个数 n 越大,这种特性就表现得越明显.

误差存在于测量之中,测量与误差形影不离,分析测量过程中产生的误差,将影响降低到最低程度.

由于实验条件所限,以及人的认识的局限,测量不可能获得待测量的真值,只能是近似值.设某物理量真值为 x_0,进行 n 次等精度测量,测量值分别为 $x_1, x_2, \cdots, x_n$(测量过程无明显的系统误差),它们的误差为

$$\delta_1 = x_1 - x_0, \quad \delta_2 = x_2 - x_0, \quad \cdots, \quad \delta_n = x_n - x_0$$

求和

$$\sum_{i=1}^{n} \delta_i = \sum_{i=1}^{n} x_i - n x_0$$

当测量次数 $n \to \infty$,可以证明 $\dfrac{\sum\limits_{i=1}^{n} \delta_i}{n} \rightarrow 0$,则 $\dfrac{\sum\limits_{i=1}^{n} x_i}{n} = x_0$,$\bar{x}$ 是对同一待测量多次测量形成的测量列 $(x_1, x_2, \cdots, x_n)$ 的算术平均值.由此可见在不存在系统误差的条件下,$\bar{x}$ 可以作为测量值的最佳估计值,也称近真值.令 $x = \sum\limits_{i=1}^{n} \dfrac{x_i}{n}$.

为了估计误差,定义测量值与近真值的差值为偏差(残差),即 $\Delta x = x - \bar{x}$.

当测量值的误差中包含已知的系统误差时,求和时不能抵消,此时应用算术平均值加上修正值为被测量真值的最佳估计值(修正值与系统误差绝对值相等,符号相反).

有时也将以上最佳估计值和相对真值等合称为约定真值.

标准偏差:具有偶然误差的测量值将是分散的,对分散情况的定量表示用标准偏差 S,它的定义式为

$$S = \sqrt{\frac{\sum\limits_{i=1}^{n} (x_i - \bar{x})^2}{n-1}} = \sqrt{\frac{\sum\limits_{i=1}^{n} \Delta x_i^2}{n-1}} \tag{1.1.5}$$

n 为测量值个数.

3)粗大(过失)误差

粗大误差,也称过失误差,简称粗差,它是正常测量结果中不应出现的绝对值特别偏大的误差,是实验中出现错误造成的,可能是公式错了,装置安装错了,电路错了,对象观察错了,仪器操作、读数或计算错误等.

防止错误的关键是弄清实验原理、条件,明确要观察的现象,懂得正确使用仪器.

尽早发现实验中的错误是实验者的良好修养,初学者往往只顾观测及记录和处理数据,而忽视对测量结果进行分析,发现错误.

1.1.3 测量结果和评定标准不确定度

测量的目的不但要得到待测量的近真值,而且要对近真值的可靠性作出评定(指出误差范围).

1. 标准不确定度的含义

标准不确定度是"误差可能数值的测度",表征所得测量结果代表被测量的程度,也就是因测量误差存在而对测量不能肯定程度,因而是测量质量的表征.

具体说来,标准不确定度是指测量值(近真值)附近的一个范围,测量值与真值之差(误差)可能落于其中. 标准不确定度小,测量结果可信赖程度高;标准不确定度大,测量结果可信赖程度低. 在实验和测量工作中不确定度一词近似于不确知,不明确,不可靠有,有质疑,是作为估计而言的;误差是未知的. 因此,不可能用指出误差的方法去说明可信赖程度,而只能用误差的某种可能值去说明可信程度,所以标准不确定度更能表示测量结果的性质和测量的质量. 此外,用标准不确定度评定实验结果的误差,其中包含了各种来源不同的误差对结果的影响,而它们的计算又反映了这些误差所服从的分布规律.

标准不确定度:对测量不确定度的评定,常以估计标准偏差去表示大小,这时称其为标准不确定度.

2. 测量结果的表示和合成标准不确定度

科学实验中要求表示出的测量结果,既要包含待测量的近真值 $\bar{x}$,又要包含测量结果的标准不确定度 σ,并写成物理含义深刻的标准表达形式,即

$$x = \bar{x} \pm \sigma (单位) \tag{1.1.6}$$

式中,x 为待测量,$\bar{x}$ 是测量的近真值,σ 是合成标准不确定度,一般用"四舍六入五看右左"的舍入规则,σ 保留一位有效数字.

测量结果的标准表达式,给出了一个范围 $(\bar{x}-\sigma) \sim (\bar{x}+\sigma)$. 表示待测量的真值在 $(\bar{x}-\sigma) \sim (\bar{x}+\sigma)$ 的概率为 68.3%,不要误认为真值一定在 $(\bar{x}-\sigma) \sim (\bar{x}+\sigma)$,认为误差在 $-\sigma \sim +\sigma$ 是错误的.

标准式中,近真值、标准不确定度、单位三要素缺一不可,否则就不能全面表达测量

结果. 同时在表达最后测量结果时, 应由误差确定其有效数字, 这是处理有效数字问题的依据, 故近真值 $\bar{x}$ 的末位数应与标准不确定度 σ 或绝对误差 $\overline{\Delta x}$ 的所在位对齐, 近真值 $\bar{x}$ 与标准不确定度 σ 的数量级、单位要相同.

3. 合成标准不确定度的两类分量

标准不确定度是"误差可能数值的测度", 是对误差大小的估计, 由于误差来源不同, 它对测量的影响也不同, 从测量值来看其影响表现可分为两类: 一类是偶然效应引起的, 使测量值分散开, 如手控停表测摆的周期, 由于手的控制存在着偶然性, 每次测量值不会相同; 另一类则使测量值恒定的向某一方向偏移, 重复测量时, 此偏移的方向和大小不变, 例如用电压表测一电阻两端的电压, 由于这时偶然效应很弱, 反复测量其值基本不变, 当用更精密的电位差计去测量时, 可以得知电压表的示值有恒定的偏差, 这是电压表的基本误差所致. 这两类影响都给被测量引入不确定度, 都要评定其标准不确定度, 但评定的方法不同, 因而按其评定方法不同将标准不确定度分为 A 类标准不确定度和 B 类标准不确定度.

1) A 类

统计不确定度, 是指可以采用统计方法 (具有随机误差性质) 计算的不确定度, 如测量读数具有分散性, 测量时温度波动影响等. 这类不确定度被认为是服从正态分布规律, 因此可以像计算标准偏差那样, 用贝塞尔公式计算被测量的 A 类标准不确定度. A 类不确定度 S 为

$$S = \sqrt{\frac{\sum_{i=1}^{n}(x_i - \bar{x})^2}{n(n-1)}} = \sqrt{\frac{\sum_{i=1}^{n}(\Delta x_i)^2}{n(n-1)}} \tag{1.1.7}$$

式中, $i = 1, 2, 3, \cdots, n$, 表示测量次数.

计算 A 类标准不确定度, 也可以用最大偏差数、极差法、最小二乘法等, 本书只采用贝塞尔公式法, 并且着重讨论读数分散对应的不确定度. 用贝塞尔公式计算 A 类标准不确定度, 可以用函数计算器直接读取, 十分方便.

2) B 类

非统计不确定度, 是指用非统计方法求出或评定的不确定度, 如测量仪器不准确、标准不准确、量具量质老化等. 评定 B 类不确定度常用估计方法, 要估计适当, 需要确定分布规律, 同时要参照标准, 更需要估计者的实践经验、学识水平等. 因此, 往往是意见纷纭, 争论颇多. 本书对 B 类不确定的估计同样只简化处理, 只讨论因仪器不准对应的不确定度. 仪器不准确的程度主要用仪器误差来表示, 所以因仪器不准对应的 B 类不确定度 u 为

$$u = \Delta_{仪}/\sqrt{3} \tag{1.1.8}$$

式中, $\Delta_{仪}$ 为仪器误差或仪器的基本误差, 或允许误差, 或示值误差. 一般的仪器说明书中都以某种方式注明仪器误差, 是制造厂或计量检定部门给定. 物理实验教学中, 由实验室

提供. 见附录Ⅲ.

合成标准不确定度 σ:对于标准不确定度的 A 类分量和 B 类分量的合成按"方和根"计算,为简化起见,本书上讨论在简单情况下,即 A、B 两类分量各自独立变化,互不相关,且两者均可折合成标准偏差表示,则合成标准不确定度

$$\sigma = \sqrt{\sum S_i^2 + \sum u_i^2} \tag{1.1.9}$$

4. 直接测量的标准不确定度

如前所述,对 A 类标准不确定度主要讨论多次等精度测量条件下,读数分散对应的不确定度,并且用贝塞尔公式计算 A 类标准不确定度. 对 B 类标准不确定度,主要讨论仪器不准对应的不确定度,并直接采用仪器误差. 然后将 A、B 两类不确定度求"方和根",即得合成标准不确定度的计算,下面通过几个例子加以说明.

例 1 用毫米刻度的米尺,测量物体长度 10 次,其测量分别为

$l(\text{cm}) = 53.27, 53.25, 53.23, 53.29, 53.24, 53.28, 53.26, 53.20, 53.24, 53.21$

试计算合成标准不确定度,并写出测量结果.

解 (1)计算 l 的近真值

$$\bar{l} = \frac{1}{n}\sum_{i=1}^{10} l_i = \frac{1}{10}(53.27 + 53.25 + 53.23 + \cdots + 53.21) = 53.25(\text{cm})$$

(2)计算 A 类标准不确定度

$$S = \sqrt{\frac{\sum_{i=1}^{n}(x_i - \bar{x})^2}{n(n-1)}} = \sqrt{\frac{(53.27 - 53.25)^2 + (53.25 - 53.25)^2 + \cdots + (53.21 - 53.25)^2}{10 \times (10-1)}}$$
$$= 0.0\overline{76}(\text{cm}) = 0.08(\text{cm})$$

(3)计算 B 类标准不确定度

$$\text{米尺的仪器差 } \Delta_{仪} = 0.05\text{cm}$$

$$u_m = \Delta_{仪}/\sqrt{3} = 0.05\text{cm}/\sqrt{3} = 0.03\text{cm}$$

(4)合成标准不确定度

$$\sigma_l = \sqrt{S_l^2 + u_l^2} = \sqrt{0.08^2 + 0.03^2} = 0.08\overline{5}\overline{4}(\text{cm}) = 0.09(\text{cm})$$

(5)测量结果的标准式为

$$l = (53.25 \pm 0.09)\text{cm}$$

例 2 用感量为 0.1g 的物理天平称衡物体质量,其读数值为 35.41g,求测量结果.

解 用物理天平称衡质量,重复测读数值往往相同,故一般只需进行单次测量. 单次测量的读数值即为近真值,$m = 35.41\text{g}$.

物理天平的示值误差通常取感量的 $\frac{1}{2}$,并且作为仪器误差,即 $\Delta_{仪} = 0.05\text{g}$,故

$$u_m = \Delta_{仪}/\sqrt{3} = 0.05\text{g}/\sqrt{3} = 0.03\text{g}$$

测量结果

$$m = (35.41 \pm 0.03)\text{g}$$

本例中,因单次测量($n=1$),合成不确定度 $\sigma = \sqrt{S_m^2 + u_m^2}$ 中的 $S_m = 0$,所以 $u_m = \Delta_仪/\sqrt{3}$,即单次测量的合成不确定度等于非统计(B类)不确定度,但并不表明单次测量的 σ 就小,因为 $n=1$ 时,S_x 发散,其随机分布特征是客观存在的,测量次数 n 越大,置信概率就越高,因而测量的平均值就越接近真值.

例3 用螺旋测微器测量小钢球的直径,5次的测量值分别为

$d(\text{mm}) = 11.922, 11.923, 11.922, 11.922, 11.922$

螺旋测微器的最小分度值为 0.01mm,试写出测量结果的标准式.

解 (1)求直径 d 的算术平均值

$$\bar{d} = \frac{1}{n}\sum_{i=1}^{5} d_i = \frac{1}{5}(11.922 + 11.923 + 11.922 + 11.922 + 11.922) = 11.922(\text{mm})$$

(2)计算 A 类标准不确定度

$$S_d = \sqrt{\frac{\sum_{i=1}^{5}(d_i - \bar{d})^2}{n(n-1)}} = \sqrt{\frac{4 \times (11.922 - 11.922)^2 + (11.923 - 11.922)^2}{5 \times (5-1)}}$$
$$= 0.0002\bar{2} = 0.0002(\text{mm})$$

(3)计算 B 类标准不确定度

螺旋测微器的仪器误差 $\Delta_仪 = 0.004\text{mm}$,则

$$u_d = \frac{\Delta_仪}{\sqrt{3}} = \frac{0.004\text{mm}}{\sqrt{3}} = 0.002\text{mm}(国际计量规定一级千分尺的仪器误差为0.004mm)$$

(4)合成标准不确定度

$$\sigma = \sqrt{S_d^2 + u_B^2} = \sqrt{0.0002^2 + 0.002^2}$$

式中,由于 $0.0002 < \frac{1}{3} \times 0.002$,故可略去 S_d,于是 $\sigma = 0.002\text{mm}$.

(5)测量结果

$$d = \bar{d} \pm \sigma_d = (11.922 \pm 0.002)\text{mm}$$

由例3可以看出,当有些不确定分量的数值很小时,相对而言可以略去不计.

在计算合成标准不确定度,求"方和根"时,若某一平方值小于另一平方值的 $\frac{1}{9}$,则该项就可以略去不计. 这叫微小误差准则,利用微小误差准则可减少不必要的计算.

标准不确定度计算结果,一般保留一位数,多余的位数按有效数字的"四舍六入五看右左"的修约原则取舍.

评价测量结果,有时需引入相对不确定度,定义为 $E_\sigma = \frac{\sigma_x}{\bar{x}} \times 100\%$,$E_\sigma$ 结果用:"四舍六入五看右左"的舍入规则取两位数,并用百分数表示.

此外,有时需将测量结果的近真值 $\bar{x}$ 与公认值 $x_公$ 进行比较,得到测量结果的百分偏

差 E_r 定义为

$$E_r = \frac{|\bar{x} - x_\text{公}|}{x_\text{公}} \times 100\% = \frac{\Delta x}{x_\text{公}} \times 100\%$$ (1.1.10)

5. 间接测量结果的合成标准不确定度

间接测量的近真值和合成标准不确定是由直接测量结果通过函数式计算出来的,设间接测量的函数式为

$$N = F(x, y, z, \cdots)$$

式中,N 为间接测量的量,它有 K 个直接观测量 $x, y, z, \cdots$,其测量结果分别为

$$x = \bar{x} \pm \sigma_x$$
$$y = \bar{y} \pm \sigma_y$$
$$z = \bar{z} \pm \sigma_z$$
$$\cdots\cdots$$

(1)若将各直接观测量的近真值代入函数式中,即间接测量的近真值.

$$\bar{N} = F(\bar{x}, \bar{y}, \bar{z}, \cdots)$$

(2)求间接测量的合成标准不确定度,由于标准不确定度均为微小量,相似于数学中的微小增量.对函数式 $N = F(x, y, z, \cdots)$ 求全微分,即得

$$dN = \frac{\partial F}{\partial x} dx + \frac{\partial F}{\partial y} dy + \frac{\partial F}{\partial z} dz + \cdots$$

式中,$dN, dx, dy, dz, \cdots$ 均为微小增量,代表各变量的微小变化,dN 的变化由各自变量的变化决定. $\frac{\partial F}{\partial x}, \frac{\partial F}{\partial y}, \frac{\partial F}{\partial z}, \cdots$ 为函数对自变量的偏导数,记为 $\frac{\partial F}{\partial A_K}$,将微分符号"d"改为标准不确定度符号 σ,并将微分式中的各项求"方和根",即为间接测量的合成标准不确定度

$$\sigma_N = \sqrt{\left(\frac{\partial F}{\partial x}\sigma_x\right)^2 + \left(\frac{\partial F}{\partial y}\sigma_y\right)^2 + \left(\frac{\partial F}{\partial z}\sigma_z\right)^2} = \sqrt{\sum_1^K \left(\frac{\partial F}{\partial A_K}\sigma_{A_K}\right)^2}$$ (1.1.11)

式中,K 为直接观测量的个数,A 代表 $x, y, z, \cdots$ 各个自变量(直接观测量). 上式表明,间接测量的函数式确定后,测出它所包含的直接观测量的结果,将各直接观测量的标准不确定度 σ_{A_K} 乘函数对各变量(直测量)的偏导数 $\left(\frac{\partial F}{\partial A_K}\sigma_{A_K}\right)$,求"方和根",即 $\sqrt{\sum_{i=1}^K \left(\frac{\partial F}{\partial A_K}\sigma_{A_K}\right)^2}$ 就是间接测量结果不确定度.

当间接测量的函数式为积商(或含和差的积商形式),为使运算简便起见,可以先将函数式两边同时取自然对数,然后再求全微分,即

$$\frac{dN}{N} = \frac{\partial \ln F}{\partial x} dx + \frac{\partial \ln F}{\partial y} dy + \frac{\partial \ln F}{\partial z} dz + \cdots$$

同样改微分号为不确定度符号,求其"方和根",即为间接测量的相对不确定度 E_σ,即

$$E_\sigma = \frac{\sigma_N}{N} = \sqrt{\left(\frac{\partial \ln F}{\partial x}\sigma_x\right)^2 + \left(\frac{\partial \ln F}{\partial y}\sigma_y\right)^2 + \left(\frac{\partial \ln F}{\partial z}\sigma_z\right)^2 + \cdots}$$

$$= \sqrt{\sum_1^K \left(\frac{\partial \ln F}{\partial_{A_K}} \sigma_{A_K} \right)^2} \tag{1.1.12}$$

已知 $E_\sigma, \overline{N}$，由定义式即可求出合成标准不确定度

$$\sigma_N = \overline{N} \cdot E_\sigma \tag{1.1.13}$$

这样计算 σ_N 较直接求全微分简便得多，特别对函数式很复杂的情况，尤其显示出它的优越性.

今后在计算间接测量的标准不确定度时，对函数式仅为"和差"形式，可以直接利用 (1.1.11) 式，求出间接测量的合成标准不确定度 σ_N，若函数式为积商（或积商和差混合）等较为复杂，可直接采用 (1.1.12) 式和 (1.1.13)，先求出相对不确定度，再求合成标准不确定度 σ_N.

例 1　已知电阻 $R_1 = (50.2 \pm 0.5)\Omega, R_2 = (149.8 \pm 0.5)\Omega$，求它们串联的电阻 R 和合成标准不确定度 σ_R.

解　串联电阻的阻值为

$$\overline{R} = \overline{R}_1 + \overline{R}_2 = 50.2 + 149.8 = 200.0(\Omega)$$

合成标准不确定度

$$\sigma_R = \sqrt{\sum_1^2 \left(\frac{\partial R}{\partial R_i} \sigma_{R_i} \right)^2} = \sqrt{\left(\frac{\partial R}{\partial R_1} \sigma_1 \right)^2 + \left(\frac{\partial R}{\partial R_2} \sigma_2 \right)^2} = \sqrt{\sigma_1{}^2 + \sigma_2{}^2} = \sqrt{0.5^2 + 0.5^2} = 0.7(\Omega)$$

相对不确定度

$$E_\sigma = \frac{\sigma_R}{\overline{R}} = \frac{0.7}{200.0} \times 100\% = 0.35\%$$

测量结果

$$R = (200.0 \pm 0.7)\Omega$$

例 1 中，由于 $\frac{\partial R}{\partial R_1} = 1, \frac{\partial R}{\partial R_2} = 1, R$ 的总合成标准不确定度为各直接观测量的标准不确定度平方求和后开方.

间接测量的标准不确定度计算结果保留一位数，相对不确定度保留两位数.

例 2　测量金属环的内径 $D_1 = (2.880 \pm 0.004)\text{cm}$，外径 $D_2 = (3.600 \pm 0.004)\text{cm}$，厚度 $h = (5.575 \pm 0.004)\text{cm}$，求环的体积 V 的测量结果.

解　环体积公式为

$$V = \frac{\pi}{4} h (D_2^2 - D_1^2)$$

(1) 环体积的近真值为

$$\overline{V} = \frac{\pi}{4} \overline{h} (\overline{D}_2{}^2 - \overline{D}_1{}^2) = \frac{3.141\overline{6}}{4} \times 5.575 \times (3.600^2 - 2.880^2) = 20.43(\text{cm}^3)$$

(2) 首先将环体积公式两边同时取自然对数，再求全微分

$$\ln V = \ln\left(\frac{\pi}{4}\right) + \ln h + \ln(D_2{}^2 - D_1{}^2)$$

$$\frac{dV}{V}=0+\frac{dh}{h}+\frac{2D_2\,dD_2-2D_1\,dD_1}{D_2{}^2-D_1{}^2}$$

则相对不确定度为

$$E_V=\frac{\sigma_V}{V}=\sqrt{\left(\frac{\sigma_h}{h}\right)^2+\left(\frac{2D_2\sigma_{D_2}}{D_2{}^2-D_1{}^2}\right)^2+\left(\frac{-2D_1\sigma_{D_1}}{D_2{}^2-D_1{}^2}\right)^2}$$

$$=\left[\left(\frac{0.004}{5.575}\right)^2+\left(\frac{2\times3.600\times0.004}{3.600^2-2.880^2}\right)^2+\left(\frac{-2\times2.880\times0.004}{3.600^2-2.8800^2}\right)^2\right]^{1/2}$$

$$=0.79\bar{3}\times10^{-2}=0.79\%$$

(3)总合成标准不确定为

$$\sigma_V=\bar{V}\cdot E_V=20.43\times0.79\%=0.1\bar{6}(cm^3)=0.2(cm^3)$$

(4)环体积的测量结果

$$V=(20.4\pm0.2)cm^3$$

V 的标准式中，$V=20.43cm^3$ 应与标准不确定度 σ 的位数取齐，因此将小数点后的第二位数"3"，按数字修约原则舍去，故为 $20.4cm^3$.

例3　用物距像距测凸透镜的焦距，测量时若固定物体和透镜的位置，移动像屏，反复测量成像位置，试求透镜的测量结果.

已知：

物体位置 $A=170.15cm$

透镜位置 $B=130.03cm$

像的位置重复测量 5 次的测量值为

$C(cm)=61.95,62.00,61.90,61.95,62.00$

A、B 为单次测量，刻度尺分度值为 $0.1cm$.

解　(1)由已知条件求出物距 u 和像距 v 的结果

$$u=(40.12\pm0.03)cm$$

其中，$0.03cm$ 为单次测量的仪器误差，也是单次测量物距的合成标准不确定度 $\sigma_u=\dfrac{\Delta_{仪}}{\sqrt{3}}=0.03cm$.

由已知条件，成像位置 $\bar{C}=61.96cm$，v 的 A 类标准不确定度

$$S=\sqrt{\frac{\sum_1^5\Delta C_1{}^2}{n(n-1)}}=0.02cm$$

v 的 B 类不确定度

$$u=\frac{\Delta_{仪}}{\sqrt{3}}=0.03cm$$

v 的合成不确定度

$$\sigma_v=\sqrt{S^2+u^2}=\sqrt{0.02^2+0.03^2}=0.03(cm)$$

像距

$$v=(68.07\pm0.03)cm$$

（2）求焦距的近真值

$$\bar{f}=\frac{\bar{u}\bar{v}}{\bar{u}+\bar{v}}=\frac{40.12\times68.07}{40.12+68.07}=25.24(\text{cm})$$

f 所取位数是根据有效数字的运算法则所决定.

$$E_f=\frac{\sigma_f}{\bar{f}}=\left[\left(\frac{1}{u}-\frac{1}{u+v}\right)^2\sigma_u{}^2+\left(\frac{1}{v}-\frac{1}{u+v}\right)^2\sigma_v{}^2\right]^{1/2}$$
$$=\left[\left(\frac{v\sigma_u}{u(u+v)}\right)^2+\left(\frac{u\sigma_v}{v(u+v)}\right)^2\right]^{1/2}$$
$$=4.9\times10^{-4}$$

$$\sigma_f=\bar{f}\cdot E_f=25.24\times4.9\times10^{-4}=0.012(\text{cm})\approx0.02(\text{cm})$$

焦距的测量结果

$$f=(25.24\pm0.02)\text{cm}$$

（$\sigma_f=0.012\text{cm}\approx0.02\text{cm}$，采用了误差"宁大勿小"的原则.）

1.1.4　有效数字及其运算法则

前面已经指出,测量不可能得到被测量的真实值,只能是近似值. 实验数据的记录反映了近真值的大小,并且在某种程度上表明了误差,因此有效数字是测量结果的一种表示,它应当是有意义的数码,而不允许无意义的数存在,如果把测量结果写成（24.3839±0.05）cm 是错误的,由标准不确定度 0.05cm 得知,数据的第二位小数 0.08 已不可靠,把它后面的数字写出来没有多大意义,正确的写法应当是（24.38±0.05）cm.

1. 有效数字的概念

若用最小分度值为 1mm 的米尺测量物体的长度,读数值为 5.63cm,其中"5"和"6"这两个数是从米尺上的刻度准确读出的,可以认为是准确的,叫可靠数,末尾"3"是在米尺最小分度值的下一位上估计出来的,是不准确的,叫欠准确的.虽然是欠准可疑,但不是无中生有,而是有根据有意义的,显然有这位欠准数,就使测量值更接近真实值,更能反映客观实际,因此应当保留到这一位.即使估计数是"0",也不能舍去,测量结果应当而且也只能保留一位欠准数,二位或二位以上的欠准数毫无意义.故将测量数据定义,几位可靠数加上最后一位欠准数称为有效数字,有效数字数码的个数称为有效位数,如上述的 5.63cm 称为三位有效数.

2. 直接测量的有效数字记录

（1）测量值的最末一位一定是欠准数,这一位应与仪器误差位对齐,仪器误差在哪一位发生,测量数据的欠准就记录到哪一位,不能多记,也不能少记,即使估计是"0",也必须写上,测量数据的欠准位不但反映数据本身的准确程度.而且,对于直接测量数据,其欠准位也反映了所使用的量具或仪器的精密度.例如,用米尺测量物长为 25.4mm,仪器误差为十分之几毫米,改用游标卡尺测量,测得值为 25.40mm,仪器误差为百分之几毫米,显然 25.4mm 与 25.40mm 是不同的,属于不同仪器测量的,误差位不同,不能将它们等同看待.

(2)凡是仪器上读出的,有效数字中间或末尾的"0",均应算作有效位数. 例如 2.004cm,2.200cm 均是四位有效数;在记录数据中,有时固定位需要,而在小数点前添 "0",这不应算作有效位数,如 0.0563m 是三位数而不是四位数.

(3)在十进制单位换算中,其测量数据的有效位数不变,如 5.36cm 若以米或毫米为单位,0.0563m 或 56.3mm 仍然是三位数. 为避免单位换算中位数很多时写一长串,或计位时错位,常用科学表达式,通常在小数点前保留一位整数,用 10^n 表示,如 5.63×10^{-2}m,$5.63 \times 10^4 \mu$m 等,这样既简单明了,又便于计算和定位.

(4)直接测量结果的有效位数,取决于被测物本身的大小和所使用的仪器精度,对同一个被测物,高精度的仪器,测量的有效位数多,低精度的仪器,测量的有效位数少. 例如,长度约为 2.5cm 的物体,若用分度值为 1mm 的米尺测量,其数据为 2.50cm,若用螺旋测微器测量(最小分度值为 0.01mm),其测量值为 2.5000cm,显然螺旋测微器的精度较米尺高很多,所以测量结果的位数较米尺的测量结果多两位数,反之用同一精度的仪器,被测物大的物体测量结果的有效位数多;被测物小的物体,测量结果的有效位数少.

(5)有些仪器,例如数字式仪表或游标卡尺,是不可能估计出最小刻度以下一位数字的,那么我们就不去估计,而把直接读出的数记录下来,仍然认为最后一位数字是欠准的,因为在数字式仪表中,最后一位数总有 ± 1 的误差.

3. 有效数字的运算法则

测量结果的有效数字,只能保留一位欠准确数,直接测量是如此,间接测量的计算结果也是这样,根据这一原则,为了简化有效数字的运算,约定下列规则:

(1)加法或减法运算.

例 1 14.6<u>1</u>+2.21<u>6</u>+0.0067<u>2</u>=16.8<u>3272</u>=16.8<u>3</u> 有效数字下面加横线表示为欠准确数.

根据保留一位欠准数原则,计算结果应为 16.8<u>3</u>,其欠准位与参与求和运算的三个数中 14.61 的欠准位最高者相同.

例 2 19.68−5.848=13.8<u>32</u>=13.8<u>3</u>

保留一位欠准数,结果为 13.8<u>3</u>,其欠准位置与参与运算的各量中的欠准位置最高者相同. 由此结论,当若干个数进行加法或减法运算时,其结果的欠准位与运算各数中欠准位最大者相同. 中间运算时,可先将各数应保留的欠准位置多留一位进行运算,最后结果按保留一位欠准数进行取舍,这样可以减少繁杂的数字计算. 如:
28.2+3.4623+102.057−46.35504=28.2+3.4<u>6</u>+103.0<u>5</u>−46.3<u>5</u>=88.3<u>6</u>=88.4

推论(1)若干个直接测量进行加法或减法计算时,选用精度相同的仪器最为合理.

(2)乘法和除法运算.

例3　$4.17\underline{8}\times10.\underline{1}=42.\underline{1978}=42.\underline{2}$

只保留一位欠准数,其结果应为 42.2,三位有效数,与乘数中 $10.\underline{1}$ 的最少位数相同.

例4　$4812\,\underline{8}\div12.\underline{3}=39\,\underline{12.8}\approx3.9\,\underline{1}\times10^3$

只保留一位欠准数,其结果应为 391 三位有效数,同样与除数的位数最少相同.

由此得出结论:有效数进行乘法或除法运算,乘积或商的结果的有效位数与参与运算的各量中有效位数最少者相同.

例5　$\dfrac{25^2+943.0}{489.0-10.00}=\dfrac{62\times10+943.0}{479.0}=\dfrac{(62+94.30)\times10}{479.0}=\dfrac{156\times10}{479.0}=3.26$

推论(2)测量的若干个量,若是进行乘除法运算,应按有效位数相同的原则来选择不同精度的仪器.

(3)乘方、开方运算的有效位数与其底的有效位数相同.

(4)凡不是测量而得值(常数或常量),不存在欠准数,因此可以视为无穷多位有效数,书写也不必写出后面的"0",如 $D=2R$,D 的位数仅由(视 2 为无穷位)直接测量 R 的位数决定.

(5)无理常数 $\pi,\sqrt{2},\sqrt{3},\cdots$ 的位数也可以看成无穷多位,计算过程中这些常数项参加运算时,其取的位数应比测量数据中位数最少者多取一位.例如,$L=2\pi R$,若测量值 $R=2.35\times10^{-2}$m 时,π 应取为 $3.14\overline{2}$,则 $L=2\times3.14\overline{2}\times2.35\times10^{-2}=1.48\times10^{-1}$(m).

(6)有效数字的修约,根据有效数字的运算规则,为使计算简化,在不影响最后结果应保留的位数(或欠准位置)的前提下,可以在运算前、后对数据进行修约,其修约原则是"四舍六入五看右左"的舍入规则(见附表Ⅳ).在科学实验中,若采取"四舍五入"法进行数字修约,既粗糙又不符合国标的科学规定.如 $32.448,32.050,32.75,32.6501$ 写为三位有效数字为 $32.4,32.0,32.8,32.7$.中间运算过程较结果要多保留一位数时,在此位数字的上面打横线表示之,如 $3.14\overline{2}$.

(7)本书约定绝对误差 $\overline{\Delta(x)}$ 或标准不确定度(A 类:S、B 类:u、合成:σ_x)用"四舍六入五看右左"的舍入规则取一位有效数字.

1.1.5　数据处理

用简明而严格的方法找出实验数据所反映的事物内在规律性,并把它表示出来就是数据处理.它是指从获取数据起到得到结果为止的整个数据加工过程,包括数据记录、整理、计算、分析与处理方法,这里主要介绍常见的列表法、作图法、最小二乘法等.

1. 列表法

列表法是记录数据的基本方法,欲使实验结果一目了然,避免混乱,避免丢数据,便于查对.列表法是记录的最好方法,将数据中的自变量、因变量的各个数值一一对应排列出来,可以简单明确地表示出有关物理量之间的关系;检查测量结果是否合理,及时发现

问题;有助于找出有关量之间的联系和建立经验公式.这就是列表法的优点,设计记录表格要求:

(1)利于记录、运算和检查,便于一目了然地看出有关量之间的关系.

(2)表中各栏要用符号标明,数据所代表物理量和单位要交代清楚.单位写在符号标题栏.

(3)表格记录的测量值和测量偏差,应正确反映所用仪器的精度.

(4)一般记录表格还有序号和名称.

例如,要求测量圆柱体的体积,圆柱体高 H 和直径 D 的记录如下:

测量次数 i	H_i/mm	ΔH_i/mm	D_i/mm	ΔD_i/mm
1	35.32	-0.004	8.135	-0.0003
2	35.30	0.016	8.137	-0.0023
3	35.32	-0.004	8.136	-0.0013
4	35.34	-0.024	8.133	0.0017
5	35.30	0.016	8.132	0.0027
6	35.34	-0.024	8.135	-0.0003
7	35.28	0.036	8.134	0.0007
8	35.30	0.016	8.136	-0.0013
9	35.34	-0.024	8.135	-0.0003
10	35.32	-0.004	8.134	0.0007
平均值	$35.31\bar{6}$		$8.134\bar{7}$	

说明:ΔH_i 是测量值 H_i 的偏差,ΔD_i 是测量值 D_i 的偏差;测 H_i 是用精度为 0.02 的游标卡尺,仪器误差 $\Delta_{仪}=0.02$mm;测 D_i 是用精度为 0.01mm 的螺旋测微器,其仪器误差 $\Delta_{仪}=0.005$mm.

由表中所列数据,可计算出高、直径和圆柱体体积测量结果(近真值和合成标准不确定度)

$$H=(35.32\pm0.03)\text{mm}$$
$$D=(8.135\pm0.005)\text{mm}$$
$$V=[(1.836\pm0.003)\times10^3]\text{mm}^3$$

2. 作图法

作图法是在坐标纸上用图形描述各物理量之间的关系,将实验数据用几何图形表示出来.作图法的优点是直观、形象,便于比较研究实验结果,求某些物理量,建立关系式等.作图要注意以下几点:

(1)作图一定要用坐标纸,根据函数关系选用直角坐标纸、单对数坐标纸、双对数坐标纸、极坐标纸等,本书主要采用直角坐标纸.

(2)坐标纸的大小及坐标轴的比例,应当根据所测得数据的有效数字和结果的需要来确定,原则上数据中的可靠数字在图中应当为可靠的,数据中的欠准位在图中应是估计的,要适当选取 x 轴和 y 轴的比例和坐标分度值,使图线充分占有图纸空间,不要缩在一边或一角;坐标轴分度值比例的选取一般选间隔 $1,2,5,10$ 等,这样便于读数或计算,除特殊需要外,分度值起点一般不必从零开始,x 轴和 y 轴比例可以采用不同的比例.

(3)标明坐标轴,一般是自变量为横轴,因变量为纵轴,采有粗实线描出坐标轴,并用箭头表示出方向,注明所示物理量的名称、单位,坐标轴上标明分度值(注意有效位数).

(4)描点,根据测量数据,用直尺笔尖使其函数对应点准确地落在相应的位置,一张图纸上画上几条实验曲线时,每条图线应用不同的标记如"×""Θ""△"等,以免混淆.

(5)连线,根据不同函数关系对应的实验数据点的分布,连成直线或光滑曲线时,图线并不一定通过所有的点,而是使数据点均匀地分布在图线的两侧,个别偏离很大的点应当舍去,即在处理时不予考虑,但原始数据点应保留在图中.把点连成直线或光滑的曲线或折线,连线必须用直尺或曲线板,而校正曲线要连成折线.

(6)写图名,在图纸下方或空白位置处,写上图的名称,一般将纵轴代表的物理量写在前面,横轴代表的物理量写在后面,中间用"—"连接,图中附上适当的图注,如实验条件等.

(7)最后写明实验者姓名和实验日期,并将图纸贴在实验报告的适当位置.

3. 图解法

实验曲线作出后,可由曲线求经验公式,由曲线求经验公式的方法称为图解法,在物理实验中经常遇到的曲线是直线、抛物线、双曲线、指数曲线、对数曲线等,而其中以直线最简单.

1)建立经验公式的一般步骤

(1)根据解析几何知识判断图线的类型;

(2)由图线的类型判断公式的可能特点;

(3)利用半对数、对数或倒数坐标纸,把原曲线改变为直线;

(4)确定常数,建立起经验公式的形式,并用实验数据来检验所得公式的准确程度.

2)直线方程的建立

如果作出实验曲线是一条直线,则经验公式为直线方程

$$y = kx + b \qquad\qquad (1.1.14)$$

欲建立此方程,必须由实验直接求出 k 和 b. 一般有两种方法.

a. 斜率截距法

由解析几何知,k 为直线的斜率,b 为直线的截距. 求 k 时,在图线上选取两点 $P_1(x_1, y_1)$ 和 $P_2(x_2, y_2)$,则斜率为

$$k = \frac{y_2 - y_1}{x_2 - x_1} \qquad\qquad (1.1.15)$$

要注意,所取两点不得为原实验数据点,并且所取的两点不要相距太近,以减小误差. 其截距 b 为 $x = 0$ 时的 y 值;若原实验图线并未给出 $x = 0$ 段直线,可将直线用虚线延长交 y 轴,则可量出截距.

b. 端值求解法

在直线两端取两点(但不能取原始数据点),分别得出它的坐标为(x_1,y_1),(x_2,y_2),将坐标值代入(1.1.14)式得

$$\begin{cases} y_1 = kx_1 + b \\ y_2 = kx_2 + b \end{cases}$$

联立解两方程得 k 和 b.

经验公式得出之后还要进行校验,校验的方法是:对于一个测量值 x_i,由经验公式可写出一个 y_i 值,由实验测出一个 y'_i 值,其偏差 $\delta = y'_i - y_i$,各个偏差之和 $\sum(y'_i - y_i)$ 趋于零,则经验公式就是正确的.

有的实验并不需要建立经验公式,而仅需要求出 k 和 b.

例1　一金属导体的电阻随温度变化的测量值为下表所示,试求经验公式 $R = f(T)$ 和表中电阻温度系数.

温度/℃	19.1	25.0	30.1	36.0	40.0	45.1	50.0
电阻/$\mu\Omega$	76.30	77.80	79.75	80.80	82.35	83.90	85.10

根据所测数据绘出 R-T 图,如图 1.1.3 所示.

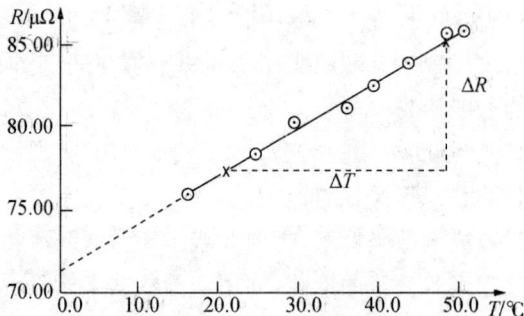

图 1.1.3　某金属丝电阻-温度曲线

求出直线的斜率

$$k = \frac{8.00}{27.0} = 0.296 (\mu\Omega/℃)$$

截距 $b = 72.00$,于是得经验公式

$$R = 72.00 + 0.296T$$

该金属的电阻温度系数为

$$a = \frac{k}{b} = \frac{0.296}{72.00} = 4.11 \times 10^{-3} (℃^{-1})$$

3)曲线改直,曲线方程的建立

由曲线图直接建立经验公式一般是困难的,但是我们可以用变数置换法把曲线图改为直线图,再利用建立直线方程来解决问题.

例 2　在恒定温度下,一定质量的气体的压强 p 随容积 v 而变,画 p-V 图,为一双曲线型,如图 1.1.4 所示.

用变数 $\frac{1}{V}$ 置换 V,则 p-$\frac{1}{V}$ 图为一直线,如图 1.1.5 所示.直线的斜率为 $pV=C$,即玻-马定律.

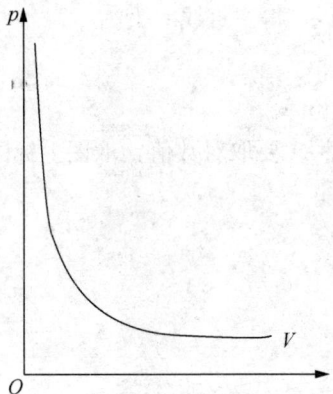

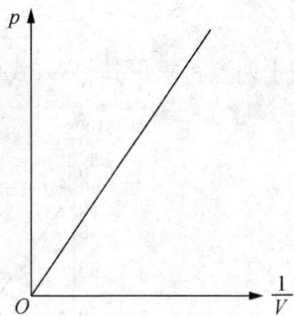

图 1.1.4　p-V 曲线　　　　　　　　　　图 1.1.5　p-$\frac{1}{V}$ 曲线

例 3　单摆的周期 T 随摆长 L 而变,绘出 T-L 实验曲线为抛物线型,如图 1.1.6 所示.若作 T^2-L 图则为一直线型,如图 1.1.7 所示.斜率

$$k=\frac{T^2}{L}=\frac{4\pi^2}{g}$$

由此可写出单摆的周期公式

$$T=2\pi\sqrt{\frac{L}{g}}$$

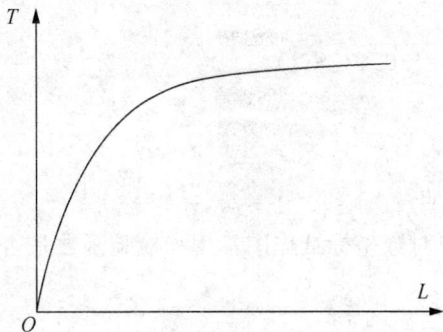

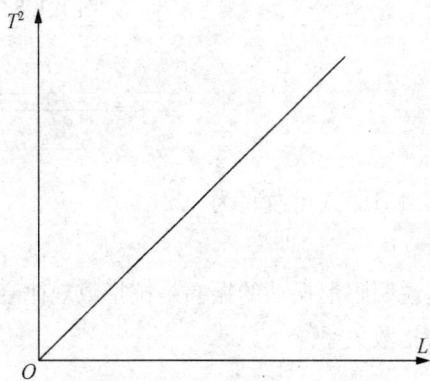

图 1.1.6　T-L 曲线　　　　　　　　　　图 1.1.7　T^2-L 曲线

例 4　阻尼振动实验中,测得每隔 $\frac{1}{2}$ 周期($T=3.11$)振幅 A 的数据如下:

$t\left(\dfrac{T}{2}\right)$	0	1	2	3	4	5
A/格	60.0	31.0	15.2	δ.0	4.2	2.2

　　用单对数坐标纸作图,单对数坐标纸的一个坐标是刻度不均匀的对数坐标,另一个坐标是刻度均匀的直角坐标.作图如图 1.1.8 所示,得一直线.

　　对应的方程为

$$\ln A = -\beta t + \ln A_0 \tag{1.1.16}$$

从直线上两点可求出其斜率(式中$-\beta$),注意 A 要取对数值,t 取图上标的数值,即

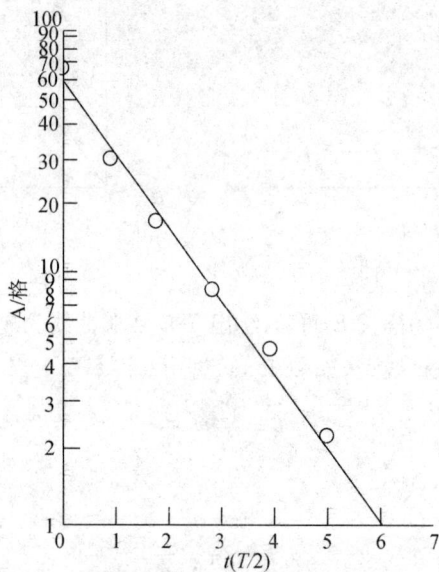

图 1.1.8　单对数坐标 A-t 曲线

$$\beta = \frac{\ln 1 - \ln 60}{(6.2 - 0) \times \dfrac{3.11}{2}} = -0.43(S^{-1})$$

(1.1.16)式可改写为

$$A = A_0 e^{-\beta t}$$

这说明阻尼振动的振幅是按指数规律衰减的.单对数坐标纸作图常用来检验函数是否服从指数关系.

4. 用最小二乘法求经验方程

　　求经验公式除可采用上述图解法外,还可从实验的数据求经验方程,这称为方程的回归问题.

　　方程的回归首先要确定函数的形式,一般要根据理论的推断或从实验数据变化的趋

势而推测出来. 如果推断出物理量 y 和 x 之间的关系是线性关系,则函数的形式可写为

$$y = b_0 + b_1 x$$

如果推断出是指数关系,则写为

$$y = C_1 e^{c_2 x} + C_3$$

如果不能清楚判断出函数的形式,则可用多项式来表示

$$y = b_0 + b_1 x + b_2 x^2 + \cdots + b_n x^2$$

式中,$b_0, b_1, b_2, \cdots, b_n, C_1, C_2, C_3$ 等均为参数,可以认为,方程的回归问题就是用实验的数据来求出方程的待定参数.

用最小二乘法处理实验数据,可以求出上述待定参数. 设 y 是变量 $x_1, x_2, \cdots$ 的函数,有 m 个待定参数 $C_1, C_2, \cdots, C_m$,即

$$y = f(C_1, C_2, \cdots, C_m; x_1, x_2, \cdots)$$

今对各个自变量 $x_1, x_2, \cdots$ 和对应的因变量 y 作 n 次观测得

$$(x_{1i}, x_{2i}, \cdots, y_i) \qquad (i = 1, 2, \cdots, n)$$

于是 y 的观测值 y_i 与由方程所得计算值 y_{0i} 的偏差为

$$(y_i - y_{0i}) \qquad (i = 1, 2, \cdots, n)$$

所谓最小二乘法,就是要求上面的 n 个偏差在平方 n 和最小的意义下,使得函数 $y = f(C_1, C_2, \cdots, C_m; x_1, x_2, \cdots)$ 与观测值 $y_1, y_2, \cdots, y_n$ 最佳拟合,也就是参数 $C_1, C_2, \cdots, C_m$ 应使

$$Q = \sum_{i=1}^{n} [y_i - f(C_1, C_2, \cdots, C_m; x_{1i}, x_{2i} \cdots)]^2 = 最小值$$

由微分学的求极值方法可知,$C_1, C_2, \cdots, C_m$ 应满足下列方程组

$$\frac{\partial Q}{\partial C_i} = 0 (i = 1, 2, \cdots, n)$$

下面从一最简单的情况看怎样用最小二乘法确定参数. 设已知函数形式是

$$y = a + bx \qquad\qquad (1.1.17)$$

这是一个一元线性回归方程,由实验测得自变量 x 与因变量 y 的数据是

$$x = x_1, x_2, \cdots, x_n$$

$$y = y_1, y_2, \cdots, y_n$$

由最小二乘法,a, b 应使

$$Q = \sum_{i=1}^{n} [y_i - (a + bx_i)]^2 = 最小值$$

Q 对 a 和 b 求偏微商应等于零,即

$$\begin{cases} \dfrac{\partial Q}{\partial a} = -2 \sum_{i=1}^{n} [y_i - (a + bx_i)] = 0 \\[3mm] \dfrac{\partial Q}{\partial b} = -2 \sum_{i=1}^{n} [y_i - (a + bx_i)] x_i = 0 \end{cases} \qquad (1.1.18)$$

由(1.1.18)式可得

$$\overline{y}-a-b\overline{x}=0$$
$$\overline{xy}-a\overline{x}-b\overline{x^2}=0 \tag{1.1.19}$$

式中,$\overline{x}$ 表示 x 的平均值,即 $\overline{x}=\dfrac{1}{n}\sum\limits_{i=1}^{n}x_i$;$\overline{y}$ 表示 y 的平均值,即 $\overline{y}=\dfrac{1}{n}\sum\limits_{i=1}^{n}y_i$;$\overline{x^2}$ 表示 x^2

的平均值,即 $\overline{x^2}=\dfrac{1}{n}\sum\limits_{i=1}^{n}x_i^2$;$\overline{xy}$ 表示 xy 的平均值,即 $\overline{xy}=\dfrac{1}{n}\sum\limits_{i=1}^{n}x_iy_i$. 解方程(1.1.19)得

$$b=\frac{\overline{x}\,\overline{y}-\overline{xy}}{\overline{x^2}-\overline{x}^2} \tag{1.1.20}$$

$$a=\overline{y}-b\overline{x} \tag{1.1.21}$$

在待定参数确定以后,为了判断所得的结果是否合理,还需要计算一下相关系数 r,对于一元线性回归,r 定义为

$$r=\frac{\overline{xy}-\overline{x}\,\overline{y}}{\sqrt{(\overline{x^2}-\overline{x}^2)(\overline{y^2}-\overline{y}^2)}}$$

可以证明,$|r|$ 的值是在 0 和 1 之间.$|r|$ 越接近于 1,说明实验数据能密集在求得的直线的近旁,用线性函数进行回归比较合理. 相反,如果 $|r|$ 值远小于 1 而接近于零,说明实验数据对求得的直线很分散,即用线性回归不妥当,必须用其他函数重新试探. 至于 $|r|$ 的起码值(当 $|r|$ 大于起码值,回归的线性方程才有意义),与实验观测次数 n 和置信度有关,可查阅有关手册.

非线性回归是一个很复杂的问题,并无一定的解法. 但是通常遇到的非线性问题多数能够化为线性问题. 已知函数形式为

$$y=C_1 e^{C_2 x}$$

两边取对数得

$$\ln y=\ln C_1+C_2 x$$

令 $\ln y=z,\ln C_1=a,C_2=b$ 则上式变为

$$z=a+bx$$

这样就转化成一元线性回归.

5. 逐差法

有些间接测量,其直接测量是等间距变化的多次测量. 如在光杠杆法中,每次增加重量为 1kg,连续增重 7 次,则可读得 8 个标尺读数:$n_0,n_1,n_2,\cdots,n_7$,求其平均值,则

$$\Delta n=\frac{(n_1-n_0)+(n_2-n_1)+\cdots+(n_7-n_6)}{7}=\frac{n_7-n_0}{7}$$

可见,中间值全部抵消,只有始末二次测量值起作用,与增重 7kg 的单次测量等价. 为了保持多次测量的优越性,通常可把数据分成两组,一组是 $n_0,n_1,n_2,,n_3$;另一组是 n_4,n_5,n_6,n_7. 取相应增重 4kg 的差值的平均值为

$$\Delta n=\frac{(n_4-n_0)+(n_5-n_1)+(n_6-n_2)+(n_7-n_3)}{4}$$

这种方法称逐差法,其优点是能充分利用测量数据和相对误差,并可以绕过一些具有定值的未知量,求出所需要的实验结果.

应该指出,用逐差法处理数据时,应具备以下两个条件:

(1)函数可以写成 x 的多项式,即

$$y = a_0 + a_1 x$$

或

$$y = a_0 + a_1 x + a_2 x^2$$

(2)自变量 x 是等间距变化的.这也是用逐差法的局限性.

1.2　力学实验基础知识

1.2.1　长度测量

长度是一个最基本的物理量.为了测量长度,必须首先规定长度的单位标准.在国际单位制中长度的单位为米,1 标准米定义为 ^{86}Kr 原子在 $2p_{10}$ 和 $5d_5$ 能级之间跃迁时光辐射(橘红色)在真空中波长的 1650763.73 倍.

在科研和生产中,测量长度需要一定的精度.直接测量长度的技术现已达到十分完善的地步,如比长仪等一系列的特殊仪器,用它们来测量长度可达 $1\mu\mathrm{m}(10^{-6}\mathrm{m})$ 的精度.这些仪器大都是基于利用显微镜及其他光学装置,但它们的读数装置几乎都附有游标或测微计.为了掌握长度测量的基本方法和技能,必须熟悉几种常用的测长仪器,了解它们的测量原理和仪器构造,并能熟练地使用它们.

1. 游标尺

1)游标原理

为了提高标准米尺(主尺)的估读精度,通常在主尺上附带一个可以沿尺身移动的游标.游标上的分度值 x 与主尺的分度值 y 之间有一定的关系,一般使游标的全部 m 个分格的长度等于主尺的 $(m-1)$ 个分格的长度,即

$$mx = (m-1)y \tag{1.2.1}$$

$$y - x = \frac{y}{m} = \Delta L_{仪} \tag{1.2.2}$$

式中,$\Delta L_{仪}$ 表示主尺分度与游标分度值之差,称为游标的精度[①],或者准确度,也就是该游标的最小读数值.常用游标的精度有 $1/10$,$1/20$ 和 $1/50$,其对应的测量精度分别为 $0.1\mathrm{mm}$,$0.05\mathrm{mm}$ 和 $0.02\mathrm{mm}$.图 1.2.1(a)示出了游标与主尺的刻度关系.图 1.2.1(b)则示出了游标尺的读法:

---

① 游标尺不分精密度等级,故这里统称精度.

第一步,从主尺上读得游标零刻线所在的整数分度值(15.0mm);

第二步,先大致估计不满一格的小数值(约 0.5mm),再到游标上找与主尺刻线准确对齐的游标分度值($5mm \times \frac{1}{10} = 0.5mm$);

第三步,得到测量值 $L = 15.0 + 0.5 = 15.5mm$. 有时游标上的所有刻度线,可能都不与主尺上的某一条刻线严格对齐,此时,就应取与主尺刻线对齐最好的那条刻线作为最终读数值. 显然,此时的测读误差小于 ΔL 标的二分之一,即测读误差不会超过游标精度的二分之一.

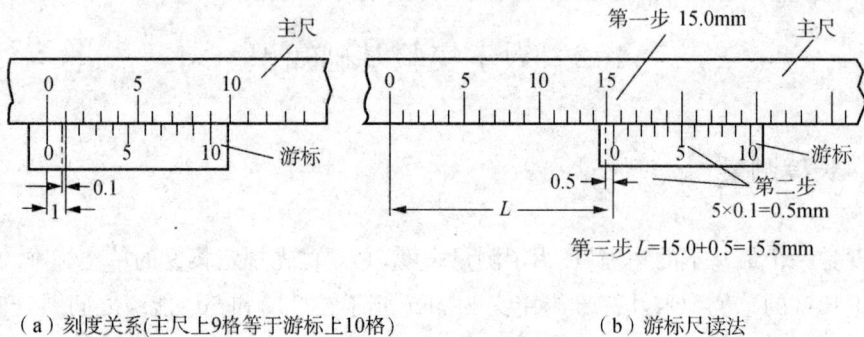

（a）刻度关系(主尺上9格等于游标上10格)　　　　　（b）游标尺读法

图 1.2.1　游标原理(精度 0.1mm)

由此可见,使用游标只能提高估读数的正确程度,而不能提高测量值的精确度. 要提高测量值的精确度,必须增加游标的刻度格数. 为此,在设计制造游标时还需考虑游标系数 γ,游标系数由(1.2.3)式定义

$$mx = (\gamma m - 1)y \qquad\qquad (1.2.3)$$

游标系数 γ 一般取 1 或 2,如取 3,将给游标的制造和使用带来很大困难.

游标原理还可用于角度的精确测量中. 在测角仪和经纬仪中称为弯游标. 由于角度值与分值是按 60 进位的,故一般将弯游标制成半度值的 1/30,即将半度的弧长作为分度值进行细分,这样 1/30 的弯游标的测角精度为 1′.

2)游标尺的构造和使用方法

游标尺主要由主尺和游标两部分构成,如图 1.2.2 所示. 游标紧贴着主尺滑动,外量爪用来测量厚度和外径,内量爪用来测量内径,深度尺用来测量槽的深度,紧固螺钉用来固定量值读数. 使用游标尺时,一手拿物体,另一手持尺,轻轻把物体卡住,应特别注意保护量爪不被磨损,不允许用游标尺测量粗糙的物体,更不允许被夹紧的物体在卡口内挪动.

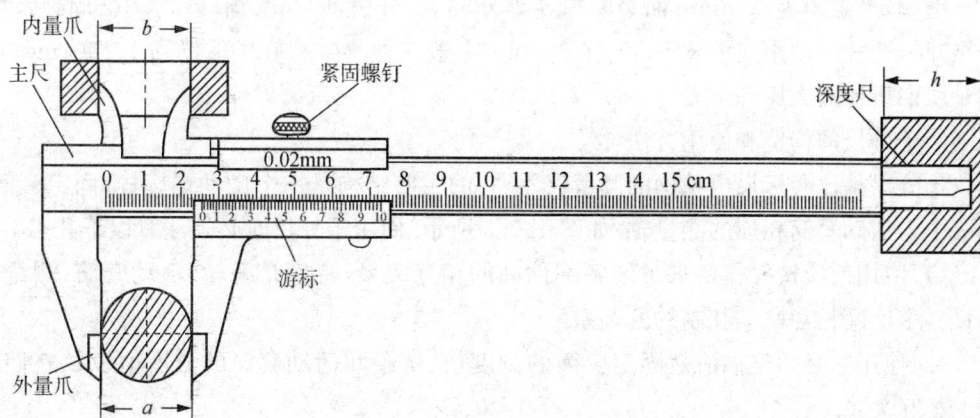

图 1.2.2 游标尺的结构和使用

3) 游标尺的零误差

在游标主尺与游标之间未放待测物、两外量爪靠拢时,若游标零刻线与主尺零刻线不重合,这就称为游标尺的零误差. 如果游标零刻线在主尺零刻线右侧,零误差为正,与正常测量时读数方法一致;如果游标零刻线在主尺零刻线左侧,零误差为负,以游标尺的最大刻线向零方向看第 n 格与主尺刻线对齐,则零误差即为

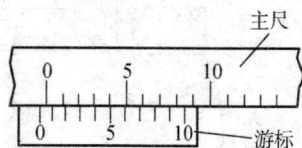

图 1.2.3 游标尺的负零点读数

$n\times$ 精度,如图 1.2.3 所示,此时的零点误差为 -0.5mm(该游标尺的精度为 0.1mm).

2. 千分尺(螺旋测微计)

1) 螺旋测微原理

在一根带有毫米刻度的测杆上,加工出高精度的螺纹,并配上与之相应的精制螺母套筒,在套筒周界上准确地等分 n 格刻度,这样,就构成了一个测微螺旋. 根据螺旋推进原理,套筒每转过一周(360°),测杆就前进或后退一个螺距 p(mm),如图 1.2.4 所示. 只要螺距准确相等,则按照套筒转过的角度,就可以估读出测杆端部移动的距离,即套筒转动 $1/n$ 周,螺杆移动 p/n(mm).

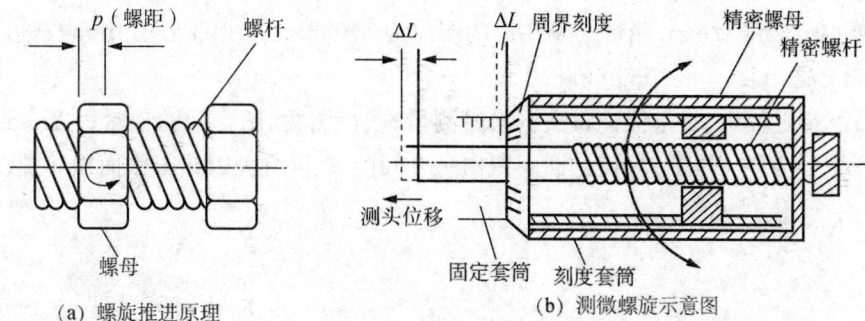

(a) 螺旋推进原理   (b) 测微螺旋示意图

图 1.2.4 螺旋测微原理

例如,当螺距为 0.5mm,而套筒周界等分成 50 分格,则当套筒转过 1/50 周(转动 1 分格)时,螺杆移动距离为 0.5/50＝0.01mm.一般这种测微螺旋可估读到 1/1000mm,这就是所谓机械放大原理.

2)千分尺的构造和使用方法

千分尺是比游标尺更精确的测量仪器,它的主要结构是一个微动螺旋杆(固定套筒)和一个与活动套筒相连的测量轴,如图 1.2.5 所示.使用千分尺时必须注意以下几点:

(1)使用前应按操作要求了解各部件间的相互关系,特别是棘轮、活动套筒、测量轴与锁紧手柄间相互联动和制约的关系.

(2)使用前必须先搞清楚固定套筒的刻度值、螺距和活动套筒的分度值以及它们之间的相互关系.

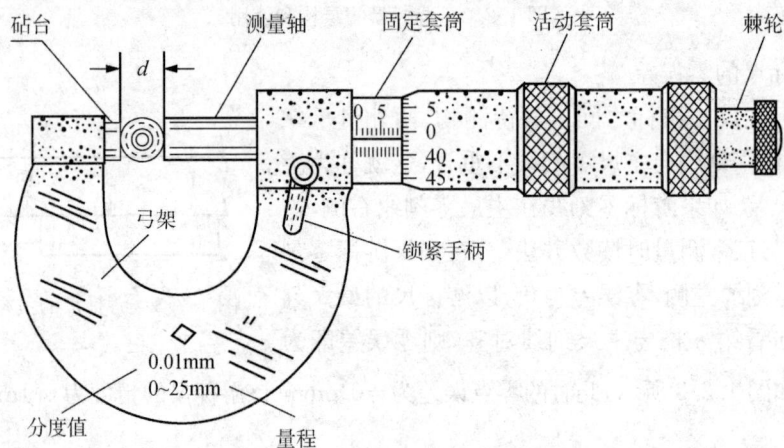

图 1.2.5　螺旋测微仪(千分尺)

(3)测量前必须读取初读数.转动棘轮,使测量轴与砧台刚好接触,并听到"咯!咯!咯!"的响声,即停止转动棘轮,读取固定套筒上的横线在活动套筒上的示值,即为初读数,如图 1.2.6(a)所示.注意初读数的正、负值.

(4)读取末读数时应注意螺杆标尺上的读数是否超过 0.5mm,如图 1.2.6(b)左图所示螺杆标尺读数为 5mm,未超过 0.5mm,活动套筒读数为 0.032mm,故末读数为 5.032mm;右图所示螺杆标尺读数为 5mm,已超过 0.5mm,活动套筒读数仍为0.032mm,其末读数应为 5.532mm.测量结果左边两图应为 5.032－0.018＝5.014mm,右边两图应为 5.532－(－0026)＝5.558mm.

(5)测量过程中,尽量保证每次测量时测量轴、待测物、砧台间的松紧程度一致,以减小操作误差.测量完毕后,应使砧面间留出一个间隙 d,以避免因热膨胀而损坏螺纹.

初读数大于零
+0.018mm

初读数小于零
−0.026mm

（a）初读数的正和负

(5+0.032)mm

(5+0.5+0.032)mm

（b）读数（待测长度L=末读数−初读数）

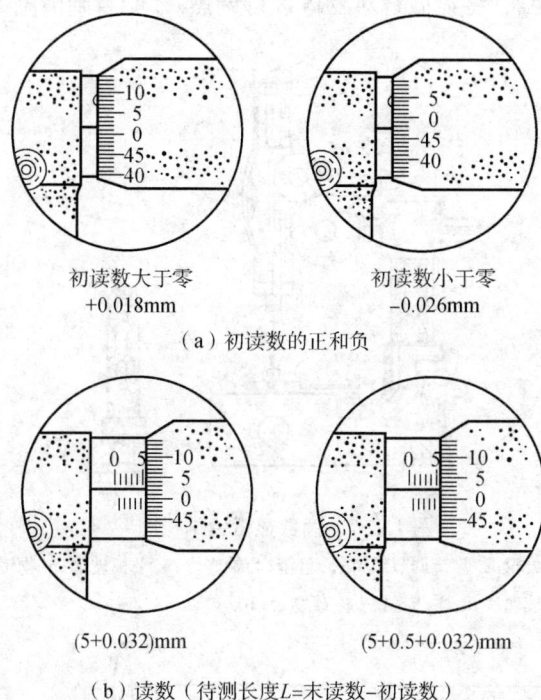

图 1.2.6 螺旋测微仪（千分尺）的读数法

3. 读数显微镜

图 1.2.7 所示的读数显微镜是物理实验中常用的一种，它是既可作长度测量又可作观察用的光学仪器，用于观测近距离的微小物体. 虽然读数显微镜的型号和规格很多，但基本结构相同，主要由显微镜和长度测量装置组成.

显微镜是一种常用的用于放大待测物体对人眼所张视角的助视光学仪器，也常被组合在其他光学仪器中（如干涉显微镜就是由显微镜和干涉仪组合而成）. 如图 1.2.8 所示，显微镜主要由焦距较长的目镜 L_e 和焦距很短的物镜 L_o 组成；作测量用的显微镜，为了测量或对准物像，在其目镜的物方焦点附近偏向目镜的一侧还有一个刻有叉丝或标尺的分划板 C_s. 工作时，待测物体先通过物镜在分划板上成一个倒立放大的实像，然后由目镜将此实像和叉丝一并在观察者的明视距离 D（因人眼而定，一般为 25cm）处成放大的虚像. 显微镜的横向放大率 β 与视角放大率 M 相同，都等于物的放大率 M_o 与目镜的放大率 M_e 之积，即

$$\beta=M=M_o \cdot M_e=\frac{\Delta}{f_1'} \cdot \frac{D}{f_2}$$

式中，f_1' 是物镜的像方焦距，f_2 是目镜的物方焦距，Δ 是物镜像方焦点 F_1' 到目镜物方焦点 F_2 之间的距离（又称显微镜的光学间隔，一般取 16~19cm）.

由于显微镜的光学间隔 Δ 一般具有确定的值，给定物镜和目镜后，显微镜的筒长 L（$L=f_1'+\Delta+f_2$）、工作距离（能观测的物体到物镜的距离）也随之确定. 观测时，需要调

节待测物体到物镜的距离(将显微镜对物体进行调焦)才能看到清晰的物像.

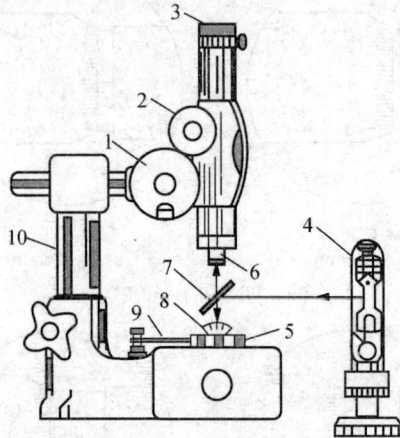

图 1.2.7　读数显微镜结构图

1.读数鼓轮；2.物镜调节螺钉；3.目镜；4.钠光灯；5.平板玻璃；6.物镜；

7.反射玻璃片；8.平凸透镜；9.载物台；10.支架

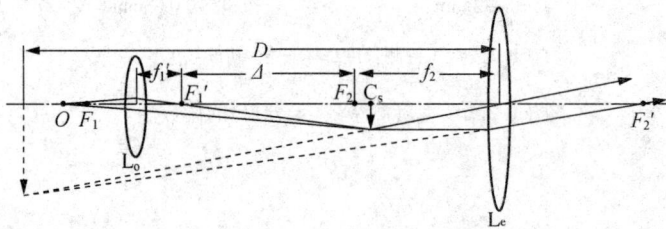

图 1.2.8　显微镜光路图

显微镜的调节步骤如下：

(1)将待测物体放在载物台上,待测部分对准显微镜的物镜；

(2)旋转目镜,调节目镜到叉丝分划板的距离,直到通过目镜能看到清晰的叉丝；

(3)旋转调焦螺旋,调节待测物体到物镜的距离,直到物镜所成物像与分划板完全重合.通过目镜能同时看到清晰的物像和叉丝,并且眼睛晃动时物像和叉丝之间不存在视差.

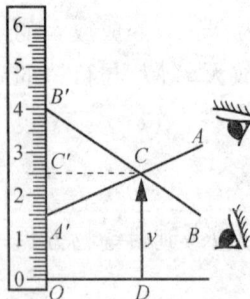

图 1.2.9　视差示意图

　　　　所谓视差是指两静止物体之间的位置关系随观察位置变化而改变的一种视觉差异现象.如图 1.2.9 所示,当被测物体 DC 与标尺不共面时,不论人眼在 A 点测得的物高 $OA'(<y)$ 还是在 B 点测得的物高 $OB'(>y)$ 都不正确；只有当被测物与标尺共面,C 点与 C' 点重合时,所测结果 $OC'(=y)$ 才不随人眼的观测位置而改变,即不存在视差.显微镜的视差是指通过目镜观察到的物像与叉丝之间的位置关系随人眼晃动而改变的现象,它是由物像与叉丝不在同一平面引起的,消除它的方法是仔细调焦(仔细调节待测物体到物镜的距离,使物体通过物镜所成的像恰好落在叉丝的分划板上).

　　调焦时,为了避免显微镜的物镜与反射玻璃或被测物体相接触,损坏显微镜物镜、反射玻璃或被测物体,可先从显微镜外侧观察,旋转调焦螺旋使显微镜尽可能地降到最低位置,然后通过目镜观察,同时反向旋转调焦螺旋使显微镜自下而上移动,直到能同时看到清晰的物像和叉丝,并且两者之间不存在视差.

　　读数显微镜的长度测量装置是根据螺旋测微原理或根据游标原理制成,用来精确测量读数显微镜滑动部件横向或纵向移动的距离.图 1.2.10 所示是根据螺旋测微原理制成的读数显微镜的长度测量装置,它由量程为 50mm 的毫米刻度尺(又称主尺)和被分为100 等分的测微螺旋(又称螺尺)组成,测微螺旋每旋转一周将带动读数显微镜的滑动部件在固定支架上移动 1mm,其最小分度为 0.01mm,仪器误差取 0.004mm.读数时,先读滑动部件上主尺读数基准线所在的主尺读数(只读到毫米位),再读固定支架上螺尺读数基准线所在的螺尺读数(估读一位),图 1.2.10 所示读数为 $27+0.485=27.485$(mm).

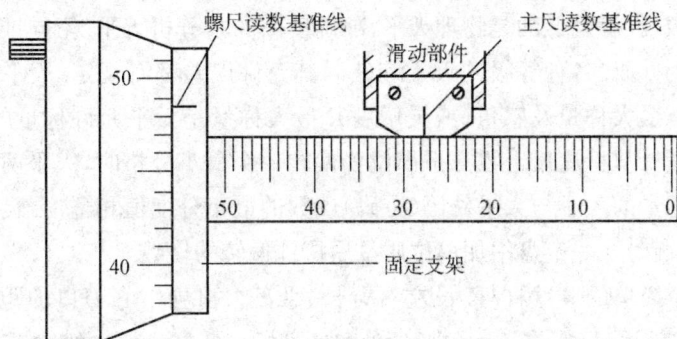

图 1.2.10　读数显微镜装置图

　　具体测量时,先转动测微螺旋使叉丝刻线与待测物体相切于某点 A,记录读数 x_A,再沿同一方向转动测微螺旋使叉丝刻线与待测物体相切于另一点 B,记录读数 x_B,两次读数之差 $|x_A-x_B|$ 即为 A,B 两点之间的距离.测量时,所有相关点的位置读数必须在测微螺旋往某个方向的某次转动过程中逐个读出,以消除读数显微镜长度测量装置存在的系统误差——空回误差.

　　读数显微镜的空回误差是指测微螺旋正转途中突然反转时滑动部件并不立即随之反向移动的现象.如图 1.2.11 所示,它是由连接测微螺旋的旋转螺杆和连接滑动部件的滑动螺母耦合时存在空气间隙所引起的.通过下述方法可粗略地测量读数显微镜存在的空回误差:先往某个方向旋转测微螺旋,待读数显微镜的滑动部件移动到某一位置 x_1 时再反向旋转测微螺旋,记录下滑动部件刚要反向移动时的读数 x_2,两读数之差 $|x_2-x_1|$ 即为仪器的空回误差.消除空回误差

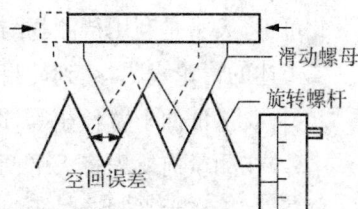

图 1.2.11　空回误差示意图

的方法是在测微螺旋往某个方向的某次转动过程中逐个读出所有相关联的数据. 利用显微镜、望远镜、投影仪等光学仪器测量长度时,一般读数的准确度可达($\frac{1}{1000}$)mm＝1μm,比长仪则可达($\frac{1}{10000}$)mm＝0.1μm.

1.2.2 质量测量

质量是力学中三个基本物理量之一. 国际单位制中量度质量的单位是千克(kg). 千克等于国际千克原器的质量,千克原器是用90％铂和10％铱的合金按特殊的几何式样(正圆柱体)制造的,它保存在法国巴黎国际权度局里.

质量的测量是以物体的重量的测量通过比较而得到. 质量是基本物理量. 天平是测量物体质量的仪器,因此也是物理实验基本仪器之一. 天平是一种等臂杠杆,按其称衡的准确程度分等级,准确度低的是物理天平,准确度高的是分析天平. 不同准确程度的天平配置不同等级的砝码. 各种等级的天平和砝码其允许误差都有规定. 天平的规格除了等级以外主要还有最大称量及感量(或灵敏度). 最大称量是天平允许称量的最大质量. 感量就是天平的摆针从标度尺上零点平衡位置偏转一个最小分格时,天平两称盘上的质量差. 一般来说,感量的大小与天平砝码(游码)读数的最小分度值相适应. 灵敏度是感量的倒数,即天平平衡时在一个盘中加单位质量后摆针偏转的格数.

天平是一个简单的等臂杠杆. 设左右臂长(悬盘刀口到中心刀口的距离)分别为L_1和L_2. 两臂的等效质量(所有重物包括悬盘和悬盘折合到悬盘刀口的质量)分别为M_1和M_2,则平衡时有

$$M_1 g l_1 = M_2 g l_2 \tag{1.2.4}$$

其中,g为重力加速度,是一个常数.

再分别在两盘中放入砝码(质量为m_0)和待测物(质量为m),则天平再处于平衡时有

$$(M_1 + m_0) g l_1 = (M_2 + m) g l_2 \tag{1.2.5}$$

如果$L_1 = L_2$,再利用(1.2.4)式代入(1.2.5)式得到

$$m = m_0 \tag{1.2.6}$$

由此可见,天平是利用待测物与砝码的质量相比较而得到待测物质量的.

上述的讨论表明,达到此目的需要满足两个重要的条件:

(1)要保证两个臂长相等,即$L_1 = L_2$.

(2)在测量前要先将天平调好平衡.

条件(1)在天平制造时予以保证. 条件(2)需要测量者预先调整. 此外,为保证天平工作正常还需预先调好天平的水平.

【仪器介绍】

物理天平是常用的测量物体质量的仪器,其外形示意图如图1.2.12所示. 天平的横

梁上装有三个刀口,中间刀口置于支柱上,两侧刀口各悬挂一个称盘.横梁下面固定一个指针,当横梁摆动时,指针尖端就在支柱下方的标尺前摆动.制动旋钮可以使横梁上升或下降,横梁下降时,制动架就会把它托住,以避免磨损刀口.横梁两端两个平衡螺母是天平空载时调平衡用的.横梁上装有游码,用于1g以下的称衡.支柱左边的托板,可以托住不被称衡的物体.

物理天平的规格由下列两个参量来表示:

(1)感量是指天平平衡时,为使指针产生可觉察的偏转在一端需加的最小质量.感量越小天平的灵敏度越高.图1.2.12所示天平的感量为0.05g.

(2)称量,是允许称衡的最大质量.该天平的称量为500g.

使用物理天平时应当注意以下几点:

(1)使用前,应调节天平底脚螺钉,使气泡位于水准仪中央,以保证支柱铅直.

(2)要调准零点,即先将游码移到横梁左端零线上,支起横梁,观察指针是否停在零点;如不在零点,可以调节平衡螺母,使指针指向零点.

(3)称物体时,被称物体放在左盘,砝码放在右盘,加减砝码,必须使用镊子,严禁用手.

(4)取放物体和砝码,移动游码或调节天平时,都应将横梁制动,以免损坏刀口.

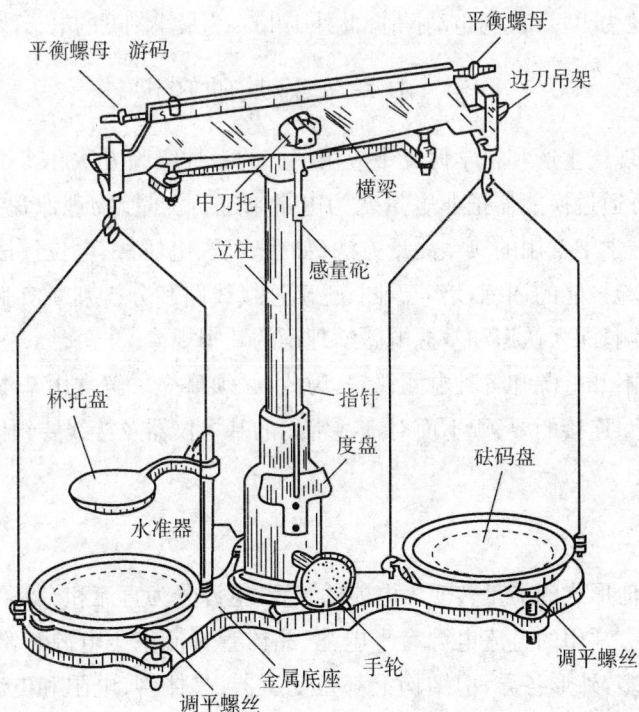

图 1.2.12　物理天平

【注意事项】

(1)天平的刀口是天平的核心部件,要加倍爱护.取放物体和砝码或暂时不使用天平时,必须将天平止动,启动和止动天平时动作要轻.

(2)天平的负载不得超过最大称量.

(3)砝码必须用镊子夹取,不得放在桌面上.

(4)用天平测量质量前要先调好水平和平衡.

1.2.3　时间测量

我们可用任何自身重复的现象来测量时间间隔.几个世纪以来一直用地球自转(一天时间)作时间标准,规定 1(平均太阳)日的 1/86400 为 1s.石英晶体钟充当次级时间标准,这种钟可达到一年中的记时误差为 0.02s.为满足更好的时间标准的需要,发展了利用周期性的原子振动作为时间标准(原子钟).1967 年国际计量大会采用铯(^{133}Cs)钟为基础的秒作时间标准,秒规定为^{133}Cs 的特定跃迁的 9 192 631 770 个周期的持续时间.这一规定使时间测量的精确度提高到 $1/10^{12}$.

实验室里常用的时计装置,一种是以机械振子为基础;另一种是以石英振子为基础.前者便是机械秒表,其最小分度值为 0.2s 甚至 0.1s,要手动操作,会引入误差.后者为数字毫秒计,其数字显示的末位为 10^{-3}ms,可电动操作.此外 1/100s 为最小刻度的电子秒表也属常用.

1.3　电学实验基础知识

电磁测量是现代生产和科学研究中应用很广的一种实验方法和实用技术.除了测量电磁量外,它还可通过换能器把非电量变为电量来进行测量.物理课程中电磁学实验的目的,是学习电磁学中常用的典型测量方法(如伏安法、电桥法、电位计法、冲击法等),进行实验方法和实验技能的训练,培养看图、正确连接线路和分析判断实验故障的能力;同时通过实际的观测,深入认识和掌握电磁学理论的基本规律.

电磁实验离不开电源和各种电测仪表,为此,必须事先了解常用基本仪器的性能,掌握仪器布置和线路连接的要领.下面对一些常用的基本仪器及接线要领作一简单介绍.

1.3.1　电源

电源是把其他形式的能量转变为电能的装置.电源分为直流和交流两类.

(1)直流电源.常用的直流电源有干电池、晶体管直流稳压电源和铅蓄电池.直流稳压电源的型号繁多,外形各异,但结构上都是变压器、晶体管、电阻和电容等电子元件按一定的线路组装而成的.它的电压稳定性好,内阻小,功率较大,使用方便.只要接到交流 220V 电源上,就能输出连续可调的直流电压(输出电压和电流的大小可由仪器上的电表读出).使用时,要注意它的最大允许输出电压和电流,切不可超过.每个铅蓄电池的正常电动势为 2V,额定供电电流约为 2A,多个并联可得较大电流,输出电压比较稳定.使用时要注意,当它的电动势降低到 1.8V 时,应及时充电;另外,蓄电池即使未用也需要每隔

2～3 星期充电一次. 蓄电池维护比较麻烦.

(2)交流电源. 常用的电网电源是交流电源. 交流电的电压可通过变压器来调节. 交流仪表的读数一般指有效值, 例如交流 220V 就是有效值, 其峰值为 $\sqrt{2} \times 220\mathrm{V} \approx 310\mathrm{V}$.

使用交流或直流电源时, 应特别注意不能使电源短路, 即不能将电源两极直接接通, 使外电路电阻等于零.

1.3.2　电阻

为了改变电路中的电流和电压, 或作为特定电路的组成部分, 在电路中经常需要接入各种不同大小的电阻. 电阻分为固定的和可变的两类, 不论是固定电阻还是可变电阻, 使用时除注意其阻值的大小外, 还应注意其额定功率, 即容许通过的电流 $I = \sqrt{\dfrac{W}{R}}$. 在额定功率下, 固定电阻接于电路中比较简单, 但可变电阻接法不同, 其功用也不一样. 下面着重介绍两种可变电阻——滑线变阻器和旋转式电阻箱的结构及用法.

1. 滑线变阻器

滑线变阻器的外形和结构示于图 1.3.1. 把电阻丝(如镍铬丝)绕在瓷筒上, 然后将电阻丝两端和接线柱 A、B 相连, 因此 A、B 之间的电阻即为总电阻. 在瓷筒上方的滑动接头 C 可在粗铜棒上移动, 它的下端在移动时始终和瓷筒上的电阻丝接触. 铜棒的一端(或两端)装有接线柱 C'、C'', 用来代表接头 C 以利于连线. 改变滑动接头 C 的位置, 就可以改变 AC 之间和 BC 之间的电阻.

滑线变阻器在电路中有两种接法:

(1)变流接法(限流器). 用滑线变阻器改变电流的接法示于图 1.3.2, 即将变阻器中的任一个固定端 A(或 B)与滑动端 C 串联在电路中. 当滑动接头 C 向 A 移动时, A、C 间的电阻减小; 当滑动接头 C 向 B 移动时, A、C 间的电阻增大; 可见, 移动滑动接头 C 就改变了 A、C 间的电阻, 也就改变了电路中的总电阻, 从而使电路中的电流发生变化.

(2)分压接法(分压器). 用滑线变阻器改变电压的接法示于图 1.3.3, 即变阻器的两个固定端 A、B 分别与电源的两极相连, 由滑动端 C 和任一固定端 B(或 A)将电压引出来. 由于电流通过变阻器的全部电阻丝, 故 A、B 之间任意两点都有电位差. 当滑动接头 C 向 A 移动时, B、C 间电压 V_{BC} 增大; 当滑动头 C 向 B 移动时, B、C 间的电压 V_{BC} 减小; 可见, 改变滑动接头 C 的位置, 就改变了 B、C(或 A、C)间的电压.

应当注意的是, 滑线变阻器用作改变电流的大小和用作分压两种接法是不相同的, 一定不能弄混! 同时还应记住, 开始实验以前, 在限流接法中, 变阻器的滑动端应放在电阻最大的位置; 在分压接法中, 变阻器的滑动端应放在分出电压最小的位置.

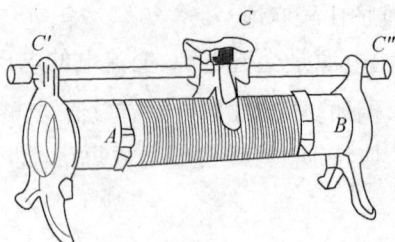

图 1.3.1   滑线变阻器

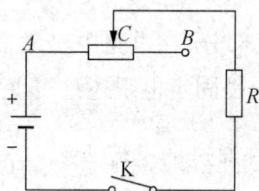

图 1.3.2   滑线变阻器的变流接法   图 1.3.3   滑线变阻器的分压接法

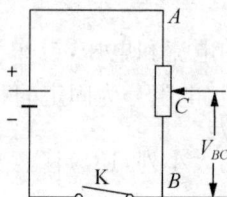

2. 旋转式电阻箱

电阻箱是由若干个准确的固定电阻元件,按照一定的组合方式接在特殊的变换开关装置上构成的.利用电阻箱可以在电路中准确调节电阻值.准确度级别高的电阻箱还可作任意值的电阻标准量具.图 1.3.4 表示某一种电阻箱的面板示意图.在箱面上有 6 个旋钮和 4 个接线柱,每个旋钮的边缘上都标有 $0,1,2,3,\cdots,9$ 等数字,靠旋钮边缘的面板上刻有标志,并有 $\times 0.1,\times 1,\cdots,\times 10000$ 等字样,也称倍率.当某个旋钮上的数字旋到对准其所示的倍率时,用倍率乘上旋钮上的数字,即为所对应的电阻.如图 1.3.4 中电阻箱面板上每个旋钮所对应的电阻分别为 $(3\times 0.1)\Omega,(4\times 1)\Omega,(5\times 10)\Omega,(6\times 100)\Omega,(7\times 1000)\Omega,(8\times 10000)\Omega$,总电阻为 $3\times 0.1+4\times 1+5\times 10+6\times 100+7\times 1000+8\times 10000=87654.3\Omega.$ 4 个接线柱上标有 $0,0.9\Omega,9.9\Omega,99999.9\Omega$ 等字样,表示 0 与 0.9Ω 两接线柱的阻值调整范围为 $0.1\sim(9\times 0.1)\Omega$;0 与 9.9Ω 两接线柱的阻值调整范围为 $0.1\sim 9(0.1+1)\Omega$;0 与 99999.9Ω 两接线柱的阻值调整范围 $0.1\sim 9(0.1+1+10+100+1000+10000)$

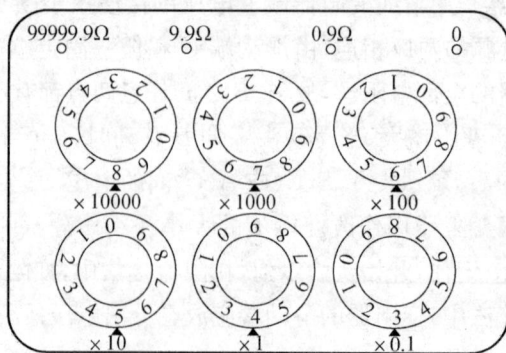

图 1.3.4   旋转式电阻箱面板图

Ω. 在使用时,如只需要 0.1~0.9Ω 或 9.9Ω 的阻值变化,则将导线接到"0"和"0.9Ω"或 "9.9Ω"两接线柱. 这种接法,可以避免电阻箱其余部分的接触电阻和导线电阻对低阻值带来不可忽略的误差. 电阻箱各挡电阻容许通过的电流是不同的. 现以 ZX21 型电阻箱为例,列表如下:

旋钮倍率	×0.1	×1	×10	×100	×1000	×10000
容许负载电流/A	1.5	0.5	0.15	0.05	0.015	0.005

1.3.3 电表

电测仪表的种类很多. 在物理实验中常用的绝大多数电表都是磁电系仪表,其读数靠指针在标尺上的偏转来显示. 这种仪表只适用于直流,具有灵敏度高、刻度均匀、便于读数等优点. 下面对磁电系仪表作一简单对照介绍.

1. 电流计(表头)

它是利用通电流的线圈在永久磁铁的磁场中受到一力偶作用发生偏转的原理制成的. 在磁场、线圈面积和线圈匝数一定时,偏转角度与电流的大小成正比. 它的结构如图 1.3.5 所示. 图中:1 是强磁力的永久磁铁;2 是接在永久磁铁两端的半圆筒形的"极掌";3 是圆柱形铁芯,它与两极掌间形成气隙,气隙内的磁场呈均匀的辐射状分布;4 是处在气隙中的活动线圈(简称"动圈"),它是在一个矩形铝框上用很细的绝缘铜线绕制成的;5 为装在转轴上的指针;6 是产生反作用力矩的两个"游丝",游丝的一端固定在仪表内部的支架上,另一端固定在转轴上. 当线圈通有电流受到磁力矩的作用而绕轴转动时,游丝随着发生扭转变形,由于游丝是螺旋形弹簧,有力图恢复原状的特性,因而对转轴产生一个反作用力矩. 当反作用力矩与磁力矩平衡时,线圈停止转动,指针指在一定

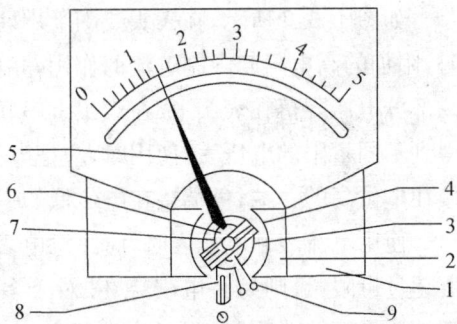

图 1.3.5 磁电系电表的结构
1. 永久磁铁;2. 极掌;3. 圆柱形铁芯;4. 线圈;
5. 指针;6. 游丝;7. 半轴;8. 调零螺杆;9. 平衡锤

的位置. 螺旋方向相反的两个游丝还兼作把电流引入线圈的引线. 7 是固定在动圈两端的"半轴",其轴尖支持在宝石轴承里,可以自由转动.

为了使仪表指针开始在零的位置,通常还有一个"调零器",它的一端与游丝相连. 如果使用前仪表的指针不指零位,可用起子轻轻调节露在表壳外面的调零杆 8,使仪表指针逐渐趋近于零位,9 是平衡锤.

电流计(表头)也可用于检验电路中有无电流通过,能直接测量的电流在几十微安到几十毫安之间. 如果用它来测量较大的电流,必须加分流器.

专门用来检验电路中有无电流通过的电流计称为检流计. 它分为按钮式和光点反射式两类.

按钮式检流计的特点是其零点位于刻度盘中央. 未通电流时,指针正对零点;通电流后,随电流方向的不同可以左右偏转. 检流计常处于断开状态,仅当按下按钮时,检流计才接入电路中. 因此用它来检验电路中有无电流,十分方便.

光点反射式检流计可分为墙式和便携式两种. 便携式(如 AC15 型复射式检流计)使用较方便,常用作电桥、电位差计等的指零仪器,或用来测量小电流和小电压.

2. 电流表(安培表)

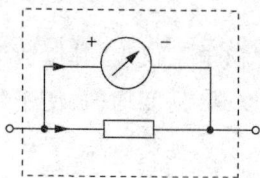

图 1.3.6 电流表的构造

如图 1.3.6 所示,在表头线圈上并联一个阻值很小的分流电阻,就成了电流表. 分流电阻的作用是使线路中的电流大部分通过它自身流过去,只有少量的电流才通过表头的线圈,这样就扩大了电流的量限. 表头上并联的分流电阻不同,可以测量的最大电流也就不同,即得到不同量限的电流表. 使用电流表时,应把它串联在待测电流的电路中,并注意正负端的接法,应使电流从电流表的正端流入,从负端流出.

3. 电压表(伏特表)

如图 1.3.7 所示,在表头线圈上串联一个附加的高电阻,就成了电压表. 当测量电压时,附加的高电阻起限制电流的作用,并使绝大部分的电压降落在附加电阻上,只有很小一部分电压降落在表头上. 在表头上串联的附加电阻不同,可以测量的最大电压也不同,得到不同量限的电压表. 使用时,应把电压表并联在待测电压的两端,并将电压表的正端接在电位高的一端,负端接在电位低的一端.

使用电流表和电压表时,应注意电表的量限,不得使测量值超过量限,否则易将电表烧坏. 对于多量限的电表,在不知道被测量值的范围时,为了安全起见,一般应先接大量限;在得出测量值的范围后,应换接与被测量值最接近的量限,以获得更精确的测量值. 测量值 A 按下式计算:

图 1.3.7 电压表的构造

$$A = n \cdot \frac{a}{N}$$

式中,a 为该量可测量的最大值,N 为该量限对应的标度尺的总分度数,n 为电表指针指示的读数(分度数).

根据我国的规定,电气仪表的主要技术性能都以一定的符号来表示,并标记在仪表的面板上. 表 1.3.1 中给出了一些常见电气仪表面板上的标记.

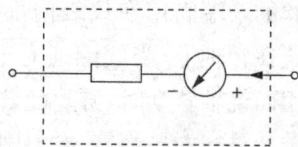

表 1.3.1　常见电气仪表面板上的标记

名　称	符　号	名　称	符　号
指示测量仪表的一般符号	○	磁电系仪表	∩
检流计	①	静电仪表	÷
安培表	A	直流	─
毫安表	mA	交流(单相)	~
微安表	μA	直流和交流	≃
伏特表	V	以标尺量限百分数表示的准确度等级,例如 1.5 级	1.5
毫伏表	mV	以指示值的百分数表示的准确度等级,例如 1.5 级	⑴.5
千伏表	kV	标度尺位置为垂直的	⊥
欧姆表	Ω	标尺位置为水平的	⌐
兆欧表	MΩ	绝缘强度试验电压为 2kV	☆2
负端钮	─	接地用的端钮	
正端钮	+	调零器	↷
公共端钮	*	Ⅱ级防外磁场及电场	Ⅱ Ⅱ

根据《GB776—76 电气测量指示仪表通用技术条件》的规定,电表的准确度等级分为 0.1,0.2,0.5,1.0,1.5,2.5 和 5.0 七级. 电表指针指示任一测量值所包含的最大基本误差为

$$\Delta m = \pm A_\mathrm{m} \cdot K\%$$

式中,Δm 为绝对误差,A_m 为电表的量限(电表可测量的最大值,用电表指针指到满刻度的数值来表示),K 是电表的准确度等级.

例如,准确度等级为 0.5 级的电表,在规定的条件下工作时,它所示出的数值可能包含的最大基本误差是该电表量限的 ±0.5%.

1.3.4　仪器布置和线路连接

要获得正确的实验测量结果,实验仪器的布置和线路的正确连接是非常重要的. 仪器布置不恰当,实验时就不顺手,而且造成接线混乱,不便于检查线路,容易出错. 结果,轻者待测量测不准确,重者损坏仪器,造成事故! 因此,需要学习和训练仪器布置和接线方面的技能.

(1)在电磁学实验的电路图中,各种仪器都是用一定的图形符号表示的(表 1.3.1),并用直线将它们连接起来. 接线时,首先必须了解线路图中每个符号代表的意思,弄清楚各个仪器的作用,然后按照"走线合理,操作方便,易于观察,实验安全"的原则布置仪器. 也就是说,仪器设备不一定要完全按照实验电路中的相应位置一一对应;而一般是将经常要调整或者要读数的仪器放在近处,其他仪器放在远处;使用电压不同的几种电源时,高压电源要远离人身.

(2)从电源正极开始按回路对点接线.当线路复杂时,可把它按图形分成几个回路,先接完一个回路,再分别地一一连接其他回路.接线时应充分利用电路中的等位点,避免在一个接线柱上集中过多的导线接线片(最好不超过三个).

(3)电磁学实验大都运用多种仪器,根据不同目的连接形式不同的电路,不能正确连线就不能使期望的现象发生,达到预定的目的.更为严重的是,如果接线不正确又随意接电源,将会造成仪器损坏.因此,必须遵守"先接线路,后接电源;先断电源,后拆线路"的操作规程.按电路图接好线路后,先自行仔细检查一遍,再请教师复查并听取指导,才能接通电源.接电源时,必须全局观察整个线路上的所有仪器,如发现有不正常现象(如指针超出电表的量限,指针反转,焦臭等)应立即切断电源,重新检查,分析原因.若电路正常,可用较小的电压或电流先观察实验现象,然后才开始测读数据.现将操作的过程概括成下面四句话:手合电源,眼观全局,先看现象,再读数据.

(4)测得实验数据后,应当用理论知识来判断数据是否合理,有无遗漏,是否达到了预期的目的.在自己确认无疑又经教师复核后,方可拆除线路,并整理好仪器用具.

1.4 光学实验基础知识

光学仪器的应用十分广泛.例如,它可将像放大、缩小或记录储存;可以实现不接触的高精度测量;利用光谱仪器可以研究原子、分子和固体的结构,测量各种物质的成分和含量等.特别是,由于激光的产生和发展,近代光学和电子技术密切配合,以及材料和工艺上的革新等,光学仪器在国民经济的各个部门几乎成为不可缺少的工具.

光学仪器的核心部件是它的光学元件,如各种透镜、棱镜、反射镜、分划板等,对它们的光学性能(如表面光洁度、平行度、透过率等)都有一定的要求.光学元件极易损坏.最常见的损坏有下列几种.

(1)破损:由于使用者粗心大意,光学元件受到强烈的撞击(如跌落、振动)或挤压,造成缺损或破裂.

(2)磨损:这是常见的,也是危害性最大的损坏.往往在玻璃表面上附有灰尘等污物时,由于处理方法不正确(如用手或布,甚至用纸片去擦),玻璃的光学表面留下刻痕.也有因使用或保管不善,使光学元件和其他物体发生摩擦.磨损的结果,将使仪器成像变模糊,严重时甚至不能成像.

(3)污损:由于手指上的油垢汗渍或不洁的液体所造成的沉淀,结果在光学表面上留下斑渍.

(4)发霉:这是由于光学元件所处环境的温度较高,湿度较大,适宜于微生物的生长而造成的.

(5)腐蚀:是在光学表面遇到酸、碱等化学物品后造成的.

由于以上原因,光学仪器在使用和维护时必须遵守下列规则:

(1)必须在了解仪器的使用方法和操作要求后才能使用仪器.

(2)仪器应轻拿、轻放,勿受震动.

（3）不准用手触摸仪器的光学表面．如必须用手拿某些光学元件（如透镜、棱镜等）时，只能接触非光学表面部分，即磨砂面，如透镜的边缘、棱镜的上下底面等．

（4）光学表面若有轻微的污痕或指印，可用特制的镜头纸或清洁的麂皮轻轻地拂去，不能加压力擦拭，更不准用手、手帕、衣服或其他纸片擦拭．使用的镜头纸应保持清洁（尤其不能粘有尘土）．若表面有较严重的污痕、指印等，一般应由实验室管理人员用乙醚、丙酮或酒精清洗（镀膜面不宜清洗）．

（5）光学表面如有灰尘，可用实验室专备的干燥的脱脂软毛笔轻轻掸去，或用橡皮球将灰尘吹去．切不可用其他任何物品揩拭．

（6）除实验规定外，不允许任何溶液接触光学表面．

（7）在暗室中应先熟悉各种仪器用具安放的位置．在黑暗环境下摸索仪器时，手应贴着桌面，动作要轻缓，以免碰倒或带落仪器．

（8）仪器用毕，应放回箱内或加罩，防止沾污尘土．

（9）仪器箱内应放置干燥剂，以防仪器受潮和玻璃表面发霉．

（10）光学仪器装配很精密，拆卸后很难复原，因此严禁私自拆卸仪器．

1.4.1　视差

所谓视差是指当两个物体静止不动时，改变观察者的位置，一个物体相对另一物体有明显的移动．在光学仪器中指的是当人的眼睛从一侧移到另一侧时，像相对于十字叉丝有明显的移动，只有当像和十字叉丝不在同一平面上时，才出现视差．视差是用来对正在调焦的仪器的一种检验方法，当像与十字叉丝在同一平面上时就没有视差，从而得到良好的聚焦．

用视差来检验聚焦，简单地将你的眼睛从一侧移到另一侧，同时注视着像和十字叉丝，如果它们之间无相对移动，它们就在同一平面上聚焦完成了．如果有相对移动，可调节仪器直到视差消除为止．如果像是在十字叉丝与眼睛之间，当将眼睛移到右边时，像就移动到十字叉丝左边．如果像是在十字叉丝之间，当将眼睛移到右边时，像就移动到十字叉丝的右边．这样你就能够知道欲使像聚焦，应向那个方向移动．

当用一根尺去测量两点之间的距离时，视差也是极为重要的．为了消除视差和由它引起的误差，尺和两个点应在同一平面上（垂直于你视线的平面）．同样在装有偏转指针的仪表中的读数，也有视差问题．若在指针下面放一面镜子，可使眼睛通过指针并垂直标尺，从而使视差减少到最小值．

1.4.2　望远镜

实验室中最简单的望远镜是由两个透镜，即物镜和目镜组成两个透镜安装在一根管子中，并在透镜之间装有十字叉丝，物镜将物体成像在十字叉丝平面上，再通过目镜来观察该像.

欲正确调节望远镜,目镜应聚焦在十字叉丝上,直到十字叉丝可清晰看清为止.目镜和十字叉丝之间的距离随不同的观察者而异.当十字叉丝严格的聚焦时,如果像与十字叉丝重叠,那么像也就聚焦了,这一步骤,可以用调节十字叉丝到物镜之间的距离来完成,使像能清晰地看到为止.某些望远镜上有一个调焦螺丝用来完成上述的调节,有些望远镜则是将物镜固定在一个可以伸缩的管子中来调节.

如上所述,目镜的正确调节是随不同观察者而异的,而十字丝到物镜之间的合适距离是与观察者无关的,因此,只要观察同一物体该距离是固定不变的.

我们可以将各种科学仪器与望远镜联合使用,如测高仪、达松伐电流比分光计等,但是它们的调节程序总是相同的.

1.4.3 显微镜

图1.4.1是一个组合显微镜的光路图.它是由两个透镜组,即物镜和目镜构成,物镜形成物体的一个倒立、放大的实像,然后,物镜所成的像通过目镜得到一个正立、放大的虚像.一个实际使用的显微镜,它的目镜和物镜都是经精确校正的复合透镜组,不过在图中仅仅以薄透镜表示.

显微镜的放大倍数是物镜的横向放大倍数和目镜的角放大倍数(又称放大率)的乘积.

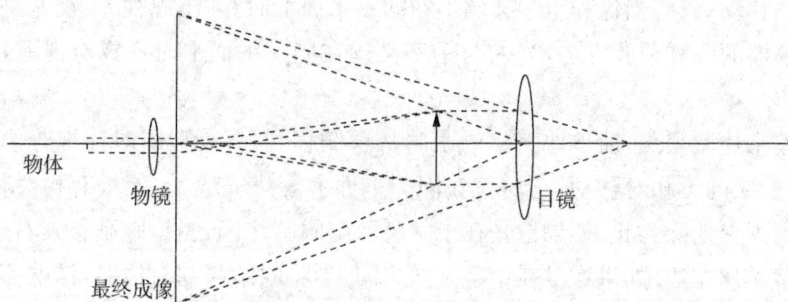

图1.4.1 组合显微镜的光路图

1.5 仿真实验

大学物理仿真实验是通过计算机把实验设备、教学内容、教师指导和学生的操作有机地融合为一体,形成了一部活的、可操作的物理实验教科书.通过仿真物理实验,学生对实验的物理思想和方法、仪器的结构及原理的理解,可以达到实际实验难以实现的效果,实现培养学生动手能力,学习实验技能,深化物理知识的目的,同时增强了学生对物理实验的兴趣,大大提高物理实验教学水平,是物理实验教学改革的有力工具.

仿真实验有如下几个特点：

（1）通过实验环境的模拟，使未作过实验的学生通过仿真软件对实验的整体环境、所用仪器的整体结构能建立起直观的认识．仪器的关键部位可拆卸、可解剖进行调整并实时观察仪器的各种指标和内部结构的动作，增强了熟悉仪器功能和使用方法的训练．

（2）在实验中仪器实现了模块化，学生可对提供的仪器进行选择和组合，用不同的方法完成同一实验目标，培养学生的设计思考能力和对不同实验方法的优劣、误差大小的比较、判断能力．

（3）通过深入解剖教学过程，设计上充分体现教学思想的指导，使学生必须在理解的基础上认真思考才能正确操作，克服了实际实验中出现的盲目操作和实验"走过场"现象的缺点，使学生切实受益，大大提高了物理实验教学的质量和水平．

（4）对实验的相关理论进行了演示和讲解，对实验的历史背景和意义、现代应用等方面都作了介绍，使仿真实验成为连接理论教学与实验教学，培养学生理论与实践相结合思维的一种崭新教学模式．

（5）实验中待测的物理量可以随机产生，以适应同时实验的不同学生和同一学生的不同次操作．对实验误差也进行了模拟，以评价实验质量的优劣．对学生的实验报告进行数据库管理，可以存储、评阅、查看和打印．

（6）具有多媒体配音解说和操作指导，易于使用．利用仿真实验进行教学，在物理实验教学模式创新上发挥了巨大作用．它利用软件建模设计虚拟仪器，建立虚拟实验环境，学生可在这个环境中自行设计实验方案、拟定实验参数、操作仪器，模拟真实的实验过程，深化理解物理知识．大学物理仿真实验可用于学生预习、复习以及自学物理实验，营造学生自主学习的环境和与真实实验相结合的二段式、三段式教学模式，并使实验教学在空间和时间上得到延伸．解决了对大面积学生开设设计性、研究性、开放性实验教学资源不足的困扰．

1.5.1　大学物理仿真实验 2.0 for Windows 安装和配置

1.仿真实验系统需求

CPU：Intel Pentium 及其兼容芯片

内存：512M 以上

显卡：支持 640K×480K×64K 色

声卡：Sound Blaster 及其兼容声卡

鼠标：Microsoft 兼容鼠标

光驱：符合 ISO 9660

操作系统：Microsoft Windows XP 中文版或 Windows 2003 中文版

2. 仿真实验的安装

(1)启动 Windows 系统.

(2)保证 Windows 目录下有 150M 以上的剩余空间.

(3)将安装光盘放入光驱,运行光盘上的 SETUP. EXE 程序,按提示安装,当安装程序完成安装后重新启动 Windows 系统.

(4)安装后生成"大学物理仿真实验 V2.0"程序组,双击"大学物理仿真实验 V2.0"图标即可运行.

注意:系统运行时光盘必须留在光驱里.

3. 仿真实验的删除

在 Windows 系统的文件管理器(或 Windows 的"开始"菜单)里双击"删除大学物理仿真实验 V2.0"图标,按照提示操作即可删除本软件.

1.5.2　大学物理仿真实验 2.0 for Windows 基本操作方法

在仿真实验中几乎所有的操作都要使用鼠标. 如果您的计算机安装了鼠标,启动 Windows 后,屏幕上就会出现鼠标指针光标. 移动鼠标,屏幕上的指针光标随之移动. 下面是本手册中鼠标操作的名词约定.

单击:按下鼠标左键再放开.

双击:快速地连续按两次鼠标左键.

拖动:按下鼠标左键并移动.

右键单击:按下鼠标右键再放开.

1. 系统的启动

图 1.5.1　仿真实验主界面

在 Windows 系统的文件管理器(或 Windows 的"开始"菜单)里双击"大学物理仿真实验 V2.0"图标,启动仿真实验系统.进入系统后出现主界面(图 1.5.1),单击"上一页"、"下一页"按钮可前后翻页.用鼠标单击各实验项目文字按钮(不是图标)即可进入相应的仿真实验平台.结束仿真实验后回到主界面,单击"退出"按钮即可退出本系统.如果某个仿真实验还在运行,则在主界面单击"退出"按钮无效,待关闭所有正在运行的仿真实验后,系统会自动退出.

2. 仿真实验的操作方法

仿真实验平台采用窗口式的图形化界面,形象生动,使用方便.

由仿真系统主界面进入仿真实验平台后,首先显示该平台的主窗口——实验室场景(图 1.5.2),该窗口大小一般为全屏或 640×480 像素.实验室场景内一般都包括实验台、实验仪器和主菜单.用鼠标在实验室场景内移动,当鼠标指向某件仪器时,鼠标指针处会显示相应的提示信息(仪器名称或如何操作),如图 1.5.3 所示.有些仪器位置可以调节,可以按住鼠标左键进行拖动.

主菜单一般为弹出式,隐藏在主窗口里,在实验室场景上单击右键即可显示(图 1.5.4).菜单项一般包括:实验背景知识、实验原理的演示、实验内容、实验步骤和仪器说明文档,开始实验或进行仪器调节、预习思考题和实验报告、退出实验等.

图 1.5.2 实验室场景(凯特摆实验)

图 1.5.3　提示信息图　　　　　　　　　　图 1.5.4　主菜单

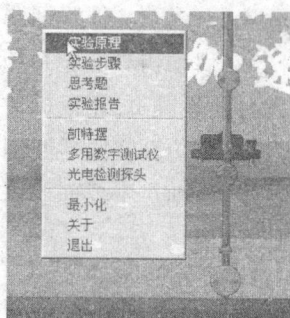

1)开始实验

有些仿真实验启动后就处于"开始实验"状态,有些需要在主菜单上选择,具体可见本手册中相应章节.

2)控制仪器调节窗口

调节仪器一般要在仪器调节窗口内进行.

打开窗口:双击主窗口上的仪器或从主菜单上选择,即可进入仪器调节窗口.

移动窗口:用鼠标拖动仪器调节窗口上端的细条.

关闭窗口:

方法(1),右键单击仪器调节窗口上端的细条,在弹出的菜单中选择"返回"或"关闭".

方法(2),双击仪器调节窗口上端的细条.

方法(3),激活仪器调节窗口,按 Alt+F4 键.

3)选择操作对象

激活对象(仪器图标、按钮、开关、旋钮等)所在窗口,当鼠标指向此对象时,系统会给出下列提示中的至少一种:

(1)鼠标指针提示.鼠标指针光标由箭头变为其他形状(如手形).

(2)光标跟随提示.鼠标指针光标旁边出现一个黄色的提示框,提示对象名称或如何操作.

(3)状态条提示.状态条一般位于屏幕下方,提示对象名称或如何操作.

(4)语音提示.朗读提示框或状态条内的文字说明.

(5)颜色提示.对象的颜色变为高亮度(或发光),显得突出而醒目.

出现上述提示即表明选中该对象,可以用鼠标进行仿真操作.

4)进行仿真操作

(1)移动对象.如果选中的对象可以移动,就用鼠标拖动选中的对象.

(2)按钮、开关、旋钮的操作.按钮:选定按钮,单击鼠标即可(图1.5.5).开关:对于两挡开关,在选定的开关上单击鼠标切换其状态.多挡开关:在选定的开关上单击左键或右键切换其状态(图 1.5.6、图 1.5.7).

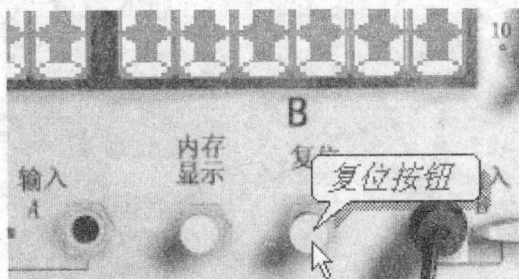

图 1.5.5　按钮

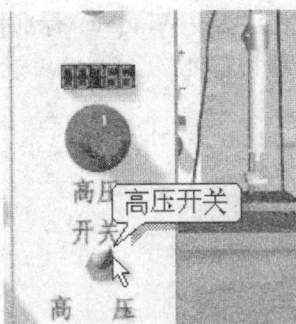

图 1.5.6　两挡开关　　　　　　图 1.5.7　多挡开关

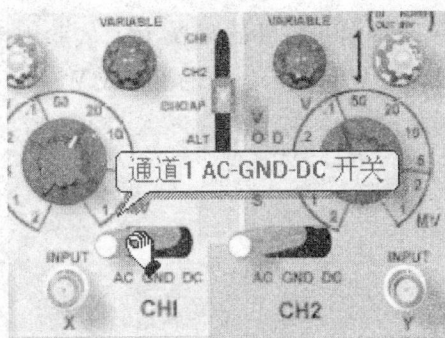

　　旋钮:选定旋钮,单击鼠标左键,旋钮反时针旋转;单击右键,旋钮顺时针旋转(图 1.5.8).

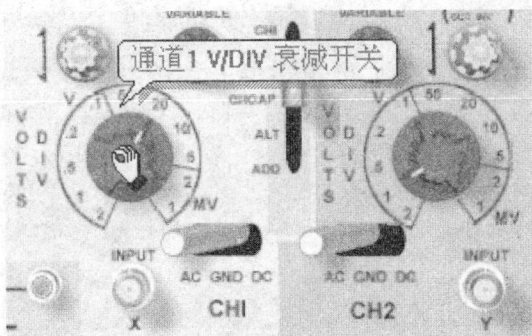

图 1.5.8　旋钮开关

　　(3)连接电路.连接两个接线柱:选定一个接线柱,按住鼠标左键不放拖动,一根直导线即从接线柱引出.将导线末端拖至另一个接线柱释放鼠标,就完成了两个接线柱的连接(图 1.5.9).删除两个接线柱的连线:将这两个接线柱重新连接一次(如果面板上有"拆线"按钮,则应先选择此按钮).

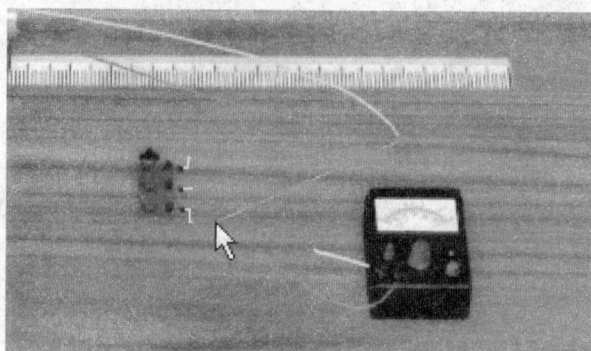

图 1.5.9   连线

（4）Windows 标准控件的调节. 仿真实验中也使用了一些 Windows 标准控件，调节方法请参阅有关 Windows 操作的书籍或 Windows 的联机帮助.

第二部分 基础性实验

实验 2.1 固体密度的测量

质量是基本物理量. 天平是测量物体质量的仪器,因此也是物理实验基本仪器之一. 密度表征了单位体积中所含物质的多少,是物质的基本属性之一.

长度是一个基本物理量,许多其他物理量的测量也常常化为长度的测量,许多测量仪器的读数部分都是根据游标或螺旋测微计的原理制作的,为适应不同的待测长度和不同的测量精度的要求,相应的长度测量仪器有许多种类,最常用的有米尺、游标卡尺、螺旋测微计、移测显微镜等,本实验通过对规则和不规则固体密度的测量来熟悉游标卡尺、螺旋测微计、物理天平的使用.

【实验目的】

1. 学习测量误差有效数字的基本概念及标准不确定度的评定.
2. 了解常用长度测量仪器的构造原理、使用方法和读数的一般规则.
3. 学习用流体静力称衡法测定固体的密度.
4. 熟悉物理天平的构造原理,并学会正确的使用方法.

【实验原理】

单位体积的某种均匀物质的质量称为这种物质的密度,其表达式为

$$\rho = \frac{m}{V} \tag{2.1.1}$$

因而,只要测出被测物质的体积 V 和质量 m,即可求得该物质的密度 ρ. 物体的质量可以用天平测量,问题的关键是如何测量几何形状不规则的固体的体积. 流体静力称衡法把体积的测量转化成质量的测量,从而提高了测量的精度.

1. 规则物体的密度测定

对于长度为 L,直径为 d 的形状规则的圆柱体,其体积为

$$V = \frac{1}{4} \pi d^2 L \tag{2.1.2}$$

因此只要测量出圆柱体的质量以及圆柱体的长度和直径,就可以求出其密度.

圆柱体的长度测量使用游标卡尺,直径测量使用螺旋测微计,圆柱体的质量测量使用物理天平(见力学实验基础知识中长度测量及质量测量内容).

2. 不规则物体的密度测定——物体密度大于水的密度

用流体静力称衡法,首先称出待测物在空气中的质量 m[图 2.1.1(a)]. 然后将物体

没入水中,称出其在水中的质量 m_1[图 2.1.1(b)],则物体在水中受到的浮力为

$$F=(m-m_1)g \tag{2.1.3}$$

根据阿基米德原理,浸没在液体中物体所受浮力的大小等于所排开的同体积液体的重量.因此

$$F=\rho_0 Vg \tag{2.1.4}$$

其中,ρ_0 为液体(本实验中为水)的密度,V 为排开水的体积.如果物体全部浸入水中,也就是物体的体积.联立(2.1.3)式和(2.1.4)式得

$$V=\frac{m-m_1}{\rho_0} \tag{2.1.5}$$

由此

$$\rho=\frac{m}{V}=\frac{m}{m-m_1}\cdot\rho_0 \tag{2.1.6}$$

如果将上述物体再浸入密度为 ρ' 的待测液体中,称得此时物体质量为 m'_1,则物体在待测流体中浮力为 $(m-m'_1)g=\rho'Vg$;考虑到 $m-m_1=\rho_0 V$,解二式得待测液体密度

$$\rho'=\frac{m-m'_1}{m-m_1}\cdot\rho_0 \tag{2.1.7}$$

3. 不规则物体的密度测定——物体密度小于水的密度

如果物体的密度比水小,用上述方法物体无法浸没在水中.这时可将另一个重物用细线悬挂在待测重物的下面(图 2.1.2).先将重物没入水中而使待测物在液面之上,用天平称得质量为 m_2[图 2.1.2(a)],再将重物连同待测物体一起浸没水中,用天平称得质量为 m_3[图 2.1.2(b)],则可求得待测物体没入水中所受的浮力

$$F=(m_2-m_3)g \tag{2.1.8}$$

由(2.1.4)式得到

$$V=\frac{m_2-m_3}{\rho_0} \tag{2.1.9}$$

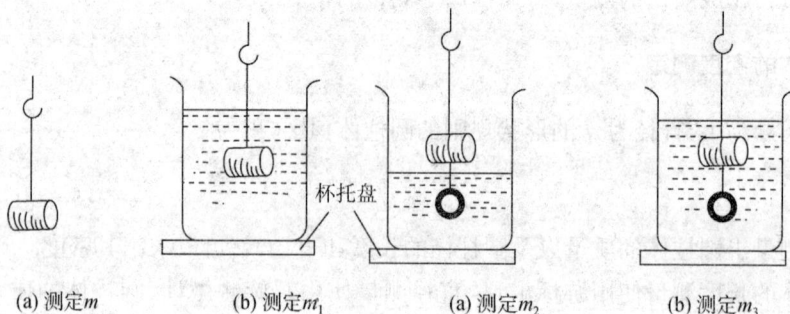

(a) 测定 m 　　(b) 测定 m_1 　　(a) 测定 m_2 　　(b) 测定 m_3

图 2.1.1　测定 m 和 m_1 　　　　图 2.1.2　测定 m_2 和 m_3

此时物体的密度

$$\rho=\frac{m}{V}=\frac{m}{m_2-m_3}\cdot\rho_0 \tag{2.1.10}$$

其中，m 为待测物体在空气中称衡的质量.

【实验仪器】

游标卡尺、螺旋测微计、物理天平、烧杯、待测物等.

【实验内容】

1. 学习调整和使用天平

使用前要认真了解物理天平的构造物理、装置介绍和使用注意事项.

天平的正确使用可以归纳为四句话：调水平，调零点（注意游码一定放在零线位置），左称物，常止动（加减物体或砝码、移动游码或调平衡螺母都要关闭天平，只是在判断天平是否平衡时才能开启天平）.

2. 测定规则铝柱体的密度

1）测定铝柱体在空气中的质量 m

2）测铝柱体积

（1）记录游标卡尺和螺旋测微计的分度值和零点读数值；

（2）用游标卡尺测铝柱长度 L，在不同方向测量 6 次；

（3）用螺旋测微计测铝柱直径，在不同部位测量 6 次，将测量数据一并填在表 2.1.1 中，计算测量的平均值、体积的平均值及评定其不确定度，最后写出结果.

3. 不规则金属块的密度

（1）测定金属块在空气中的质量 m；

（2）测定金属块浸没在水中时的质量 m_1；

（3）计算金属块的密度及评定标准不确定度，写出测量结果.

4. 测定不规则橡皮管的密度

（1）测量橡皮管在空气中的质量 m；

（2）将橡皮管下面系一重物，测量重物浸没在水中时的质量 m_2；

（3）将橡皮管与重物一起浸入水中，测量此时的质量 m_3；

（4）计算橡皮管的密度及评定标准不确定度，写出测量结果.

【注意事项】

1. 天平的刀口是天平的核心部件，要加倍爱护. 取放物体和砝码或暂时不使用天平时，必须将天平止动，启动和止动天平时动作要轻.

2. 天平的负载不得超过最大称量.

3. 砝码必须用镊子夹取，不得放在桌面上.

4. 用天平测量质量前要先调好水平和平衡.

【数据处理】

表 2.1.1 测铝柱体积

$\begin{cases} \text{游标卡尺 } \Delta_{仪} = \underline{\hspace{2cm}}. \\ \text{千分尺 } \Delta_{仪} = \underline{\hspace{2cm}}. \end{cases}$ 　零点读数 $\begin{cases} \text{游标卡尺 } L_0 = \underline{\hspace{2cm}}. \\ \text{千分尺 } d_0 = \underline{\hspace{2cm}}. \end{cases}$ 　（单位：mm）

次数	1	2	3	4	5	6	平均值
读数 L'/mm							—
长度 $L_i = L' - L_0$							
$\Delta L = \bar{L} - L_i$							—
ΔL^2							$\Sigma \Delta L^2 =$
读数 d'/mm							—
直径 $d_i = d' - d_0$							
$\Delta d = \bar{d} - d_i$							—
Δd^2							$\Sigma \Delta d^2 =$

表 2.1.2 规则铝柱体的称重

天平分度值 $\Delta_{仪} = \underline{\hspace{2cm}}$ g. 　　　天平最大称量 $m_{max} = \underline{\hspace{2cm}}$ g.

环境温度 $T = \underline{\hspace{2cm}}$ ℃. 　　　水密度 $\rho_0 = \underline{\hspace{2cm}}$ g/cm^3.

空气中直接称量铝柱体	$m = \underline{\hspace{3cm}}$ g
铝柱体的密度	$\bar{\rho} = \dfrac{m}{\bar{V}} = \underline{\hspace{3cm}}$ g/cm^3

表 2.1.3 不规则金属块密度测定

空气中直接称量	$m = \underline{\hspace{3cm}}$ g
放入水中后称量	$m_1 = \underline{\hspace{3cm}}$ g
金属块密度	$\bar{\rho} = \dfrac{m\rho_0}{m - m_1} = \underline{\hspace{3cm}}$ g/cm^3

表 2.1.4 橡皮管密度测定

空气中直接称量	$m = \underline{\hspace{3cm}}$ g
重物在水中，橡皮管在空气中	$m_2 = \underline{\hspace{3cm}}$ g
重物与橡皮管同置水中	$m_3 = \underline{\hspace{3cm}}$ g
橡皮管密度	$\bar{\rho} = \dfrac{m\rho_0}{m_2 - m_3} = \underline{\hspace{3cm}}$ g/cm^3

1. 测铝柱体积

1）体积的计算

$$\bar{V} = \frac{\pi}{4} \bar{d}^2 \cdot \bar{L} = \underline{\hspace{3cm}}.$$

2)标准不确定度的计算

(1)L 的不确定度计算

A 类：$S_L=\sqrt{\dfrac{\sum \Delta L^2}{n(n-1)}}=$ _____.　　B 类：$u_l=\Delta_{仪}/\sqrt{3}=$ _____.

合成不确定度 $\sigma_L=\sqrt{S_L^2+u_L^2}=$ _____.

(2)d 的不确定度计算

A 类：$S_d=\sqrt{\dfrac{\sum \Delta d^2}{n(n-1)}}=$ _____.　　　B 类：$u_d=\Delta_{仪}/\sqrt{3}=$ _____.

合成不确定度 $\sigma_d=\sqrt{S_d^2+u_d^2}=$ _____.

(3)V 的合成标准不确定度

$$E_\sigma=\sqrt{\left(\frac{\partial \ln V}{\partial L}\right)^2 \sigma_L^2+\left(\frac{\partial \ln V}{\partial d}\right)^2 \sigma_d^2}=\sqrt{\left(2\,\frac{\sigma_d}{d}\right)^2+\left(\frac{\sigma_L}{L}\right)^2}=\underline{\qquad}.$$

$$\sigma_V=E_\sigma \cdot \overline{V}=\underline{\qquad}.$$

测量结果：$V=\overline{V}\pm\sigma_V=$ _____.

2. 测定规则铝柱体的密度

标准不确定度的计算

m：A 类　$S_m=0.$　　　　B 类　$u_m=\Delta_{仪}/\sqrt{3}=$ _____.

合成：$\sigma_m=\sqrt{S_m^2+u_m^2}=u_m=$ _____.

$$\rho：E_\rho=\sqrt{\left(\frac{\sigma_V}{V}\right)^2+\left(\frac{\sigma_m}{m}\right)^2}=\underline{\qquad}.$$

$$\sigma_\rho=E_\rho \cdot \overline{\rho}=\underline{\qquad}.$$

测量结果：$\rho=\overline{\rho}\pm\sigma_\rho=$ _____.

3. 不规则金属块密度测定

标准不确定度的计算

m：　A 类　$S_m=0.$　　　　　　B 类　$u_m=\Delta_{仪}/\sqrt{3}=$ _____.

合成：$\sigma_m=\sqrt{S_m^2+u_m^2}=u_m=$ _____.

m_1：　A 类：$S_{m_1}=0.$　　　　　B 类　$u_{m_1}=\Delta_{仪}/\sqrt{3}=$ _____.

合成：$\sigma_{m_1}=\sqrt{S_{m_1}^2+u_{m_1}^2}=u_{m_1}=$ _____.

$$\rho：E_\rho=\sqrt{\left(\frac{\partial \ln \rho}{\partial m}\right)^2 \sigma_m^2+\left(\frac{\partial \ln \rho}{\partial m_1}\right)^2 \sigma_{m_1}^2}=\sqrt{\left[\frac{m_1\sigma_m}{m(m-m_1)}\right]^2+\left(\frac{\sigma_{m_1}}{m-m_1}\right)^2}=\underline{\qquad}.$$

$\sigma_\rho=E_\rho \cdot \overline{\rho}=$ _____.

测量结果：$\rho=\overline{\rho}\pm\sigma_\rho=$ _____.

4. 橡皮管密度测定

标准不确定度的计算

m:　A 类　　$S_m = 0.$　　　　　　　　　B 类　$u_m = \Delta_仪 / \sqrt{3} = $ _____.

合成:$\sigma_m = \sqrt{S_m^2 + u_m^2} = u_m = $ _____.

m_2:　A 类　$S_{m_2} = 0.$　　　　　　　　B 类　$u_{m_2} = \Delta_仪 / \sqrt{3} = $ _____.

合成:$\sigma_{m_2} = \sqrt{S_{m_2}^2 + u_{m_2}^2} = u_{m_2} = $ _____.

m_3:　A 类　$S_{m_3} = 0.$　　　　　　　　B 类　$u_{m_3} = \Delta_仪 / \sqrt{3} = $ _____.

合成:$\sigma_{m_3} = \sqrt{S_{m_3}^2 + u_{m_3}^2} = u_{m_3} = $ _____.

$$\rho : E_R = \sqrt{\left(\frac{\partial \ln \rho}{\partial m}\right)^2 \sigma_m^2 + \left(\frac{\partial \ln \rho}{\partial m_2}\right)^2 \sigma_{m_2}^2 + \left(\frac{\partial \ln \rho}{\partial m_3}\right)^2 \sigma_{m_3}^2}$$

$$= \sqrt{\left(\frac{\sigma_m}{m}\right)^2 + \left(\frac{\sigma_{m_2}}{m_2 - m_3}\right)^2 + \left(\frac{\sigma_{m_3}}{m_2 - m_3}\right)^2} = \underline{\hspace{3cm}}.$$

$\sigma_\rho = E_r \cdot \bar{\rho} = $ _____.

测量结果:$\rho = \bar{\rho} \pm \sigma_\rho = $ _____.

【思考题】

1. 请将下列几种游标卡尺的准确度,填入表格的空白处.

游标分度数/格数	50	20	20	10	10
与游标分度数对应的主尺读数/mm	49	39	19	19	9
测量准确度/mm					

2. 由天平平衡原理考虑一下,如何检查天平两臂长度是否相等? 如果天平不等臂又怎样确定待测物体的质量?

实验 2.2　杨氏模量的测定

杨氏弹性模量是描述材料形变能力的重要物理量,是选定机械零件材料的依据之一,是工程技术设计中常用的参数. 杨氏模量的测量方法很多,本实验采用光杠杆测量金属丝的杨氏弹性模量. 测量中需综合运用多种测量长度的量具,确保一定的精确度要求,学习从误差分析的角度,选用最合适的量具,并要求用不确定度表示完整的测量结果.

用一般测量长度的工具不易精确测量长度的微小变化,也难保证其精度要求. 光杠杆是一种应用光放大原理测量被测物微小长度变化的装置,它的特点是直观、简便、精度高. 目前光杠杆原理已被广泛地应用于其他测量技术中,光杠杆装置还被许多高灵敏度的测量仪器(如灵敏电流计、冲击电流计和光点检流计等)用来显示微小角度的变化.

【实验目的】

1. 学会用拉伸法测定杨氏弹性模量.

2.掌握光杠杆测量微小长度变化的原理和力法.

3.学习运用误差分析的方法选用合适的量具,并试用不确定度表示测量结果.

【实验原理】

1. 弹性模量测量

在外力作用下,固体所发生的形状变化,称为形变.形变可分为弹性形变与塑性形变两大类.外力撤除后物体能完全恢复原状的形变,称为弹性形变;外力撤除后物体不能完全恢复原状而留下剩余形变,就称为塑性形变.本实验只研究弹性形变,因此,应当控制外力的大小,以保证外力撤除后物体能恢复原状.

一根均匀的金属丝(或棒),长为 L,截面面积为 S,在受到沿长度方向的外力 F 的作用时发生形变,伸长 ΔL.根据胡克定律,在弹性限度内,其应力 F/S 与应变 $\Delta L/L$ 成正比,即

$$\frac{F}{S} = Y\frac{\Delta L}{L} \qquad (2.2.1)$$

这里的 Y 称为该金属丝的杨氏模量.它只取决于材料的性质,而与其长度 L、截面面积 S 无关,单位为 N/m^2.

设金属丝的直径为 d,则截面面积 $S=\frac{1}{4}\pi d^2$,其杨氏模量为

$$Y = \frac{4FL}{\pi d^2 \Delta L} \qquad (2.2.2)$$

其中,F、L、d 可以直接测得,ΔL 采用光杠杆法测量.

2. 光杠杆及其放大原理

图 2.2.1 是弹性模量测量实验装置示意图.待测金属丝上端固定,下端由夹具固定并可随夹具移动而伸长.光杠杆的两前足置于固定的工作台的槽中,后足放在夹具的平台上并随夹具平台移动,从而使光杠杆上的平面镜仰俯变化.在光杠杆平面镜的正前方放有望远镜和标尺,从望远镜观察到标尺及标尺刻度线的变化,从而可算出光杠杆后足的移动,即金属丝的伸长量.

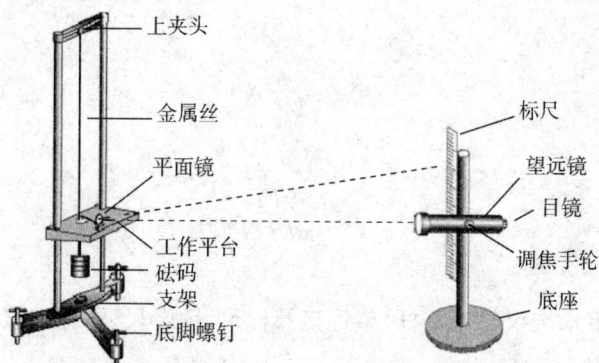

图 2.2.1 测量弹性模量实验装置图

　　光杠杆放大原理如图 2.2.2 所示,当金属丝在外力作用下发生微小变化时,光杠杆的平面反射镜发生偏转. 设转角为 α,此时从望远镜中看到的是标尺刻度 R_i 经平面镜反射所成的像,则入射线和反射线之间的夹角为 2α,标尺刻线的像移为 N. 因 α 角很小,故有何关系

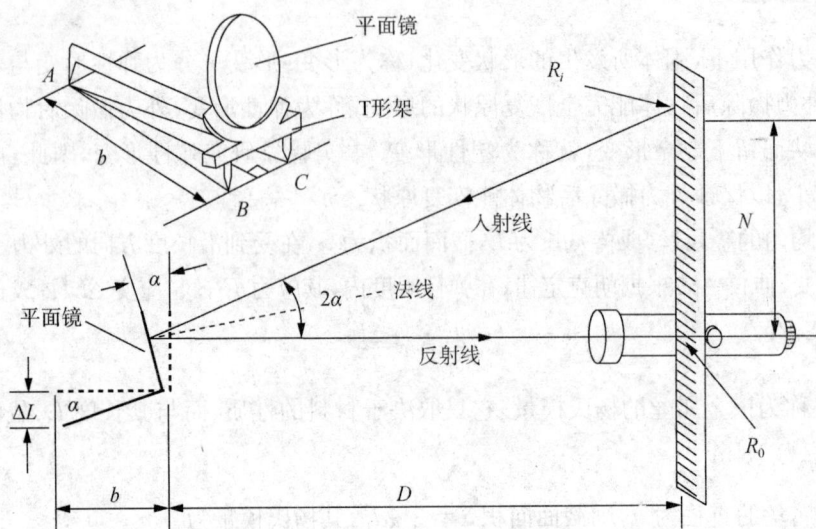

图 2.2.2　光杠杆放大原理图

$$\alpha \approx \tan \alpha = \frac{\Delta L}{b}, 2\alpha \approx \tan 2\alpha = \frac{N}{D} = \frac{R_i - R_0}{D}$$

其中,b 为光杠杆的臂长,即后足到两前足连线的距离;D 为光杠杆的镜面到标尺的距离,$N = R_1 - R_0$ 为金属丝被拉伸前后的两次读数差,即有

$$\alpha \approx \frac{\Delta L}{b}, 2\alpha \approx \frac{N}{D}$$

由此可得

$$2\frac{\Delta L}{b} = \frac{N}{D}$$

即

$$\Delta L = \frac{b}{2D}N$$

代入(2.2.2)式得

$$Y = \frac{8FLD}{\pi d^2 bN} \tag{2.2.3}$$

【实验仪器】

拉伸仪(底座带水准仪)、光杠杆、望远镜及标尺、钢卷尺、游标卡尺、螺旋测微计.

1. 拉伸仪

拉伸仪由底座、支架、砝码、工作平台、上夹头、下夹头、金属丝（钢丝）等组成.底座的螺钉可调节使支架垂直；上、下夹头夹紧钢丝，下夹头可自由移动；工作平台上放光杠杆，光杠杆的后足放在下夹头的平台上，可随下夹头一起移动；砝码用来拉伸钢丝.

2. 望远镜

望远镜一般用于观察远距离物体，也可作为测量和对准的工具.基本的望远系统是由物镜和目镜组成的无焦系统，即物镜的像方焦点和目镜的物方焦点重合.物镜和目镜都是会聚透镜，在物镜与目镜之间的中间像平台上安装分划板（其上有叉丝和刻尺）以供瞄准或测量，这种望远镜称为开普勒望远镜，其光学成像原理如图 2.2.3 所示.无穷远的物体 AB 发出的光经物镜（长焦距 f_o）后在物镜的焦平面上成倒立缩小的实像 A_1B_1，再由目镜（短焦距 f_e）将此实像在无穷远处成一放大倒立（相对物）的虚像 A_2B_2，从而可放大像对人眼的视角（$\varphi_2 > \varphi_1$）.可见望远镜的实质是起视角放大作用.

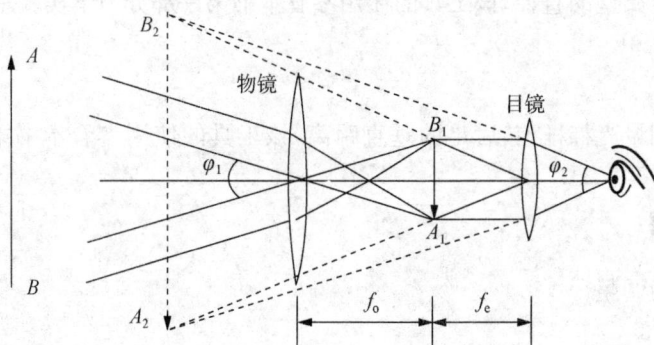

图 2.2.3　望远镜的基本光学系统

实际上，为方便人眼观察，物体经望远镜后一般不是成像于无穷远，而是成虚像于人眼的明视距离（约 25cm）处；而且为实现对远近不同物体的观察，物镜与目镜的间距即筒长是可调的，即物镜的像方焦点与目镜的物方焦点可能会不重合.望远镜的结构如图 2.2.4所示，镜筒、内筒和目镜三者均可相对移动.使用望远镜时要遵循如下步骤调节.

（1）使望远镜轴对准被观察物体.本实验中要使人从望远镜外侧沿镜筒方向看到平面镜中标尺的像（可调节平面镜的镜面方向及移动望远镜的位置和高度）.带激光对准的望远镜，可利用激光进行观察和调节，比较直观和方便.

（2）调节目镜看清叉丝，即旋转目镜改变其与叉丝之间的距离，直至看到清晰的十字叉丝.

（3）望远镜对物体调焦.旋转调焦手轮，改变目镜（连同叉丝）与物镜之间的距离，使被观察物体（标尺刻度）清晰可见并与分划板叉丝无视差（即使中间像落在叉丝平面上）.

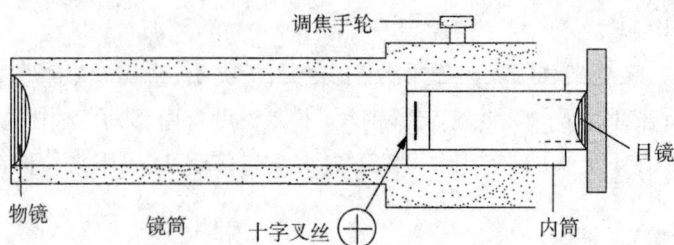

图 2.2.4　望远镜结构示意图

实验中使用的望远镜采用了内调焦系统，使最短视距缩小，便于室内使用，并利用仪器分划板上下丝读数之差，乘以视距常数 100，就是望远镜的标尺到反光镜的往返距离，不需要用钢卷尺测量.

3. 螺旋测微计

用于测量金属丝的直径，该工具的使用参看本书第一部分力学实验基础知识.

4. 游标卡尺

用于单次测量光杠杆前、后足的垂直距离，该工具的使用参看本书第一部分力学实验基础知识.

【实验内容】

1. 测量前仪器的调整

(1)将钢丝上端固定在支架的上夹头，下端用可自由移动的夹具夹紧让其穿过工作平台的小孔，下夹头悬挂砝码钩(约 1kg)以使钢丝拉直.

(2)调整支架的底座螺钉使钢丝竖直，工件平台水平(用水准器).此时钢丝的下夹头应处于无碍状态(不能与周围支架碰蹭).

(3)光杠杆的两前足放在工件平台的沟槽中，后足放在下夹头的平面上.调整平面镜的平面使其铅直.

(4)望远镜标尺架放在距光杠杆平面镜约 1.6m 处，调整望远镜筒与平面镜等高.

(5)初步寻找标尺的像，从望远镜筒外观察平面反射镜，看到镜中有否标尺的像.若未见到，则左右移动望远镜标尺架，同时观察平面镜，直到在平面镜中看到标尺的像.

带激光对准的望远镜，根据激光轨迹，先进行望远镜、光杠杆镜面的等高同轴的调节，再进行反射关系调节——让光杠杆镜面的反射激光打在望远镜标尺上且与激光源大致等高即可.

(6)调望远镜找标尺的像.先调望远镜目镜，看到清晰的十字叉丝;再调调焦手轮，使标尺成像在十字叉丝平面上.最后要在望远镜中看到清晰的标尺刻线和十字叉丝.

(7)调平面镜镜面使其垂直于望远镜光轴.望远镜中看到的标尺刻度数应与望远镜

所在处的标尺刻度数尽量接近,若两者相差太大,则适当调节平面反射镜的俯仰.最好使十字叉丝水平线正好压住标尺零刻度线或靠近零刻度线的某一刻度线上.

2. 测量

(1)测量负载量和金属丝伸长量的关系.为了消除弹性形变的滞后效应引起的系统误差,本实验采取先测递增负荷,再测递减负荷,每次增减 1kg 以消除误差,同时,为了避免开始测量时钢丝未拉直,本实验规定加初载砝码 2kg.分别记录相应的标尺读数.

逐次增加 1kg 的砝码,共 6 次.依次记下每一次标尺读数 $R_1,R_2,\cdots,R_6$,再逐次减去 1kg 砝码,测得相应的读数 $R_6,R_5,\cdots,R_1$,记入表 2.2.1.

(2)读出尺度望远镜中的上丝、下丝读数,计算出光杠杆镜面到标尺距离 D.
$$D=|上丝读数-下丝读数|\times 50$$

(3)用米尺测量上、下夹头之间金属丝的长度 L.

(4)在纸上压出光杠杆三个足尖痕迹,用游标卡尺量出后足至前两足连线的垂直距离 b.

(5)用螺旋测微计测量金属丝的直径 d,要求在钢丝加载前、后及上、中、下不同位置测 6 次,记入表 2.2.2.

【注意事项】

1.带激光校准的望远镜,在调节、使用中应避免用眼直视激光,以免损坏眼睛.

2.实验仪器一经调好并开始测量时,就不能再碰动实验装置,否则实验要重新开始.

3.加减砝码一定要轻拿轻放,并等稳定后再读数.

4.观察标尺和读数时,眼睛正对望远镜,不得忽高忽低引起视差.

【数据处理】

1. 测量金属丝受力后望远镜观察到的标尺坐标,并用逐差法处理数据

表 2.2.1　取 $F=3.00$kg,$\Delta F_仪=0.03$kg,$\Delta R_仪=0.5$mm

次数	砝码重/ kg	增重时读数 R_i/mm	减重时读数 R'_i/mm	两次读数的 平均值 R_i/mm	每增重 3kg 时的读数差 N_i/mm	ΔN^2 $=(\bar N-N_i)^2$ /mm^2
1	1.00			$\bar R_1=$	$N_1=\bar R_4-\bar R_1=$	
2	2.00			$\bar R_2=$		
3	3.00			$\bar R_3=$	$N_2=\bar R_5-\bar R_2=$	
4	4.00			$\bar R_4=$	$N_3=\bar R_6-\bar R_3=$	
5	5.00			$\bar R_5=$		
6	6.00			$\bar R_6=$	$\bar N=$	$\sum\Delta N^2=$

2. 测量金属丝直径

表 2.2.2 测金属丝直径 千分尺零点 $d_0 =$ (单位:mm)

读数 d'							平均值
直径 $d = d' - d_0$							
Δd^2							$\sum \Delta d^2 =$

3. 单次测量以下长度量

上、下夹头间金属丝长 $L(\text{mm}) = \underline{\hspace{3cm}}$.

光杠杆镜面到标尺距离 $D(\text{mm}) = \underline{\hspace{3cm}}$.

光杠杆后足到前两足连线的垂直距离 $b(\text{mm}) = \underline{\hspace{3cm}}$.

4. 计算金属丝杨氏模量

$$\overline{Y} = \frac{8FLD}{\pi \overline{d}^2 b \overline{N}} (\text{单位}) = \underline{\hspace{3cm}}.$$

5. 计算所测各量的标准不确定度

$F : \sigma_F = \sqrt{S_F^2 + u_F^2} = \underline{\hspace{2cm}}. \qquad u_F = \frac{\Delta F_{仪}}{\sqrt{3}} = \underline{\hspace{2cm}} \qquad (S_F = 0)$

$L : \sigma_L = \sqrt{S_L^2 + u_L^2} = \underline{\hspace{2cm}}. \qquad u_L = \frac{\Delta_{仪}}{\sqrt{3}} = \underline{\hspace{2cm}} \qquad (单次测量 \ S_L = 0)$

$D : \sigma_D = \sqrt{S_D^2 + u_D^2} = \underline{\hspace{2cm}}. \qquad u_D = \frac{\Delta_{仪}}{\sqrt{3}} = \underline{\hspace{2cm}} \qquad (单次测量 \ S_D = 0)$

$b : \sigma_b = \sqrt{S_b^2 + u_b^2} = \underline{\hspace{2cm}}. \qquad u_b = \frac{\Delta_{仪}}{\sqrt{3}} = \underline{\hspace{2cm}} \qquad (单次测量 \ S_b = 0)$

$d : \sigma_d = \sqrt{S_d^2 + u_d^2}$, 其中

$$S_d = \sqrt{\frac{\sum \Delta d^2}{6 \times (6-1)}} = \underline{\hspace{2cm}}. \qquad u_d = \frac{\Delta_{仪}}{\sqrt{3}} = \underline{\hspace{2cm}}.$$

$N : \sigma_N = \sqrt{S_N^2 + u_N^2}$, 其中

$$S_N = \sqrt{\frac{\sum \Delta N^2}{3 \times (3-1)}} = \underline{\hspace{2cm}}. \qquad u_N = \frac{\Delta_{仪}}{\sqrt{3}} = \frac{\Delta R_{仪}}{\sqrt{3}} = \underline{\hspace{2cm}}.$$

因此

$F \pm \sigma_F = \underline{\hspace{2cm}}. \qquad\qquad L \pm \sigma_L = \underline{\hspace{2cm}}.$

$D \pm \sigma_D = \underline{\hspace{2cm}}. \qquad\qquad b \pm \sigma_b = \underline{\hspace{2cm}}.$

$\overline{d}\pm\sigma_d=$＿＿＿＿＿. $\qquad\qquad$ $\overline{N}\pm\sigma_N=$＿＿＿＿＿.

计算 Y 的标准不确定度

$$\sigma_Y=E_r\cdot\overline{Y}=\sqrt{\left(\frac{\sigma_F}{F}\right)^2+\left(\frac{\sigma_L}{L}\right)^2+\left(\frac{\sigma_D}{D}\right)^2+\left(2\,\frac{\sigma_d}{d}\right)^2+\left(\frac{\sigma_b}{b}\right)^2+\left(\frac{\sigma_N}{N}\right)^2}\cdot\overline{Y}=\text{＿＿＿＿＿}.$$

因此结果表达式为

$$Y=(\overline{Y}\pm\sigma_Y)(\text{kgf/mm})=\text{＿＿＿＿＿}.$$

【预习思考题】

1. 用光杠杆测量微小长度变化量的原理是什么？有何优点？

2. 如一开始就在望远望中寻找标尺像,很难找到,为什么？望远镜调节到怎样的情况才算调节好？

3. 本实验是一个综合性的长度测量实验,对各个不同长度量,应考虑采用哪一种合适的量具？哪些量只需进行一次测量,哪些量必须进行多次测量？

【思考题】

1. 怎样提高光杠杆测量微小长度变化的灵敏度？

2. 本实验中共测了几个长度量？用了几样测量仪器？为什么要这样进行？

3. 逐差法处理数据有什么好处？怎样的数据才能用逐差法处理？

4. 有两根材料相同,但粗细不同的金属丝,它们的杨氏模量是否相同？为什么？

实验2.3 液体表面张力系数的测定

（Ⅰ）焦利称测液体表面张力系数

在两种不相溶液体或液体与气体之间会形成分界面,界面上存在一种额外的应力——表面张力. 表面张力使液体表面犹如张紧的弹性膜,有收缩的趋势使液滴总是呈球状. 液体表面张力的实质是分子间相互作用力的宏观表现,它可以解释液体表面的许多性质,如润湿与不润湿现象、毛细现象等,有重要的实际意义.

【实验目的】

1. 了解液体表面的性质,表面张力产生的微观机制.

2. 学习焦利秤的使用,掌握用焦利秤测量液体表面张力系数的方法.

【实验原理】

1. 液体分子受力情况

液体表面层中分子的受力情况与液体内部不同. 在液体内部,分子在各个方向上受力均匀,合力为零. 而在表面层中,由于液面上方气体分子数较少,表面层中的分子受到向上的引力小于向下的引力,合力不为零,这个合力垂直于液体表面并指向液体内部,如图 2.3.1 所示. 所以,表面层的分子有从液面挤入液体内部的倾向,从而使得液体的表面

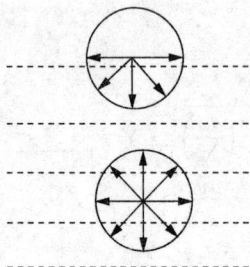

图 2.3.1 液体分子受力示意图

自然收缩,直到达到动态平衡(表面层中分子挤入液体内部的速率与液体内部分子热运动而达到液面的速率相等).这时,就整个液面来说,如同拉紧的弹性薄膜.这种沿着表面,使液面收缩的力称为表面张力.

假想液面被一直线 AB 分为两部分(Ⅰ)和(Ⅱ),则(Ⅰ)作用于(Ⅱ)的力为 f_1,而(Ⅱ)作用于(Ⅰ)的力为 f_2,如图 2.3.2 所示.这对平行于液面,且与 AB 垂直的大小相等方向相反的力就是表面张力,其大小与 AB 的长度成正比,即

$$f = \alpha L_{AB} \qquad (2.3.1)$$

式中,比例系数 α 称为表面张力系数,其大小与液体的成分、温度、纯度有关.温度升高,α 下降;杂质越多,α 越小. α 的单位为 N/m.

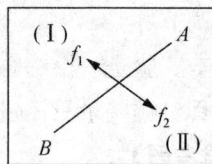

图 2.3.2 液体表面张力受力示意图

2. 矩形金属框架测量原理

将一表面清洁的矩形金属薄片竖直浸入水中,使其底面水平并轻轻提起.当金属片底面与水面相平,或略高于水面时,由于液体表面张力的

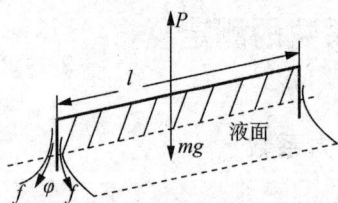

图 2.3.3 金属框拉伸受力示意图

作用,金属片的四周将带起一部分水,使水面弯曲,呈图 2.3.3 所示的形状.这时,金属片在竖直方向上受到:①金属片的重力 mg;②向上的拉力 P;③水表面对金属片的作用力——表面张力 $f\cos\varphi$.其中,φ 为水面与金属片侧面的夹角,称为接触角.如果金属片静止,则竖直方向上合力为零,有

$$P = mg + f\cos\varphi$$

在金属片临脱离液体时,$\varphi \approx 0$,即 $\cos\varphi = 1$,则平衡条件变为

$$P = mg + f \qquad (2.3.2)$$

由于表面张力 f 与接触面的周长 $2(l+d)$ 成正比,即 $f = a \cdot 2(l+d)$,所以由(2.3.2)式得

$$a = \frac{f}{2(l+d)} = \frac{P-mg}{2(l+d)} \qquad (2.3.3)$$

因此,只要通过实验测出拉力 P、mg 及 l 和 d,代入(2.3.3)式,即可求出水的表面张力系数 α.

实验时,可用"⊓"型金属框架来代替金属薄片.这时,l 为金属框架横梁的长度,d 为金属丝的直径.

(2.3.3)式中,若 l、d 的单位为 m,f、P 的单位为 N,g 的单位为 m/s,m 的单位为 kg,则 α 的单位为 N/m.

【实验仪器】

焦利秤,游标卡尺,螺旋测微器等.

本实验是利用焦利秤采用拉脱法测量水的表面张力系数.

1. 焦利秤

焦利秤实际上是一种比较精细的能测微小力的弹簧秤. 其结构如图 2.3.4 所示.

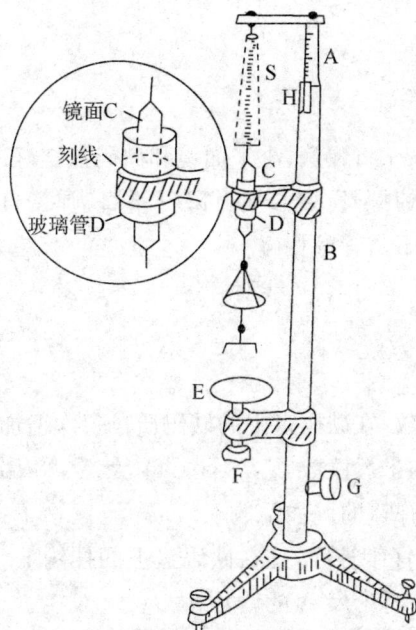

图 2.3.4 焦利秤结构图

实验中使用焦利秤来测量拉框或环上升时的微小拉力. 在直立的可上下移动的金属杆 A 的横梁上,悬一根塔形的细弹簧 S,弹簧下端挂一个刻有水平线的小平面镜 C,小镜下端有一钩子,可用来悬挂砝码托盘或金属环. 小镜子悬在刻有水平线的玻璃管 D 的中间,带刻度的金属杆 A 套在金属空管 B 内,空管上附有游标 H 和可上下移动的平台 E,平台可由下端螺旋 F 的调节而上下微动. 转动旋钮 G 可使金属杆 A 上下移动,因而也就调节了弹簧的升降,弹簧上升或下降的距离由主尺(金属杆 A)和游标 B 来确定. 使用时,应该调节旋钮 G,使小镜 C 上水平线、玻璃管 D 的水平线和它在小镜中的像三者始终重合,即"三线对齐",用这种方法可以保证弹簧下端的位置是固定的,而弹簧的伸长量 ΔL 便可由米尺和游标定出来(伸长前、后两次读数之差值). 根据胡克定律,在弹性限度内,弹簧的伸长量 ΔL 与所加外力 F 成正比,即 $F = k\Delta L$,式中,k 是弹簧的劲度系数.

实验时,先将已知质量的砝码放于砝码盘中,测出弹簧的伸长量 ΔL,计算出弹簧的倔强系数 k. 然后,再测出液体表面张力 f 使弹簧的伸长量,即可求出表面张力,从而得到该液体的表面张力数 α.

2. 螺旋测微计

用于单次测量金属丝的直径. 该工具的使用参看力学实验基础之长度测量内容.

3. 游标卡尺

用于单次测量金属框架横梁的长度. 该工具的使用参看力学实验基础之长度测量内容.

【实验内容】

1. 测量前配件的安装和调整

(1)熟悉仪器. 按图 2.3.4 将弹簧、小平面镜和砝码盘挂好.

(2)仔细调节三底脚上的螺丝,使金属升降杆垂直、弹簧自然下垂并与升降杆平行,使小平面镜在玻璃管中心,不与管壁相碰.

(3)练习调整升降杆 A、平台 E、三线对齐等.

2. 测量数据

(1)测量弹簧的倔强系数. 在砝码盘中的砝码质量每次增加 1g,使三线对齐,共 6 次,分别记下对应各砝码质量的米尺读数 $L_1, L_2, \cdots, L_6$,然后再依次减一个砝码做一次. 用逐差法或作图法处理数据,求弹簧的倔强系数 k.

(2)将金属框架用乙醇仔细擦净,挂在砝码盘下的挂钩上. 转动旋钮 G 使三线对齐,读出框架在空气中三线对齐时米尺 A 的读数 h_0.

(3)将金属框架浸入平台 E 上器皿的水中,调节升降杆及平台下螺丝使三线对齐,然后使平台缓缓下降一点,因表面张力的作用,金属框架受到向下的力,使指标杆平面镜上水平刻线随着下降,重新调节升降杆使三线对齐,再使平台下降一点,重复上述操作,直至金属框架脱离液面为止(此过程应轻轻调节,缓慢进行,始终保持三线对齐). 读出金属框架刚脱离液面时 A 米尺的读数 h_1,则表面张力使弹簧的伸长量为 $h_1 - h_0$.

(4)重复步骤(3)、(4)共 5 次,求出弹簧的平均伸长量 $\overline{(h_1-h_0)}$ 和误差 $\Delta\overline{(h_1-h_0)}$,则

$$f = \overline{k}\ \overline{(h_1-h_0)} \tag{2.3.4}$$

(5)记录实验前后的室温,以平均值作为液体的温度 T. 用游标卡尺测出框架横梁的长度 l,用螺旋测微器测出框架金属丝的直径 d.

(6)将上述测量数据代入(2.3.3)式计算水的表面张力系数

$$a = \frac{\overline{k}\ \overline{(h_1-h_0)}}{2(l+d)} \tag{2.3.5}$$

【注意事项】

实验前,应按照 NaOH 溶液、乙醇、蒸馏水的顺序将器皿和框架进行清洗处理. 实验中,不可用手触及水、容器内壁及框架,以保持清洁. 否则,会使测量结果误差较大.

【数据处理】

1. 用逐差法求弹簧的倔强系数数据记录

表 2.3.1 用逐差法求弹簧的倔强系数 k

砝码重/ ($\times 10^{-3}$kg)	增重时读数/ ($\times 10^{-3}$m)	减重时读数/ ($\times 10^{-3}$m)	两次读数的 平均值/ ($\times 10^{-3}$m)	每增重 3g 时的 读数差/ ($\times 10^{-3}$m)	ΔN_i/ ($\times 10^{-3}$m)	ΔN_i^2/ ($\times 10^{-6}$m^2)
1.00			$\overline{L_1}=$	$N_1 = \overline{L_4} - \overline{L_1}$ $=$		
2.00			$\overline{L_2}=$			
3.00			$\overline{L_3}=$	$N_2 = \overline{L_5} - \overline{L_2}$ $=$		
4.00			$\overline{L_4}=$			
5.00			$\overline{L_5}=$	$N_3 = \overline{L_6} - \overline{L_3}$		
6.00			$\overline{L_6}=$			
—	—	—	平均值	$\overline{N}=$		$\sum \Delta N^2 =$

$$\text{倔强系数 } \overline{k} = \frac{3.00 \times 10^{-3} \text{kg} \cdot 9.8 \text{N/kg}}{\overline{N}} = \underline{\hspace{2cm}}.$$

2. 测弹簧伸长量数据记录

表 2.3.2 测水膜刚拉破时弹簧的伸长量 $h_1 - h_0$

						平均值
$h_0/(\times 10^{-3}$m$)$						
$h_1/(\times 10^{-3}$m$)$						
$h_1 - h_0/(\times 10^{-3}m)$						
$\Delta(h_1 - h_0)^2/(\times 10^{-6}m^2)$						$\sum \Delta(h_1-h_0)^2 =$

$l = \underline{\hspace{1cm}}$ m. $\Delta l_{仪} = \underline{\hspace{1cm}}$ m. $d = \underline{\hspace{1cm}}$ m. $\Delta d_{仪} = \underline{\hspace{1cm}}$ m. $T = \underline{\hspace{1cm}}$ ℃. $\Delta h_{仪} = \underline{\hspace{1cm}}$ m.

3. 结果及标准不确定度的评定

$$\overline{\alpha} = \frac{\overline{k} \; \overline{(h_1 - h_0)}}{2(l+d)} = \underline{\hspace{2cm}}. \qquad S(l) = 0 \text{ 和 } S(d) = 0 \text{(单次测量)}$$

$$u(l) = \frac{\Delta l_{仪}}{\sqrt{3}} = \underline{\hspace{2cm}}. \qquad u(d) = \frac{\Delta d_{仪}}{\sqrt{3}} = \underline{\hspace{2cm}}.$$

$$\sigma(l+d) = \sqrt{u^2(l) + u^2(d)} = \underline{\hspace{1.5cm}}. \qquad S(\overline{N}) = \sqrt{\frac{\sum \Delta N^2}{3 \times (3-1)}} = \underline{\hspace{1.5cm}}.$$

$$u(\overline{N}) = \frac{\Delta h_{仪}}{\sqrt{3}} = \sigma(\overline{N}) = \sqrt{S^2(\overline{N}) + u^2(\overline{N})} = \underline{\hspace{1.5cm}}.$$

$$S\overline{(h_1-h_0)}=\sqrt{\frac{\sum\Delta\overline{(h_1-h_0)}^2}{6\times(6-1)}}=\underline{\hspace{3cm}}.$$

$$u\overline{(h_1-h_0)}=\frac{\Delta h_{仪}}{\sqrt{3}}=\underline{\hspace{2cm}}.\qquad \sigma\overline{(h_1-h_0)}=\sqrt{S^2\overline{(h_1-h_0)}+u^2\overline{(h_1-h_0)}}=\underline{\hspace{2cm}}.$$

$$E_r=\sqrt{\left[\frac{\sigma(L+d)}{L+d}\right]^2+\left[\frac{\sigma(\overline{N})}{\overline{N}}\right]^2+\left[\frac{\sigma\overline{(h_1-h_0)}}{h_1-h_0}\right]^2}=\underline{\hspace{3cm}}.$$

$$\sigma a=\overline{a}\cdot E_r=\underline{\hspace{3cm}}.$$

$$测量结果\quad a=\overline{a}\pm\sigma a=\underline{\hspace{3cm}}.$$

【预习思考题】

实验中的"三线对齐"是指哪三条线? 如何测定弹簧的倔强系数 k? 何时记读 h_1?

【思考题】

1. 试用作图法求焦利秤弹簧的倔强系数,将结果与逐差法得到的结果作比较.

2. 用焦利秤时,为什么必须调整到"三线对齐"时进行读数? 在测表面张力时,为什么要始终保持"三线对齐"?

(Ⅱ)硅压阻式力敏传感器测液体表面张力系数

液体的表面张力是表征液体性质的一个重要参数. 测量液体的表面张力系数有多种方法,拉脱法是测量液体表面张力系数常用的方法之一. 该方法的特点是,用称量仪器直接测量液体的表面张力,测量方法直观,概念清楚. 用拉脱法测量液体表面张力,对测量力的仪器要求较高,由于用拉脱法测量液体表面的张力为 $1\times10^{-3}\sim1\times10^{-2}$ N,因此需要有一种量程范围较小,灵敏度高,且稳定性好的测量力的仪器. 近年来,新发展的硅压阻式力敏传感器张力测定仪正好能满足测量液体表面张力的需要,它比传统的焦利秤、扭秤等灵敏度高,稳定性好,且可数字信号显示,有利于计算机实时测量,为了能对各类液体的表面张力系数的不同有深刻的理解,在对水进行测量以后,再对不同浓度的乙醇溶液进行测量,这样可以明显观察到表面张力系数随液体浓度的变化而变化的现象,从而对这个概念加深理解.

【实验目的】

1. 用拉脱法测量室温下液体的表面张力系数.

2. 学习力敏传感器的定标方法.

【实验原理】

1. 液体分子受力情况,见实验(Ⅰ)

2. 环状金属吊片测量原理

测量一个已知周长的金属片从待测液体表面脱离时需要的力,求得该液体表面张力系数的实验方法称为拉脱法. 若金属片为环状吊片,考虑一级近似,可以认为脱离力为表面张力系数乘上脱离表面的周长,即

$$F = \alpha \cdot \pi(D_1 + D_2) \qquad (2.3.6)$$

式中,F 为脱离力,D_1、D_2 分别为圆环的外径和内径,α 为液体的表面张力系数.

硅压阻式力敏传感器由弹性梁和贴在梁上的传感器芯片组成,其中芯片由 4 个硅扩散电阻集成一个非平衡电桥,当外界压力作用于金属梁时,在压力作用下,电桥失去平衡,此时将有电压信号输出,输出电压大小与所加外力成正此,即

$$\Delta U = KF \qquad (2.3.7)$$

式中,F 为外力的大小,K 为硅压阻式力敏传感器的灵敏度,ΔU 为传感器输出电压的大小.

【实验仪器】

硅压阻力敏传感器,力敏传感器转换器,固定底座,力敏传感器配套仪器盒.

1. 硅压阻力敏传感器

硅压阻力敏传感器(又称半导体应变计)是由 4 个硅扩散的电阻组成的非平衡电桥,用于测量液体与金属相接触的表面张力,该传感器灵敏度高,线性且稳定性好,数字万用表输出显示.其技术指标:

(1)受力量程:0～0.098N;

(2)灵敏度:约 3.00V/N(用砝码质量作单位定标);

(3)非线性误差:小于等于 0.2%;

(4)供电电压:直流 3～6V.

2. 力敏传感器转换器

用于测量电桥失去平衡时输出电压大小的数字电压表.其技术指标:

(1)读数显示:200mV 三位半数字万用表;

(2)连接方式:5 芯航空插头.

3. 固定底座

由固定支架、升降台、玻璃器皿、底板及水平调节装置组成.

4. 力敏传感器配套仪器盒

吊环:外径 $\phi3.5cm$、内径 $\phi3.3cm$、高 0.8cm 的铝合金吊环.

砝码盘及 0.5g 砝码 7 只.

图 2.3.5 为实验装置图,其中,液体表面张力测定仪包括硅扩散电阻非平衡电桥的电源和测量电桥失去平衡时输出电压大小的数字电压表.其他装置包括铁架台、微调升降台、装有力敏传感器的固定杆、盛液体的玻璃皿和圆环形吊片、实验证明,当环的直径在 3cm 附近而液体和金属环接触的接触角近似为零时.运用公式(2.3.6)测量各种液体的表面张力系数的结果较为正确.

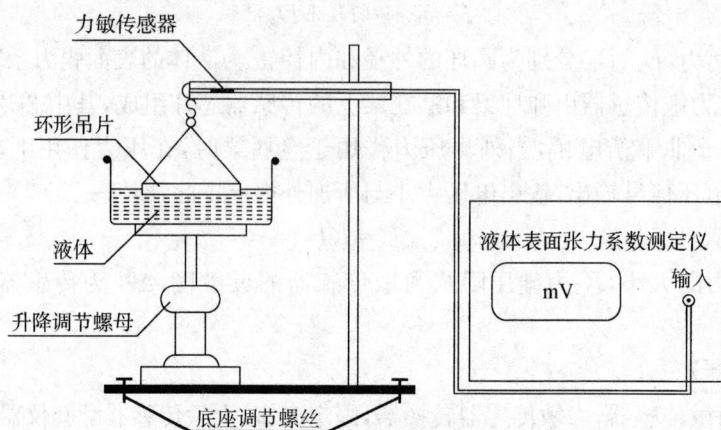

图 2.3.5 液体表面张力测定装置

【实验内容】

1. 力敏传感器的定标

每个力敏传感器的灵敏度都有所不同,在实验前,应先将其定标,定标步骤如下:

(1)打开仪器的电源开关,将仪器预热.

(2)在传感器梁端头小钩中,挂上砝码盘,调节调零旋钮,使数字电压表显示为零.

(3)在砝码盘上分别加 0.5g,1.0g,1.5g,2.0g,2.5g,3.0g 等质量的砝码,记录相应这些砝码力 F 作用下,数字电压表的读数值 U.

(4)用最小二乘法作直线拟合,求出传感器灵敏度 K.

2. 环的测量与清洁

(1)用游标卡尺测量金属圆环的外径 D_1 和内径 D_2.

(2)环的表面状况与测量结果有很大的关系,实验前应将金属环状吊片在 NaOH 溶液中浸泡 20~30s,然后用净水洗净.

3. 液体的表面张力系数

(1)将金属环状吊片挂在传感器的小钩上,调节升降台,将液体升至靠近环片的下沿,观察环状吊片下沿与待测液面是否平行,如果不平行,将金属环状片取下后,调节吊片上的细丝,使吊片与待测液面平行.

(2)调节容器下的升降台,使其渐渐上升,将环片的下沿部分全部浸没于待测液体,然后反向调节升降台,使液面逐渐下降,这时,金属环片和液面间形成一环形液膜,继续下降液面,测出环形液膜即将拉断前一瞬间数字电压表读数值 U_1 和液膜拉断后一瞬间数字电压表读数值 U_2.

$$\Delta U = U_1 - U_2 \tag{2.3.8}$$

(3)将实验数据代入(2.3.6)式和(2.3.7)式,求出液体的表面张力系数,并与标准值进行比较.

【注意事项】

1. 吊环需严格处理干净. 可用 NaOH 溶液洗净油污或杂质后,用清洁水冲洗干净,并用热吹风烘干.

2. 吊环水平需调节好,注意偏差 1°,测量结果引入误差为 0.5%;偏差 2°,则误差为 1.6%.

3. 仪器开机需预热 15min.

4. 在旋转升降台时,尽量使液体的波动要小.

5. 实验室内不可有风,以免吊环摆动致使零点波动,所测系数不正确.

6. 若液体为纯净水. 在使用过程中防止灰尘和油污及其他杂质污染,特别注意手指不要接触被测液体.

7. 力敏传感器使用时用力不宜大于 0.098N. 过大的拉力传感器容易损坏.

8. 实验结束需将吊环用清洁纸擦干,用清洁纸包好,放入干燥缸内.

【数据处理】

1. 传感器灵敏度的测量数据记录

表 2.3.3　传感器灵敏度的测量

砝码 m/g	0	0.50	1.00	1.50	2.00	2.50	3.00
电压 U/mV							

经最小二乘法拟合得 $K=$＿＿＿ mV/N,拟合的线性相关系数 $r=$＿＿＿.

2. 圆环的内径、外径测量

游标卡尺测量金属环外径 $D_1=$＿＿＿ cm,内径 $D_2=$＿＿＿ cm,水的温度: $t=$＿＿＿ ℃.

3. 水的表面张力系数的测量数据记录

表 2.3.4　水的表面张力系数的测量

编号	U_1/mV	U_2/mV	ΔU/mV	F/N	α/(N/m)
1					
2					
3					
4					
5					

平均值: $\bar{\alpha}=$＿＿＿＿＿＿ N/m.

附:水的表面张力系数的标准值.

水温 t/℃	10	15	20	25	30
α/(N/m)	0.07422	0.07322	0.07275	0.07197	0.07118

【思考题】

分析本实验系统可能的误差来源.

实验 2.4　落球法测定液体的黏度

当液体内各部分之间有相对运动时,接触面之间存在内摩擦力,阻碍液体的相对运动,这种性质称为液体的黏滞性,液体的内摩擦力称为黏滞力.黏滞力的大小与接触面面积以及接触面处的速度梯度成正比,比例系数 η 称为黏度(或黏滞系数).

对液体黏滞性的研究在流体力学、化学化工、医疗、水利等领域都有广泛的应用,例如在用管道输送液体时要根据输送液体的流量、压力差、输送距离及液体黏度,设计输送管道的口径.

测量液体黏度可用落球法、毛细管法、转筒法等方法,其中落球法适用于测量黏度较高的液体.

黏度的大小取决于液体的性质与温度,温度升高,黏度将迅速减小.例如对于蓖麻油,在室温附近温度改变 1℃,黏度值改变约 10%.因此,测定液体在不同温度的黏度有很大的实际意义,欲准确测量液体的黏度,必须精确控制液体温度.

【实验目的】

1.用落球法测量不同温度下蓖麻油的黏度.

2.了解 PID 温度控制的原理.

3.练习用停表记时,用螺旋测微器测直径.

【实验原理】

1. 落球法测定液体黏度原理

一个在静止液体中下落的小球受到重力、浮力和黏滞阻力三个力的作用,如果小球的速度 v 很小,且液体可以看成在各方向上都是无限广阔的,则从流体力学的基本方程可以导出表示黏滞阻力的斯托克斯公式

$$F = 3\pi\eta v d \tag{2.4.1}$$

式中,d 为小球直径.由于黏滞阻力与小球速度 v 成正比,小球在下落很短一段距离后(参见附录的推导),所受三力达到平衡,小球将以 v_0 匀速下落,此时有

$$\frac{1}{6}\pi d^3 (\rho - \rho_0) g = 3\pi\eta v_0 d \tag{2.4.2}$$

式中,ρ 为小球密度,ρ_0 为液体密度.由(2.4.2)式可解出黏度 η 的表达式

$$\eta = \frac{(\rho - \rho_0)g d^2}{18 v_0} \tag{2.4.3}$$

本实验中,小球在直径为 D 的玻璃管中下落,液体在各方向无限广阔的条件不满足,此时黏滞阻力的表达式可加修正系数 $(1+2.4d/D)$,而 $(2.4.3)$ 式可修正为

$$\eta = \frac{(\rho - \rho_0)g d^2}{18 v_0 (1+2.4d/D)} \tag{2.4.4}$$

当小球的密度较大,直径不是太小,而液体的黏度值又较小时,小球在液体中的平衡速度 v_0 会达到较大的值,奥西恩-果尔斯公式反映出了液体运动状态对斯托克斯公式的影响

$$F = 3\pi \eta v_0 d \left(1 + \frac{3}{16}Re - \frac{19}{1080}Re^2 + \cdots \right) \tag{2.4.5}$$

式中,Re 称为雷诺数,是表征液体运动状态的无量纲参数.

$$Re = v_0 d \rho_0 / \eta \tag{2.4.6}$$

当 Re 小于 0.1 时,可认为 $(2.4.1)$ 式、$(2.4.4)$ 式成立. 当 $0.1 < Re < 1$ 时,应考虑 $(2.4.5)$ 式中一级修正项的影响,当 Re 大于 1 时,还需考虑高次修正项.

考虑 $(2.4.5)$ 式中一级修正项的影响及玻璃管的影响后,黏度 η_1 可表示为

$$\eta = \frac{(\rho - \rho_0)g d^2}{18 v_0 (1+2.4d/D)(1+3Re/16)} = \eta \frac{1}{1+3Re/16} \tag{2.4.7}$$

由于 $3Re/16$ 是远小于 1 的数,将 $1/(1+3Re/16)$ 按幂级数展开后近似为 $1-3Re/16$,$(2.4.7)$ 式又可表示为

$$\eta_1 = \eta - \frac{3}{16} v_0 d \rho_0 \tag{2.4.8}$$

已知或测量得到 ρ, ρ_0, D, d, v 等参数后,由 $(2.4.4)$ 式计算黏度 η,再由 $(2.4.6)$ 式计算 Re,若需计算 Re 的一级修正,则由 $(2.4.8)$ 式计算经修正的黏度 η_1.

在国际单位制中,η 的单位是 $Pa \cdot s$(帕斯卡·秒),在厘米、克、秒制中,η 的单位是 P(泊)或 cP(厘泊),它们之间的换算关系是

$$1 Pa \cdot s = 10P = 1000cP \tag{2.4.9}$$

2. PID 调节原理

PID 调节是自动控制系统中应用最为广泛的一种调节规律,自动控制系统的原理可用图 2.4.1 说明.

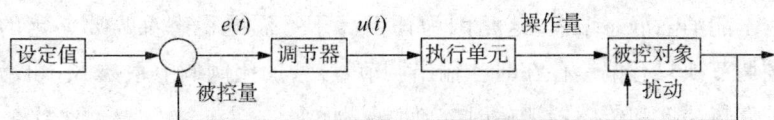

图 2.4.1 自动控制系统框图

假如被控量与设定值之间有偏差 $e(t) =$ 设定值一被控量,调节器依据 $e(t)$ 及一定的

调节规律输出调节信号 $u(t)$,执行单元按 $u(t)$ 输出操作量至被控对象,使被控量逼近直至最后等于设定值. 调节器是自动控制系统的指挥机构.

在我们的温控系统中,调节器采用 PID 调节,执行单元是由可控硅控制加热电流的加热器,操作量是加热功率,被控对象是水箱中的水,被控量是水的温度.

PID 调节器是按偏差的比例(proportional)、积分(integral)、微分(differential),进行调节,其调节规律可表示为

$$u(t) = K_P\left[e(t) + \frac{1}{T_I}\int_0^t e(t)\mathrm{d}t + T_D\frac{\mathrm{d}e(t)}{\mathrm{d}t}\right] \tag{2.4.10}$$

式中,第一项为比例调节, K_P 为比例系数;第二项为积分调节, T_I 为积分时间常数;第三项为微分调节, T_D 为微分时间常数.

PID 温度控制系统在调节过程中温度随时间的一般变化关系可用图 2.4.2 表示,控制效果可用稳定性、准确性和快速性评价.

系统重新设定(或受到扰动)后经过一定的过渡过程能够达到新的平衡状态,则为稳定的调节过程;若被控量反复振荡,甚至振幅越来越大,则为不稳定调节过程,不稳定调节过程是有害而不能采用的. 准确性可用被调量的动态偏差和静态偏差来衡量,二者越小,准确性越高. 快速性可用过渡时间表示,过渡时间越短越好. 实际控制系统中,上述三方面指标常常是互相制约,互相矛盾的,应结合具体要求综合考虑.

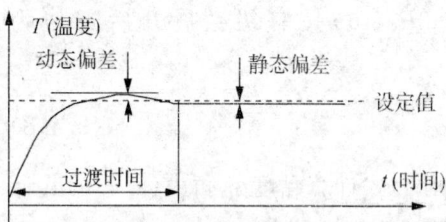

图 2.4.2 PID 调节系统过渡过程

由图 2.4.2 可见,系统在达到设定值后一般并不能立即稳定在设定值,而是超过设定值后经一定的过渡过程才重新稳定,产生超调的原因可从系统惯性、传感器滞后和调节器特性等方面予以说明. 系统在升温过程中,加热器温度总是高于被控对象温度,在达到设定值后,即使减小或切断加热功率,加热器存储的热量在一定时间内仍然会使系统升温,降温有类似的反向过程,这称之为系统的热惯性. 传感器滞后是指由于传感器本身热传导特性或是由于传感器安装位置的原因,使传感器测量到的温度比系统实际的温度在时间上滞后,系统达到设定值后调节器无法立即作出反应,产生超调. 对于实际的控制系统,必须依据系统特性合理整定 PID 参数,才能取得好的控制效果.

由(2.4.10)式可见,比例调节项输出与偏差成正比,它能迅速对偏差作出反应,并减小偏差,但它不能消除静态偏差. 这是因为任何高于室温的稳态都需要一定的输入功率维持,而比例调节项只有偏差存在时才输出调节量. 增加比例调节系数 K_P 可减小静态偏差,但在系统有热惯性和传感器滞后时,会使超调加大.

积分调节项输出与偏差对时间的积分成正比,只要系统存在偏差,积分调节作用就不断积累,输出调节量以消除偏差. 积分调节作用缓慢,在时间上总是滞后于偏差信号的变化. 增加积分作用(减小 T_I)可加快消除静态偏差,但会使系统超调加大,增加动态偏

差,积分作用太强甚至会使系统出现不稳定状态.

微分调节项输出与偏差对时间的变化率成正比,它阻碍温度的变化,能减小超调量,克服振荡. 在系统受到扰动时,它能迅速作出反应,减小调整时间,提高系统的稳定性.

PID调节器的应用已有一百多年的历史,理论分析和实践都表明,应用这种调节规律对许多具体过程进行控制时,都能取得满意的结果.

【实验仪器】

变温黏度测量仪,ZKY-PID温控实验仪,停表,螺旋测微器,钢球若干.

1. 变温黏度测量仪

变温黏度仪的外型如图2.4.3所示.待测液体装在细长的样品管中,能使液体温度较快的与加热水温达到平衡,样品管壁上有刻度线,便于测量小球下落的距离.样品管外的加热水套连接到温控仪,通过热循环水加热样品.底座下有调节螺钉,用于调节样品管的铅直.

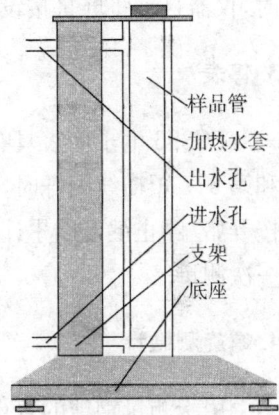

2. 开放式PID温控实验仪

温控实验仪包含水箱、水泵、加热器、控制及显示电路等部分.

本温控试验仪内置微处理器,带有液晶显示屏,具有操作菜单化,能根据实验对象选择PID参数以达到最佳控制,能显示温控过程的温度变化曲线和功率变化曲线及温度和功率的实时值,能存储温度及功率变化曲线,控制精度高等特点,仪器面板如图2.4.4所示.

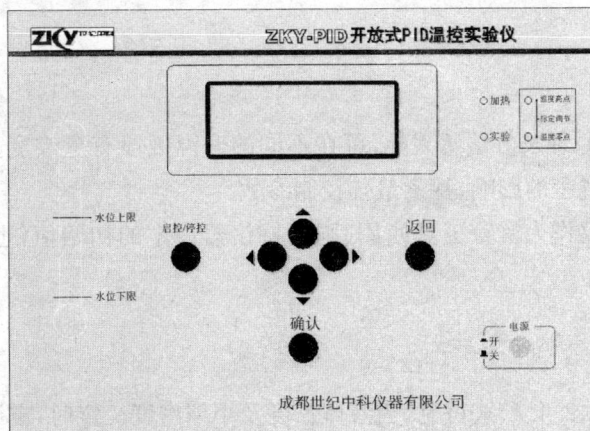

图2.4.3 变温黏度仪

图2.4.4 温控实验仪面板

开机后,水泵开始运转,显示屏显示操作菜单,可选择工作方式,输入序号及室温,设定温度及 PID 参数. 使用◀ ▶键选择项目,▲▼键设置参数,按确认键进入下一屏,按返回键返回上一屏.

进入测量界面后,屏幕上方的数据栏从左至右依次显示序号、设定温度、初始温度、当前温度、当前功率、调节时间等参数. 图形区以横坐标代表时间,纵坐标代表温度(以及功率),并可用▲▼键改变温度坐标值. 仪器每隔 15s 采集 1 次温度及加热功率值,并将采得的数据标示在图上. 温度达到设定值并保持 2min,温度波动小于 0.1℃,仪器自动判定达到平衡,并在图形区右边显示过渡时间 t_s、动态偏差 σ、静态偏差 e. 一次实验完成退出时,仪器自动将屏幕按设定的序号存储(共可存储 10 幅),以供必要时查看、分析、比较.

3. 停表

PC396 电子停表具有多种功能. 按功能转换键,待显示屏上方出现符号……且第 1 和第 6、7 短横线闪烁时,即进入停表功能. 此时按开始/停止键可开始或停止记时,多次按开始/停止键可以累计记时. 一次测量完成后,按暂停/回零键使数字回零,准备进行下一次测量.

4. 螺旋测微计

用于测量钢球的直径. 该工具的使用参看力学实验基础长度测量内容.

【实验内容】

1. 检查仪器前面的水位管,将水箱水加到适当值

平常加水从仪器顶部的注水孔注入. 若水箱排空后第 1 次加水,应该用软管从出水孔将水经水泵加入水箱,以便排出水泵内的空气,避免水泵空转(无循环水流出)或发出嗡鸣声.

2. 设定 PID 参数

若对 PID 调节原理及方法感兴趣,可在不同的升温区段有意改变 PID 参数组合,观察参数改变对调节过程的影响,探索最佳控制参数.

若只是把温控仪作为实验工具使用,则保持仪器设定的初始值,也能达到较好的控制效果.

3. 测定小球直径

由(2.4.6)式及(2.4.4)式可见,当液体黏度及小球密度一定时,雷诺数 $Re \propto d^3$. 在测量蓖麻油的黏度时建议采用直径 1~2mm 的小球,这样可不考虑雷诺修正或只考虑一级雷诺修正.

用螺旋测微器测定小球的直径 d,将数据记入表 2.4.1 中.

表 2.4.1　小球的直径

次数	1	2	3	4	5	6	7	8	平均值
$d/(\times 10^{-3}\text{m})$									

4. 测定小球在液体中下落速度并计算黏度

（1）温控仪温度达到设定值后再等约 10min，使样品管中的待测液体温度与加热水温完全一致，才能测液体黏度.

（2）用镊子夹住小球沿样品管中心轻轻放入液体，观察小球是否一直沿中心下落，若样品管倾斜，应调节其铅直.测量过程中，尽量避免对液体的扰动.

（3）用停表测量小球落经一段距离的时间 t，并计算小球速度 v_0，用（2.4.4）式或（2.4.8）式计算黏度 η，记入表 2.4.2 中.

（4）实验全部完成后，用磁铁将小球吸引至样品管口，用镊子夹入蓖麻油中保存，以备下次实验使用.

【数据处理】

1. 记录原始数据并按要求计算

表 2.4.2　黏度的测定

$\rho = 7.8 \times 10^3\,\text{kg/m}^3, \rho_0 = 0.95 \times 10^3\,\text{kg/m}^3, D = 2.0 \times 10^{-2}\,\text{m}$

温度/℃	时间/s						速度/(m/s)	小球下落距离/m	$\eta/(\text{Pa}\cdot\text{s})$ 测量值	* $\eta/(\text{Pa}\cdot\text{s})$ 标准值
	1	2	3	4	5	平均				
10										2.420
15										
20										0.986
25										
30										0.451
35										
40										0.231
45										
50										
55										

* 摘自 CRC Handbook of Chemistry and Physics.

2. 表 2.4.2 中,列出了部分温度下黏度的标准值,可将这些温度下黏度的测量值与标准值比较,并计算相对误差

3. 将表 2.4.2 中 η 的测量值在坐标纸上作图,表明黏度随温度的变化关系

【预习思考题】

1. 如何保证小球沿圆管中心轴线下落? 如果下落过程中偏离中心轴线,对实验结果有无影响?

2. 测量的起始点是否可以选取液面,为什么?

【思考题】

分析本实验系统可能的误差来源.

【附录】

小球在达到平衡速度之前所经路程 L 的推导

由牛顿运动定律及黏滞阻力的表达式,可列出小球在达到平衡速度之前的运动方程

$$\frac{1}{6}\pi d^3 \rho \frac{\mathrm{d}v}{\mathrm{d}t} = \frac{1}{6}\pi d^3 (\rho - \rho_0)g - 3\pi\eta dv \tag{1}$$

经整理后得

$$\frac{\mathrm{d}v}{\mathrm{d}t} + \frac{18\eta}{d^2\rho}v = \left(1 - \frac{\rho_0}{\rho}\right)g \tag{2}$$

这是一个一阶线性微分方程,其通解为

$$v = \left(1 - \frac{\rho_0}{\rho}\right)g \cdot \frac{d^2\rho}{18\eta} + Ce^{-\frac{18\eta}{d^2\rho}t} \tag{3}$$

设小球以零初速放入液体中,代入初始条件($t=0, v=0$),定出常数 C 并整理后得

$$v = \frac{d^2 g}{18\eta}(\rho - \rho_0) \cdot (1 - e^{-\frac{18\eta}{d^2\rho}t}) \tag{4}$$

随着时间增大,式(4)中的负指数项迅速趋近于 0,由此得平衡速度

$$v_0 = \frac{d^2 g}{18\eta}(\rho - \rho_0) \tag{5}$$

(5)式与正文中的(3)式是等价的,平衡速度与黏度成反比. 设从速度为 0 到速度达到平衡速度的 99.9% 这段时间为平衡时间 t_0,即令

$$e^{-\frac{18\eta}{d^2\rho}t_0} = 0.001 \tag{6}$$

由(6)式可计算平衡时间.

若钢球直径为 10^{-3} m,代入钢球的密度 ρ,蓖麻油的密度 ρ_0 及 40℃时蓖麻油的黏度 $\eta = 0.231$ Pa·s,可得此时的平衡速度约为 $v_0 = 0.016$ m/s,平衡时间约为 $t_0 = 0.013$ s.

平衡距离 L 小于平衡速度与平衡时间的乘积,在我们的实验条件下,小于 1mm,基本可认为小球进入液体后就达到了平衡速度.

实验 2.5 金属线膨胀系数的测量

绝大多数物质具有热胀冷缩的特性,在一维情况下,固体受热后长度的增加称为线

膨胀. 在相同条件下, 不同材料的固体, 其线膨胀的程度各不相同, 我们引入线膨胀系数来表征物质的膨胀特性. 线膨胀系数是物质的基本物理参数之一, 在道路、桥梁、建筑等工程设计, 精密仪器仪表设计, 材料的焊接、加工等各种领域, 都必须对物质的膨胀特性予以充分的考虑. 利用本实验提供的固体线膨胀系数测量仪和温控仪, 能对固体的线膨胀系数予以准确测量.

在科研、生产及日常生活的许多领域, 常常需要对温度进行调节、控制. 温度调节的方法有多种, PID 调节是对温度控制精度要求高时常用的一种方法. 物理实验中经常需要测量物理量随温度的变化关系, 本实验提供的温控仪针对学生实验的特点, 让学生自行设定调节参数, 并能实时观察到对于特定的参数、温度及功率随时间的变化关系及控制精度. 加深学生对 PID 调节过程的理解, 让等待温度平衡的过程变得生动有趣.

【实验目的】

1. 测量金属的线膨胀系数.

2. 学习 PID 调节的原理并通过实验了解参数设置对 PID 调节过程的影响.

【实验仪器】

金属线膨胀实验仪, ZKY－PID 温控实验仪, 千分表.

【实验原理】

1. 线膨胀系数

设在温度为 t_0 时, 固体的长度为 L_0, 在温度为 t_1 时, 固体的长度为 L_1. 实验指出, 当温度变化范围不大时, 固体的伸长量 $\Delta L = L_1 - L_0$ 与温度变化量 $\Delta t = t_1 - t_0$ 及固体的长度 L_0 成正比, 即

$$\Delta L = \alpha L_0 \Delta t \tag{2.5.1}$$

式中的比例系数 α 称为固体的线膨胀系数, 由(2.5.1)式知

$$\alpha = \frac{\Delta L}{L_0} \cdot \frac{1}{\Delta t} \tag{2.5.2}$$

可以将 α 理解为当温度升高 1℃ 时, 固体增加的长度与原长度之比. 多数金属的线膨胀系数在 $(0.8 \sim 2.5) \times 10^{-5} ℃^{-1}$.

线膨胀系数是与温度有关的物理量. 当 Δt 很小时, 由(2.5.2)式测得的 α 称为固体在温度为 t_0 时的微分线膨胀系数. 当 Δt 是一个不太大的变化区间时, 我们近似认为 α 是不变的, 由(2.5.2)式测得的 α 称为固体在 $t_0 \sim t_1$ 温度范围内的线膨胀系数.

由(2.5.2)式知, 在 L_0 已知的情况下, 固体线膨胀系数的测量实际归结为温度变化量 Δt 与相应的长度变化量 ΔL 的测量, 由于 α 数值较小, 在 Δt 不大的情况下, ΔL 也很小, 因此准确地控制 t, 测量 t 及 ΔL 是保证测量成功的关键.

2. PID 调节原理

PID 调节是自动控制系统中应用最为广泛的一种调节规律, 自动控制系统的原理可

用图 2.5.1 说明.

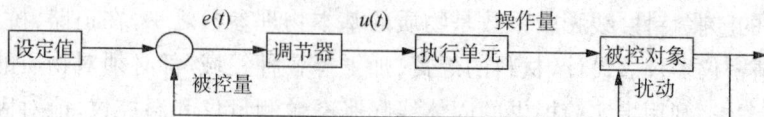

图 2.5.1　自动控制系统框图

假如被控量与设定值之间有偏差 $e(t)=$ 设定值－被控量,调节器依据 $e(t)$ 及一定的调节规律输出调节信号 $u(t)$,执行单元按 $u(t)$ 输出操作量至被控对象,使被控量逼近直至最后等于设定值.调节器是自动控制系统的指挥机构.

在我们的温控系统中,调节器采用 PID 调节,执行单元是由可控硅控制加热电流的加热器,操作量是加热功率,被控对象是水箱中的水,被控量是水的温度.

PID 调节器是按偏差的比例(proportional)、积分(integral)、微分(differential),进行调节,其调节规律可表示为

$$u(t)=K_{\mathrm{p}}\left[e(t)+\frac{1}{T_{\mathrm{I}}}\int_{0}^{t}e(t)\mathrm{d}t+T_{\mathrm{D}}\frac{\mathrm{d}e(t)}{\mathrm{d}t}\right] \tag{2.5.3}$$

式中,第一项为比例调节,K_{p} 为比例系数;第二项为积分调节,T_{I} 为积分时间常数;第三项为微分调节,T_{D} 为微分时间常数.

PID 温度控制系统在调节过程中温度随时间的一般变化关系可用图 2.5.2 表示,控制效果可用稳定性、准确性和快速性评价.

系统重新设定(或受到扰动)后经过一定的过渡过程能够达到新的平衡状态,则为稳定的调节过程;若被控量反复振荡,甚至振幅越来越大,则为不稳定调节过程,不稳定调节过程是有害而不能采用的.准确性可用被调量的动态偏差和静态偏差来衡量,二者越小,准确性越高.快速性可用过渡时间表示,过渡时间越短越好.实际控制系统中,上述三方面指标常常是互相制约,互相矛盾的,应结合具体要求综合考虑.

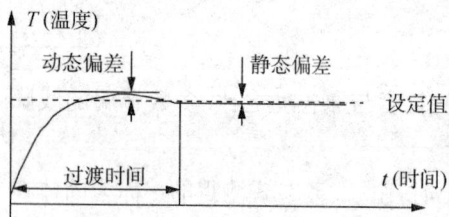

图 2.5.2　PID 调节系统过渡过程

由图 2.5.2 可见,系统在达到设定值后一般并不能立即稳定在设定值,而是超过设定值后经一定的过渡过程才重新稳定,产生超调的原因可从系统惯性、传感器滞后和调节器特性等方面予以说明.系统在升温过程中,加热器温度总是高于被控对象温度,在达到设定值后,即使减小或切断加热功率,加热器存储的热量在一定时间内仍然会使系统升温,降温有类似的反向过程,这称之为系统的热惯性.传感器滞后是指由于传感器本身热传导特性或是由于传感器安装位置的原因,使传感器测量到的温度比系统实际的温度在时间上滞后,系统达到设定值后调节器无法立即作出反应,产生超调.对于实际的控制系统,必须依据系统特性合理确定 PID 参数,才能取得好的控制效果.

由(2.5.3)式可见,比例调节项输出与偏差成正比,它能迅速对偏差作出反应,并减小偏差,但它不能消除静态偏差.这是因为任何高于室温的稳态都需要一定的输入功率

维持,而比例调节项只有偏差存在时才输出调节量.增加比例调节系数 K_p 可减小静态偏差,但在系统有热惯性和传感器滞后时,会使超调加大.

积分调节项输出与偏差对时间的积分成正比,只要系统存在偏差,积分调节作用就不断积累,输出调节量以消除偏差.积分调节作用缓慢,在时间上总是滞后于偏差信号的变化.增加积分作用(减小 T_I)可加快消除静态偏差,但会使系统超调加大,增加动态偏差,积分作用太强甚至会使系统出现不稳定状态.

微分调节项输出与偏差对时间的变化率成正比,它阻碍温度的变化,能减小超调量,克服振荡.在系统受到扰动时,它能迅速作出反应,减小调整时间,提高系统的稳定性.

PID 调节器的应用已有一百多年的历史,理论分析和实践都表明,应用这种调节规律对许多具体过程进行控制时,都能取得满意的结果.

【实验仪器】

1. 金属线膨胀实验仪

仪器外型如图 2.5.3 所示.金属棒的一端用螺钉连接在固定端,滑动端装有轴承,金属棒可在此方向自由伸长.通过流过金属棒的水加热金属,金属的膨胀量用千分表测量.支架都用隔热材料制作,金属棒外面包有绝热材料,以阻止热量向基座传递,保证测量准确.

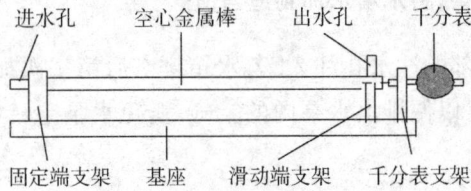

图 2.5.3 金属线膨胀实验仪

2. 开放式 PID 温控实验仪

温控实验仪包含水箱、水泵、加热器、控制及显示电路等部分.

本温控试验仪内置微处理器,带有液晶显示屏,具有操作菜单化,能根据实验对象选择 PID 参数以达到最佳控制,能显示温控过程的温度变化曲线和功率变化曲线及温度和功率的实时值,能存储温度及功率变化曲线,控制精度高等特点,仪器面板如图 2.5.4 所示.

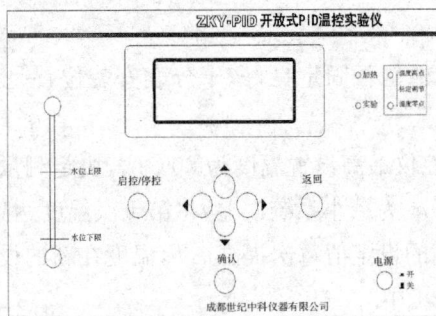

图 2.5.4 温控实验仪面板

开机后,水泵开始运转,显示屏显示操作菜单,可选择工作方式,输入序号及室温,设定温度及 PID 参数.使用◀▶键选择项目,▲▼键设置参数,按确认键进入下一屏,按返回键返回上一屏.

进入测量界面后,屏幕上方的数据栏从左至右依次显示序号、设定温度、初始温度、当前温度、当前功率、调节时间等参数.图形区以横坐标代表时间,纵坐标代表温度(功率),并可用▲▼键改变温度坐标值.仪器每隔15s采集1次温度及加热功率值,并将采得的数据标示在图上.温度达到设定值并保持 2min 温度波动小于 0.1℃,仪器自动判定达到平衡,并在图形区右边显示过渡时间 t_s,动态偏差 σ,静态偏差 e.一次实验完成退出时,仪器自动将屏幕按设定的序号存储(共可存储 10 幅),以供必要时分析、比较.

3. 千分表

千分表是用于精密测量位移量的量具,它利用齿条－齿轮传动机构将线位移转变为角位移,由表针的角度改变量读出线位移量.大表针转动 1 圈(小表针转动 1 格),代表线位移 0.2mm,最小分度值为 0.001mm.

【实验内容】

1. 检查仪器后面的水位管,将水箱水加到适当值

平常加水从仪器顶部的注水孔注入.若水箱排空后第 1 次加水,应该用软管从出水孔将水经水泵加入水箱,以便排出水泵内的空气,避免水泵空转(无循环水流出)或发出嗡鸣声.

2. 设定 PID 参数

若对 PID 调节原理及方法感兴趣,可在不同的升温区段有意改变 PID 参数组合,观察参数改变对调节过程的影响.

若只是把温控仪作为实验工具使用,则可按以下的经验方法设定 PID 参数:

$$K_P = 3(\Delta T)^{1/2}, \qquad T_I = 30, \qquad T_D = 1/99$$

ΔT 为设定温度与室温之差.参数设置好后,用启控/停控键开始或停止温度调节.

3. 测量线膨胀系数

实验开始前检查金属棒是否固定良好,千分表安装位置是否合适.一旦开始升温及读数,避免再触动实验仪.

为保证实验安全,温控仪最高设置温度为 60℃.若决定测量 n 个温度点,则每次升温范围为 $\Delta T = (60-$室温$)/n$.为减小系统误差,将第 1 次温度达到平衡时的温度及千分表读数分别记为 T_0, l_0.温度的设定值每次提高 ΔT,温度在新的设定值达到平衡后,记录温度及千分表读数于表 2.5.1 中.

表 2.5.1　数据记录表

次数	0	1	2	3	4	5	6	7
千分表读数	$l_0=$							
温度/℃	$T_0=$							
$\Delta T_i=T_i-T_0$								
$\Delta L_i=l_i-l_0$								

【数据处理】

根据 $\Delta L=\alpha L_0\Delta t$,由表 2.5.1 数据用线性回归法或作图法求出 $\Delta L_i-\Delta T_1$ 直线的斜率 K,已知固体样品长度 $L_0=500\mathrm{mm}$,则可求出固体线膨胀系数 $\alpha=K/L_0$.

实验 2.6　非线性电阻的伏安特性测量

非线性电阻,是指那些电阻值随外界环境和工作条件呈非线性变化的电阻器件,如白炽灯的钨灯丝、热敏电阻、光敏电阻、半导体二极管和三极管等.严格地说,一切物体的电阻在一定程度上都具有非线性的性质.

非线性电阻伏安特性所反映出来的规律,必然与一定的物理过程相联系,因此,利用非线性电阻特性研制成的各种新型传感器、换能器,它们在温度、压力、光强等物理量检测和自动控制力方面有很广泛的应用.对非线性电阻特性及规律的研究,有助于对有关物理过程、物理规律及其应用加深理解和认识.

【实验目的】

1. 了解二极管的单向导电特性.
2. 掌握二极管伏安特性的测量方法.
3. 学会用图线表示实验结果.

【实验原理】

晶体二极管又叫半导体二极管.半导体的导电性能介于导体和绝缘体之间.如果在纯净的半导体中适当地掺入极微量的杂质,则半导体的导电能力就会有上百万倍的增加.加到半导体中的杂质可分成两种类型:一种杂质加到半导体中去后,在半导体中会产生许多带负电的电子,这种半导体叫电子型半导体(也叫 n 型半导体);另一种杂质加到半导体中会产生许多缺少电子的空穴(空位),这种半导体叫空穴型半导体(也叫 p 型半导体).

晶体二极管由两种具有不同导电性能的 n 型半导体和 p 型半导体结合形成的 pn 结所构成.它有正、负两个电极,正极由 p 型半导体引出,负极由 n 型半导体引出,如图 2.6.1(a)所示.pn 结具有单向导电的特性,常用图 2.6.1(b)所示的符号表示.

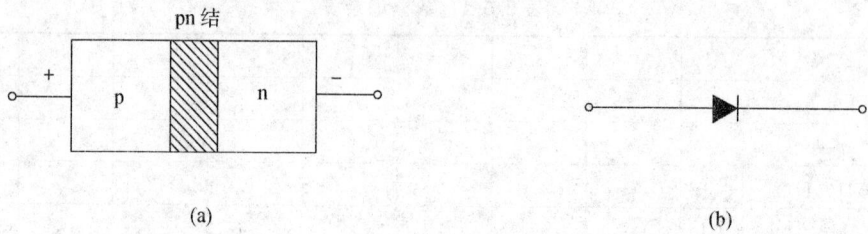

图 2.6.1   晶体二极管的 pn 结和表示符号

关于 pn 结的形成和导电性能可作如下解释.

如图 2.6.2(a)所示,由于 p 区中空穴的浓度比 n 区大,空穴便由 p 区向 n 区扩散;同样,由于 n 区的电子浓度比 p 区大,电子便由 n 区向 p 区扩散.随着扩散的进行,p 区空穴减少,出现了一层带负电的粒子区(以⊖表示);n 区的电子减少,出现了一层带正电的粒子区(以⊕表示).结果在 p 型与 n 型半导体交界面的两侧附近,形成了带正、负电的薄层区,称为 pn 结.这个带电薄层内的正、负电荷产生了一个电场,其方向恰好与载流子(电子、空穴)扩散运动的方向相反,使载流子的扩散受到内电场的阻力作用,所以这个带电薄层又称为阻挡层.当扩散作用与内电场作用相等时,p 区的空穴和 n 区的电子不再减少,阻挡层也不再增加,达到动态平衡,这时二极管中没有电流.

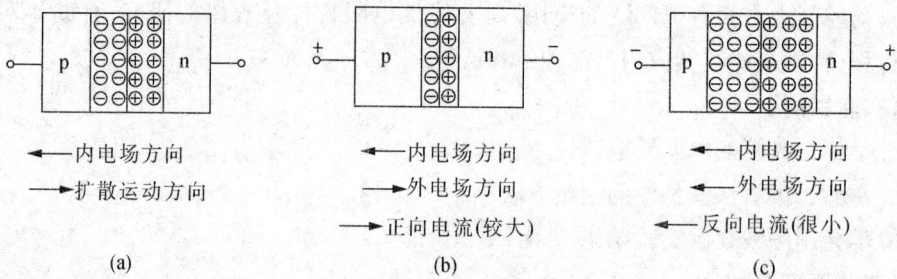

图 2.6.2   pn 结的形成和单向导电特性

如图 2.6.2(b)所示,当 pn 结加上正向电压(p 区接正,n 区接负)时,外电场与内电场方向相反,因而削弱了内电场,使阻挡层变薄.这样,载流子就能顺利地通过 pn 结,形成比较大的电流.所以,pn 结在正向导电时电阻很小.

如图 2.6.2(c)所示,当 pn 结加上反向电压(p 区接负,n 区接正)时,外加电场与内电场方向相同,因而加强了内电场的作用,使阻挡层变厚.这样,只有极少数载流子能够通过 pn 结,形成很小的反向电流.所以,pn 结的反向电阻很大.

二极管两端的电压和流过二极管电流的关系称为二极管的伏安特性,如图 2.6.3所示.

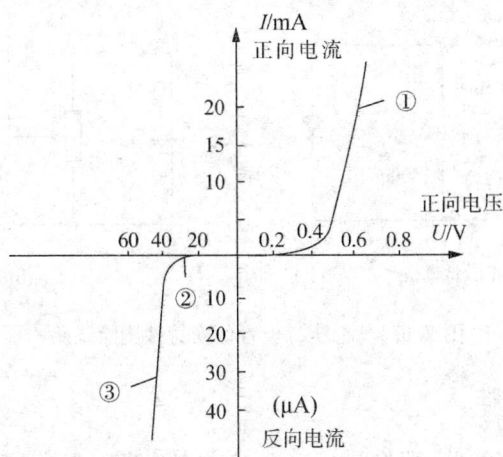

图 2.6.3 硅二极管的伏安特性

从图可以看出:二极管的伏安特性是非线性的.对应于图 2.6.3 第①段为正向特性,二极管导通后,曲线斜率变得相当陡峭,这时二极管的正向电压降很小,电流很大.因此呈现的正向电阻很小.而第②段为反向特性,二极管两端加很大的反向电压(几十伏)时,反向电流也很小,因此呈现的反向电阻很大.这就是二极管单向导电特性.第③段为反向击穿特性,即当反向电压增加到某个数值时,反向电流突然剧增,这称为二极管的反向击穿.当管子被反向击穿后,二极管的单向导电性被破坏.

稳压管实质上也是一个二极管,只不过它正是利用二极管的反向击穿特性,使通过管子的电流在很大范围内变化而管子两端的电压很少变化来达到稳压目的的.为测量的方便性,我们选用稳压管来作为二极管伏安特性曲线测量的元件.

【实验仪器】

电压表、mA 电流表、μA 电流表、滑线变阻器、二极管、电源开关等.

【实验内容】

测量之前,先记录稳压二极管的型号,再判别稳压二极管的正、负极.

1. 测量二极管正向特性

按图 2.6.4(a)接好线路并复查一次,经教师检查线路后,接通稳压电源使输出直流稳压为 2V,调节滑线变阻器,使输出电压缓慢增加,例如,取 0.00V,0.10V,0.20V,…(在电流变化大的地方,电压间隔应取小一些),读出相应的电流值,填入表 2.6.1.最后断开电源.

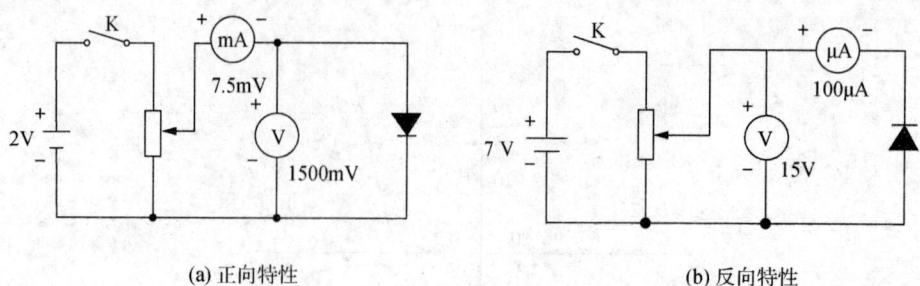

(a) 正向特性　　　　　　　　　　　　　　(b) 反向特性

图 2.6.4　稳压二极管伏安特性测绘线路

2. 测量二极管的反向特性

按图 2.6.4(b)接好线路,即将图 2.6.4(a)中直流毫安表换成直流微安表,将稳压二极管反向接入电路.调节稳压电源使输出电压为 7V.调节滑线变阻器,使二极管反向电压逐步改变.例如,取 0.0V,1.0V,2.0V,…,读出相应的电流值,填入表 2.6.2 中.确认数据无误和遗漏后,断开电源,拆除线路.

3. 绘制被测稳压管的伏安特性曲线

以电压为横轴,电流为纵轴,利用测出的正、反向电压和电流的数据,绘出稳压二极管的伏安特性曲线.由于正向电流读数为毫安,反向电流读数为微安,在纵轴上半段和下半段坐标纸上每小格代表的电流值可以不同,但必须分别标注清楚.

【数据处理】

表 2.6.1　正向特性

电压/mV		0	100	200	…	…	…
电流	格数						
	mA						

表 2.6.2　反向特性

电压/V		0	1.0	1.5	…	…	…
电流	格数						
	μA						

【思考题】

1. 如将稳压管换成普通二极管,测反向特性时,应注意些什么?

2. 如何区分二极管与稳压管?

实验 2.7　示波器的使用

示波器又称阴极射线示波器,它是一种常用的电子仪器,主要用于观察和测量电信号.配合各种传感器,把各种电学量(如电流、功率、阻抗等)和非电学量(如温度、速度、位移、强度、频率、相位等)转化为电信号,它可以用来观察各种电学量和非电量的变化过程,是一种用途广泛的测量仪器.由于电子射线的惯性很小,因此示波器可以在很高的频率范围之内工作,采用高增益放大器可以观察微弱信号;多踪示波器,则可以比较几个信号之间的相应关系.

示波器具有多种类型和型号,它的基本原理是相同的,示波器的具体电路比较复杂,不是本实验的讨论范围,本实验仅限于学习示波器的使用方法.

【实验目的】

1.了解示波器的主要组成部分、结构以及示波器的波形显示原理.

2.学习使用示波器观察电信号和李萨如图形.

3.学习使用示波器用比较法测量电信号的方法.

【实验原理】

示波器是由示波管和复杂的电子线路构成的,其基本结构如图 2.7.1 所示,主要部分有示波管、电压放大与衰减系统、扫描与同步系统、电源等.

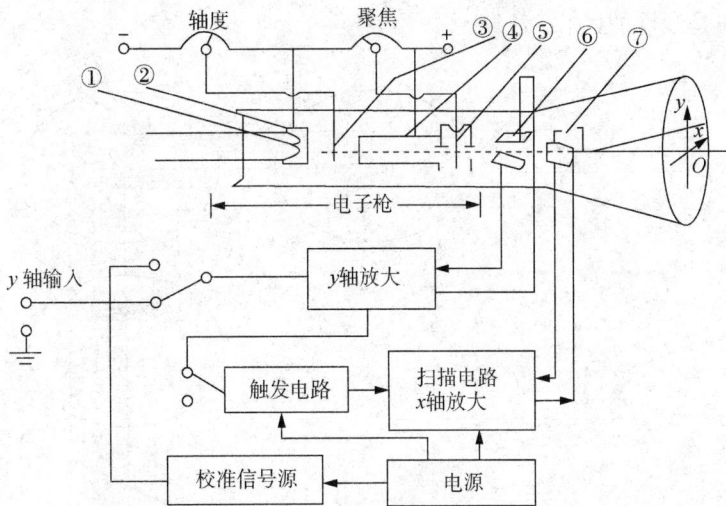

图 2.7.1 示波器的基本结构
①灯丝;②阴极;③栅极;④第二阳极;⑤第一阳极;⑥Y轴偏转板;⑦X轴偏转板

1. 示波管的构造及示波原理

示波管是示波器的心脏.示波管由电子枪、偏转板和荧光屏组成,电子枪包括灯丝、阴极、栅极、第一阳极和第二阳极等部分.电子枪用来发射电子束;偏转板用来控制电子束运动;电子束打到荧光屏发光,显示出观察的电压波形.荧光屏上光点的亮度取决于电子束中电子的数量,光点的粗细则由电子束的粗细决定,它们分别由面板上辉度及聚焦旋钮来调节.

2. 偏转板对电子束的作用

(1)当 x、y 轴偏转板上的电压 $U_x = 0$，$U_y = 0$ 时电子束打在荧光屏中心.

(2)当 $U_x > 0$，$U_y = 0$ 时，电子束将受到电场力作用，使电子束向正极板偏转，光点将由荧光屏中点移动到右边;当 $U_x < 0$，$U_y = 0$ 时，则光点移动到荧光屏左边.

(3)当 $U_x = 0$，$U_y > 0$ 时，光点向上移动. 当 $U_x = 0$，$U_y < 0$ 时，则光点向下移动.

光点移动的距离与偏转板所加电压成正比，即光点沿 y 轴方向上下移动的距离正比于 U_y，沿 x 轴方向左右移动的距离正比于 U_x.

(4)若在 y 轴偏转板上加正弦波电压($U_y = U_0 \sin \omega t$)，x 轴偏转板不加电压($U_x = 0$)，光点将沿 y 轴方向振动. 由于 U_y 是按正弦规律变化的，所以光点在 y 轴方向移动的距离也按正弦规律变化;因为 $U_x = 0$，所以光点在 x 轴方向无移动，在荧光屏上只能看到一条 y 轴方向的直线(图 2.7.2)，而不是正弦波. 如何才能在荧光屏上展现正弦波呢? 那就需要将光点沿 x 轴方向拉开，即必须在 x 轴偏转板上也加上电压. 由于 y 轴上加的电压的波形是随时间变化的，所以希望 x 轴光点的移动代表时间 t，且 x 轴的电压(U_x)随时间的变化的关系应是线性的(图 2.7.2).

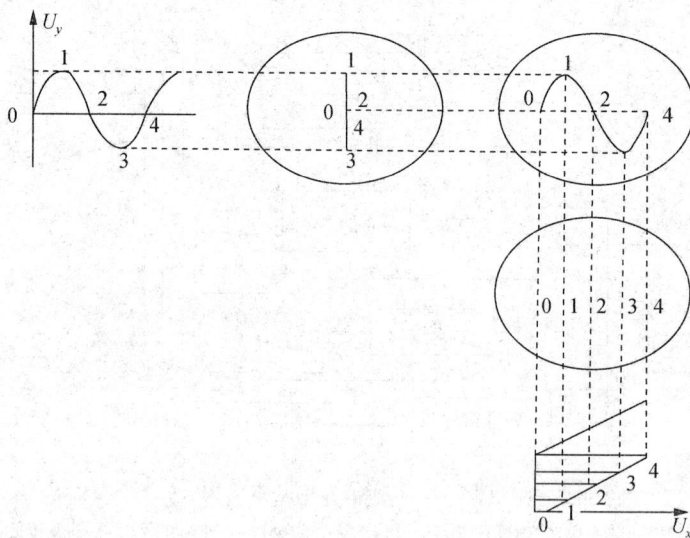

图 2.7.2   正弦波形的合成

我们用比较直观的作图法将电子束受 U_y 和 U_x 的电场力作用后的轨迹表示如图 2.7.2所示，在示波管的 x、y 轴偏转板上分别同时加上线性电压和正弦波电压，若它们的周期相同，将一个周期分为相同的 4 个时间间隔，U_y 和 U_x 的值分别对应光点在 y 轴和 x 轴偏离的位置. 将 U_x 和 U_y 的各投影光点连起来，即得被测电压波形(正弦波). 完成一个波形后的瞬间，光点立刻反跳回到原点，完成一个周期，这根反跳线称为回扫线. 因这段时间很短，线条比较暗，有的示波器采取措施(消隐电路)将其消除.

光点沿 x 轴线性变化及反跳的过程称为扫描,电压 U_x 称为扫描电压(锯齿波电压),它是由示波器内的扫描发生器(锯齿波发生器)产生的. 这样,电子束不仅受到 U_y 电场力使其上下运动,同时受到 U_x 电场力使其展开成正弦波.

上面讨论的波形因 U_y 和 U_x 的周期相等,荧光屏上出现一个正弦波,若 $f_y = nf_x$, $n=1,2,3,\cdots$,则荧光屏上将出现一个、两个、三个……稳定的正弦波. 只有当 f_y 为 f_x 的整数倍时,波形才稳定,但 f_y 由被测电压决定的,而 f_x 由示波器内锯齿波发生器决定,两者相互无关.

某些型号的示波器,为了得到稳定的波形,采用整步的方法,即把 y 轴输入信号电压接至锯齿波发生器的电路中,强迫 f_x 跟随信号频率变化而变化(内整步),以保证 $f_y = nf_x$,荧光屏上的波形即可稳定.

3. 触发扫描

在有些示波器中,为了在荧光屏上得到稳定不动的信号波形,采用被测信号来控制扫描电压的产生时刻,称为触发扫描. 调节触发电平高低,使被测信号达到某一定值时,扫描电路才开始工作,产生一个锯齿波,将被测信号显示出来. 由于每次被测信号都达到这一定值时,扫描电路才工作,产生锯齿波,所以每次扫描显示的波形相同. 这样,在荧光屏上看到的波形就稳定不动. 如图 2.7.3 表示了触发扫描的原理.

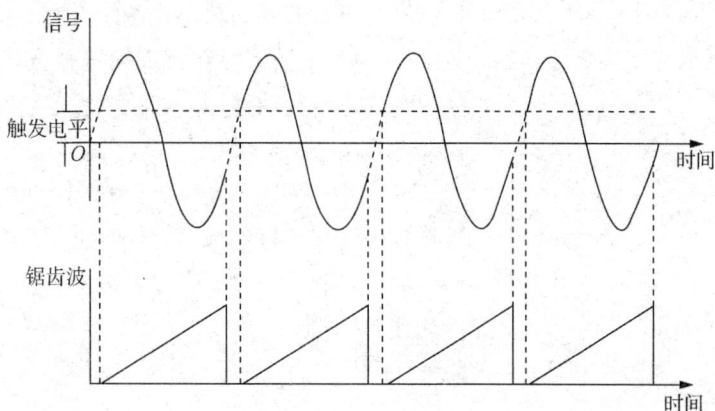

图 2.7.3　触发扫描

4. 电压放大与衰减

由于示波管本身偏转板的偏转灵敏度不高,当加于偏转板的信号电压较小时,电子束不能发生足够的偏转,以至屏上光点位移过小,不便观测. 为了便于观察较小的电信号就需要预先将输入信号加以放大,再加到 x 或 y 偏转板上. 为此设置了 x、y 两路放大系统.

当输入信号电压过大时,为避免放大器过荷失真,需在信号输入放大器前加以衰减而设置衰减器. 通常衰减器有三挡:1,10,100.

5. 示波器的应用

1)测量交流电波形的电压有效值

示波器能把待测信号波形显示在荧光屏上,并可以通过比较法定量求出待测信号电压的大小,即对示波器进行定标.简单的示波器的标准信号(或已知信号)是从外部输入的,一般用低频信号发生器作为信号源.较高级的示波器内部有标准信号(有的称比较信号或校正信号),只要拨动相应开关就可进行定标,称为定标法测电压.

标准信号和待测信号输入示波器进行比较时,必须使示波器输入端的振幅保持不变.分别记录标准信号和待测信号的图形以及标准信号的电压有效值,就可求出待测信号的电压有效值.

2)测量交流电波形的频率

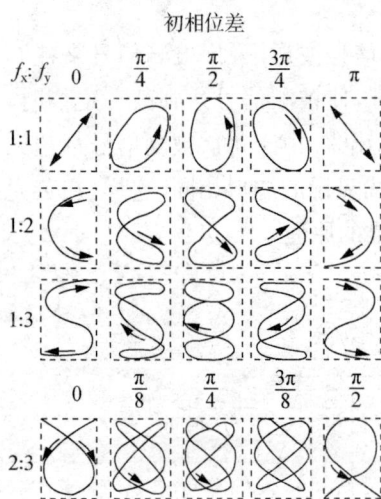

图 2.7.4 简单整数比的李萨如图

（1）利用扫描频率求未知频率. 由扫描原理可知,只有当输入信号频率为扫描频率的整数倍时,波形才是稳定的.利用这个关系,可以求得未知频率(某些示波器能直接精确得到扫描频率).

（2）利用李萨如图形求未知频率. 如果示波管的 x、y 偏转板都加上随时间变化的正弦信号,那么电子束在荧光屏上形成的轨迹是两个互相垂直的振动的合成.当这两个正弦信号频率成简单整数比时,亮点迹轨为一稳定的闭合曲线——李萨如图形. $f_x : f_y$ 成简单整数比的几个图形示于图 2.7.4.

当一个正弦信号频率为已知,利用李萨如图形,可以求未知正弦信号的频率.李萨如图形与振动频率之间有如下关系:

$$\frac{N_x(x \text{ 方向切线对图形切点数})}{N_y(y \text{ 方向切线对图形切点数})} = \frac{f_y}{f_x}$$

【实验仪器】

示波器、信号发生器等.

【实验内容】

1. 熟悉示波器的操作方法及波形观察

(1)仔细理解示波器的操作程序,熟悉示波器面板上各旋钮的作用.

(2)观察待测信号源中交流波形,按照指导教师要求,在示波器上显示出各种整数个周期的波形,并在毫米方格纸上如实描出观察到的波形,同时记录下示波器的扫描挡位和被观测信号的频率.

2. 测量交流电波形的电压有效值和峰-峰值

(1)比较法测量:用两种方法测量待测信号源中交流电波形的电压有效值,即先输入已知信号再送待测信号和先输入待测信号再送已知信号,并从有效数字角度比较上述两种方式的优劣.

(2)定标法测量:将待测信号输入后,示波器面板上的"y增益微调"和"时基微调"应位于校准位置,此时可根据屏幕的y轴坐标刻度,利用示波器y轴灵敏度选择开关的V/格挡级标称值.直接读出信号波形的峰-峰值为D格(图2.7.5).

如示波器"V/格"选择5V挡级,则检测信号峰-峰值为:$V_{P-P}=5V/格×D格=5DV$.由测得的峰-峰值可计算交流信号的电压有效值为

$$V_{有效}=\frac{V_{P-P}}{2\sqrt{2}}$$

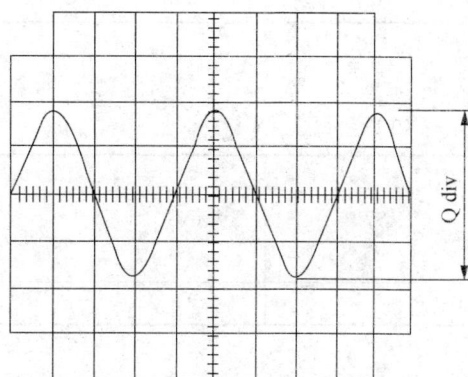

图 2.7.5 读信号波形的峰-峰值

3. 测量正弦交流信号的频率

(1)将待测信号源中未知频率的正弦信号输入,根据屏幕x坐标额度,读出被测交流信号的周期,由公式$f=1/T$,求得其频率.

(2)利用李萨如图形测量正弦交流信号的频率.①观察李萨如图形:将待测信号源中未知频率的正弦信号输入y轴输入端,再将信号发生器产生的正弦信号输入x轴输入端.②调节y轴"灵敏度选择开关"挡级和信号发生器的输出信号的强弱,使图形适中,并缓慢改变后者的频率,可在示波器上逐一得到确定频率比例的李萨如图形.

分别记下比值$K=1:1,1:2,2:3$时的f_x.利用公式计算未知频率.

【数据处理】

表 2.7.1 波形观察

完整正弦波波数	SWP	MAG	扫描挡(ms/div)	信号频率
1				
2				
5				

请在毫米方格纸上如实描出观察到的波形.

表 2.7.2　测量电压　　　　　　　待测输入信号电压＿＿＿＿＿＿

增益微调	VOLTS(增益)(V/div)	待测电压峰-峰值的格数 D	待测电压峰-峰值 $V_{p-p}=\dfrac{V}{div}\cdot D$	待测电压的有效值 $V=V_{p-p}/2\sqrt{2}$

表 2.7.3　测量频率

(1)定标法　　　　　　　　　　　　　　　待测输入信号的频率＿＿＿＿＿＿

SWP	MAG	T_0 扫描(ms/div)	待测信号一个周期的格数 d	待测周期 $T=T_0\times d$	待测频率 $f=1/T$

(2)李萨如图　　　　　　　　　　　　　　$f_x=$ ＿＿＿＿＿＿ Hz

$\dfrac{N_x}{N_y}=\dfrac{f_y}{f_x}$	f_y(理论值)	f_y(测量值)	图形	频率测量误差

【注意事项】

1.为了保护荧光屏不被灼伤,使用示波器时,光点亮度不能太强,而且也不能让光点长时间停在荧光屏的一点上.

2.在实验过程中,如果短时间不使用示波器,可将"辉度"旋钮反时针方向旋至尽头,截止电子束的发射,使光点消失.不要经常通断示波器的电源,以免缩短示波管的使用寿命.

【预习思考题】

1.示波管由哪些部分组成,各部分的作用如何?

2.扫描发生器的输出波形是什么形状? 为什么? 如果有 50 Hz 的交流信号作扫描波,那么正弦电压信号在示波器荧光屏上将显示出怎样的波形?

【思考题】

1.示波器的扫描频率大于或远小于 y 轴正弦波信号的频率时,屏上图形将是什么情形? 试先从扫描频率等于正弦波信号频率的 2(或 1/2),3(或 1/3),…倍考察,然后推广到 n(或 $1/n$)倍的情形.

2.扫描线与荧光屏左右两边相接,波形只露出一部分是什么原因? 应怎样调节才能使波形回到屏内?

3.荧光屏上波形左右移动,可能是什么原因?

实验 2.8　静电场描绘

在科学研究和工程技术中,往往要了解和测量空间的静电场的分布情况.用计算的方法求解静电场的分布,一般比较复杂而困难,因此常用实验手段来研究或测绘静电场.由于静电场空间不存在任何电荷的运动,所以就不能简单地采用磁电式仪表进行直接测量.直接对静电场进行测量,测量仪器(如探针)的引入将使原来的静电场产生畸变,而使测量难以进行.因此,通常使用一定的方法模拟实际情况进行测量或试验,这种方法称为模拟法.

模拟法描绘静电场是利用物理特性和静电场完全相似的稳恒电流场来作为模拟场,当用探针去测量模拟场时,它不受干扰,因此可以间接地测出被模拟的静电场.

静电场的模拟可用于电子管、示波管或电子显微镜等电子束管内部电极形状的研制,静电场中的一些物理现象对科研和生产也极为重要.

【实验目的】

1. 学习用模拟法描绘静电场的方法.
2. 加深对静电场的概念的理解.

【实验原理】

1. 静电场基本理论

静电场是用空间各点的电场强度和电势来描述的.为了形象地显示出电场的分布情况,通常采用等势面和电场线来描述电场,等势面是场中电势相等的各点构成的曲面,电场线是沿着空间各点电场强度的方向顺次连成的曲线.电场线和等势面处处正交.因此,有了等势面的图形就可以画出电场线.

2. 模拟静电场原理

由于对静电场进行直接测量有困难,因此采用稳恒电流场模拟静电场.通常情况下,采用电阻率很小的导体(如铜)作电极,采用电阻率远大于电极电阻率的不良导体来充填电极周围的空间.在电极上加上一定的电压后,则在不良导体中产生稳恒的电流,从而获得稳恒电流场.在均匀分布的不良导体中,当有电流通过时,单位时间内流入任一宏观体积元的电荷与流出该体积元的电荷相等,使得这个体积元中的净电荷仍为零,仍呈电中性.这就使得不良导体中的电场和真空中的静电场一样,是由电极上的电荷产生的,不同的只是真空中电极上的电荷没有客观的运动,而在不良导体中形成电流时,电极上的电荷一边流动,一边由电源补充,使得电极上的电荷数保持不变.此外,静电场的基本规律,如高斯定理、环路定理等,对稳恒电流场同样适用.所以两种情况下的电场分布情况是相同的,我们可以用稳恒电流场来模拟静电场.

电场的分布通常是个三维问题,但是在特殊情况下,由于电场的对称性等,三维问题可以简化为二维问题.实验中,通常用导电纸等方法来模拟这类二维问题.图 2.8.1、

图 2.8.2 和图 2.8.3 分别为带等量异号电荷的同轴圆筒电极及其截面电场分布、带等量异号电荷的长直平行导线及其截面电场分布和示波管聚焦电极及其电场分布.

　　为了让初学者将实验结果和理论值比较,这里我们介绍带等量异号电荷的同轴圆筒电极的截面电场的理论结果.

　　同轴圆筒电极如图 2.8.1(a)所示,设内圆轴 A 的半径为 r_1,电势为 V_A,外圆筒的内半径为 r_2,电势为 V_B,则电场中距离轴心为 r 处的电势 V_r 可表示为

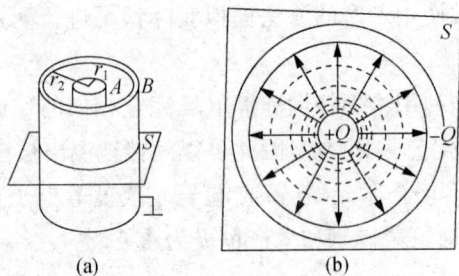

图 2.8.1　同轴圆筒电极及其电场分布

$$V_r = V_A - \int_{r_1}^{r} E \cdot \mathrm{d}r \tag{2.8.1}$$

又根据高斯定理可求得场强

$$E = \frac{k}{r} \quad (r_1 < r < r_2) \tag{2.8.2}$$

式中,k 是由圆柱的线电密度决定的常数. 将(2.8.2)式代入(2.8.1)式,得

$$V_r = V_A - \int_{r_1}^{r} \frac{k}{r} \mathrm{d}r = V_A - k\ln\left(\frac{r}{r_1}\right) \tag{2.8.3}$$

在 $r = r_2$ 处有

$$V_B = V_A - k\ln\left(\frac{r_2}{r_1}\right) \tag{2.8.4}$$

所以

$$k = \frac{V_A - V_B}{\ln\left(\frac{r_2}{r_1}\right)} \tag{2.8.5}$$

如果取 $V_A = V_0$,$V_B = 0$,将(2.8.5)式代入(2.8.3)式,得

$$V_r = V_0 \frac{\ln\left(\frac{r_2}{r}\right)}{\ln\left(\frac{r_2}{r_1}\right)} \tag{2.8.6}$$

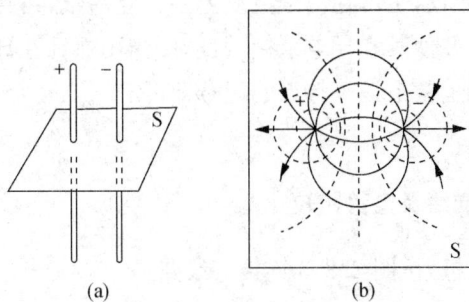

图 2.8.2 长直导线电极及其电场分布

【实验仪器】

静电场描迹仪、同步探针、电极等.

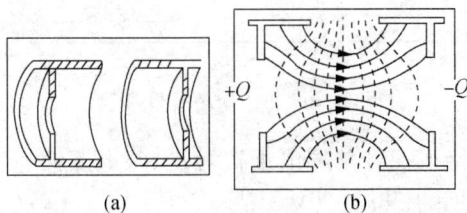

图 2.8.3 聚焦电极及其电场分布

实验时,采用静电场描迹仪.该仪器分为上、下两层,上层用来放记录纸,下层则为待测电极板,如图 2.8.4 静电场描迹仪所示.电极板是将电极固定在铺有导电纸的绝缘板上构成的.同步探针是由装在探针座上的两根同样长短的弹簧片和两根细而圆滑的镀铬钢针组成.同步探针座可以水平地自由移动,用于探测导电纸中电流场的下探针紧贴着导电纸移动.上下探针处于同一垂直线上,当下探针测出等势点时,按下上探针,即可在记录纸上扎出相应的等势点.

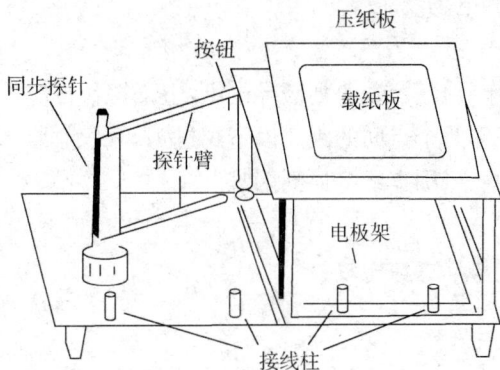

图 2.8.4 静电场描迹仪

如不采用静电场描迹仪,也可在白纸上复上一张复写纸,再在复写纸上铺上导电纸,把电极安放在导电纸上,并使其和导电纸接触良好.当用探针在导电纸上测出等势点时,用力按一下探针,使白纸上留下该等势点的记号即可.

【实验内容】

1.同轴圆筒电极的电场描绘及电势比较

(1)采用同轴圆筒电极,按图 2.8.5 连接好线路.

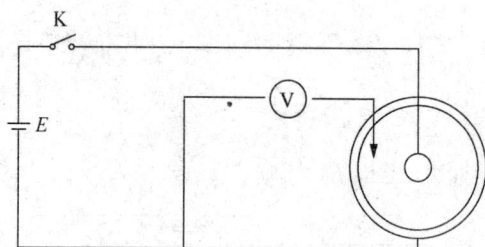

图 2.8.5　测量电路图

(2)调节好探针,保持下探针与导电纸接触良好,上探针与坐标纸有 1～2mm 的距离.接通电源,电源的输出电压为 10.0V.

(3)移动同步探针,使电压表读数分别为 2V,4V,6V,7V,找出相应的一系列等势点.用铅笔将不同电势的等势点用不同的记号标明.

(4)将同一电势的等势点用曲线板等绘图工具连成光滑的曲线,标明电极的位置,再利用电场线和等势线垂直的关系,画出相应的电场线.测出每一等势线的半径,按(2.8.6)式计算出相应半径的电势的理论值,与实验值比较,数据记录于表 2.8.1.

2.聚焦电极的电场描绘

换用聚焦电极,使电源的输出电压为 10V,找出 1V,3V,5V,7V,9V 等一系列等势点,作出相应的等势线和电场线.

【注意事项】

1.移动探针时,动作要轻缓,以免划破导电纸.上下探针钉应拧紧.

2.一条等势线上相邻两个点间的距离以不超过 1cm 为宜,曲线急转弯或两条曲线靠近处,记录点应取得密些,否则连线将遇到困难.

【数据处理】

同轴圆筒电极的电势计算与比较

表 2.8.1 同轴圆筒电极:$V_0 = 10.0V$,内电极半径 $r_1 = 1.00cm$,外电极内半径 $r_2 = 5.00cm$

测量直径 $2r/cm$				
半径 $\bar{r}/cm$				
理论值 $V_r = 10.0 \dfrac{\ln\left(\dfrac{5.00}{\bar{r}}\right)}{\ln\left(\dfrac{5.00}{1.00}\right)}/V$				
电势实验值	2.0V	4.0V	6.0V	7.0V

【预习思考题】

1. 本实验采用什么场来模拟静电场,理论依据是什么?

2. 等势线和电场线之间有何关系?

【思考题】

1. 为什么导电纸的电阻率要远大于电极的电阻率? 不满足这个条件,会出现什么现象?

2. 如果电源电压增加一倍,等势线、电场线的形状是否变化? 电场强度和电势分布是否变化?

实验 2.9 电表改装与校准

电表在电测量中有着广泛的应用,因此如何了解电表和使用电表就显得十分重要. 电流计(表头)由于构造的原因,一般只能测量较小的电流和电压,如果要用它来测量较大的电流或电压,就必须进行改装,以扩大其量程. 万用表的原理就是对微安表头进行多量程改装而来,在电路的测量和故障检测中得到了广泛的应用.

【实验目的】

1. 测量表头内阻及满度电流.

2. 掌握将 1mA 表头改成较大量程的电流表和电压表的方法.

3. 设计一个 $R_{中} = 1500\Omega$ 的欧姆表,要求 E 在 $1.3 \sim 1.6V$ 范围内使用能调零.

4. 用电阻器校准欧姆表,画校准曲线,并根据校准曲线用组装好的欧姆表测未知电阻.

5. 学会校准电流表和电压表的方法.

【实验原理】

常见的磁电式电流计主要由放在永久磁场中的由细漆包线绕制的可以转动的线圈、用来产生机械反力矩的游丝、指示用的指针和永久磁铁所组成. 当电流通过线圈时,载流线圈在磁场中就产生一磁力矩 $M_{磁}$,使线圈转动,从而带动指针偏转. 线圈偏转角度的大小与通过的电流大小成正比,所以可由指针的偏转直接指示出电流值.

1. 毫安表的固有参数

电流计允许通过的最大电流称为电流计的量程,用 I_g 表示,电流计的线圈有一定内阻,用 R_g 表示,I_g 与 R_g 是两个表示电流计特性的重要参数.

测量内阻 R_g 常用方法有:

1)半电流法也称中值法

测量原理图如图 2.9.1 所示.当被测电流计接在电路中时,使电流计满偏,再用十进位电阻箱与电流计并联作为分流电阻,改变电阻值即改变分流程度,当电流计指针指示到中间值,且标准表读数(总电流强度)仍保持不变,可通过电源电压和 R_w 来实现,显然这时分流电阻值就等于电流计的内阻.

2)替代法

测量原理图如图 2.9.2 所示.当被测电流计接在电路中时,用十进位电阻箱替代它,且改变电阻值,当电路中的电压不变时,且电路中的电流(标准表读数)亦保持不变,则电阻箱的电阻值即为被测电流计内阻.

替代法是一种运用很广的测量方法,具有较高的测量准确度.

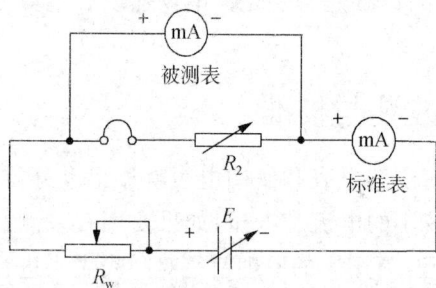

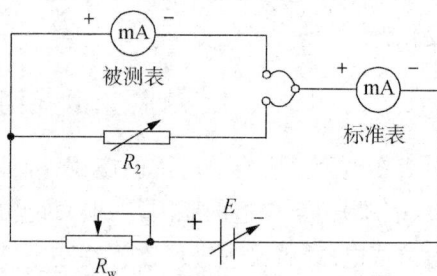

图 2.9.1　半电流法测表头内阻　　　　图 2.9.2　替代法测表头内阻

2. 改装毫安表为大量程电流表

根据电阻并联规律可知,如果在表头两端并联上一个阻值适当的电阻 R_2,如图2.9.3所示,可使表头不能承受的那部分电流从 R_2 上分流通过.这种由表头和并联电阻 R_2 组成的整体(图中虚线框住的部分)就是改装后的电流表.如需将量程扩大 n 倍,则不难得出

$$R_2 = \frac{R_g}{(n-1)} \tag{2.9.1}$$

图 2.9.3 为扩流后的电流表原理图.用电流表测量电流时,电流表应串联在被测电路中,所以要求电流表应有较小的内阻.另外,在表头上并联阻值不同的分流电阻,便可制成多量程的电流表.

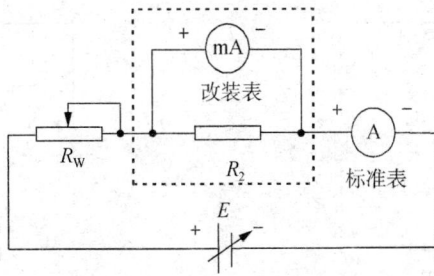

图 2.9.3　扩程后的电流表原理图

3. 改装毫安表为大量程的电压表

一般表头能承受的电压很小,不能用来测量较大的电压.为了测量较大的电压,可以给表头串联一个阻值适当的电阻 R_M,如图 2.9.4 所示,使表头上不能承受的那部分电压降落在电阻 R_M 上.这种由表头和串联电阻 R_M 组成的整体就是电压表,串联的电阻 R_M 称为扩程电阻.选取不同大小的 R_M,就可以得到不同量程的电压表.由图 2.9.4 可求得扩程电阻值为

$$R_M = \frac{U}{I_g} - R_g \qquad (2.9.2)$$

实际的扩展量程后的电压表原理图如图 2.9.4 所示.

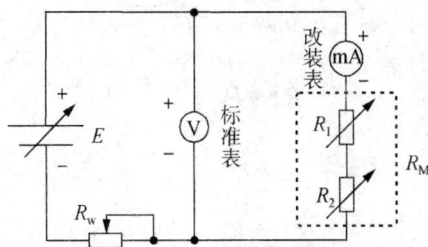

图 2.9.4　扩程后的电压表原理图

用电压表测电压时,电压表总是并联在被测电路上,为了不因并联电压表而改变电路中的工作状态,要求电压表应有较高的内阻.

4. 改装毫安表为欧姆表

用来测量电阻大小的电表称为欧姆表.根据调零方式的不同,可分为串联分压式和并联分流式两种.其原理电路如图 2.9.5 所示.

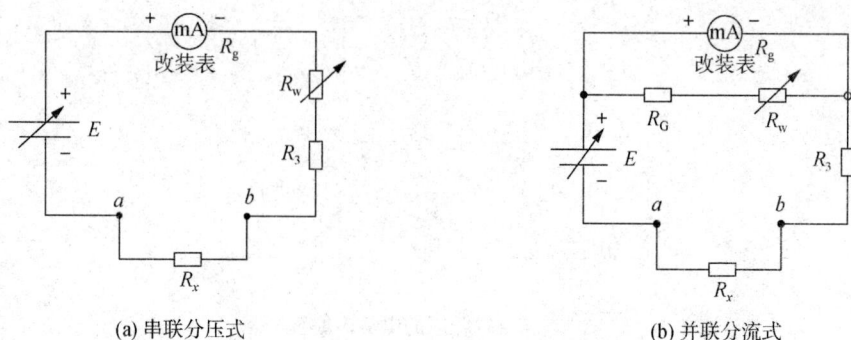

(a) 串联分压式　　　　　　　　　　　　　(b) 并联分流式

图 2.9.5　欧姆表原理图

图中 E 为电源, R_3 为限流电阻, R_w 为调"零"电位器, R_x 为被测电阻, R_g 为等效表头内阻. 图 2.9.5(b)中, R_g 与 R_w 一起组成分流电阻. 欧姆表使用前先要调"零"点, 即 a、b 两点短路, (相当于 $R_x = 0$), 调节 R_w 的阻值, 使表头指针正好偏转到满度. 可见欧姆表的零点就在表头标度尺的满刻度(量限)处, 与电流表和电压表的零点正好相反. 在图 2.9.5 (a)中, 当 a、b 端接入被测电阻 R_x 后, 电路中的电流为

$$I = \frac{E}{R_g + R_w + R_3 + R_x} \tag{2.9.3}$$

对于给定的表头和线路来说, R_g, R_w, R_3 都是常量. 由此可见, 当电源端电压 E 保持不变时, 被测电阻和电流值有一一对应的关系, 即接入不同的电阻, 表头就会有不同的偏转读数, R_x 越大, 电流 I 越小. 短路 a、b 两端, 即 $R_x = 0$ 时

$$I = \frac{E}{R_g + R_w + R_3} = I_g \tag{2.9.4}$$

这时指针满偏.

当 $R_x = R_g + R_w + R_3$ 时

$$I' = \frac{E}{R_g + R_w + R_3 + R_x} = \frac{1}{2} I_g \tag{2.9.5}$$

这时指针在表头的中间位置, 对应的阻值为中值电阻, 显然 $R_中 = R_g + R_w + R_3$

当 $R_x = \infty$ (相当于 a、b 开路)时, $I = 0$, 即指针在表头的机械零位.

所以欧姆表的标度尺为反向刻度, 且刻度是不均匀的, 电阻 R 越大, 刻度间隔越密. 如果表头的标度尺预先按已知电阻值刻度, 就可以用电流表来直接测量电阻了.

并联分流式欧姆表利用对表头分流来进行调零, 具体参数可自行设计.

欧姆表在使用过程中电池的端电压会有所改变, 而表头的内阻 R_g 及限流电阻 R_3 为常量, 故要求 R_w 要跟着 E 的变化而改变, 以满足调"零"的要求, 设计时用可调电源模拟电池电压的变化, 范围取 $1.3 \sim 1.6V$ 即可.

【实验仪器】

1. DH4508 型电表改装与校准实验仪;

2. ZX21 电阻箱(可选用).

【实验内容】

DH4508 型电表改装与校准实验仪的使用参见附录.

仪器在进行实验前应对毫安表进行机械调零.

1. 用中值法或替代法测出表头的内阻

按图 2.9.1 或图 2.9.2 接线,R_g＝_____ Ω.

2. 将一个量程为 1mA 的表头改装成 5mA 量程的电流表

(1)根据(2.9.1)式计算出分流电阻值,先将电源调到最小,R_w 调到中间位置,再按图 2.9.3 接线.

(2)慢慢调节电源,升高电压,使改装表指到满量程(可配合调节 R_w 变阻器),这时记录标准表读数.注意:R_w 作为限流电阻,阻值不要调至最小值.然后调小电源电压,使改装表每隔 1mA(满量程的 1/5)逐步减小读数直至零点;(将标准电流表选择开关打在 20mA 挡量程)再调节电源电压按原间隔逐步增大改装表读数到满量程,每次记下标准表相应的读数于下表.

表 2.9.1　电流表的扩程与校准

(1)微安表头

满度电流 I_g/mA	扩程后量程/mA	内阻 R_g/Ω	扩程电阻 R_2/Ω	
			计算值＝	实用值＝

(2)电流表校准数据

改装表读数 I_x/mA	标准表读数 I_s/mA			示值误差
	减小时 I_{s_1}	增大时 I_{s_2}	平均值 $\bar{I}_s$	$\Delta I = \bar{I}_s - I_x$/mA
0				
1				
2				
3				
4				
5				

(3)以改装表读数为横坐标,以 ΔI 为纵坐标,在坐标纸上作出电流表的校正曲线,并根据两表最大误差的数值定出改装表的准确度级别.

(4)重复以上步骤,将 1mA 表头改装成 10mA 表头,可按每隔 2mA 测量一次(可选做).

(5)将面板上的 R_g 和表头串联,作为一个新的表头,重新测量一组数据,并比较扩流电阻有何异同(可选做).

3. 将一个量程为 1mA 的表头改装成 1.5V 量程的电压表

(1)根据(2.9.2)式计算扩程电阻 R_M 的阻值,可用 R_1、R_2 进行实验.

(2)按图 2.9.4 连接校准电路.用量程为 2V 的数显电压表作为标准表来校准改装的电压表.

(3)调节电源电压,使改装表指针指到满量程(1.5V),记下标准表读数.然后每隔 0.3V 逐步减小改装读数直至零点,再按原间隔逐步增大到满量程,每次记下标准表相应的读数于表 2.9.2.

表 2.9.2   电压表的扩程与校准

(1)微安表头

满度电流 I_g/mA	扩程后量程 U/V	内阻 R_g/Ω	扩程电阻 R_M/Ω	
			计算值=	实用值=

(2)电压表校准数

改装表读数 U_x/V	标准表读数 U_s/V			示值误差 ΔU/V $\Delta U = \bar{U}_s - U_x$
	减小时 U_{s_1}	增大时 U_{s_2}	平均值 $\bar{U}_s$	
0.3				
0.6				
0.9				
1.2				
1.5				

(4)以改装表读数为横坐标,(标准表由大到小及由小到大调节时两次读数的平均值)以 Δu 为纵坐标,在坐标纸上作出电压表的校正曲线,并根据两表最大误差的数值定出改装表的准确度级别.

(5)重复以上步骤,将 1mA 表头改成 5V 表头,可按每隔 1V 测量一次(可选做).

4. 改装欧姆表及标定表面刻度

(1)将图 2.9.5(a)中的 a、b 两点短路,调节可变电阻 R_w,使表针偏转到满刻度($R_x =0$).将 a、b 断开,表指针转到零刻度($R_x = w$).

(2)将电阻箱 R_1 与 R_2 串联并接于欧姆表的 a、b 端,取电阻箱的电阻为一组特定的整数值 R_{xi},读记相应的表针偏转格数 d_i.利用所得数据 R_{xi}、d_i 绘制出改装欧姆表的标度尺.

表 2.9.3 改装欧姆表的标定表面刻度

(1)被改装表表头

满度电流 I_g/mA	内阻 R_g/Ω	电源电压/V	串联电阻 r/Ω	
			固定电阻 R_3	可变电阻 R_w

(2)绘制欧姆标度尺数据

R_{xi}/Ω										
d_1/格	0	5	10	15	20	25	30	35	40	45	50
μA 标度	0										

【思考题】

1. 是否还有别的办法来测定电流计内阻? 能否用欧姆定律来进行测定? 能否用电桥来进行测定而又保证通过电流计的电流不超过 I_g?

2. 设计 $R_{中} = 1500Ω$ 的欧姆表,现有两块量程 1mA 的电流表,其内阻分别为 $250Ω$ 和 $100Ω$,你认为选哪块较好?

附:

DH4508 型电表改装与校准实验仪的使用说明

1. 概述

指针式电流表、电压表、多用表广泛应用于各种电测场合,它们的指示都是用电流计来实现的. 单纯的电流计一般只能用来测量较小的电流和电压,所以必须对电流计进行改装,才能运用于各种测量领域.

本仪器通过连线能完成改装电流表、电压表、欧姆表实验,通过实验能提高使用者运用电表、使用电表的能力.

2. 主要技术参数

(1)指针式被改装表:量程 1mA,内阻约 155Ω,精度 1.5 级.

(2)电阻箱:调节范围 0~11111.0Ω,精度 0.1 级.

(3)标准电流表:0~2mA,0~20mA 两量程,三位半数显,精度 ±0.5%.

(4)标准电压表:0~2V,0~20V 两量程,三位半数显,精度 ±0.5%.

(5)可调稳压源:输出范围 0~2V,0~10V 两量程,稳定度 0.1%/min,负载调整率 0.1%.

(6)供电电源:交流(220±10%)V,50Hz.

(7)外形尺寸:400mm×250mm×130mm.

3. 使用说明

本仪器内附指针式电流计、标准电压表电流表、可调直流稳压电源、十进式电阻箱、专用导线及其他部件,无需其他配件便可完成多种电表改装实验.本仪器的面板见附图1.

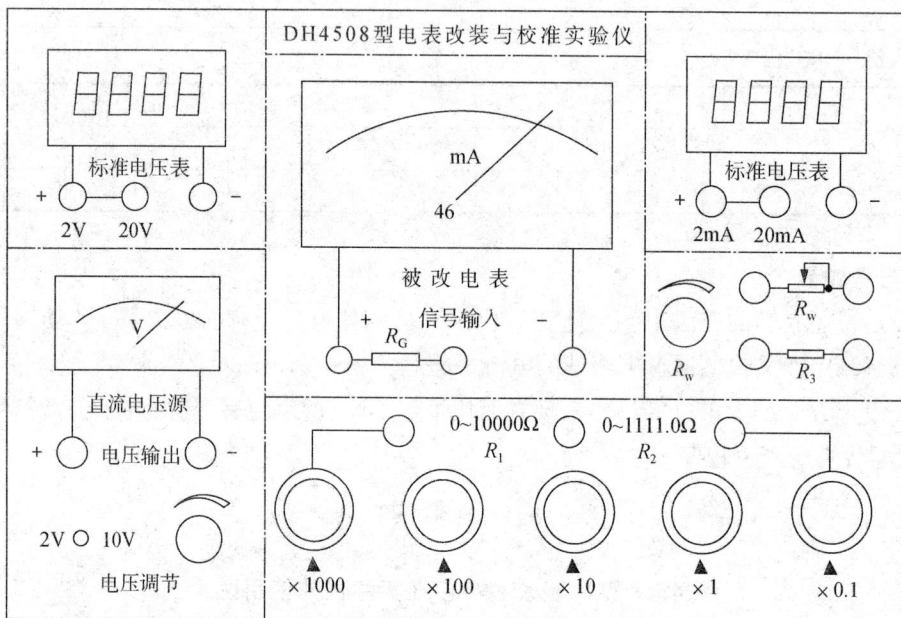

附图1 面板示意图

1.稳压电源调节电位器;2.稳压电源输出端;3.稳压电源指示表头;4.标准电压表输出端;

5.标准电压表;6.指针式电流计;7.指针式电流计输入端;8.标准电流表;9.标准电流表输入端;

10.R_w 电位器;11.R_3 电阻;12.R_1,R_2 电阻器

可调直流稳压源分为 2V,10V 两个量程,通过"电压选择开关"选择所需的电压输出,调节"电压调节"电位器调节需要的电压.指针式电压表的指示也分为 2V,10V 两个量程.

标准数显电压表有 2V,20V 两个量程,通过"电压量程选择开关"选择不同的电压量程,需连接到对应的测量端方可测量.

标准数显电流表有 2mA,20mA 两个量程,通过"电流量程选择开关"选择不同的电流量程,需连接到对应的测量端方可测量.

4. 使用步骤

(1)打开仪器后部电源开关,接通交流电源.

(2)检查标准电压表、标准电流表,应正常显示.标准电压表在空载时因内阻较高会出现跳字,属正常现象.

（3）调节稳压电源，应正常输出.

（4）按讲义内容进行电流表改装，并用改装成的电流表测未知电流.

（5）按讲义内容进行电压表改装，并用改装成的电压表测未知电压.

（6）按讲义内容进行串联式和并联式欧姆表改装，并用改装成的欧姆表测未知电阻.

5. 维护与保修

（1）仪器应按实验要求正确使用.

（2）使用完毕后应关闭电源开关，若长期不用应拨下电源插头.

（3）仪器应存放于没有腐蚀性物质的环境中，并保持干燥，以防腐蚀.

实验 2.10　电势差计的使用

电势差计是利用补偿原理和比较法精确测量直流电势差或电源电动势的常用仪器，它准确度高、使用方便、测量结果稳定可靠，还常被用来精确地间接测量电流、电阻和校正各种精密电表. 在现代工程技术中电子电势差计还广泛用于各种自动检测和自动控制系统.

【实验目的】

1. 掌握电势差计的工作原理和结构特点.

2. 了解温差电偶测温的原理和方法.

3. 学会电势差计的使用.

【实验原理】

1. 电势差计的补偿原理

要测量一电源的电动势，若将电压表并联于电源两端，如图 2.10.1 所示，就有电流 I 通过电源内部，由于电源有内阻 r，则在电源内部有电压降 Ir，因而电压表的示值只是电源的端电压 $V = E_x - Ir$. 显然，只有当 $I = 0$ 时，电源两端的电压才等于电动势 E_x.

为了精确测得电动势的大小，可采用图 2.10.2 所示的线路. 其中 E_0 是电动势可调节的电源. 调节 E_0，使检流计指针指零，这就表示回路中两电源的电动势 E_0，E_x 方向相反，大小相等. 故数值上有

$$E_x = E_0 \qquad\qquad (2.10.1)$$

这时我们称电路得到补偿. 在补偿条件下，如果 E_0 的数值已知，则 E_x 即可求出. 据此原理构成的测量电动势和电势差的仪器称为电势差计.

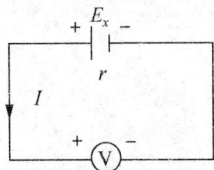

图 2.10.1　测量电源电动势的原理图　　　　图 2.10.2　测量电动势的补偿电路

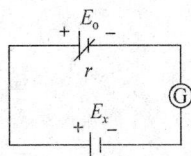

2. 实际电势差计的工作原理

实际的电势差计工作原理如图 2.10.3 所示,电源 E、开关 K_0、可变电阻 R_n、标准电阻 R_1、R 等构成工作电流调节回路;标准电池 E_s、检流计 G、开关 K_1 和 K_2(S)构成工作电流校准回路;待测电动势 E_x、检流计 G 和开关 K_1、K_2(X)构成待测回路. 使用时,首先使工作电流标准化,即根据标准电池的电动势调节工作电流 I. 将开关 K_2 合在 S 位置,调节可变电阻 R_n,使得检流计指针指零. 这时工作电流 I 在 R_s 段的电压降等于标准电池的电动势,即

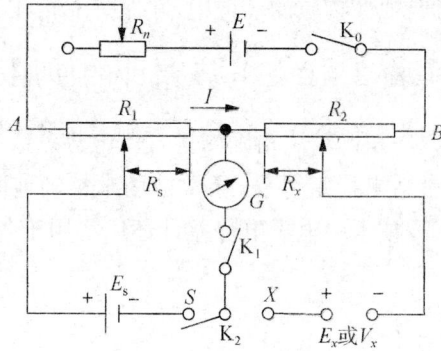

图 2.10.3   电势差计工作原理图

$$E_s = IR_s \tag{2.10.2}$$

再将开关 K_2 合向 X 位置,调节电阻 R_x,再次使检流计指针指零,此时有

$$E_x = IR_x \tag{2.10.3}$$

这里的电流 I 就是前面经过标准化的工作电流. 也就是说,在电流标准化的基础上,在电阻为 R_x 的位置上可以直接标出与 IR_x 对应的电动势(电压)值,这样就可以直接进行电动势(电压)的读数测量.

3. 温差电偶的测温原理

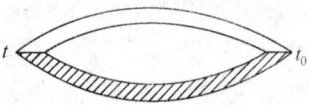

图 2.10.4   温差电偶

把两种不同的金属或不同成分的合金两端彼此焊接成一闭合回路,如图 2.10.4 所示. 若两接点保持在不同的温度 t 和 t_0,则回路中产生温差电动势. 温差电动势的大小除了和组成热电偶的材料有关外,唯一决定于两接点的温度函数的差 $E = f(t) - f(t_0)$. 一般地讲,电动势和温差的关系可以近似地表示成

$$E = c(t - t_0) \tag{2.10.4}$$

式中,t 是热端温度,t_0 是冷端温度,c 称为温差系数,表示温差相差 1℃时的温差电动势,其大小决定于组成电偶的材料.

温差电偶可以用来测量温度. 测量时, 使电偶的冷端温度 t_0 保持恒定(通常保持在冰点). 另一端与待测物体相接触, 再用电势差计测出热电偶回路中的温差电动势, 如图 2.10.5 所示. 只要该电偶的电动势与温差间的关系事先标定好, 就可以求出待测温度, 或者根据有关的温差电偶分度表查出相应的温度.

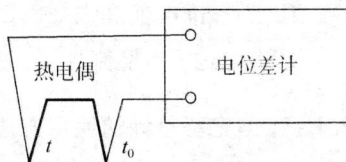

图 2.10.5　温差电偶测温原理

【实验仪器】

1. UJ31 型电势差计

UJ31 型电势差计是一种测量低电势的电势差计.

它的测量范围是: $1\mu V \sim 17mV$ (K_0 旋至 $\times 1$ 挡)或 $10\mu V \sim 170mV$ (K_0 旋至 $\times 10$ 挡). 使用 $5.7 \sim 6.4V$ 外接工作电源, 标准电池和检流计均为外接.

其面板如图 2.10.6(b)所示. 原理图 2.10.3 中各元件与面板上各旋钮的对应关系为: R_n 被分成 R_{n1}(粗调)、R_{n2}(中调)、R_{n3}(细调)三个电阻转盘, 以保证迅速准确地调节工作电流;

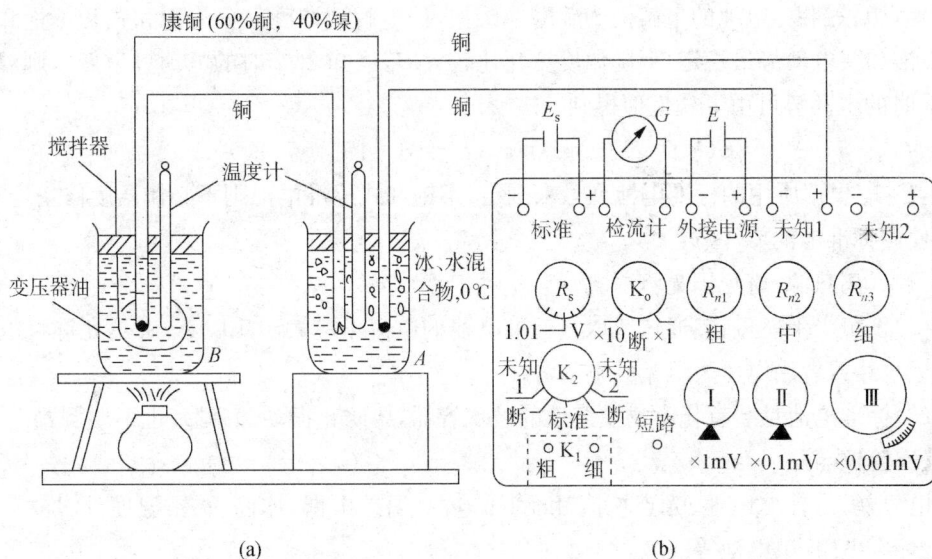

图 2.10.6　用 UJ31 型电势差计测定温差电动势的装置图

R_s 是为了适应温度不同时标准电池电动势的变化而设置的, 当温度不同引起标准电池电动势变化时, 通过调节 R, 进而调节 R_s 两端的电压, 使工作电流保持不变.

R_x 被分成 Ⅰ($\times 1$)、Ⅱ($\times 0.1$)、Ⅲ($\times 0.001$)三个电阻转盘, 并在转盘上标示出电压, 电势差计处于补偿状态时可以从三个转盘读出未知电动势(或电压);

K_1 为两个按钮, 分别标记为"粗"和"细", 按下"粗"按钮, 有保护电阻和检流计串联, 按下"细"按钮, 保护电阻被短路;

K_2 为标准电池和未知电动势转换开头.

标准电池 E_s、检流计 G、工作电源 E 和未知电动势 E_x 由相应的接线柱外接.

2. UJ31 型电势差计的使用方法

(1)将 K_2 置于"断", K_0 置于"×1"挡(或"×10"挡,视被测量值而定),分别接上标准电池、检流计、工作电源. 被测电动势(或电压)接于"未知 1"或"未知 2".

(2)根据温度修正公式计算出标准电池的电动势 E_s 的值,调节 R_s 的示值与其相等. 将 K_2 旋至"标准"挡,按下 K_1(粗)按钮,调节 R_{n1}、R_{n2}、R_{n3},使检流计指针指零,再按下 K_1(细)按钮,用 R_{n3} 精确调节至检流计指针指零.

(3)将 K_2 旋至"未知 1"(或"未知 2")位置,按下 K_1(粗)按钮,调节读数转盘Ⅰ、Ⅱ、Ⅲ,使检流计指针指零,再按 K_1(细)按钮,细调读数转盘Ⅲ使检流计指针精确指零. 此时被测电动势(或电压)E_x 等于读数转盘Ⅰ、Ⅱ、Ⅲ上的示值乘以相应的倍率之和.

3. 标准电池

标准电池是一种汞镉电池. 常用的有 H 形封闭玻璃管式和单管式两种. 前者只能直立放置,切忌翻荡. 电池的电解液为硫酸镉溶液,按电解液浓度又分为饱和式和不饱和式两种. 饱和式电动势最稳定,但随温度变化比较大. 若已知 20℃时的电动势为 E_{20},则温度为 t℃时的电动势可由下式近似得到

$$E(V) = E_{20} - 4 \times 10^{-5}(t-20) - 10^{-6}(t-20)^2$$

其中,E_{20} 应根据所用的标准电池型号来确定. 不饱和式标准电池则不必作温度修正.

使用标准电池要注意:

(1)远离热源,避免阳光直射.

(2)正负极不能接错. 通过或取自标准电池的电流不应大于 10^{-5}A,决不允许将电池正负极短路或者用电压表测量其电动势.

(3)标准电池是装有化学物质溶液的玻璃容器,要防止振动和碰撞,也不要倒置.

【实验仪器】

电势差计、标准电池、光点检流计、稳压电源、温差电偶、冰筒、水银温度计、烧杯、电阻箱、标准电阻、甲电池等.

【实验内容】

1. 测铜-康铜热电偶的温差系数

(1)按图 2.10.6 接好电路. 根据室温求出标准电池电动势的数值,按电势差计的使用方法(参见仪器简介)调节好电势差计.

(2)加热杯中的液体,至一定温度后停止加热,在读出水银温度计的读数的同时用电势差计测出温差电动势的大小. 在液体冷却过程中,高温端温度每降低 5℃,测量一次温差电动势,测 8 组以上数据.

(3)参照数据表格,记录测量的数据.根据测量数据,作出温差电动势 E_x 和温度差 $t-t_0$ 的关系图线 $E_x \sim (t-t_0)$,该热电偶在此温度范围内图线应为一直线.图解法求出直线的斜率,即温差系数 c.或用逐差法、最小二乘法求温差系数 $\overline{C}$.

2. 测甲电池的电动势 E_x 及内阻 r

(1)按图 2.10.7 接好电路.图中 E_x,r 分别为待测电动势及内阻,R_a 为电阻箱,R_b 为阻值已知的标准电阻.

(2)计算室温 t 下标准电池的标准电动势 E_t 值,即

$E_t = E_{20} - [39.94 \times (t-20) - 0.929 \times (t-20) + 0.0090 \times (t-20)^3 + 0.00006 \times (t-20)^4]$ $\times 10^{-6}$ 一般 $E_{20} = 1.0186\text{V}$ 左右.

(3)按电势差计的使用方法(见仪器简介),调节好电势差计.

(4)K_0 置 $\times 1$ 挡,K_2 置未知 1(或未知 2)位置.E_x 的值一般为 1.5V 左右,标准电阻 R_b 的阻值已标明,R_a 取百欧姆级,如 500Ω 可估算出 I_x,再将读数盘 I,II,III 拔至 $V=I_xR_b$ 位置.

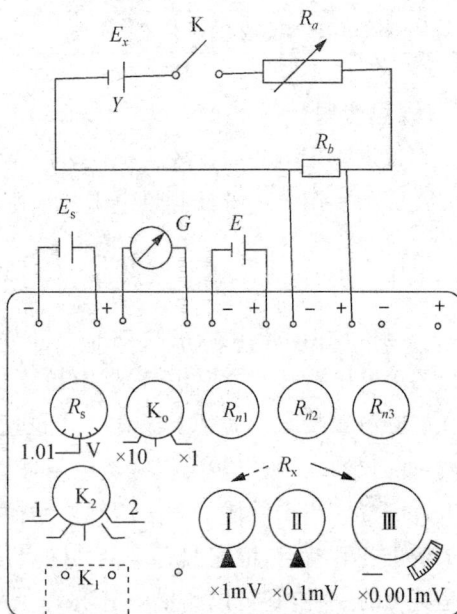

图 2.10.7　测甲电池的电动势和内阻

(5)按下 K_1 粗,调节读数盘 I,II,使 G 指零;再按下 K_1 细,调节 II,III,使 G 指零后,读取读数盘 I,II,III 之值,即为 V_1 值,且

$$(R_a + R_b + r) \times V_1 = E_x R_b \qquad (2.10.5)$$

(6)改变 R_a 为 R'_a,如使 R'_a 为 1000Ω 时,与上同法测得 V_2 的值,且

$$(R' + R_b + r) \times V_2 = E_x R_b \qquad (2.10.6)$$

(7)重复(6),测得 V_{2i}.

(8)由(2.10.5)式、(2.10.6)式解出 E_{xi},r_i 及 $\overline{E}_x$,$\overline{r}$.

【注意事项】

1.电势差计的调节必须按规定步骤,线路中极性不可接反.

2.实验操作要谨慎,注意标准电池的接入,正接正,负接负,严防两极短路.

【参考表格及数据处理】

标准电池在_____℃时,其电动势 $E_s = 1.01$ _____ V

低温 t_0/℃								
高温 t/℃	90.0	85.0	80.0	75.0	70.0	65.0	60.0	55.0
温差 $(t-t_0)$/℃								
温差电动势 E_x/mV								

续表

低温 t_0/℃			
$\dfrac{(E_x)_i - (E_x)_{i+4}}{5 \times 4}$ /mV/℃)			

铜-康铜丝电耦的温差系数 $\bar{C}$(mV/℃)＝

【思考题】

1. 怎样用电势差计校正毫伏表? 请画出实验线路和拟出实验步骤.

2. 怎样用电势差计测量电阻? 请画出实验线路.

实验 2.11   用电桥测电阻

电桥根据工作电流的特性分为直流电桥与交流电桥;根据电桥的结构进行分类又可分为单臂电桥和双臂电桥;根据电桥工作状态的特点分为平衡电桥与非平衡电桥,它们在电磁测量技术中得到了极其广泛的应用. 利用桥式电路制成的电桥是一种比较法进行测量的仪器. 平衡电桥可以测量电阻、电容、电感、频率、温度、压力等许多物理量,非平衡电桥广泛应用于近代工业生产的自动控制中. 根据用途不同,电桥有多种类型,其性能和结构也各有特点,但它们有一个共同点,就是基本原理相同. 惠斯通电桥(又叫单臂电桥)是其中的一种,它可以测量的电阻范围为 $11 \sim 10^6\ \Omega$. 当然忽略导线本身的电阻和接点处的接触电阻(总称附加电阻)的影响.

在测 $1\ \Omega$ 以下的低电阻时,附加电阻就不能忽略了. 一般说,附加电阻约为 $0.001\ \Omega$ 左右. 若所测电阻为 $0.01\ \Omega$,则附加电阻的影响可达 10%. 如果测低电阻在 $0.001\ \Omega$ 以下,就无法得出测量结果了. 对单臂电桥加以改进而成双臂电桥(又称开尔文电桥)消除了附加电阻的影响,它适用于 $10^{-6} \sim 10^2\ \Omega$ 电阻的测量.

【实验目的】

1. 掌握用直流惠斯通电桥测电阻的原理和方法.

2. 了解直流的双臂电桥测低电阻的原理和方法.

3. 学会用直流双臂电桥测量导体的电阻率.

【实验原理】

1) 直流电桥测电阻原理

用伏安法测电阻时,除了因使用的电流表和电压表准确度不高带来的误差外,还存在线路本身不可避免地带来的误差. 在伏安法线路上经过改进的电桥线路克服了这些缺点. 它不用电流表和电压表(因而与电表的准确度无关),而是将待测电阻和标准电阻相比较以确定待测电阻是标准电阻的多少倍. 由于标准电阻的误差很小,电桥法测电阻可达到很高的准确度.

如图 2.11.1 所示,将待测电阻 R_x 与可调的标准电阻 R_s 并联在一起. 因并联时电阻两端的电压相等,于是有

$$I_x R_x = I_s R_s$$

或

$$\frac{R_x}{R_s} = \frac{I_s}{I_x} \qquad (2.11.1)$$

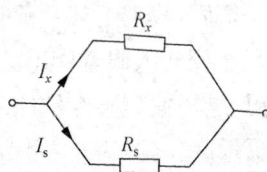

图 2.11.1

这样,待测电阻 R_x 与标准电阻 R_s 就通过电流比(I_s/I_x)联系在一起.

但是,要测得 R_x,还需测量电流 I_s 和 I_x. 为了避免测这两个电流,采用如图 2.11.2 的线路. 图中 R_1、R_2 也是可调的两个标准电阻. 从图 2.11.2 看出,线路中 R_x 和 R_s 的右端(C 点)仍然连接在一起,因而具有相同的电势,它们的左端(B、D 点)则通过检流计连在一起. 当我们调节 R_1、R_2 和 R_s 的阻值使检流计中的电流 I_g 等于零时,则 B、D 两点电势相同,也就是说 R_x 和 R_s 左端虽然分开了,但仍保持同一电势. 因而(2.11.1)式仍然成立.

对于 R_1 和 R_2,同样有

$$I_1 R_1 = I_2 R_2$$

或

$$\frac{R_1}{R_2} = \frac{I_2}{I_1} \qquad (2.11.2)$$

又因 $I_g=0$,这时 $I_1=I_x$,$I_2=I_s$,故 $I_s/I_x=I_2/I_1$. 代入(2.11.1)式和(2.11.2)式得到

$$\frac{R_x}{R_s} = \frac{R_1}{R_2} \qquad (2.11.3)$$

或

$$R_x = \frac{R_1}{R_2} R_s = N \cdot R_s \qquad (2.11.4)$$

这样,就把待测电阻的阻值用三个标准电阻的阻值表示了出来. 式中 $N=R_1/R_2$,称为比率系数.

图 2.11.2 的电路称为直流惠斯通电桥(1843 年发明). 一般将电阻 R_1、R_2、R_s 和 R_x 称为电桥的臂,将接有检流计的对角线 BD 称为"桥". 当"桥"上没有电流通过时(通过检流计的电流 $I_g=0$),我们认为电桥达到了平衡. 比例关系(2.11.3)式或(2.11.4)式称为电桥的平衡条件. 可见,电桥的平衡与工作电流 I 的大小无关. 因此,调节电桥达到平衡有两种方法:一是取比率系数 N 为某一值(通称为倍率),调节比较臂 R_s;二是保持比较臂 R_s 不变,调节比率系数 N(倍率)的值. 后一种方法准确度很低,几乎已不使用. 目前广泛采用具有特定比率系数值的前一种电桥调节方法.

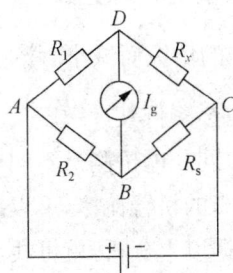

图 2.11.2 惠斯通电桥原理图

2)电桥的灵敏度

电桥是否平衡,是由检流计指针有无偏转来判断的. 实际上,检流计指针不偏转不一定没有电流通过它,只要电流不足以使检流计指针偏转,我们就认为电桥平衡了. 若电桥

平衡后,我们把某一桥臂电阻 R 改变一个量 $\pm\Delta R$,这时流过检流计的电流 $I_g \neq 0$,但如果 I_g 小到使人眼觉察不出检流计指针有偏转,我们仍然认为电桥是平衡的. 当 ΔR 足够大时,电桥偏离平衡较远,将使 I_g 大到能使检流计显示出来. 以上情况说明,电桥存在一个灵敏度问题.

在电桥平衡后,如果某一桥臂电阻 R 有一改变量 ΔR,由此,引起检流计偏转 Δn 格,即电桥灵敏度 S 定义为

$$S = \frac{\Delta n}{\dfrac{\Delta R}{R}} \tag{2.11.5}$$

显然,相同的 $\dfrac{\Delta R}{R}$ 所引起的 Δn 越大,电桥的灵敏度也越高,对电桥平衡的判断就越准确. 可以证明,对一个具体电桥,改变任何一个桥臂的电阻得到的电桥灵敏度都是相同的.

由灵敏度的定义(2.11.5)式,解基尔霍夫方程组,可以得到电桥灵敏度与桥路参数的关系为

$$S = \frac{S_i E}{R_1 + R_2 + R_s + R_x + R_g\left(2 + \dfrac{R_1}{R_x} + \dfrac{R_s}{R_2}\right)} \tag{2.11.6}$$

式中,S_i 为检流计的电流灵敏度$\left(S_i = \dfrac{\Delta n}{\Delta I_g}\right)$,$R_g$ 为检流计内阻,E 为电源电压,其他电阻为电桥的 4 个桥臂电阻. 由此可见:

(1)电桥的灵敏度与检流计的灵敏度 S_i 和内阻 R_g,电源电压 E,桥臂的总电阻、桥臂电阻的比值都有关.

(2)选用 S_i 大,R_g 小的检流计,可以提高电桥的灵敏度. 提高电桥的工作电压 E,也可以提高电桥的灵敏度,但电源电压不能过高,不能使流过各桥臂的电流超过其额定值.

(3)电桥灵敏度随着 4 个桥臂上的电阻值 $R_1 + R_2 + R_s + R_x$ 的增大而减小,随着 $\dfrac{R_1}{R_x} + \dfrac{R_s}{R_2}$ 的增大而减小. 臂上的电阻值选得过大,将大大降低其灵敏度;臂上的电阻值相差太大,也会降低其灵敏度.

(4)同一电桥测量不同电阻,或用不同比率臂测量同一电阻,电桥的灵敏度不一样. 选择适当的桥臂比率,可以提高电桥的灵敏度.

根据以上分析,就可找出实际工作中组装的电桥出现灵敏度不高、测量误差大的原因. 一般成品电桥为了提高其测量灵敏度,通常都有外接检流计与外接电源接线柱. 但外接电源电压的选定不能简单地为提高其测量灵敏度而无限制提高,还必须考虑桥臂电阻的额定功率,不然就会有烧坏桥臂电阻的危险.

电桥的灵敏度是与测量的精密度相联系的,灵敏度越高,测量误差越小. 当 $\Delta n_0 \leqslant 0.2$ 分度时,一般人眼觉察不出检流计有偏转,因此电桥灵敏度 S 所决定的测量误差为

$$\frac{\Delta R_x}{R_x} = \frac{\Delta n_0}{S} = \frac{0.2}{S} \tag{2.11.7}$$

3)桥臂电阻的准确度等级误差及其消除方法

如果桥臂电阻 R_1、R_2 和 R_s 的准确度等级误差分别为

$$\frac{\Delta R_1}{R_1},\frac{\Delta R_2}{R_2}和\frac{\Delta R_s}{R_s}$$

则根据误差传递理论和电阻箱准确度等级的意义($a\% = \frac{\Delta R}{R}$)由(2.11.4)式决定的电阻 R_x 的准确度误差为

$$\frac{\Delta R_x}{R_x}=\frac{\Delta R_1}{R_1}+\frac{\Delta R_2}{R_2}+\frac{\Delta R_s}{R_s}=a_1\%+a_2\%+a_s\% \qquad (2.11.8)$$

一般,测定臂电阻 R_s 选用准确度级别较高的标准电阻箱,由它所带来的级别误差较小,因此待测电阻 R_x 的等级误差主要由比率臂电阻 R_1、R_2 的等级误差决定.

消除 R_1、R_2 的等级误差,常用以下两种方法:

①交换法. 在电桥平衡,由(2.11.4)式测得 R_x 后,保持 R_1、R_2 的阻值和位置不变,交换待测电阻 R_x 和测定臂电阻 R_s 在电桥中的位置,然后再次调节 R_s,使电桥重新平衡,设此时 R_s 的示值为 R'_s,则待测电阻为

$$R_x=\frac{R_2}{R_1}R'_s \qquad (2.11.9)$$

由原先电桥的平衡(2.11.4)式和交换后电桥重新平衡的(2.11.9)式得

$$R_x=\sqrt{R_s R'_s} \qquad (2.11.10)$$

由(2.11.10)式确定的 R_x 仅与测定臂电阻有关,而与比率臂电阻 R_1、R_2 无关. 根据误差传递理论,由(2.11.10)式决定的待测电阻的准确度误差为

$$\frac{\Delta R_x}{R_x}=\frac{1}{2}\left(\frac{\Delta R_s}{R_s}+\frac{\Delta R'_s}{R'_s}\right)=\frac{\Delta R_s}{R_s}=a_s\% \qquad (2.11.11)$$

(2.11.11)式说明,用交换法测量,待测电阻的准确度误差仅由测定臂电阻的准确度等级决定. 若 R_s 电阻箱的准确度等级为 0.02 级,则 R_s 的示值误差——等级误差为 $\frac{\Delta R_s}{R_s}=$ 0.02%,它给待测电阻所带来的准确度误差为 0.02%.

②代替法. 在电桥平衡,由(2.11.4)式测得 R_x 后,保持 R_1、R_2、R_s 的阻值和位置不变,用一准确度较高的可调标准电阻 R_0 代替 R_x,调节 R_0,使电桥重新平衡,这时的平衡关系式为

$$R_0=\frac{R_1}{R_2}R_s \qquad (2.11.12)$$

比较(2.11.4)式和(2.11.12)式,得

$$R_x=R_0$$

因而有

$$\Delta R_x=\Delta R_0$$

$$\frac{\Delta R_x}{R_x}=\frac{\Delta R_0}{R_0}$$

由此可见,用代替法测得的电阻 R_x,其准确度误差仅由所代替的标准电阻 R_0 的准确度等级所决定,与桥臂电阻 R_1、R_2、R_s 都无关.

【实验仪器】

QJ23 型箱式直流单臂电桥、QJ44 型携带式直流双臂电桥、甲电池、检流计、电阻箱、导线、开关、待测电阻等.

QJ23 型箱式直流单臂电桥采用惠斯通电桥线路,线路及板面布置如图 2.11.3(a)和(b)所示.比率臂 N(相当于图 2.11.2 中的 R_1/R_2)、比较臂电阻 R_s、检流计及电池组等都装在一个箱子内,测量 $1\sim10^6\,\Omega$ 范围内的电阻时极为方便.该电桥准确度等级为 0.2 级,被测电阻为 $1.0\sim9999\,\Omega$ 时,用内部电源和内附检流计,测量结果的相对误差 E_r 可近似为 $\pm0.2\%$.

(1)QJ23 型箱式电桥板面各旋钮和接线柱的功能如下.

R_x:被测电阻接线柱.

B^+、B^-:外接电源接线柱.如用增加电源电压的办法作测量时,在这里按正、负接上电源,此电源即与内部 4.5V 电源串联.若只用内部电源时,应用连接片接于该两接线柱之间.

G 外接:外接检流计接线柱.当嫌电桥灵敏度不够高时,可在这里另接灵敏度更高的检流计.当用内附检流计时,应用连接片接于该两接线柱之间.

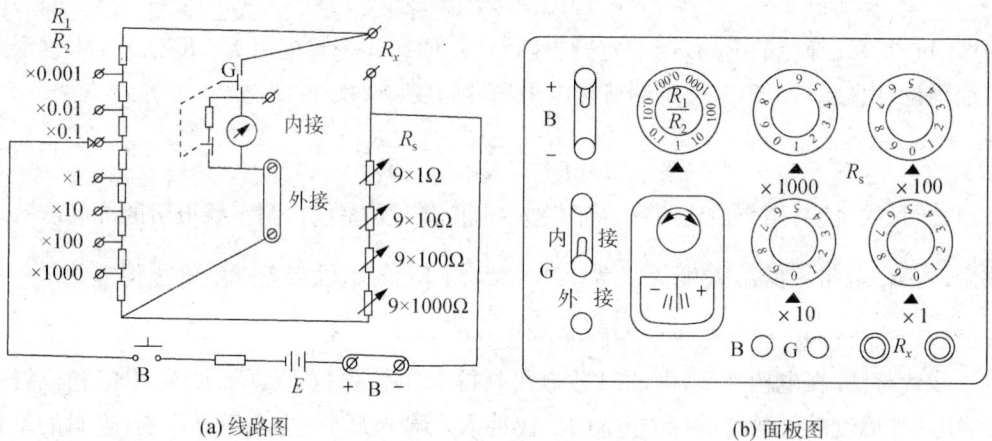

(a)线路图   (b)面板图

图 2.11.3 QJ23 型箱式直流单臂电桥的线路图及面板图

G 内接:用外接检流计时,需用连接片接于该两接线柱之间.使用完电桥或搬动电桥时,也应将连接片接于该两接线柱之间,使内附检流计短路.

B 按钮:电源按接开关.按下 B 则电源接入电路.若需长时间接通电源,按下 B 顺时针转 90°即可锁住.

G 按钮:检流计按接开关.按下 G 则检流计接入电路.若需长时间接通检流计,可按下 G 顺时针转 90°锁住.

调节臂旋钮 R_s 用法同于电阻箱.

比率臂旋钮 $N:N$ 等于原理图中的 R_1/R_2，其值可以直接从比率臂旋钮上读出.被测电阻 $R_x = N \cdot R_s$.

调零旋钮：利用检流计上面的圆形旋钮，可左右微调检流计指针位置，使指针指在零点，转动时要轻微、缓慢，以免扭断检流计悬丝.

(2)箱式电桥的使用方法如下：①放平电桥，断开内接检流计连接片，按要求接好电源连接片和检流计连接片.让检流计指针自由摆动，待表针停稳后，就可调整零旋钮.②在 R_x 两接线柱间接上被测电阻.③根据待测电阻的大致数值(可参看标称值或用万用电表粗测)，选择合适的比率臂，使测量结果保持四位有效数字，亦即使调节臂电阻 R_s 保持千欧姆的数量级，例如被测电阻约几十欧姆，R_s 要保持几千欧姆，根据 $R_x = NR_s$，N 应取 0.01.测量时用跃接法按下 B 和 G 按钮(按下后立即松开)，若指针偏向"＋"方向，则增加 R_s 的数值；若偏向"－"方向，则减小 R_s，反复调节直至电桥平衡.测量有感电阻(如电机、变压器等)时，为避免感应电流过大损坏检流计，应先接通"B"后接通"G"，断开时，先放开"G"再放开"B".④使用完毕，必须断开"B"和"G"按钮，并将检流计连接片接在"内接"位置，以保护检流计.

【实验内容】

(1)按图 2.11.2 接好线路.各接头必须干净并接牢；R_1、R_2 用有四个转盘的转盘式电阻箱，R_s 用有六个转盘的转盘式电阻箱；正确选择比率臂 $N(R_1/R_2)$，使 R_s 的六个转盘都用上.

(2)合上开关 K，逐渐改变 R_s 使检流计偏转减小，最终使检流计指到零.

(3)记下电阻箱 R_s 的读数及比率 N 的数值，算出待测电阻 R_x.

(4)在测定每一个未知电阻 R_x 时，当电桥平衡后，调节测定臂旋钮，使 R_s 有一个改变量 ΔR_s，检流计相应偏转 Δn 格(使 Δn 约 3~5 分度)，由 $S = \dfrac{\sqrt{\dfrac{\Delta n}{\Delta R}}}{R}$ 可以算出测量每一个电阻时电桥的灵敏度，由 $\dfrac{\Delta R_x}{R_x} = \dfrac{\Delta n_0}{S} = \dfrac{0.2}{S}$ 可以算出电桥灵敏度对测量结果所带来的误差.

(5)用交换法测量电阻.在电桥平衡时，保持 R_1、R_2 的阻值和位置不变，交换 R_s 和 R_x 的位置，再调节 R_s 使电桥重新平衡，记下这时测定臂的读数 R'_s.

【数据处理】

1. 用电阻箱组装直流电桥

表 2.11.1 组装电桥测电阻记录表格

被测电阻	R_1/Ω	R_2/Ω	$\dfrac{R_1}{R_2}$	R_s/Ω	R_x/Ω
R_{x1}					
R_{x2}					

表 2.11.2　组装电桥测电桥灵敏度数据表(电阻箱 R_1、R_2、R_s 的等级:＿＿＿)

被测电阻	测量灵敏度			灵敏度误差		电阻箱等级误差	
	$\Delta R_s/\Omega$	$\Delta n/格$	$S/格$	$\frac{\Delta R_x}{R_x}/\%$	$\Delta R_x/\Omega$	$\frac{\Delta R_x}{R_x}/\%$	$\Delta R_x/\Omega$
R_{x1}							
R_{x2}							

表 2.11.3　组装电桥交换法测量数据表

R_s/Ω	R'_s/Ω	$R_x=\sqrt{R_s R'_s}/\Omega$	电阻箱等级误差	
			$\frac{\Delta R_x}{R_x}=\frac{\Delta R_s}{R_s}/\%$	$\Delta R_x/\Omega$

2. 箱式单臂电桥测量

表 2.11.4　箱式单臂电桥测电阻

被测电阻	$N=\dfrac{R_1}{R_2}$	R_s/Ω	$R_x=N\cdot R_s/\Omega$	E_r	$\Delta R_x/\Omega$	$R_x\pm\Delta R_x/\Omega$

【思考题】

1. 惠斯通电桥平衡时,对换电源与检流计的位置是否影响平衡? 说明理由.

2. 惠斯通电桥测电阻时,若比例臂选择不当,对测量结果有无影响?

3. 简述电阻测量的几种常用方法的原理及产生误差的原因.

【附录】电桥灵敏度的推导

如附图 1 所示,推导如下:

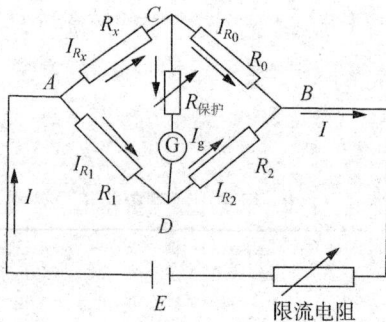

附图 1　惠斯通电桥原理图

$$I_{R_0}=I_{R_x}-I_g, \quad I_{R_1}=I_{R_2}-I_g \tag{1}$$

$$I_{R_x}R_x+I_g(R_g+R_{保护})=I_{R_1}R_1 \tag{2}$$

$$\begin{cases} I_{R_x}R_x+I_{R_0}R_0=U_{AB} \\ I_{R_1}R_1+I_{R_2}R_2=U_{AB} \end{cases} \tag{3}$$

将(1)式代入(3)式,可得

$$\begin{cases} I_{R_x}(R_x+R_0)=U_{AB}+I_gR_0 \\ I_{R_2}(R_1+R_2)=U_{AB}+I_gR_1 \end{cases} \tag{4}$$

将(1)式的后一个式子代入(2)式,得

$$I_g(R_g+R_{保护}+R_1)=I_{R_2}R_1-I_{R_x}R_x \tag{5}$$

将(4)式代入(5)式,得

$$I_g(R_g+R_{保护}+R_1)=\frac{U_{AB}+I_gR_1}{R_1+R_2}R_1-\frac{U_{AB}+I_gR_0}{R_x+R_0}R_x \tag{6}$$

对(6)式进行整理,得

$$U_{AB}(R_1R_0-R_2R_x)=I_gA \tag{7}$$

其中 A 为

$$A=R_0R_1R_x+R_0R_2R_x+R_1R_2R_x+R_1R_2R_0+(R_g+R_{保护})(R_1+R_2)(R_0+R_x)$$

考虑到电桥在平衡位置有一个微小变化,因而 $R_{保护}=0$,"限流电阻"也可以取为"0". 所以有

$$\left.\begin{aligned} U_{AB}&=E \\ A'&=R_0R_1R_x+R_0R_2R_x+R_1R_2R_x+R_1R_2R_0+R_g(R_1+R_2)(R_0+R_x) \end{aligned}\right\} \tag{8}$$

由于考虑的是电桥在平衡位置有一个微小变化,因而可以忽略 R_x 的微小变化对 A' 的影响. 因此,我们可以把 A' 当成常数,由(7)式可得

$$I_g=\frac{E(R_1R_0-R_2R_x)}{A'} \tag{9}$$

将(9)式对 R_x 微分,得

$$\frac{\partial I_g}{\partial R_x}=\frac{R_2E}{A'} \tag{10}$$

将(10)式代入 $S=S_iR_x\dfrac{\Delta I_g}{\Delta R_x}$(因 ΔI_g 和 ΔR_x 变化很小,可用其偏微商形式表示,即 $S=S_iR_x\dfrac{\partial I_g}{\partial R_x}$),得电桥灵敏度 S 为

$$S=\frac{S_iR_xR_2E}{A'} \tag{11}$$

最后经过整理,得

$$S=\frac{S_iE}{\left(\dfrac{R_0R_1}{R_2}+R_0+R_1+\dfrac{R_0R_1}{R_x}\right)+R_g\left[\left(\dfrac{R_1}{R_2}+1\right)\left(\dfrac{R_0}{R_x}+1\right)\right]} \tag{12}$$

利用(1)式简化为

$$S = \frac{S_i E}{(R_x + R_0 + R_1 + R_2) + R_g\left[2 + \left(\dfrac{R_1}{R_2} + \dfrac{R_0}{R_x}\right)\right]} \tag{13}$$

实验 2.12　磁场的测定

在工业、国防和科学研究(如粒子回旋加速器、地球资源探测、地震预测和磁性材料研究)等方面,经常要对磁场进行测量. 根据被测磁场的类型和强弱的不同,测量磁场的方法也不同. 霍尔元件法、冲击电流计法就是常用的两种方法.

(Ⅰ)冲击法测磁场

【实验目的】

1. 了解应用冲击法测量螺线管磁场的原理和方法.

2. 使用 HZ−3 螺线管磁场测定装置,ZKY−H/S 磁场测试仪和 ZKY=DQ 型冲击电流计采用冲击法测量螺线管磁场.

【实验原理】

冲击法测量螺线管的磁感应强度,实验电路原理图如图 2.12.1 所示,其中

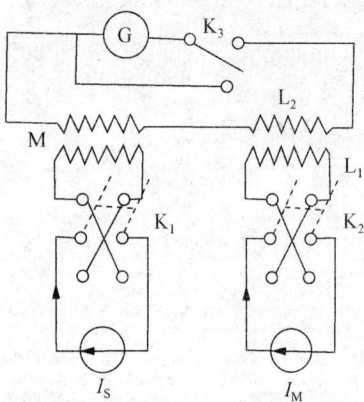

图 2.12.1　冲击法测量磁场原理图

G:数字式冲击电流计;

L_1:螺线管;L_2:探测线圈;

I_s:互感器励磁恒流源(0~15A);

M:标准互感器(0.05H);

K_1:互感器励磁电流换向开关;

K_2:螺线管励磁电流换向开关;

K_3:阻尼开关;

I_M:螺线管励磁恒流源(0~1.2A).

将励磁电流换向开关倒向一边接通时,励磁电流从零突然变为 $I_M M$,测螺线管内的磁感应强度从 0 跳到 B. 则放置于螺线管内的探测线圈横截面上穿过的磁通也由零跳变到 $\varphi = NBS$. 其中,N 为探测线圈匝数,B 为螺线管内磁感应强度,S 为探测线圈有效面积.

由法拉第电磁感应定律

$$\varepsilon = \frac{d\varphi}{dt}, i = \frac{\varepsilon}{R} = -\frac{1}{R}\frac{d\varphi}{dt}$$

$$q = \int_0^t i\,dt = \int_0^t \left(\frac{1}{R}\frac{d\varphi}{dt}\right)dt = \frac{1}{R}\int_0^\varphi d\varphi = -\frac{\varphi}{R} = -\frac{NBS}{R} \tag{2.12.1}$$

同理当我们突然断开螺线管励磁电流 $I_M M$,即其由 $I_M M$ 跳变到零时,螺线管内磁感应强则相应为

$$q = \frac{NBS}{R}$$

若将励磁电流换向输入,则 B 的方向相反,所测得 q 值也是大小相同,符号相反.

上式中 N、S 为已知,q 可从冲击电流计中直接读出,而 R 则难于直接测量(实际上它应是电路中的复阻抗 Z),为此我们采用标准互感比较法,在刚才的测量中我们已将标准互感器的副边线圈串入探测回路,以保证两次比较测量中,冲击电流回路参数的一致.

在断开励磁电流后,突然接通互感器原边电流,则互感器边两端产生的互感电动势大小为

$$\varepsilon' = \frac{\mathrm{d}\varphi}{\mathrm{d}t} = M \frac{\mathrm{d}I_{\mathrm{s}}}{\mathrm{d}t}$$

感应脉冲电流

$$i' = \frac{\varepsilon'}{R} = \frac{M}{R} \frac{\mathrm{d}I'_{\mathrm{s}}}{\mathrm{d}t}$$

对 t 积分为

$$q' = \frac{MI_{\mathrm{s}}}{R} \tag{2.12.2}$$

(2.12.1)式、(2.12.2)式联立求解 B,(2.12.1)式中取 q 的大小

$$\begin{cases} q = \dfrac{NBS}{R} \\ q' = \dfrac{MI_{\mathrm{s}}}{R}, \qquad B = \dfrac{MI_{\mathrm{s}}q}{NSq'} \end{cases} \tag{2.12.3}$$

【实验仪器】

磁场测试仪,冲击电流计,螺线管磁场装置.

【实验内容】

1. 按图 2.12.2 将磁场测试仪、冲击电流计、螺线管装置连接起来.

2. 将励激电流换向开关分别按正向接通、断开,反向接通、断开的顺序测量探测回路的冲击电荷量,并记入数据处理表 2.12.1 中(此时互感器原边线圈断开不能接通电流).

3. 将互感器励磁电流换向开关分别按正向接通断开,反向接通断开的顺序测量探测回路的冲击电荷量,并记入数据处理表 2.12.2 中(此时螺线管内不能接通电流).

4. 将数据处理表 2.12.1 和表 2.12.2 中的所有数据求平均值,即

$$\bar{q} = \sum |q| / 4, \bar{q}' = \sum |q'| / 4$$

将 $\bar{q}$ 与 $\bar{q}'$ 代入(2.12.3)式求得 B

$$B = \frac{MI_{\mathrm{s}}q}{Nsq'}$$

式中,$M = 0.05\mathrm{H}$,$I_{\mathrm{s}} = 10\mathrm{mA}$,$N = 103$ 匝.

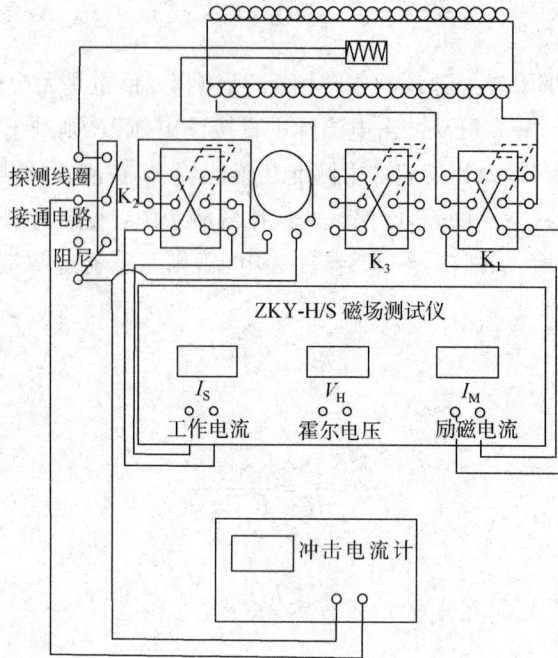

图 2.12.2　冲击法磁场测试原理图

5.改变探测线圈在螺线管中的位置,按步骤 3 测量出螺线内部及外部的磁场,作出螺线管内部及外部磁场分布曲线,并与理论曲线比较.

【注意事项】

1.冲击电荷量与电流改变的时间 Δt 和开关接触或断开时的状态有关.因而每次闭合和断开应尽量保持等速、平稳,以免时间 Δt 相差太大,或开关触点在放电过程中的电荷损耗影响测量结果.

2.本实验中,对螺线管及互感器原边均采用恒流源供电,以保证其电流和相应磁感应强度变化率稳定,但实际的恒流源必须相对于一定的负载而言,其中螺线管励磁电源 I_M 的负载电阻及互感器励磁电源 I_s 的负载电阻由实验室提供.

3.励磁线圈不能长时间通以大电流,否则线圈发热,影响测量结果.

【数据处理】

表 2.12.1　测量探测回路的冲击电荷 q

$I_M=1A$		q
向上	接通断开	
向下	接通断开	
$\sum\|q\|/4$		

表 2.12.2　测量探测回路的冲击电荷 q'

$I_M=1A$		q
向上	接通断开	
向下	接通断开	
$\sum\|q\|/4$		

【思考题】

1. 标准互感器 M 接入电路的作用是什么?

2. 实验中为什么改变励磁电流方向作通、断 4 次测量?

(Ⅱ)冲击电流计法测磁场

【实验目的】

1. 了解冲击电流计的构造和工作原理;

2. 学会冲击电流计的使用,并用其测螺线管内的磁场.

【实验原理】

1. 冲击电流计

　　冲击电流计是一种用来测量短时间内脉冲电流迁移电量的一种仪器. 其构造与灵敏电流计相仿,不同的是,它的线圈扁而宽,转动惯量 J 较大,有一个较长的自由振荡周期 $T_0(T_0=2\pi\sqrt{J/D},D$ 为悬丝的扭转系数). 对灵敏电流计,T_0 为 1~2s,而冲击电流计,T_0 在 10~20s. 正是因为它有这一特点,才使它能用来测磁感应强度、高阻、电容等.

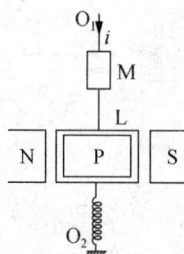

图 2.12.3　冲击电流的构造原理

　　冲击电流计的构造原理如图 2.12.3 所示. N,S 为永久磁铁,P 为软铁芯,L 为线圈,M 为反射镜,O_1、O_2 为上下悬丝,兼做线圈的电流通路.

　　设有一脉冲电流 i 通过线圈 L,在 0~t 时间内,它所迁移的电量为 $q=\int_0^t i\mathrm{d}t$,所受磁力矩为 $M=nBSi$,n 为线圈的匝数,S 为线圈面积,B 为磁铁空隙间的磁感应强度. 如果 $t\ll T_0$,由于线圈的转动惯量 J 较大,线圈偏转角 $\theta\approx0$,故悬丝的扭转力矩可忽略,而磁场力矩远大于空气和电磁的阻尼力矩,所以,实际上是磁场力矩 M 起作用,故线圈所受冲量矩为

$$\int_0^t M\mathrm{d}t=\int_0^t nBSi\,\mathrm{d}t=nBSq$$

根据动量矩定理得

$$J\omega-J\omega_0=nBSq$$

ω_0,ω 分别为动量矩作用前、后线圈的转动角速度. 由于测量前已将线圈调节到平衡位置并静止,所以 $\omega_0=0$,$J\omega=nBSq$

$$\omega=\frac{nBSq}{J} \tag{2.12.4}$$

　　(2.12.4)式说明,在磁场冲量矩作用下,线圈的转动角速度 ω 与脉冲电流迁移的电量 q 成正比.

脉冲电流降为零后,获得了转动角速度 ω 的线圈具有转动动能 $E_k = \frac{1}{2}J\omega^2$,它使线圈转过角度 θ_m(θ_m 是线圈第一次偏转的最大转角). 在线圈转动时,其动能转化为悬丝的扭转位能,并克服空气的摩擦阻力和电磁阻尼做功. 忽略空气的摩擦阻力和电磁阻尼,线圈的机械能守恒,即

$$\frac{1}{2}J\omega^2 = \frac{1}{2}D\theta_m^2$$

把(2.12.4)式代入上式得

$$q = \frac{\sqrt{JD}}{nBS}\theta_m \qquad (2.12.5)$$

(2.12.5)式表明,线圈的最大偏转角度 θ_m 与迁移电量 q 成正比.

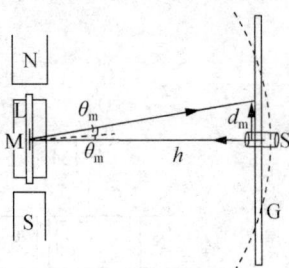

图 2.12.4　冲击电流计标尺读数原理

在实验中,θ_m 是用反射镜的光点在标尺上的偏转格数(毫米)来表示的,如图 2.12.4 所示. 设 S 为带叉丝的光源(有的电流计用带准丝的望远镜观察 M 中的标尺读数,道理是相同的),G 为毫米刻度尺. 在测量之前,先调好反射镜 M、标尺 G 和光源 S 的位置,使 M 之反射光点在标尺中心位置 O 点静止. 当电量 q 通过线圈 L 后,线圈带着反射镜 M 偏转一角度 θ_m,据光的反射定律,光点将偏转 $2\theta_m$,如光点在标尺上的偏转格数为 d_m,M 到标尺 G 的距离为 h,因为 $h \gg d_m$,所以

$$\tan 2\theta_m \approx 2\theta_m = \frac{d_m}{h}$$

$$\theta_m = \frac{d_m}{2h}$$

代入(2.12.5)式得

$$q = \frac{\sqrt{JD}}{2hnBS}d_m = Kd_m \qquad (2.12.6)$$

式中,$K = \frac{\sqrt{JD}}{2hnBS}$ 为冲击电流计的冲击常数,其单位为 C/mm.

冲击常数 K 是一个与冲击电流计的结构、性能、实验环境、条件、外电路电阻有关的量. 因此,实验时必须利用原线路所包含的电阻测定 K,而后用(2.12.6)式计算 q. 外电路的电阻总要调到约等于电流计的临界电阻,使电流计工作在临界阻尼状态. 图 2.12.5 中的 R_3 就是起此作用.

2. 测量螺线管轴向的磁场分布

测量电路如图 2.12.5 所示.

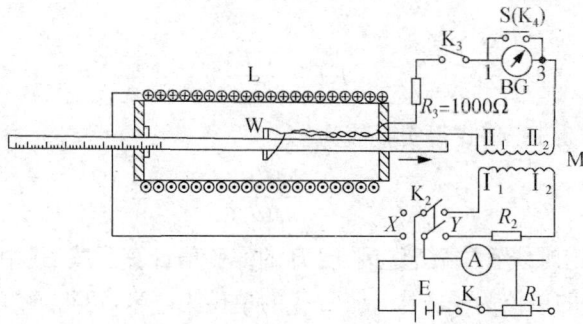

图 2.12.5　测量螺线管轴向磁场的电路图

要测量螺线管 L 轴线上的磁场分布,我们绕制一小型圆探测线圈 W 放在管内,使其与螺线管共轴,并通过互感器 M 与冲击电流计 BG 相连.当螺线管中有电流 I 通过时,在探测线圈 W 的载面 A 上,将有磁力线穿过.设 A 上的平均磁感应强度为 B_x,则穿过 A 的磁通量 $\Phi = nB_x A$(n 为探测线圈的匝数),线圈两端的感应电动势 $\varepsilon = \mathrm{d}\Phi/\mathrm{d}t$.如果回路总电阻为 R,则通过电流计的脉冲电流为

$$i = \frac{\varepsilon}{R} = \frac{1}{R} \cdot \frac{\mathrm{d}\Phi}{\mathrm{d}t}$$

在磁通量变化的时间 t 内,通过电流计的总电量为

$$q = \int_0^t i\mathrm{d}t = \int_0^t \frac{1}{R}\mathrm{d}\Phi = \frac{1}{R}(\Phi_t - \Phi_0) = \frac{1}{R} \cdot nB_x A$$

代入(2.12.6)式得

$$B_x = \frac{KR}{nA}d_\mathrm{m} \tag{2.12.7}$$

KR 称为冲击电流计工作状态的磁通冲击常数.

为了测出磁通冲击常数 KR,需利用标准互感器 M(见图 2.12.5,为保证探测回路电阻不变,在测磁场时已把 M 的副线圈接入).当互感器 M 的原线圈中通过电流 I' 时,在副线圈两端将产生自感电动势,其大小为

$$\varepsilon' = \frac{\mathrm{d}\Phi'}{\mathrm{d}t} = M\frac{\mathrm{d}I'}{\mathrm{d}t}$$

感应的脉冲电流

$$i' = \frac{M}{R}\frac{\mathrm{d}I'}{\mathrm{d}t}$$

对 t 积分得

$$q' = \frac{MI'}{R}$$

此电量通过冲击电流计将引起电流计线圈的最大偏转 d'_m,利用(2.12.6)式得

$$\frac{MI'}{R} = Kd'_\mathrm{m}$$

因此

$$KR = \frac{MI'}{d'_{\mathrm{m}}} \qquad\qquad (2.12.8)$$

把(2.12.6)式代入(2.12.4)式得实验值为

$$B_x = \frac{MI'd_{\mathrm{m}}}{nAd'_{\mathrm{m}}} \qquad\qquad (2.12.9)$$

(2.12.9)式即为测定螺线管中磁感应强度 B 的实验值计算公式. 式中, M 的单位为亨利, I' 的单位为安培, A 的单位为平方米, d_{m}, d'_{m} 的单位为毫米, 可得 B_x 的单位为特斯拉.

设螺线管轴线中心为原点 O, 轴向为 x 方向, 螺线管长为 L, 匝数为 N, 半径为 r_0, 当通以电流 I 时, 可以证明, 管轴上任一点的磁感应强度的理论值为

$$B_x = \frac{\mu_0 NI}{2L}\left\{ \frac{\frac{L}{2}-x}{\left[\left(\frac{L}{2}-x\right)^2 + r_0^2\right]^{1/2}} + \frac{\frac{L}{2}+x}{\left[\left(\frac{L}{2}+x\right)^2 + r_0^2\right]^{1/2}} \right\} \qquad (2.12.10)$$

当 $x=0$ 时, 可得螺线管中心 O 的磁感应强度为

$$B_0 = \frac{\mu_0 NI}{(L^2 + 4r_0^2)^{\frac{1}{2}}} \qquad\qquad (2.12.11)$$

当 $x = \frac{L}{2}$ 时, 可得螺线管两端面中心点的磁感应强度为

$$B_{L/2} = \frac{\mu_0 NI}{2(L^2 + r_0^2)^{1/2}} \approx \frac{B_0}{2} \quad (L \gg r_0) \qquad (2.12.12)$$

【实验仪器】

冲击电流计, 待测螺线管与探测线圈, 标准互感器, 直流电源(0～30V), 电流表(0～3A), 变阻器, 电阻箱, 双刀双掷开关, 单刀开关, 按钮开关.

1. 电源

电源是把其他形式的能量转变为电能的装置. 电源分为直流和交流两类.

(1)直流电源:常用的直流电源有干电池、晶体管直流稳压电源和铅蓄电池. 直流稳压电源的型号繁多, 外形各异, 但结构上都是变压器、晶体管、电阻和电容等电子元件按一定的线路组装而成的. 它的电压稳定性好、内阻小、功率较大、使用方便. 只要接到交流220V电源上, 就能输出连续可调的直流电压(输出电压和电流的大小可由仪器上的电表读出). 使用时, 要注意它的最大允许输出电压和电流, 切不可超过. 每个铅蓄电池的正常电动势为2V, 额定供电电流约为2A, 多个并联可得较大电流, 输出电压比较稳定. 使用时要注意, 当它的电动势降低到1.8V时, 应及时充电;另外, 蓄电池即使未用也需要每隔2～3星期充电一次. 蓄电池维护比较麻烦.

(2)交流电源:常用的电网电源是交流电源. 交流电的电压可通过变压器来调节. 交流仪表的读数一般指有效值, 例如交流220V就是有效值, 其峰值为 $\sqrt{2} \times 220\mathrm{V} \approx 310\mathrm{V}$.

使用交流或直流电源时,应特别注意不能使电源短路,即不能将电源两极直接接通,使外电路电阻等于零.

2. 电流表

该工具的使用参看实验非线性电阻伏安特性的测量.

3. 变阻器

该工具的使用参看实验非线性电阻伏安特性的测量.

4. 电阻箱

该工具的使用参看实验非线性电阻伏安特性的测量.

【实验内容】

1. 测量磁场

(1)按图 2.12.4 连接线路,调整好冲击电流计、光源和标尺系统,使小镜 M 的反射光标静止在标尺的零线上.

(2)打开 K_3,将 K_2 掷 X,接通电源开关,闭合 K_1,调节 R_1 或者调小电压 E 使流过螺线管的电流为规定值 I,再断开 K_1,记录 I 值(电流表用 750mA 挡,指针指 60 格左右).

(3)将探测线圈放在螺线管中心,使 $x=0$,调节 BG 回到平衡位置.先闭合 K_3,再闭合 K_1,同时读记光标的最大偏转数 $d_左$.

(4)按动阻尼开关 K_4 使线圈迅速回到平衡位置,待稳定后迅速打开 K_1,同时读记光标在反方向的最大偏转数 $d_右$,取其平均值 d_0 为 $x=0$ 时对应的最大偏转数.

(5)保持 I 不变,向左或向右每隔 1～2cm 逐次移动探测线圈的位置,记录对应的 x 值.仿照内容(3)、(4),得到对应 x 的最大偏转数 $d_1,d_2,\cdots$,直至螺线管一端(在靠近端部时,探测线圈移动距离应少些,以多测几组数).

2. 测磁通冲击常数

(1)打开 K_3,将 K_2 掷 Y,闭合 K_1,调节 R_1 或电压 E(要保证 R_2 有较大阻值,以保护互感器 M),使流过互感器的电流为 I'(I' 应小于互感器的额定电流值),再断开 K_1,记录 I' 值(电流表用 75mA 挡,指针 60 格左右).

(2)闭合 K_3,校正光标的静止位置在标尺 O 线上.闭合 K_1,同时读记光标的最大偏转数 $d'_左$.按动 K_4 使线圈回到平衡位置,迅速打开 K_1,读记光标在反方向的最大偏转数 $d'_右$,取其平均值为 d'_{m0} 重复该内容,校正 d'_m.

(3)实验完毕,接通 K_4,打开 K_1,K_2,K_3,断开电源,整理好仪器.

【数据处理】

1.实验所需的已知参数.

L 直螺线管:长 $L=(0.548\pm0.002)$m,半径 $r_0=(0.0475\pm0.0001)$m.

匝数 $N=2000$ 匝.

W 探测线圈:截面积 $A=6.05\times10^{-4}$m²,匝数 $n=2200$ 匝

标准互感器:$M=0.05$H.

空气磁导率 $\mu_0=12.57\times10^{-7}$H/m.

2.完成冲击电流计法测量磁场的记录与计算.

电流 $I=$ _____ A

x/m	"BG"的值			实验值 $B_x=\dfrac{MI'd_m}{nAd'_m}$T	理论值 $B_{x理}$/T
	$d_右$/mm	$d_左$/mm	$d_m=\dfrac{d_右+d_左}{2}$/mm		
0					
0.05					
0.10					
0.15					
0.20					
0.25					
0.274					

3.完成测磁通冲击常数的记录与计算.

电流 $I'=$ _____ A

				平均值
$d'_右$/mm				
$d'_左$/mm				
$d'_m=\dfrac{d'_右+d'_左}{2}$/mm				

4.记录其他必要的数据(n,A,M,L,r_0,N),按(2.12.7)式、(2.12.8)式、(2.12.9)式计算 B_0、$B_{\frac{1}{2}}$、B_x(任选 3 点)的理论值,在坐标纸上作出理论值的 B_x-x 关系曲线.

5.按(2.12.10)式计算 x 的各对应实验值 B_x,作出实验值的 B_x-x 关系曲线,总结螺线管轴线上磁感应强度的分布规律.

【预习思考题】

1.冲击电流计测量的是什么物理量,本实验中冲击电流计读下的是什么读数?

2.电路图 2.12.5 中 K_2 是什么开关,它在电路中起什么作用?

3.电路图 2.12.5 中 K_4 的作用是什么,如何正确使用?

4.如何测量冲击常数 K?

【思考题】

1. 开关 K_1, K_2, K_3, K_4 的作用是什么？实验完毕,应使这四个开关在什么状态?

2. 标准互感器 M 接入电路的作用是什么?

实验 2.13 声速的测量

声波特性的测量,如频率、波长、声速、声压衰减、相位等,是声波检测技术中的重要内容.特别是声速的测量,不仅可以了解介质的特性而且还可以了解介质的状态变化,在声波定位、探伤、测距等应用中具有重要的实用意义.例如,声波测井、声波测量气体或液体的浓度和比重、声波测量输油管中不同油品的分界面等.

本实验采用压电陶瓷换能器来实现对超声波在空气中传播速度这一非电量的电测.

【实验目的】

1. 掌握驻波法和相位比较法及时差法测量声速的原理.

2. 了解压电换能器的功能,熟悉信号源和示波器的使用.

3. 加深对驻波及振动合成理论的理解.

【实验原理】

1. 超声波与压电陶瓷换能器

频率 20~20kHz 的机械振动在弹性介质中传播形成声波,高于 20kHz 称为超声波,超声波的传播速度就是声波的传播速度,而超声波具有波长短,易于定向发射等优点.声速实验所采用的声波频率一般都在 20~60kHz,在此频率范围内,采用压电陶瓷换能器作为声波的发射器、接收器效果最佳.

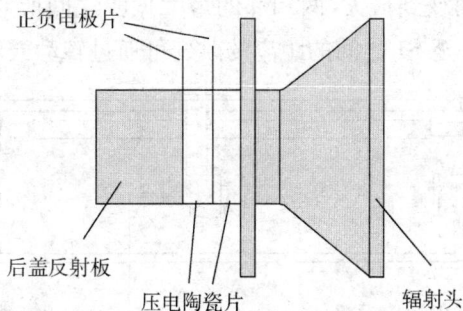

图 2.13.1 纵向换能器的结构简图

压电陶瓷换能器根据它的工作方式,分为纵向(振动)换能器、径向(振动)换能器及弯曲振动换能器.声速教学实验中所用的大多数采用纵向换能器.图 2.13.1 为纵向换能器的结构简图.

2. 声速的测量方法

声速的测量方法可以分为两大类. 一类是根据波动理论 $v=f\lambda$, 通过测量声波的频率 f 和波长 λ 得到声速 v; 另一类是根据运动学理论 $v=L/t$, 通过测量传播距离 L 和时间间隔 t 得到声速 v.

1)根据波动理论测量声速

$$v=f\lambda \tag{2.13.1}$$

其中频率可由声速测试仪信号源频率显示窗口直接读出,而波长又可用共振干涉法(驻波法)和相位比较法两种方法来测量.

(1)共振干涉法(驻波法).

实验装置按图 2.13.2 所示,图中 S1 和 S2 为压电陶瓷换能器. S1 作为声波发射器,它由信号源供给频率为数万赫的交流电信号(一般使用正弦波),由逆压电效应发出一平面超声波;而 S2 则作为声波的接收器,压电效应将接收到的声压转换成电信号,将它输入示波器,我们就可看到一组由声压信号产生的正弦波形. 由于 S2 在接收声波的同时还能反射一部分超声波,接收的声波、发射的声波振幅虽有差异,但二者周期相同且在同一线上沿相反方向传播,二者在 S1 和 S2 区域内产生了波的干涉,形成驻波. 我们在示波器上观察到的实际上是这两个相干波合成后在声波接收器 S2 处的振动情况. 移动 S2 位置(改变 S1 和 S2 之间的距离),从示波器显示的波形上可以看出,当 S2 在某些位置时振幅将达到最大值. 根据波的干涉理论可以知道:任何两相邻的振幅最大值的位置之间(或两相邻的振幅最小值的位置之间)的距离均为 $\lambda/2$. 为了测量声波的波长,可以在观察示波器上波形幅值的同时,缓慢的改变 S1 和 S2 之间的距离,示波器上就可以看到波形幅值不断地由最大变到最小再变到最大,两相邻的最大振幅之间所对应的 S2 移动过的距离为 $\lambda/2$,而超声换能器 S2 至 S1 之间的距离的改变可通过转动鼓轮来实现.

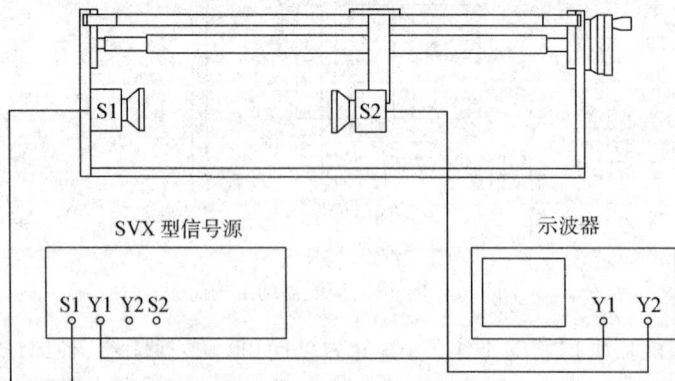

图 2.13.2　驻波法、相位法连线图

在连续多次测量相隔半波长的 S2 的位置变化及声波频率 f 以后，我们可运用测量数据计算出声速，用逐差法处理测量的数据.

（2）相位比较法

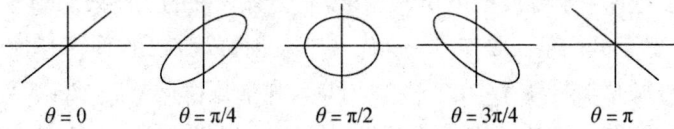

$$\theta=0 \qquad \theta=\pi/4 \qquad \theta=\pi/2 \qquad \theta=3\pi/4 \qquad \theta=\pi$$

图 2.13.3　用李萨如图观察相位变化

从 S1 发出的超声波通过介质传到 S2，在 S1、S2 之间的相位差

$$\varphi=\omega t=2\pi f\frac{L}{v}=2\pi\frac{L}{\lambda} \tag{2.13.2}$$

当 $\Delta L=L_2-L_1=\lambda$ 时，$\Delta\varphi=\varphi_2-\varphi_1=2\pi$. 因此，$L$ 每改变一个波长 λ，相位差就变化 2π，通过观察相位差变化 $\Delta\varphi$，便可测出 λ，进而求得声速. $\Delta\varphi$ 的测定可用相互垂直的两个振动的合成的李萨如图来进行. 将 S1 的信号输入示波器 x 轴，S2 的信号输入 y 轴. 为了方便测量，选择李萨如图为直线时（一般选右斜线）作为测量的起点，移动 S2，当 L 变化一个波长 λ 时，就会出现同样斜率的直线，如图 2.13.3 所示. 因此，通过示波器，利用李萨如图就可测出声波的波长.

2）根据运动学理论（时差法）测量声速

$$v=L/t \tag{2.13.3}$$

连续波经脉冲调制后由发射换能器发射至被测介质中，声波在介质中传播，经过 t 时间后，到达 L 距离处的接收换能器. 由运动定律可知，声波在介质中传播的速度可由以下公式求出

$$\text{速度 } v=\text{距离 } L/\text{时间 } t$$

通过测量二换能器发射接收平面之间距离 L 和时间 t，就可以计算出当前介质下的声波传播速度.

【实验内容】

仪器在使用之前，加电开机预热 15min. 在接通市电后，自动工作在连续波方式，这时脉冲波强度选择按钮不起作用.

1. 驻波法测量空气中的声速

1）测量装置的连接

如图 2.13.2 所示，信号源面板上的发射端换能器接口（S1），用于输出一定频率的功率信号，请接至测试架的发射换能器（S1）；接收换能器（S2）的输出接至示波器的 CH2（Y2），并将示波器的通道开关调整到 CH2（Y2）. 信号源面板上的发射端的发射波形 Y1 与双踪示波器的 CH1（Y1）可暂不连接.

2)测定压电陶瓷换能器的频率工作点(共振频率)

为了得到较清晰的接收波形,必须将外加的驱动信号频率调节到换能器 S1、S2 的谐振频率附近,使其共振,这样才能够较好地进行声能与电能的相互转换(实际上有一个小的通频带),S2 才会有一定幅度的电信号输出,才会有较好的实验效果.

换能器工作状态的调节方法如下:首先调节发射强度旋钮,使声速测试仪信号源输出合适的电压,再调整信号频率(在 34～37kHz),观察频率调整时 CH2(Y2)通道的波形幅度变化.选择合适的示波器扫描时基 t/格和通道增益,并进行调节,使示波器显示稳定的接收波形.在某一频率点处(34～37kHz),波形幅度明显增大,再适当调节示波器通道增益,仔细地细调频率,使该波形幅度为极大值,此频率即是压电换能器相匹配的一个谐振工作点,记录共振频率 $f_\text{共}$.

3)测量波长

将测试方法设置到连续波方式,选择合适的发射强度.完成前述 1),(2)步骤后,选好谐振频率.然后转动距离调节鼓轮,这时波形的幅度会发生变化,记录下幅度为最大时的坐标 L_i,坐标由数显尺或在机械刻度上读出(数显尺原理说明见附录).再向前或者向后(必须是一个方向)移动坐标,当接收波经变小后再到最大时,记录下此时的坐标 L_{i+1},即可求得声波波长 $\lambda_i = 2 \mid L_{i+1} - L_i \mid$.多次测定,用逐差法处理数据(表 2.13.1).

因声速还与介质温度有关,所以需记下介质温度 t.

2. 相位法/李萨如图法测量空气中的声速

如图 2.13.2 所示连接线路,此时信号源面板上的发射端的发射波形 Y1 必须与双踪示波器的 CH1(Y1)相接.

将测试方法设置到连续波方式,选择合适的发射强度.像前述一样测出共振频率后,将示波器打到"X－Y"方式或将示波器扫描旋钮左旋关闭,选择合适的示波器通道增益,示波器将显示出李萨如图(图 2.13.3 所示).转动鼓轮,移动 S2,使李萨如图显示的椭圆变为一定角度的一条斜线(一般选右斜线),记录下此时的坐标 L_i,坐标可由数显尺或机械刻度尺读出.再向前或者向后(必须是一个方向)移动距离,使观察到的波形又回到前面所说的特定角度的斜线,这时接收波的相位变化 2π,记录下此时的坐标 L_{i+1},即可求得声波波长 $\lambda_i = \mid L_{i+1} - L_i \mid$.多次测定,用逐差法处理数据(表 2.13.2).

记下介质温度 t.

3. 时差法测量固体中的声速

在固体中传播的声波是很复杂的,它包括纵波、横波、扭转波、弯曲波、表面波等,而且各种声速都与固体棒的形状有关,金属棒一般为各向异性结晶体,沿任何方向可有三种波传播.所以本仪器实验时采用同样材质和形状的固体棒.

实验提供两种测试介质:有机玻璃棒和铝棒.每种材料有长 50mm 三根样品,可将样品组合成不同的长度进行测量,按(2.13.3)式计算就可算出声速.

测量时,按图 2.13.4 接线.(将测试方式设置到脉冲波方式)将接收增益调到适当位置(一般为最大位置),以计时器不跳字为好.将发射换能器发射端面朝上竖立放置于托架上,在换能器端面和固体棒的端面上涂上适量的耦合剂,再把固体棒放在发射面上,使其紧密接触并对准,然后将接收换能器接收端面放置于固体棒的上端面上并对准,利用接收换能器的自重与固体棒端面接触.这时计时器的读数为 t_1,固体棒的长度为 L_1.移开接收换能器,将另一根固体棒端面上涂上适量的耦合剂,置于下面一根固体棒之上,并保持良好接触,再放上接收换能器,这时计时器的读数为 t_2,固体棒的长度为 L_2,再将第三根固体棒加上,同样的测出 t_3 和 L_3(表 2.13.3).

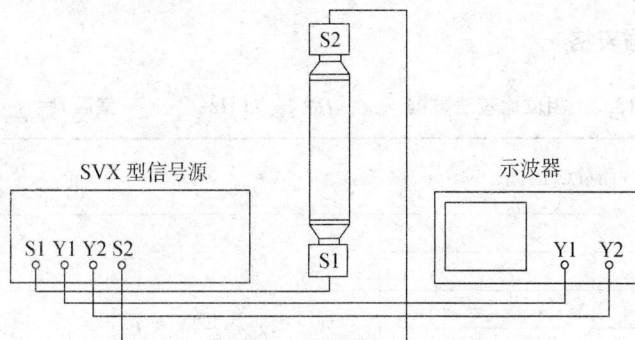

图 2.13.4　测量固体介质中声速的接线图

完成实验后应关闭仪器的交流电源,并关闭数显测量尺的电源,以免耗费电池.

4. 注意事项

(1)实验前应掌握示波器、信号发生器和频率仪的使用方法.

(2)换能器的发射面和接收面应尽量保持平行.

【数据处理】

1. 共振干涉法数据表格

表 2.13.1　共振干涉法数据　　　$f=$ ＿＿＿＿＿ kHz　　　　室温 $t=$ ＿＿＿＿＿ ℃

测量顺序点	测量点坐标 l_i/mm	$\lambda_i=\dfrac{2}{5}\cdot\|l_i-l_{i+5}\|$/mm	$\Delta\lambda_i^2=(\bar{\lambda}-\lambda_i)^2$
1		$\lambda_1=\dfrac{2}{5}\|L_1-L_6\|=$	
2			
3		$\lambda_2=\dfrac{2}{5}\|L_2-L_7\|=$	
4			
5		$\lambda_3=\dfrac{2}{5}\|L_3-L_8\|=$	
6			

测量顺序点	测量点坐标 l_i/mm	$\lambda_i = \dfrac{2}{5} \cdot |l_i - l_{i+5}|$/mm	$\Delta\lambda_i^2 = (\bar{\lambda} - \lambda_i)^2$
7		$\lambda_4 = \dfrac{2}{5}|L_4 - L_9| =$	
8			
9		$\lambda_5 = \dfrac{2}{5}|L_5 - L_{10}| =$	
10			
波长 λ 的平均值		$\bar{\lambda}_{共} =$	$\sum\Delta\lambda_i^2 =$

2. 相位比较法数据表格

表 2.13.2　相位比较法数据　　　$f=$＿＿kHz　　　室温 $t=$＿＿℃

测量顺序点	测量点坐标 l_i/mm	$\lambda_i = \dfrac{1}{5} \cdot |l_i - l_{i+5}|$/mm	$\Delta\lambda_i^2 = |\bar{\lambda} - \lambda_i|^2$
1		$\lambda_1 = \dfrac{1}{5}|L_1 - L_6| =$	
2			
3		$\lambda_2 = \dfrac{1}{5}|L_2 - L_7| =$	
4			
5		$\lambda_3 = \dfrac{1}{5}|L_3 - L_8| =$	
6			
7		$\lambda_4 = \dfrac{1}{5}|L_4 - L_9| =$	
8			
9		$\lambda_5 = \dfrac{1}{5}|L_5 - L_{10}| =$	
10			
波长 λ 的平均值		$\bar{\lambda}_{位} =$	$\sum\Delta\lambda_i^2 =$

3. 时差法数据表格

表 2.13.3　时差法数据

固体种类	铝棒			有机玻璃棒		
长度 L/mm	50	100	150	50	100	150
时间 t/μs						
速度 $v = L/t$(m/s)						
平均速度/(m/s)						

4. 数据处理

(1)由式 $v_{公} = v_0 \sqrt{\dfrac{T}{T_0}}$ $(T_0 = 273.15\text{K}, T = t + T_0, v_0 = 331.45\text{m/s})$ 计算在该室温下

超声波在空气中传播速度的公认值：$v_公=$_____.

（2）计算共振干涉法测量超声波在空气中的传播速度 $v_共=\bar{\lambda}_共\ f=$____，并将 $v_共$ 与

$v_公$ 比较求相对误差 $E_共=\dfrac{|v_共-v_公|}{v_公}\times100\%=$_____.

（3）计算用位相比较法测出超声波在空气中的传播速度 $v_位=\bar{\lambda}_位\ f=$____，并将 $v_位$ 与

$v_公$ 比较求相对误差 $E_位=\dfrac{|v_位-v_公|}{v}\times100\%=$_____.

（4）计算超声波在铝棒和有机玻璃棒中传播的平均速度.

（5）评定标准不确定度（共振干涉法、位相法分别进行下面的计算）.

波长的 $\Delta_仪=0.01\text{mm}$　　　　　　　　　　　频率的 $\Delta_仪=1\text{Hz}$

<table>
<tr><td align="center">共振干涉法</td><td align="center">位相比较法</td></tr>
<tr><td>$\lambda:S_\lambda=\sqrt{\sum\limits_{i=1}^{5}(\lambda_i-\bar{\lambda})^2/5\times(5-1)}=$_____.</td><td>$\lambda:S_\lambda=\sqrt{\sum\limits_{i=1}^{5}(\lambda_i-\bar{\lambda})^2/5\times(5-1)}=$_____.</td></tr>
<tr><td>$u_\lambda=\Delta_仪/\sqrt{3}=$_____.</td><td>$u_\lambda=\Delta_仪/\sqrt{3}=$_____.</td></tr>
<tr><td>$\sigma_\lambda=\sqrt{S_\lambda^2+u_\lambda^2}=$_____.</td><td>$\sigma_\lambda=\sqrt{S_\lambda^2+u_\lambda^2}=$_____.</td></tr>
<tr><td>$f:s_f=$_____.</td><td>$f:s_f=$_____.</td></tr>
<tr><td>$u_f=\Delta_仪/\sqrt{3}=$_____.</td><td>$u_f=\Delta_仪/\sqrt{3}=$_____.</td></tr>
<tr><td>$\sigma_f=u_f=\Delta_仪/\sqrt{3}=$_____.</td><td>$\sigma_f=u_f=\Delta_仪/\sqrt{3}=$_____.</td></tr>
<tr><td>$v:E_r=\sigma_v/v_共=\sqrt{\left(\dfrac{\sigma_\lambda}{\lambda}\right)^2+\left(\dfrac{\sigma_f}{f}\right)^2}$</td><td>$v:E_r=\sigma_v/v_位=\sqrt{\left(\dfrac{\sigma_\lambda}{\lambda}\right)^2+\left(\dfrac{\sigma_f}{f}\right)^2}$</td></tr>
<tr><td>$\sigma_v=v_共\cdot E_r=$_____.</td><td>$\sigma_v=v_位\cdot E_r=$_____.</td></tr>
<tr><td>测量结果：$v_共\pm\sigma_v=$_____.</td><td>测量结果：$v_位\pm\sigma_v=$_____.</td></tr>
</table>

【思考题】

1. 声速测量中共振干涉法、相位法、时差法有何异同？

2. 为什么换能器要在谐振频率条件下进行声速测定？

3. 试举三个超声波应用的例子，它们都是利用了超声波的哪些特性？

【附录】

1. 声速公认值

1）空气中声速

声速是声波在介质中传播的速度，其中声波在空气中的传播比较重要，空气可以作为理想气体处理，声波在空气中的传播速度

$$v=\sqrt{\dfrac{\gamma RT}{M}}$$

式中，γ 是空气定压比热容和定容比热容的比值 $\left(\gamma=\dfrac{C_p}{C_v}\right)$；$R$ 是普适气体常量；M 是气体

分子量;T 是绝对温度.

由上式可见,温度是影响空气中声速的主要因素. 如果忽略空气中水蒸气及其他夹杂物的影响,在 0℃($T_0 = 273.15$K)时的声速

$$v_0 = \sqrt{\frac{\gamma \cdot R \cdot T_0}{M}} = 331.45\text{m/s}$$

在 t℃时的声速

$$v_t = v_0 \sqrt{\frac{T}{T_0}}$$

式中,$v_0 = 331.45$m/s,$T_0 = 273.15$K,$T = (t + 273.15)$K.

2)液体中的声速

介 质	温度/℃	声波速度/(m/s)
海 水	17	1510～1550
普通水	25	1497
菜籽油	30.8	1450
变压器油	32.5	1425

3)固体中的纵波声速

铝:$C_{棒} = 5150$m/s,$C_{块} = 6300$m/s

铜:$C_{棒} = 3700$m/s,$C_{块} = 5000$m/s

钢:$C_{棒} = 5050$m/s,$C_{块} = 6100$m/s

玻璃:$C_{棒} = 5200$m/s,$C_{块} = 5600$m/s

有机玻璃:$C_{棒} = 1500～2200$m/s,$C_{块} = 2000～2600$m/s

注:以上数据仅供参考. 由于介质的成分和温度的不同,实际测得的声速范围可能会比较大.

2. 数显容栅尺使用说明

数显表头的使用方法及维护:

(1)inch/mm 按钮为英/公制转换用,测量声速时用"mm".

(2)"OFF""ON"按钮为数显表头电源开关.

(3)"ZERO"按钮为表头数字回零用.

(4)数显表头在标尺范围内,接收换能器处于任意位置都可设置"0"位. 摇动丝杆,接收换能器移动的距离为数显表头显示的数字.

(5)数显表头右下方有"▼"处为打开更换表头内钮扣式电池的地方.

(6)使用时,严禁将液体淋到数显表头上,如不慎将液体淋入,可用电吹风吹干(电吹风用低挡,并保持一定距离,使温度不超过 60℃).

(7)数显表头与数显杆尺的配合极其精确,应避免剧烈的冲击和重压.

(8)仪器使用完毕后,应关掉数显表头的电源,以免不必要的电池消耗.

实验 2.14 薄透镜焦距的测定

透镜是光学仪器中最基本的元件.焦距是反映光学透镜特性最重要的物理量.不同焦距的透镜或透镜组可以组成各种使用目的不同的光学仪器.为了正确使用光学仪器,必须掌握透镜成像的规律,学会光路的调节技术和透镜焦距的测量方法.

【实验目的】

1. 掌握薄透镜焦距的几种测量方法.
2. 学会简单光路的共轴调节和分析方法.
3. 观测透镜成像规律.

【实验原理】

1. 薄透镜成像公式

所谓薄透镜是指其厚度比两折射球面的曲率半径小得多的透镜.透镜可分为凸透镜和凹透镜两类.前者具有使光线会聚的作用,即当一束平行于透镜主光轴的光线通过透镜后,将会聚于主光轴上.会聚点 F 称为该透镜的焦点.透镜光心 O 到焦点 F 的距离称为焦距 f[图 2.14.1(a)].凹透镜具有使光束发散的作用,就是说当一束平行于透镜主光轴的光线通过透镜后将散开.发散光的延长线与主光轴的交点 F 称为透镜焦点.透镜光心 O 到焦点 F 的距离称为它的焦距 f[图 2.14.1(b)].

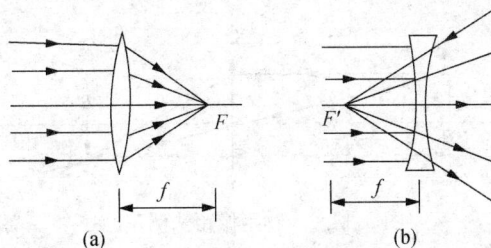

图 2.14.1 凸透镜和凹透镜

在近轴光线的条件下,薄透镜成像的规律可表示为

$$\frac{1}{f} = \frac{1}{u} + \frac{1}{v} \tag{2.14.1}$$

或改写为

$$f = \frac{uv}{u+v} \tag{2.14.2}$$

式中,u 表示物距,v 表示像距,f 为透镜的焦距.u 恒取正值.实像 v 为正,虚像 v 为负值.凸透镜焦距 f 为正,凹透镜焦距 f 为负.只要测出 u 和 v,依据上两式便可测定透镜的焦距 f.

2. 凸透镜焦距的测量原理

1)自准法

如图 2.14.2 所示,假定将 AB 放在被测凸透镜的前焦面上. 由于物体 AB 上各点发出的光线经过透镜后变为不同方向的平行光,被平面反射镜 P 反射回去,又经过透镜聚焦成一个大小与物相同、清晰倒立的实像 $A'B'$,此时 $A'B'$ 位于透镜的前焦平面上,显然被测焦距

$$f = |x_{AB} - x_L| \tag{2.14.3}$$

x_{AB} 为物所在的位置读数,x_L 为透镜光心位置读数.

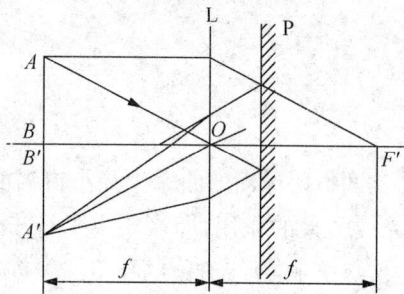

图 2.14.2 自准法测凸透镜焦距的光路图

2)物距像距法

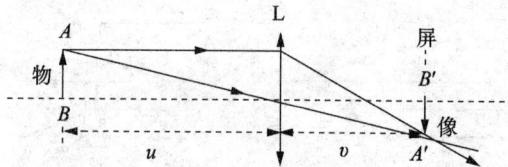

图 2.14.3 物距像距法测焦距

如图 2.14.3 所示,固定物的位置,缓慢移动透镜 L,使得在白屏上找到清晰放大或缩小倒立的实像,测量物距 u 和像距 v,代入(2.14.2)式可测定焦距 f.

3)位移法(又称为共轭法)

如图 2.14.4 所示,设物到像屏间的距离为 A(要求 $A > 4f$),并保持不变.移动透镜到 x_L 处,使屏上得到清晰放大的倒立像;然后将透镜向屏的方向移动到 x'_L 处,在屏上又得到缩小的清晰像.

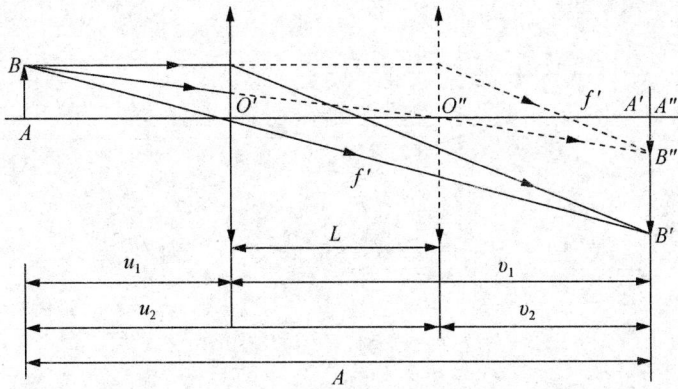

图 2.14.4　位移法测凸透镜焦距的光路图

根据图中的几何关系有

$$A = u + v \tag{2.14.4}$$
$$L = v - u \tag{2.14.5}$$

由(2.14.4)式和(2.14.5)式得

$$A - L = 2v \ \text{即} \ v = \frac{A-L}{2}$$

同理有

$$A + L = 2u \ \text{即} \ u = \frac{A+L}{2}$$

将 u,v 值代入成像公式(2.14.2)式，便得到位移法测定凸透镜焦距的关系式

$$f = \frac{A^2 - L^2}{4A} \tag{2.14.6}$$

这个方法的优点是把焦距的测量归结为对于可以精确测定的量 A 和 L 的测量，避免了在测量 u 和 v 时，由于估计透镜光心位置不准确所带来的误差.

3. 凹透镜焦距的测量原理

1)物距像距法

如图 2.14.5 所示，物光经过辅助透镜 L_1 在 $x_{B'}$ 处成一缩小清晰的倒立像 $A'B'$. 如果在 L_1 与 $A'B'$ 之间插入焦距为 f 的待测凹透镜 L_2，调整 L_2 与 L_1 的间距，则由于凹透镜的发散作用，可在 $x_{B''}$ 处得到清晰放大的实像 $A''B''$. 此时，像 $A'B'$ 视为 L_2 的虚物，即凹透镜 f 和 u 均是负值，v 为正. 由(2.14.1)式得

$$-\frac{1}{f} = -\frac{1}{u} + \frac{1}{v}$$

或

$$f = \frac{uv}{v - u} \tag{2.14.7}$$

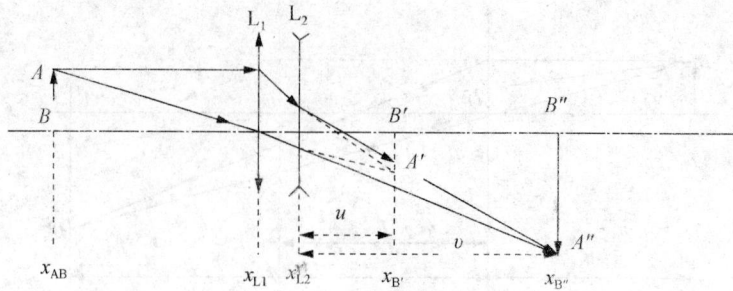

图 2.14.5　物距像距法测焦距

2)自准法

如图 2.14.6 所示,物光先由透镜 L_1 成一缩小清晰倒立像 $A'B'$,固定 L_1 的位置(设为 x_{O_1}).在 L_1 和像 $A'B'$ 间插入待测凹透镜 L_2 和平面反射镜 P,并使 O_1、O_2 在同一主光轴上.移动 L_2,使其焦平面位于 $A'B'$ 处,此时由平面镜反射后的光线将是一束平行光线,再经 L_2、L_1,在物的位置处得一个清晰的、和物等大的、倒立的实像 $A''B''$.$A'B'$ 为平行光束的实光源(虚物).因此待测凹透镜的焦距

$$f = |x_{O_2} - x_{A'B'}| \tag{2.14.8}$$

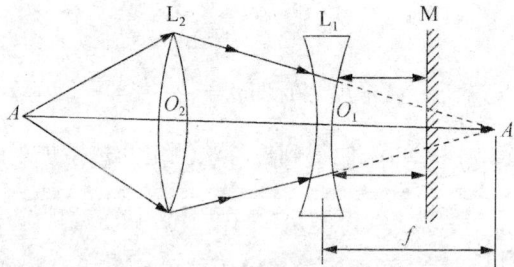

图 2.14.6

【实验仪器】

光具座、白光光源、待测凸透镜与凹透镜、平面镜、物屏、像屏、刻度尺.

【实验内容】

1. 练习光路调整薄透镜成像规律的观测

(1)依次将光源、物(箭形孔板)、凸透镜和观察屏放置在光具座上,注意物与屏应保持一定的距离.

(2)薄透镜成像公式(2.14.2)只有在近轴光线的条件下才能成立,故对于单一透镜的装置,应使物的中心位于透镜的主光轴上;对于由多个透镜或不同光学元件组成的装置,则应使各光学元件的主光轴互相重合(共轴),才能满足近轴光线的要求.习惯上把各光学元件的主光轴调至重合的过程称为共轴等高调节,它是光路调整的基本技术,也是光学实验的必不可少的步骤之一.共轴等高调节一般应分成两步:①粗调.利用眼睛判断,将各个光学元件、光源的中心轴调至大致等高,并处于同一轴线上.②细调.根据共轭法成像的特点与光路(图 2.14.4),固定光源和像屏的位置,使 $L>4f'$,轴向移动透镜到 O' 和 O' 两处位置时,在屏上依次获得放大和缩小的物像(或光源像).两次成像时,若像的中心重合,说明物与像的中心均在主光轴上;反之,若像的中心不重合,说明物点不在主光轴上.此时可按使放大像的中心趋向缩小像的中心的调试方法(大像"追"小像)反复调节透镜的高度(或物的高度),使经过透镜两次成像的中心位置重合,即达到共轴等高的状态.③观察物距不同($u>2f,f<u<2f,u<f$)时的成像情形,记录观察条件、像的位置、大小、正倒、虚实等性质.

2. 测量凸透镜的焦距

1)自准法

按图 2.14.2,在光具座上布置光路.固定一次物的位置 x_{AB},移动 L,使得在物处得到和物等大、倒立、最清晰的像,测量数次 x_{AB} 和相应的透镜位置 x_L.列表 2.14.1,由(2.14.3)式计算 $f_i,\overline{f},\Delta f$,写出结果表达式 $f=\overline{f}\pm\Delta f(\mathrm{cm})$.

注意:(1)为克服或消除因透镜光心与光具座测读基准线不在同一平面上带来的系统误差,实验中应把透镜转过 $180°$,再重复一次以上步骤,取两次读数的平均值作为实测焦距值.

(2)考虑到人眼判断成像清晰的误差较大,故在找到成像清晰区后,常采用左右逼近法读数.先使透镜由左向右移动,当像刚清晰时记下放镜所在位置,再使透镜自右向左移动,在像刚清晰时又可读得一数据,取两次读数的平均值作为成像清晰时凸透镜的位置.反复测量 6 次,求其平均值和标准误差.

2)位移法

(1)先作光学元件的同轴等高调节.

(2)固定一个 $A(A>4f)$ 值,分别采用左右逼近法,找到清晰的大、小像时相应的透镜位置读数 L_x,L_x',列入表中.

由(2.14.6)式计算 f_i,写出结果表达式

$$f=\overline{f}\pm\Delta f(\mathrm{cm})$$

注意,A 值不宜取得过大,否则得到的小像 $A'B'$ 会太小而难于确定透镜 L 在哪一个位置上才能成最清晰的小像.

3. 自准法测量凹透镜的焦距

(1)先作同轴等高调整.如图 2.14.6 所示,利用已测量过的凸透镜作辅助透镜 L_1,固定物 AB,记录得到清晰小像时的位置 $x_{A'B'}$ 和 L_2 的位置读数 x_{O_2},记录在表 2.14.3.由(2.14.8)式,计算 f_i,求 $\overline{f},\Delta f$.写出结果表达式

$$f=\overline{f}\pm\Delta f(\mathrm{cm})$$

(2)也可用图 2.14.5 所示采用物距像距法测量凹透镜焦距.测量数据及有关量的计

算值自行列表.由(2.14.7)式算出 f_i,写出结果表达式.

4. 观察凸透镜成像规律

(1)记录观察 $u>2f, u=2f, u<f, 2f>u>f$ 四种情况的成像结果,包括像的大小、虚实、正倒等.

(2)画出上述四种情况的光路图,并与实验情况比较.

【数据处理】

表 2.14.1　自准法测量凸透镜焦距　　　　　　　　　　　　　　(单位:cm)

I	1	2	3	4	5	平均值
x_{AB}						
x_L						
f_i						
$\lvert \Delta f_i \rvert$						

测量结果 $f=\bar{f}\pm\Delta f/\text{cm}=$

表 2.14.2　位移法测量凸透镜焦距　　$f=\dfrac{A^2-L^2}{4A}$　　(单位:cm)

X_{AB}	$X_屏$	X_L	X'_L	L_i	A	f_i	$\lvert \Delta f \rvert$
					平均值		

表 2.14.3　自准法测量凹透镜焦距　　　　　　　　　　　　　　(单位:cm)

I	1	2	3	4	5	平均值
$x_{A'B'}$						
x_{O_2}						
f_i						
$(\Delta f)_i$						

【思考题】

1. 在什么条件下,物点发出的光线通过会聚透镜和发散透镜组成的光学系统,将得到一个实像.

2. 试说明用共轭法测量凸透镜焦距 f 时,为什么要选取物和像屏的间距 A 大于 $4f$.

实验 2.15　分光计调整

光在传播过程中,遇到不同介质的分界面(如平面镜和三棱镜的光学表面)时,就要发生反射和折射,光将改变传播的方向,结果在入射光与反射光或折射光之间就有一定的夹角.反射定律、折射定律等正是这些角度之间的关系的定量表述.同时,光在传播过程中的衍射、散射等物理现象也都与角度有关.一些光学量,如折射率、光波波长等也可通过测量有关角度来确定.因而精确测量角度,在光学实验中显得尤为重要.

分光计是一种测量角度的光学仪器,故可用它来测量折射率、光波波长、色散率等.分光计的调整思想、方法与技巧,在光学仪器中有一定的代表性,学会对它的调节和使用方法,有助于掌握更为复杂的光学仪器.

【实验目的】

1. 了解分光计构造的基本原理,学习分光计的调整方法.
2. 观察色散现象,测定三棱镜对各色光的折射率.

【实验原理】

如图 2.15.1 所示,三角形 ABC 表示三棱镜的横截面;AB 和 AC 是透光的光学表面,又称折射面,其夹角 α 称为三棱镜的顶角;BC 为毛玻璃面,称为三棱镜的底面. 假设有一束单色光 SD 入射到棱镜上,经过两次折射后沿 ER 射出,则入射线 SD 与出射线 ER 的夹角 δ 称为偏向角.根据图中的几何关系,偏向角 $\delta = \angle FDE + \angle FED = (i_1 - i_2) + (i_4 - i_3)$.因顶角 $\alpha = i_2 + i_3$,得到

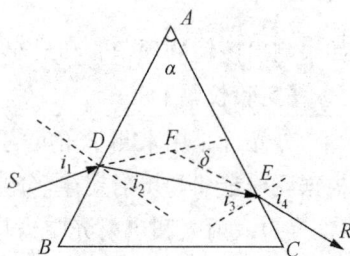

图 2.15.1　棱镜的折射

$$\delta = (i_1 + i_4) - \alpha \qquad (2.15.1)$$

对于给定的棱镜来说,角 α 是固定的,δ 随 i_1 和 i_4 而变化.其中 i_4 与 i_3、i_2、i_1 依次相关,因此 i_4 归根结底是 i_1 的函数,偏向角 δ 也就仅随 i_1 而变化.在实验中可观察到,当 i_1 变化时,δ 有一极小值,称为最小偏向角.当入射角 i_1 满足什么条件时,δ 才处于极值呢? 这可按求极值的办法来推导.令 $\mathrm{d}\delta/\mathrm{d}i_1 = 0$,则由(2.15.1)式得

$$\frac{\mathrm{d}i_4}{\mathrm{d}i_1} = -1 \qquad (2.15.2)$$

再利用 $\alpha = i_2 + i_3$ 和两折射面处的折射条件

$$\sin i_1 = n \sin i_2 \qquad (2.15.3)$$

$$\sin i_4 = n \sin i_3 \qquad (2.15.4)$$

得到

$$\frac{\mathrm{d}i_4}{\mathrm{d}i_1} = \frac{\mathrm{d}i_4}{\mathrm{d}i_3} \cdot \frac{\mathrm{d}i_3}{\mathrm{d}i_2} \cdot \frac{\mathrm{d}i_2}{\mathrm{d}i_1} = \frac{n\cos i_3}{\cos i_4} \cdot (-1) \cdot \frac{\cos i_1}{n\cos i_2}$$

$$= -\frac{\cos i_3}{\cos i_2} \frac{\sqrt{1 - n^2 \sin^2 i_2}}{\sqrt{1 - n^2 \sin^2 i_3}} = -\frac{\sqrt{\sec^2 i_2 - n^2 \tan^2 i_2}}{\sqrt{\sec^2 i_3 - n^2 \tan^2 i_3}}$$

$$= -\frac{\sqrt{1+(1-n^2)\tan^2 i_2}}{\sqrt{1+(1-n^2)\tan^2 i_3}} \tag{2.15.5}$$

将(2.15.5)式和(2.15.2)式比较,有 $\tan i_2 = \tan i_3$. 而在棱镜折射的情形下,i_2 和 i_3 均小于 $\pi/2$,故有 $i_2 = i_3$,得到 $i_1 = i_4$. 可见,δ 具有极值的条件是

$$i_2 = i_3 \quad 或 \quad i_1 = i_4 \tag{2.15.6}$$

当 $i_1 = i_4$ 时,δ 具有极小值. 显然,这时入射光和出射光的方向相对于棱镜是对称的. 若用 $\delta_{\min}$ 表示最小偏向角,将(2.15.6)式代入(2.15.1)式,得到

$$\delta_{min} = 2i_1 - \alpha$$

或

$$i_1 = \frac{1}{2}(\delta_{\min} + \alpha)$$

而 $\alpha = i_2 + i_3 = 2i_2, i_2 = \alpha/2$. 于是,棱镜对该单色光的折射率 n 为

$$n = \frac{\sin i_1}{\sin i_2} = \frac{\sin \frac{1}{2}(\delta_{\min} + \alpha)}{\sin \frac{1}{2}\alpha} \tag{2.15.7}$$

如果测出棱镜的顶角 α 和最小偏向角 $\delta_{\min}$,按照(2.15.7)式就可算出棱镜的折射率 n.

【实验仪器】

分光计是用来测量角度的光学仪器. 要测准入射光和出射光传播方向之间的角度,根据反射定律和折射定律,分光计必须满足下述两个要求:

(1)入射光和出射光应当是平行光.

(2)入射光线、出射光线与反射面(或折射面)的法线所构成的平面应当与分光计的刻度圆盘平行.

为此,任何一台分光计必须备有以下四个主要部件:准直管、望远镜、载物台和读数装置. 图 2.15.2 是一种常用的分光计的结构图. 分光计的下部是一个三脚底座,其中心有竖轴,称为分光计的中心轴. 轴上装有可绕轴转动的望远镜和载物台. 在一个底脚的立柱上装有准直管. 现将它们的构造和作用分别加以叙述.

1. 准直管(7)

在柱形圆筒的一端装有一个可伸缩的套筒,套筒末端有一狭缝,筒的另一端装有消色差透镜组. 当狭缝恰位于透镜的焦平面上时,准直管就射出平行光束. 狭缝的宽度由螺旋(8)调节. 准直管的水平度可用螺丝(21)来调节,以使准直管的光轴和分光计的中心轴垂直.

2. 望远镜(4)

它是由物镜、自准目镜和十字孔所组成一个圆筒. 常用的自准目镜有高斯目镜和阿贝目镜两种. 图 2.15.2 中所示的自准目镜为高斯目镜. 照明小灯炮的光自筒侧进入,通过与镜轴成45°角的半透半反平玻璃反射照亮十字孔,十字孔与目镜和物镜间的距离皆

可调.当十字孔位于物镜焦平面上时,十字孔发出的光经过物镜后成为平行光.用自准法可以精确地将望远镜调节到适合于观察平行光,即向无限远处调焦.望远镜调好后,从目镜中可同时看清十字孔和其反射像,且两者间无视差(图2.15.2的左下图).

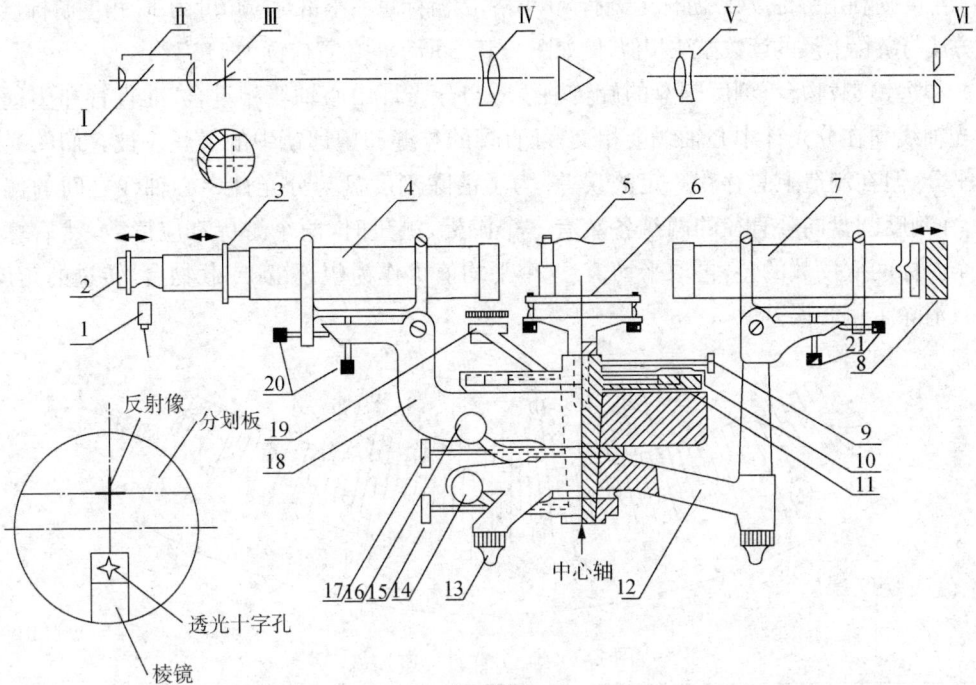

图 2.15.2 一种常用的分光计的结构图

Ⅰ.45°玻璃片;Ⅱ.目镜;Ⅲ.十字孔;Ⅳ.物镜;Ⅴ.透镜;Ⅵ.狭缝;1.小灯;2.自准目镜;3.十字孔套筒;4.望远镜;5.夹持待测件的簧片;6.载物台;7.准直管;8.狭缝宽度调节螺旋;9.载物台固定螺丝;10.刻度圆盘;11.游标盘;12.底座;13.水平调节螺丝;14.游标盘微动螺丝;15.游标盘固定螺丝;16.望远镜微动螺丝;17.望远镜固定螺丝;18.望远镜支架;19.放大镜;20.望远镜方位固定螺丝;21.准直管方位固定螺丝

望远镜支架(18)和刻度圆盘(10)固定在一起,它可以绕分光计中心轴旋转,转过的角度借助游标来读出.为了准确地对准狭缝,还可以调节微动螺丝(16).望远镜的水平度可用螺丝(20)来调节.

3. 载物台(6)

载物台是用来放置待测件的.台上附有夹持待测件的簧片(5),台面下方装有三个细牙螺丝,用来调整台面的倾斜度.这三个螺丝的中心形成一个正三角形.松开螺丝(9),载物台可以单独绕分光计中心轴转动或升降;拧紧螺丝(9),它将与游标盘固定一起.游标盘可用螺丝(15)固定,然后用游标盘微动螺丝(14)进行微调.

4. 读数装置

读数装置是由刻度圆盘(10)和游标盘(11)组成. 刻度圆盘为 360°, 最小刻度为半度(30′), 小于半度则利用游标读数. 游标上刻有 30 小格, 故游标每一小格对应角度为 1′. 角度游标读数的方法与游标卡尺的读数方法相似, 例如图 2.15.3 所示的位置应读为 116°12′.

望远镜、载物台、刻度圆盘的旋转轴线应与分光计中心轴线相重合, 准直管和望远镜的光轴线须在分光计中心轴线上相交, 准直管的狭缝和望远镜中的叉丝应被它们的光轴线平分. 但在制造上总存在一定的误差. 为了消除刻度盘与分光计中心轴线之间的偏心差, 在刻度圆盘同一直径的两端各装有一个游标, 测量时, 两个游标都应读数, 然后算出每个游标两次读数的差, 再取平均值. 这个平均值可作为望远镜(或载物台)转过的角度, 并且消除了偏心误差[①].

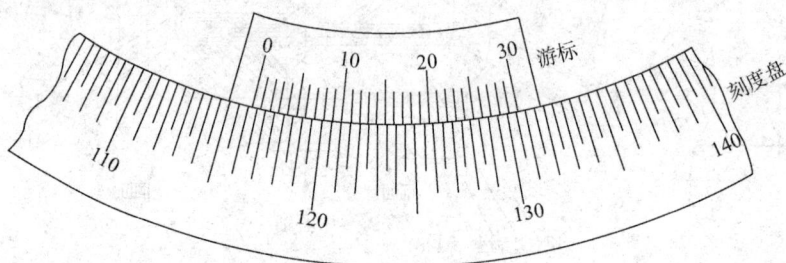

图 2.15.3　分光计的游标盘

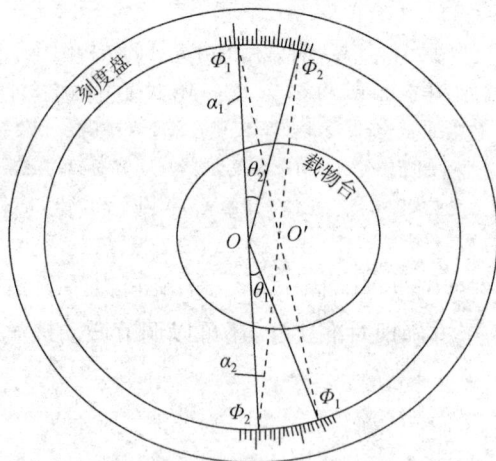

图 2.15.4　双游标消除偏心差

---

①　图 2.15.4 表示了分光计存在偏心差的情形. 图中的外圆表示刻度盘, 其中心在 O; 内圆表示载物台, 其中心在 O'. 两个游标与载物台固联, 并在其直径两端, 它们与刻度盘圆弧相接触. 通过 O' 的虚线表示两个游标零线的连线. 假定载物台从 φ_1 转到 φ_2, 实际转过的角度为 θ, 而刻度盘上的读数为 φ_1、φ'_1、φ_2、φ'_2, 计算得到的转角为. $\theta_1 = \varphi_2 - \varphi_1$, $\theta_2 = \varphi'_2 - \varphi'_1$. 根据几何定理 $\alpha_1 = \theta_1/2$, $\alpha_2 = \theta_2/2$ 而 $\theta = \alpha_1 + \alpha_2$, 故载物台实际转过的角度 $\theta = (\theta_1 + \theta_2)/2 = [(\varphi_2 - \varphi_1) + (\varphi'_2 - \varphi'_1)]/2$ 由上式可见, 两个游标读数的平均值即为载物台实际转过的角度, 因而使用两个游标的读数装置, 可以消除偏心差.

【实验内容】

1. 调整分光计

分光计调整的基本原则：分光计在测量前，必须经过仔细调整．为保证入射光和出射光与刻度盘、载物平台相平行，使刻度盘上的读数能正确反映出光线的偏转角，调整分光计时要求达到：①望远镜调角无穷远，能接受平行光；②望远镜和平行光管共轴，并均与分光计中心轴相垂直；③平行光管出射平行光．

1）熟悉结构

对照分光计的结构图和实物，熟悉分光计各部分的具体结构及其调整、使用方法．

2）目测粗调（望远镜、准直管等高共轴）

为了便于调节望远镜光轴和准直管的光轴与分光计中心轴严格垂直，可先用目视法进行粗调，使望远镜、准直管和载物台面大致垂直于中心轴．

3）用自准法调整望远镜

（1）点亮照明小灯，调节目镜与十字孔间距离，看清楚十字孔．

（2）将镀有反射膜层的平玻璃片放在载物台上，使平玻璃片的膜层与望远镜大致垂直，轻缓地转动载物台，从侧面观察，使得从望远镜射出的光被膜层反射回望远镜中．注意，调节是否顺利，这一点是关键．

（3）从望远镜中观察，并缓慢转动载物台，找到从膜层上反射回来的光斑，然后调节十字孔与物镜间的距离，使从目镜中能看清十字反射像，并注意十字孔与其反射像之间有无视差．如有视差，则需反复调节，予以消除．

此时分划板平面、目镜焦平面、物镜焦平面重合在一起，望远镜已聚焦于无穷远（平行光经物镜聚焦于分划板平面上），能接受平行光了．

4）调整望远镜光轴与分光计中心轴相垂直

准直管和望远镜的光轴分别代表入射光和出射光的方向．为了测准角度，必须使它们的光轴与刻度盘平行，而刻度盘在制造时已垂直于分光计中心轴，因此当它们的光轴与分光计中心轴垂直时，就达到了与刻度盘平行的要求．调整方法如下：

接着前一步调节，平玻璃片仍竖直置于载物台上，转动载物台，使望远镜分别对准膜层的两个表面．如果望远镜光轴与分光计中心轴垂直，膜层面又与中心轴平行的话，那么转动装有平玻璃片的载物台时，从望远镜中两次观察到由膜层两个面反射回来的十字反射像与十字线完全重合．若望远镜光轴与分光计中心轴不垂直，膜层面也不与中心轴相平行，那么转动载物台时，从望远镜中观察到的两个十字反射像必然不会同时和十字线重合，而是一个偏高，一个偏低，甚至只能看到一个．这时需要认真分析，确定调节方向，切不可盲目乱调．首先要调到从望远镜中能观察到两个十字反射像，然后再采用各半调节方法来调节．具体做法是：

（1）假设从望远镜中看到上十字线与十字反射像不重合，它们的交点在高低方面相差一段距离，则调节望远镜的倾斜度，使差距减小一半；再调节载物台螺丝，消除另一半

差距,使上十字线和十字反射像重合;

(2)再将载物台旋转180°,使望远镜对准膜层的另一面,用同样方法调节.如此重复调整数次,直至转动载物台时,从膜层两个表面反射回的十字像都能与上十字线重合为止.

5)调整准直管

用前面已调整好的望远镜来调节准直管.如果准直管出射平行光,则狭缝成像在望远镜物镜的焦平面上,望远镜中就能清楚地看到狭缝像,并与十字线无视差.调整方法为:

(1)从侧面和俯视两个方向用目视法把准直管光轴大致调节到与望远镜光轴相一致.

(2)打开狭缝,从望远镜中观察,同时调节准直管狭缝与透镜间的距离,直到看见清晰的狭缝像为止,然后调整缝宽约1mm.

(3)调节准直管的倾斜度,使狭缝中点与十字线圆心交点相重合.这时准直管与望远镜的光轴就在同一平面内,并与分光计中心轴垂直.

6)待测件的调整

待测件三棱镜的两个光学表面的法线应与分光计中心轴相垂直.为此,可根据自准原理,用已调好的望远镜来进行调整.先将三棱镜按图2.15.5所示安放在载物台上,然后转动载物台,使棱镜的一个折射面正对望远镜,调整载物台螺丝,达到自准(注意:此时望远镜已调好,不能再调!).再旋转载物台,使棱镜另一折射面正对望远镜,调到自准,并校核几次,直到转动载物台时,两个折射面都能达到自准.

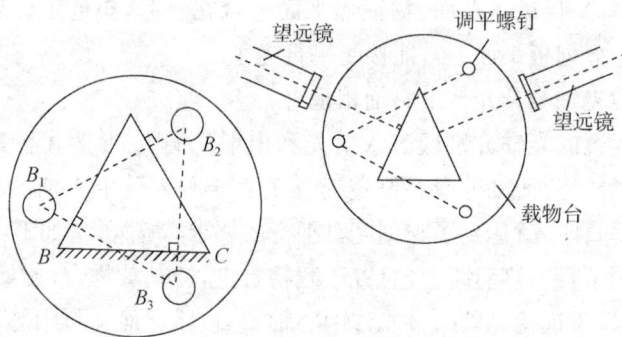

图 2.15.5 三棱镜的放法

2. 棱镜顶角的测定

测量三棱镜顶角的方法有反射法及自准法两种.图2.15.6所示为反射法.将三棱镜放在载物台上,并使棱镜顶角对准准直管,则准直管射出的光束照在棱镜的两个折射面上.从棱镜左面反射的光可将望远镜转至I处观测,用望远镜微调螺丝使竖线平分狭缝宽.此时从两个游标可读出角度为φ_1和φ'_1;再将望远镜转至II处观测从棱镜右面反射的

光,又可从两个游标读出角度 φ_2 和 φ'_2. 由图 2.15.6 可得顶角为

$$\alpha=\frac{\varphi}{2}=\frac{1}{4}\left[(\varphi_2-\varphi_1)+(\varphi'_2-\varphi'_1)\right]=\frac{1}{4}\left[|\varphi_2-\varphi_1|+|\varphi'_2-\varphi'_1|\right] \quad (2.15.8)$$

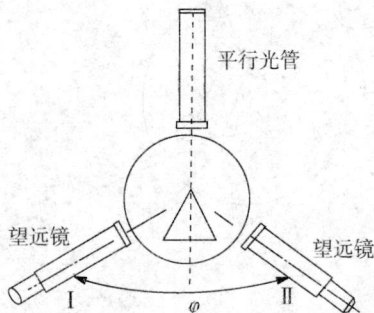

图 2.15.6 自准法或反射法测定棱镜的顶角

稍微变动三棱镜在载物台的位置,重复测量多次,求出顶角的平均值.[①]

注意:三棱镜顶点应放在靠近载物台中心.否则,棱镜折射面的反射光不能进入望远镜.

3. 测量最小偏向角

(1)将棱镜置于载物台上,并使棱镜折射面的法线与准直管轴线的夹角大致为 $60°$.

(2)观察偏向角的变化.用光源(汞灯)照亮狭缝,根据折射定律,判断折射光线的出射方向.先用眼睛在此方向观察,可看到几条平行的彩色谱线,然后轻轻转动载物台,同时注意谱线的移动情况,观察偏向角的变化.选择偏向角减小的方向,缓慢转动载物台,使偏向角逐渐减小,继续沿这个方向转动载物台时,可看到谱线移至某一位置后将反向移动.这说明偏向角存在一个最小值.谱线移动方向发生逆转时的偏向角就是最小偏向角(图 2.15.7).

[①] 在计算望远镜转过的角度时,要注意望远镜是否经过了刻度盘的零点.

例如,当望远镜由图 2.15.6 中位置 I 转到位置 II 时,读数为:

望远镜的位置	I	II
游标 1	$170°45'(\varphi_1)$	$295°43'(\varphi_2)$
游标 2	$355°45'(\varphi'_1)$	$115°43'(\varphi'_2)$

游标 1 未经过零点,望远镜转过的角度 $\varphi=\varphi_2-\varphi_1=119°58'$

游标 2 经过了零点,这时望远镜转过的角度应按下式计算

$$\varphi=(360°+\varphi'_2)-\varphi'_1=119°58'$$

如果从游标读出的角度 $\varphi_2<\varphi_1$, $\varphi'_2<\varphi'_1$ 而游标又未经过零点,则式(2.15.8)中的 $(\varphi_2-\varphi_1)$ 和 $(\varphi'_2-\varphi'_1)$ 应取绝对值.

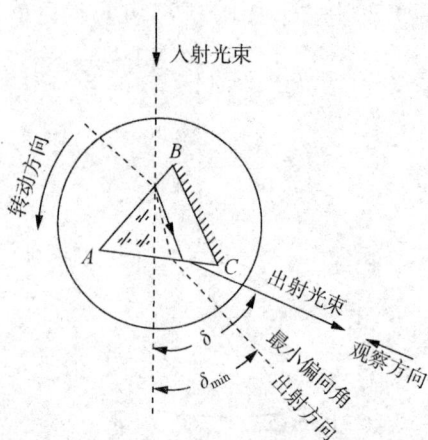

图 2.15.7 最小偏向角示意图

(3)用望远镜观察谱线.在细心转动载物台时,使望远镜一直跟踪谱线,并注意观察某一谱线的移动情况.在该谱线逆转前,旋紧螺丝(9),使载物台与游标盘固定在一起,再利用游标盘微动螺丝(14),使谱线刚好停在最小偏向角位置(图 2.15.7).

(4)旋紧望远镜固定螺丝(17),再用微调螺丝(16)作精细调节,使竖分划线对准谱线中央,从两个游标上读出角度 θ 和 θ'.重复步骤(3)、(4),分别测出汞灯光谱中黄、绿、蓝、紫几条谱线(其波长见附表)的相应读数.

(5)测定入射光方向.移去三棱镜,将望远镜对准准直管,微调望远镜,使竖分划线对准狭缝中央,在两个游标上又读得角度 θ_0 和 θ'_0.

(6)按 $\delta_{\min}=\dfrac{1}{2}\left[\left|\theta_0-\theta\right|+\left|\theta'_0-\theta'\right|\right]$ 计算最小偏向角 $\delta_{\min}$.重复测量多次,算出 $\delta_{\min}$ 的平均值.

将测出的顶角 α 和最小偏向角 $\delta_{\min}$ 代入(2.15.7)式中,求出各色光的折射率,并分析棱镜折射率随波长变化的规律.

【数据处理】

1.反射法测棱镜顶角数据记录

表 2.15.1 反射法测棱镜顶角

位置	游标	1	2	3
望远镜在 I	1 游标 φ_1			
	2 游标 φ'_1			
望远镜在 II	1 游标 φ_2			
	2 游标 φ'_2			
$\alpha=\dfrac{1}{4}\left[\left|\varphi_2-\varphi_1\right|+\left|\varphi'_2-\varphi'_1\right|\right]$				
$\bar{\alpha}$				

2. 测最小偏向角数据记录

表 2.15.2 测量小偏向角

入射光方向:左游标 $\theta_0=$ 右游标 $\theta'_0=$

彩色谱线		黄光		绿光		蓝光	
游标读数		左游标 θ	右游标 θ'	左游标 θ	右游标 θ'	左游标 θ	右游标 θ'
谱线逆转位置	1次						
	2次						
	3次						
$\delta_{min}=\dfrac{1}{2}\big[\,|\theta_0-\theta|+|\theta'_0-\theta'|\,\big]$	1次						
	2次						
	3次						
最小偏向角的平均值							
折射率 $n=\sin\dfrac{1}{2}(\delta_{min}+\alpha')/\sin\dfrac{\alpha'}{2}$							

【思考题】

1. 用自准法调节望远镜时,如果望远镜中十字孔在物镜焦点以外或以内,则十字孔经平面镜反射回到望远镜后的像将成在何处?

2. 在用反射法测三棱镜顶角时,为什么三棱镜放在载物台上的位置,要使得三棱镜顶角离准直管远一些,而不能太靠近准直管呢? 试画出光路图,分析其原因.

3. 除了用反射法测定棱镜顶角外,还有一种常用的自准法,请扼要说明这种方法的基本原理和测量步骤.

实验 2.16 光栅衍射测波长

光的衍射现象是光的波动性的一种表现,它说明光的直线传播是衍射现象不显著时的近似结果.研究光的衍射不仅有助于加深对光的波动特性的理解,也有助于进一步学习近代光学实验技术,如光谱分析、全息照相、光学信息处理等.

光栅是一组紧密均匀排列的狭缝,是光谱仪器中的重要的分光元件,它不仅用于光谱学,还广泛用于计量、光通信、信息处理等方面.1821 年夫琅禾费创制了用细金属丝做成的衍射光栅,并且用它测量了太阳光谱暗线的波长.后来他又在贴着金箔的玻璃上用金刚石刻划平行线做成色散更大的光栅.直接在玻璃板上刻制光栅是诺伯尔(Nobert,1806~1881 年)首创的.现代使用的光栅有透射式和反射式两种,多是以刻线光栅为模板,复制在以光学玻璃为基板的薄膜上做成的,也可以用全息照相的方法制作.

以衍射光栅为色散元件组成的摄谱仪或单色仪是物质光谱分析的基本仪器之一,在研究谱线结构,特征谱线的波长和强度,特别是在研究物质结构和对元素作定性与定量的分析中有极其广泛的应用.

【实验目的】

1. 观察光线通过光栅后的衍射现象.

2. 进一步熟悉分光计的调节和使用.

3. 测定汞灯在可见光范围内几条谱线的波长.

【实验原理】

　　光栅是根据多缝衍射原理制成的一种分光元件,它能产生谱线间距较宽的光谱,所得光谱线的亮度比用棱镜分光时要小些,但光栅的分辨本领比棱镜大. 光栅不仅适用于可见光,还能用于红外和紫外光波,常用在光谱仪上. 光栅在结构上有平面光栅、阶梯光栅和凹面光栅等几种,同时又分为透射式和反射式两类. 本实验选用透射式平面刻痕光栅或全息光栅.

　　透射式平面刻痕光栅是在光学玻璃片上刻划大量相互平行、宽度和间距相等的刻痕而制成. 当光照射到光栅平面上,刻痕处由于散射不易透光,光线只能在刻痕间的狭缝中通过. 因此光栅实际上是一排密集、均匀又平行的狭缝.

　　若以单色平行光垂直照射在光栅面上,则透过各狭缝的光线因衍射将向各个方向传播,经透镜会聚后相互干涉,并在透镜焦平面上形成一系列被相当宽的暗区隔开的、间距不同的明条纹.

　　按照光栅衍射理论,衍射光谱中明条纹的位置由下式决定:

$$(a+b)\sin\varphi_k = \pm k\lambda$$

或

$$d\sin\varphi_k = \pm k\lambda, \quad k=0,1,2,\cdots \qquad (2.16.1)$$

式中,$d=a+b$ 称为光栅常量,φ_k 是 k 级明条纹的衍射角(图 2.16.1).

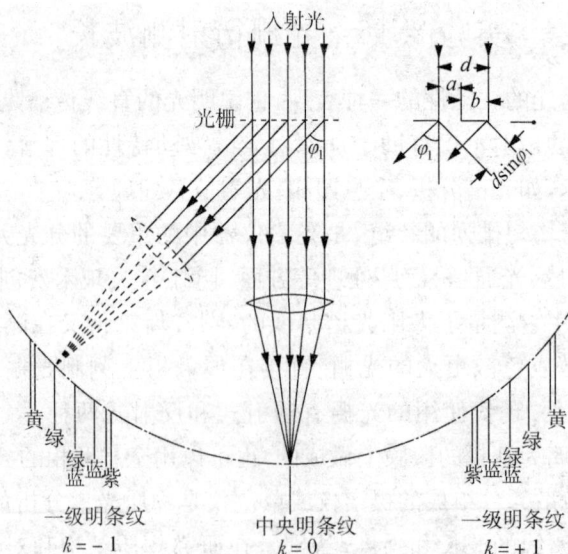

图 2.16.1　衍射光谱

如果入射光不是单色光,则由式(2.16.1)可以看出,光的波长不同,其衍射角 φ_k 也各不相同,于是复色光将被分开,而在中央 $k=0,\varphi_k=0$ 处,各色光仍重叠在一起,组成中央明条纹.在中央明条纹两侧对称地分布着 $k=1,2,\cdots$ 级光谱,各级光谱线都按波长大小的顺序依次排列成一组彩色谱线,这样就把复色光分解为单色光,见示意图 2.16.1.

如果已知光栅常量 d,用分光计测出 k 级光谱中某一明条纹的衍射角 φ_k,由式(2.16.1)即可算出该明条纹所对应的单色光的波长 λ;反之,若已知入射单色光的波长 λ,测出衍射角 φ_k,可求得光栅常量 d.

【实验仪器】

分光计、钠灯、汞灯、光栅.

【实验内容】

1. 调整好分光计并放好光栅

(1)按图 2.16.2 将光栅置于载物台中央,开启分光计的照明灯开关,先用目视使光栅平面垂直于望远镜的光轴,然后以光栅面作反射面,用自准法,调节载物台或望远镜光轴的倾斜螺丝,使光栅面反射回来的亮十字成像在分划板叉丝上,如图 2.16.3 所示.

(2)点燃准直管之光源(Na 或 Hg 灯),移去光栅,以已调好的望远镜光轴为基准,调节准直管光轴的倾斜度螺钉,使狭缝像(亮竖线)位于视场中央.调节狭缝宽度约为 1mm,并向前、后移动狭缝,使它位于准直管透镜系统的焦平面上,这时狭缝像应与望远镜叉线竖直线平行.就是说,准直管光轴和望远镜光轴是同轴等高,且两者均与光栅面垂直.

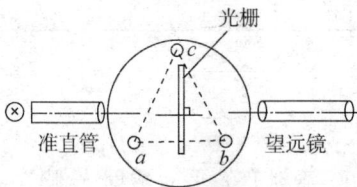

图 2.16.2　光栅放置图　　　　图 2.16.3　自准法调节效果图

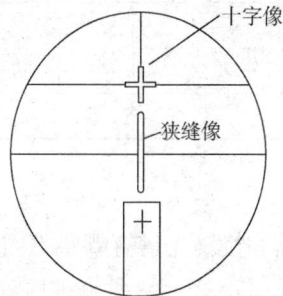

2. 测量光栅常量 d

以 Na 灯为光源(其波长 $\lambda=5893\text{Å}$)照明准直管的狭缝.依次测量 Na 线 $k=\pm3,\pm2$ 级的衍射角 φ_3、φ_2,由式(2.16.1)求得光栅常量 $\bar{d}$.

3. 测量 Hg 灯几条谱线的波长

改用汞灯照明狭缝,转动望远镜到分划板叉丝竖直线与狭缝亮竖线准确重合.将光栅置于载物台中央,缓缓转动载物台,直到十字准线像恰好与狭缝亮竖线相吻合时为止,见图 2.16.3,这是 $k=0$ 处各色光组成的中央明条纹.

下一步是将望远镜从中央明条纹转到光谱线的任一侧,使望远镜分划板叉丝竖线分别与 $k=2,1$ 级中各条谱线重合,依次记录每一条谱线的两个窗口读数 θ_k,θ'_k.

再将望远镜依次转到中央条纹的另一侧,用叉丝竖线依次对准 $k=-1,-2$ 级中各条谱线,读出和记录相应谱线的两个游标窗口读数 θ_{-k},θ'_{-k}. 记下光栅常量 d 值,见表2.16.1.

显然,各级谱线中每种色光的衍射角

$$\varphi_k=\frac{1}{4}\left[\,|\theta_k-\theta_{-k}|+|\theta'_k-\theta'_{-k}|\,\right]\tag{2.16.2}$$

由(2.16.1)式可见,d 已在 2 中测出,或由实验室给出,将各色光 φ_k 代入便可得该谱线的波长测量值 $\bar\lambda$,与公认值(查附表)计算相对误差为百分之几.

4. 操作注意

(1)光栅是精密光学器件,严禁用手触摸光栅面.

(2)分光计各调节部分仅供微调之用,严禁用力过猛或盲目乱调,以免损坏.

【数据处理】

表 2.16.1　测量 Hg 灯各级谱线的 φ_k、λ_k：$d=$ _____ Å

读数　　谱线	$k=1$		$k=-1$		φ_1	$\lambda_1/\text{Å}$	$k=2$		$k=-2$		φ_2	$\lambda_0/\text{Å}$	$\bar\lambda/\text{Å}$
	θ_k	θ'_{+k}	θ_{-k}	θ'_{-k}			θ_2	θ'_2	θ_{-2}	θ'_{-2}			
蓝色													
绿色													
黄色①													
黄色②													

【思考题】

1.光栅光谱和棱镜光谱有哪些不同之处?

2.当用钠光($\lambda=5893\text{Å}$)垂直入射到 1mm 内有 500 条刻痕的平面透射光栅上时,试问最多能看到几级光谱? 并说明理由.

3.当准直管的狭缝太宽、太窄时将会出现什么现象? 为什么?

4.中央明条纹两侧的谱线不等高是何原因? 应如何调整?

实验 2.17　光 的 偏 振

光的干涉和衍射现象表明光是一种波动,但是这些现象还不能告诉我们光波是纵波还是横波.而光的偏振现象清楚地显示其振动方向与其传播方向垂直,说明光是横波.在1809 年,法国拿破仑军队的军事工程师马吕斯在实验上发现了光的偏振现象.光的电磁理论建立后,光的横波性得以完满的说明.光的偏振使人们对光的传播(反射、折射、吸收和散射)的规律有了新的认识,并在光学计量、晶体性质研究和实验应力分析等领域有广泛的应用.

【实验目的】

1. 观察光的偏振现象,熟悉偏振的基本规律.

2. 通过布儒斯特角的测定,测定玻璃折射率.

3. 了解椭圆偏振光、圆偏振光的产生方法和各种波长片的作用原理.

【实验原理】

1. 偏振光的基本概念

光是电磁波,描述它的电场矢量 E 和磁场矢量 H 相互垂直,且均垂直于光的传播方向 C(图 2.17.1).通常用电场矢量 E 代表光的振动方向[①],并将电矢量 E 和光的传播方向 C 所构成的平面称为光振动面.在传播过程中,电场矢量的振动方向始终在某一确定方向的光称为平面偏振光或线偏振光[图 2.17.2(c)].

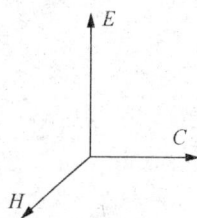

光源发射的光是由大量原子或分子辐射构成的.单个原子或分子辐射的光是偏振的.由于大量原子或分子的热运动和辐射的随机性,它们所发射的光的振动面,出现在各个方向的概率是相同的.一般说,在 10^{-6} s 内各个方向电矢量的时间平均值相等,故这种光源发射的光对外不显现偏振的性质,称为自然光[图 2.17.2(a)].在发光过程中,有些光的振动面在某个特定方向上出现的概率大于其他方向,即在较长时间内电矢量在某一方向上较强,这样的光称为部分偏振光,如图 2.17.2(b)所示.

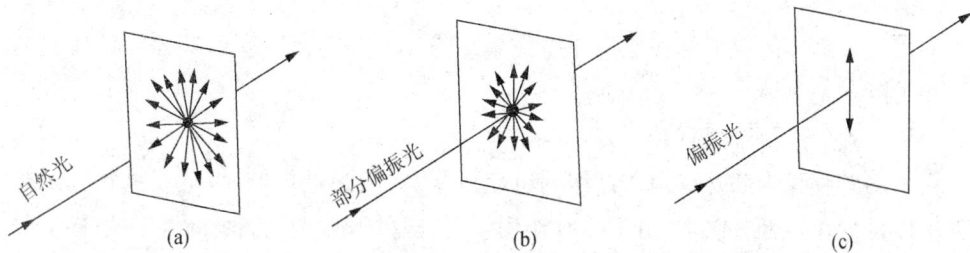

图 2.17.1　电矢量磁矢量和光的传播方向的关系图

图 2.17.2　自然光、部分偏振光、线偏振光

还有一些光,其振动面的取向和电矢量的大小随时间作有规律的变化,而电矢量末端在垂直于传播方向的平面上的轨迹呈椭圆或圆.这种光称为椭圆偏振光或圆偏振光.

2. 获得偏振光的常用方法

将非偏振光变成偏振光的过程称为起偏,起偏的装置称为起偏器.常用的起偏装置主要有:

---

① 从视觉和感光材料的特性上看,引起视觉和光化学反应的是光的电矢量,所以通常就把电矢量 E 的方向当作光的振动方向.按 $E \times H = C$ 的关系式,光的传播方向 C 和 E 的方向也唯一地限定了 H 的方向.

1)反射起偏器(或透射起偏器)

当自然光在两种介质的界面上反射和折射时,反射光和折射光都将成为部分偏振光.逐渐增大入射角,当达到某一特定值 φ_b 时,反射光成为完全偏振光,其振动面垂直于入射面,而角 φ_b 称为起偏振角(图 2.17.3).由布儒斯特定律得

$$\tan\varphi_b = n_2/n_1 \tag{2.17.1}$$

若入射光以起偏振角 φ_b 射到多层平行玻璃片上,经过多次反射最后透射出来的光也就接近于线偏振光,其振动面平行于入射面.由多层玻璃片组成的这种透射起偏器又称为玻璃片堆.

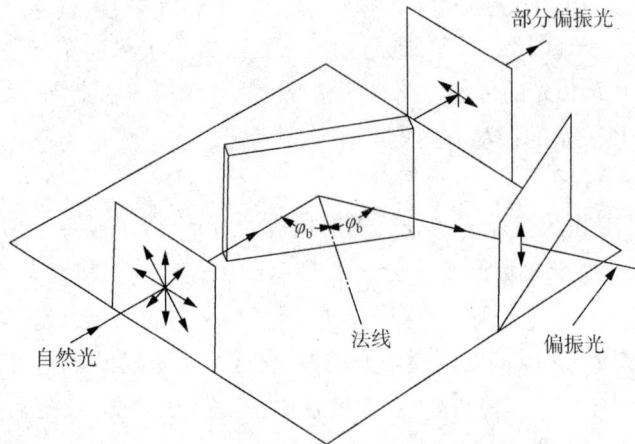

图 2.17.3 反射起偏原理图

2)晶体起偏器

利用某些晶体的双折射现象来获得线偏振光,如尼科耳棱镜等,获得线偏振光的原理见相关的理论书籍.

3)偏振片(分子型薄膜偏振片)

聚乙烯醇胶膜内部含有刷状结构的链状分子.在胶膜被拉伸时,这些链状分子被拉直并平行排列在拉伸方向上.由于吸收作用,拉伸过的胶膜只允许振动取向平行于分子排列方向(此方向称为偏振片的偏振轴)的光通过,利用它可获得线偏振光.偏振片是一种常用的"起偏"元件,用它可获得截面积较大的偏振光束,而且出射偏振光的偏振程度可达 98%.

3. 偏振光的检测

鉴别光的偏振状态的过程称为检偏,它所用的装置称为检偏器.实际上,起偏器和检偏器是通用的.用于起偏的偏振片称为起偏器,把它用于检偏就成为检偏器了.

按照马吕斯定律,强度为 I_0 的线偏振光通过检偏器后,透射光的强度为

$$I = I_0 \cos^2\theta \tag{2.17.2}$$

式中, θ 为入射光偏振方向与检偏器偏振轴之间的夹角. 显然, 当以光线传播方向为轴转动检偏器时, 透射光强度 I 将发生周期性变化. 当 $\theta = 0°$ 时, 透射光强度最大; 当 $\theta = 90°$ 时, 透射光强度为极小值(消光状态), 接近全暗; 当 $0° < \theta < 90°$ 时, 透射光强度 I 介于最大值和最小值之间(图 2.17.4). 因此, 根据透射光强度变化的情况, 可以区别线偏振光、自然光和部分偏振光.

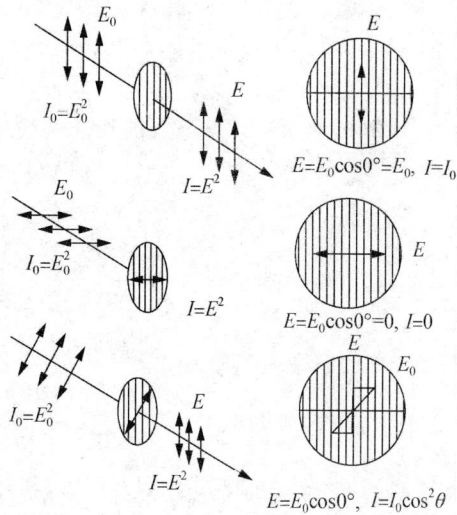

图 2.17.4　线偏振光经过检偏器时光强度变化

4. 线偏振光通过晶体片(波片)时的情形

1)两个互相垂直的、同频率且有固定相位差的简谐振动的合成

我们知道, 两个互相垂直的、同频率且有固定位相差的简谐振动(例如通过晶片后的 e 光和 o 光的振动)可用下列方程式表示

$$x = A_e \sin\omega t \tag{2.17.3}$$

$$y = A_o \sin(\omega t + \varphi) \tag{2.17.4}$$

从(2.17.3)式和(2.17.4)式中消去 t, 经三角运算后得到合振动的方程式为

$$\frac{x^2}{A_e^2} + \frac{y^2}{A_o^2} - \frac{2xy}{A_e A_o}\cos\varphi = \sin^2\varphi \tag{2.17.5}$$

一般说, 此式为一椭圆方程, 即合振动的轨迹在垂直于传播方向的平面内, 且呈椭圆.

(1)当 $\varphi = k\pi(k = 0, 1, 2, 3, \cdots)$ 时(2.17.5)式变为直线.

(2)当 $\varphi = (k + \frac{1}{2})\pi(k = 0, 1, 2\cdots)$ 时, (2.17.5)式变为正椭圆; 若 $A_o = A_e$, 合振动为圆.

(3)当 φ 不等于以上各值时, 合振动为不同长短轴组合的椭圆.

2)线偏振光垂直射到表面平行于自身光轴的单轴晶片时, 产生的各种偏转光

当线偏振光垂直射到厚度为 L、表面平行于自身光轴的单轴晶片时, 则寻常光(o 光)和非常光(e 光)沿同一方向前进, 但传播的速度不同. 对于负晶体, 振动方向平行于光轴的 e 光速度比 o 光快. 这两种偏振光通过晶片后, 它们的位相差 φ 为

$$\varphi = \frac{2\pi}{\lambda}(n_o - n_e)L \tag{2.17.6}$$

式中, λ 为入射偏振光在真空的波长, n_o 和 n_e 分别为晶片对 o 光和 e 光的折射率, L 为晶片的厚度.

在某一波长的线偏振光垂直射入晶片的情形下, 能使 o 光和 e 光产生位相差 $\varphi = (2k+1)\pi$(相当于光程差为 $\lambda/2$ 的奇数倍)的晶片, 称为对应于该单色光的 1/2 波片

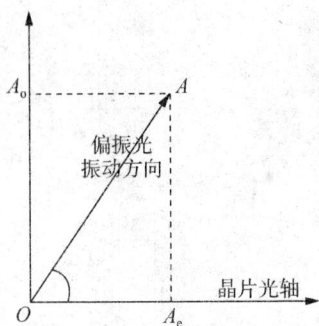

图 2.17.5　线偏振光振动方向
与 $\frac{1}{4}$ 玻片光轴方向

（λ/2 波片）. 与此相似,能使 o 光和 e 光产生位相差 $\varphi=\left(k+\frac{1}{2}\right)\pi$（相当于光程差为 λ/4 的奇数倍）的晶片称为 1/4 波片（λ/4 波片）. 如图 2.17.5 所示,当振幅为 A 的线偏振光垂直射到 λ/4 波片,且振动方向与波片光轴成 θ 角时,由于 o 光和 e 光的振幅分别为 $A\sin\theta$ 和 $A\cos\theta$,是 θ 的函数,所以通过 λ/4 波片后合成的光的偏振状态也将随角度 θ 的变化而不同.

利用两个互相垂直的、同频率且有固定相位差的简谐振动的合成的知识,不难分析出：

（1）当 θ=0°时,$A_o=0$,$A_e=A$,经过 λ/4 波片后获得振动方向平行于光轴的线偏振光.

（2）当 θ=π/2 时,$A_o=A$,$A_e=0$,经过 λ/4 波片后获得振动方向垂直于光轴的线偏振光.

（3）当 θ=π/4 时,$A_e=A_o$,经 λ/4 波片后 o、e 光相位差 $\varphi=\left(k+\frac{1}{2}\right)\pi$,获得圆偏振光.

（4）当 θ 为其他值时,经过 λ/4 波片后透出的光为椭圆偏振光.

【实验仪器】
钠光灯及电源、分光计、平面玻璃片、起偏器、检偏器、1/4 波片.

【实验内容】

1. 起偏和检偏　鉴别自然光和偏振光(分光计上进行)

（1）以一白炽灯为光源[①],按实验室所给的器材,选择并设计产生一束平行光的实验方案. 使平行光束垂直射到偏振片 P_1 上,以 P_1 为起偏器,旋转 P_1,观察并描述光屏上光斑强度的变化情况.

（2）在 P_1 后加入作为检偏器的偏振片 P_2. 固定 P_1 的方位,转动检偏器 P_2 观察、描述光屏上光斑强度的变化情形,与步骤（1）所得的结果比较,并作出解释.

（3）根据以上的观测结果,总结应如何判别自然光和偏振光.

2. 测量光在平玻璃片上的布儒斯特角及玻璃的相对折射率

（1）将平玻璃片置于分光计的载物台上,缓慢地转动载物台,以改变入射角,旋转望远镜使反射光进入望远镜筒.

（2）将检偏器套在望远镜物镜处,旋转检偏器 360°,观察反射光有无明显消光. 若无明显消光时,则再次转动载物台以改变入射角,直到旋转检偏器,通过望远镜筒观察到的反射光有明显消光时为止,此时,入射角就是该玻璃片的布儒斯特角 φ_b.

（3）固定载物台,旋转检偏器见到明亮的反射光,将其与望远镜中竖线重合,读出分

---

① 为使光源发出的光强度稳定,该白炽灯尖使用直流稳压电源供电.

光计读数 θ、θ'.

（4）移去平玻璃片，望远镜正对准直管时，入射光与望远镜视场中的竖线重合，从分光计的读出入射光的角度数 θ_0、θ'_0.

（5）由下式计算布儒斯特角 φ_b 和玻璃的相对折射率 n

$$\varphi_b = 90° - \frac{\Phi}{2}, \Phi = \frac{1}{2}\left[\,|\theta - \theta_0| + |\theta' - \theta'_0|\,\right], n = \tan\varphi_b$$

（6）为了消除误差应多次作左右两个反射方向的对称测量，计算玻璃的折射率，并进行误差分析.

3. 观察圆偏振光和椭圆偏振光

（1）以单色平行光垂直照射于一组相互正交的偏振片（$P_1 \perp P_2$ 处于消光状态）上，在 P_1、P_2 间插入一块 $\lambda/4$ 波片 C. 观察并对此 $\lambda/4$ 波片插入前后，透过 P_2 的光强变化.

（2）保持正交偏振片 P_1 和 P_2 的取向不变，转动插入其间的 $\lambda/4$ 波片 C，使 C 的光轴与 P_1（或 P_2）偏振轴的夹角从 0°转至 360°，观测并描述夹角改变时透过 P_2 的光强度的变化情况，并作出解释.

（3）在步骤（2）中，再以使正交偏振片处于消光状态时 $\lambda/4$ 波片的光轴 A_0 位置作为 0°线，转动 $\lambda/4$ 波片，使其光轴与 0°线的夹角依次为 30°、45°、60°、75°、90°等值，在取上述每一个角度时都将检偏器 P_2 转动一周（从 0°至 360°），观察并描述从 P_2 透出的光的强度变化情形，然后作出解释.

将以上观测的结果记录在自己设计的表格中，并根据所观察到的光强变化，判断它们是什么性质的偏振光.

【数据处理】

表 2.17.1　测量波片起偏角 φ_b 及折射率 $\bar{n}$

i	θ	θ'	Φ	φ_b	$n = \tan\varphi_b$	$\bar{n}$
1						
2						
3						

入射光位置 $\theta_0 =$ 　　　　$\theta'_0 =$

表 2.17.2　$\dfrac{\lambda}{4}$ 波片的作用　　$\dfrac{\lambda}{4}$ 波片光轴 $A_0 =$

光轴与线偏夹角 θ	光轴旋至 $A_0 + \theta$	旋转 P_2 360°观察视场中光强变化情况	结论
30°			
45°			
60°			
75°			
90°			

【思考题】

1. 自然光中的电振动矢量在垂直于光传播方向的平面内呈各向同性分布,合成电矢量的平均值似乎应为 0,为什么光强度却不为零?

2. 用一块偏振片来检验普通光源(如电灯)发出的光.当我们旋转偏振片改变其偏振比方向时,透射光的强度 I 并不改变.这是为什么?

3. 如果在互相正交的偏振片 P_1、P_2 中间插进一块 $\lambda/2$ 波片,使其光轴和起偏器的偏振轴平行,那么,透过检偏器 P_2 的光斑是亮的还是暗的?为什么?将检偏器 P_2 转动 $90°$ 后,光斑的亮暗是否变化?为什么?

4. 假如有自然光、圆偏振光、自然光与圆偏振光的混合光等三种光,请设计一个实验方案将它们判别出来.

实验 2.18　等 厚 干 涉

光的干涉是一种重要的光学现象,它为光的波动性提供了有力的实验证据.当同一光源发出的光分成为两束,在空间经过不同路径重新会合时就产生了干涉.光的干涉现象可以用来测量微小的长度和角度,检验物体表面的光洁度和平行度,测定光的波长,研究物体中的应力分布等.等厚干涉实验就是这种应用的实例.

【实验目的】

1. 观察和研究等厚干涉现象及其特点.

2. 练习用干涉法测量透镜的曲率半径、微小直径(或厚度).

【实验原理】

利用透明薄膜上下两表面对入射光的依次反射,入射光的振幅将分解成有一定光程差的几个部分.这是一种获得相干光的重要途径,它被多种干涉仪所采用.若两束反射光在相遇时的光程差取决于产生反射光的薄膜厚度,则同一干涉条纹所对应的薄膜厚度相同.这就是所谓等厚干涉.

1. 牛顿环

将一块曲率半径 R 较大的平凸透镜的凸面置于一光学平玻璃板上,在透镜凸面和平玻璃板间就形成一层空气薄膜,其厚度从中心接触点到边缘逐渐增加.当以平行单色光垂直入射时,入射光将在此薄膜上下两表面反射,产生具有一定光程差的两束相干光.显然,它们的干涉图样是以接触点为中心的一系列明暗交替的同心圆环——牛顿环.其光路示意图如图 2.18.1 所示.

由光路分析可知,与第 k 级条纹对应的两束相干光的光程差为

$$\delta_k = 2e_k + \frac{\lambda}{2} \tag{2.18.1}$$

由图 2.18.1 可知

$$R^2 = r^2 + (R-e)^2$$

化简后得到

$$r^2 = 2eR - e^2$$

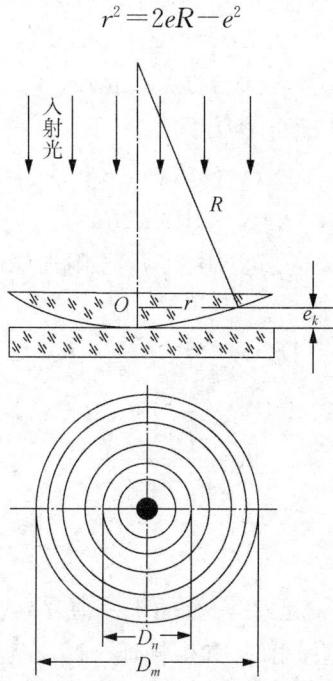

图 2.18.1　牛顿环极其形成光路的示意图

如果空气薄膜厚度 e 远小于透镜的曲率半径，即 $e \ll R$，则可略去二级小量 e^2. 于是有

$$e = \frac{r^2}{2R} \tag{2.18.2}$$

将 e 值代入（2.18.1）式，得

$$\delta = \frac{r^2}{R} + \frac{\lambda}{2}$$

由干涉条件可知，当 $\delta = \dfrac{r^2}{R} + \dfrac{\lambda}{2} = (2k+1)\dfrac{\lambda}{2}$ 时干涉条纹为暗条纹. 于是得

$$r_k^2 = kR\lambda \qquad (k = 0,1,2,3,\cdots) \tag{2.18.3}$$

如果已知入射光的波长 λ，并测得第 k 级暗条纹的半径 r_k，则可由（2.18.3）式算出透镜的曲率半径 R.

观察牛顿环时将会发现，牛顿环中心不是一点，而是一个不甚清晰的暗或亮的圆斑. 其原因是透镜和平玻璃板接触时，由于接触压力引起形变，使接触处为一圆面；又镜面上可能有微小灰尘等存在，从而引起附加的程差. 这都会给测量带来较大的系统误差.

我们可以通过取两个暗条纹半径的平方差值来消除附加程差带来的误差. 假设附加厚度为 a，则光程差为

$$\delta = 2(e \pm a) + \frac{\lambda}{2} = (2k+1)\frac{\lambda}{2}$$

即

$$e = k \cdot \frac{\lambda}{2} \pm a$$

将(2.18.2)式代入,得

$$r^2 = kR\lambda \pm 2Ra$$

取第 m、n 级暗条纹,则对应的暗环半径为

$$r_m^2 = mR\lambda \pm 2Ra$$

$$r_n^2 = nR\lambda \pm 2Ra$$

将两式相减,得 $r_m^2 - r_n^2 = (m-n)R\lambda$. 可见 $r_m^2 - r_n^2$ 与附加厚度 a 无关. 又因暗环圆心不易确定,故取暗环的直径替换,得

$$D_m^2 - D_n^2 = 4(m-n)R\lambda$$

因而,透镜的曲率半径

$$R = \frac{D_m^2 - D_n^2}{4(m-n)\lambda} \tag{2.18.4}$$

2. 劈尖

将两块光学平玻璃板叠在一起,在一端插入一薄片(或细丝等),则在两玻璃板间形成一空气劈尖. 当用单色光垂直照射时,和牛顿环一样,在劈尖薄膜上下两表面反射的两束光发生干涉. 其光程差由(2.18.1)式表示,即

$$\delta = 2e + \frac{\lambda}{2}$$

产生的干涉条纹是一簇与两玻璃板交接线平行且间隔相等的平行条纹(图 2.18.2). 显然,当时为干涉暗条纹.

$$\delta = 2e + \frac{\lambda}{2} = (2k+1)\frac{\lambda}{2}, k = 0, 1, 2, 3, \cdots$$

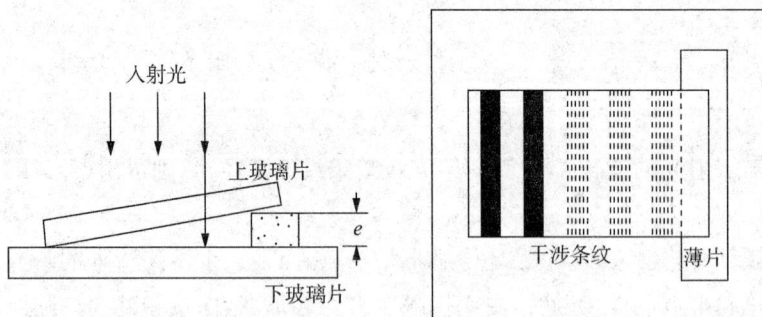

图 2.18.2 劈尖干涉

与 k 级暗条纹对应的薄膜厚度为

$$e = k\frac{\lambda}{2} \tag{2.18.5}$$

利用此式,稍作变换即可求出薄片厚度或细丝直径等微小量.

【仪器介绍】

钠灯是光学实验中常用的一种气体放电光源,其可见光谱主要是波长为 5890Å 和 5896Å 的两条黄谱线,实验中将它视作波长为 5893Å 的单色光源.钠灯由金属电极和金属钠封闭在抽空后充有辅助气体(氩)的特种玻璃管内制成,它利用钠蒸气在强电场激发下发生弧光放电而发光.通电时,管内氩气首先被电离、放电,此后灯管温度逐渐升高,金属钠开始升华,升华后的钠蒸气在强电场的激发下发生弧光放电;随着金属钠不断升华,弧光放电不断加剧,发光强度逐渐增强;直到金属钠完全升华,发光强度达到最大.这一过程使得钠灯启动需要 3～5min 才能正常发光.由于弧光放电具有负的伏安特性,使用钠灯时必须接整流器限流,否则不断增大的电流将烧坏灯管.

【实验仪器】

移测显微镜、纳光灯、牛顿环装置、光学平板玻璃、待测物.

【实验内容】

1. 根据牛顿环测透镜的曲率半径

1)调整测量装置图

实验装置如图 2.18.3 所示.由于干涉条纹间隔很小,精确测量需用移测显微镜.调整时应注意以下几点:

(1)调节 45°玻璃片,使显微镜视场中亮度最大.这时,基本上满足入射光垂直于透镜的要求.

(2)因反射光干涉条纹产生在空气薄膜的上表面,显微镜应对上表面调焦才能找到清晰的干涉图像.

(3)调焦时,显微镜微应自下而上缓慢地上升,直到看清楚干涉条纹时为止.

2)观察干涉条纹的分布特征

例如,各级条纹的粗细是否一致,条纹间隔有无变化,并作出解释.观察牛顿环中心是亮斑还是暗斑? 若是亮斑,如何解释呢? 用擦镜纸仔细地将接触的两个表面擦干净,可使中心呈暗斑.

3)测量牛顿环的直径

转动测微鼓轮,依次记下欲测的各级条纹在中心两侧的坐标(级数适当地取大些,如 $k=30$ 左右),求出各级牛顿环的直径.在每次测量时,注意鼓轮应沿一方向转动,中途不可倒转(为什么?).算出各级牛顿环直径的平方值后,用逐差法处理所得数据,求出直径平方差的平均值 $\overline{D_m^2 - D_n^2}$ (如可取 $m-n=20$ 左右).代入式 $R = \dfrac{D_m^2 - D_n^2}{4(m-n)\lambda}$ 和由此式推出的误差公式,即得到透镜的曲率半径 $R = \overline{R} \pm \sigma_R$.

2. 用劈尖干涉法测微小厚度(或微小直径)

(1)将被测薄片(或细丝)夹在两块平玻璃板之间,然后置于显微镜载物台上.用显微镜观察、描绘劈尖干涉的图像.改变薄片在平玻璃板间的位置,观察干涉条纹的变化,并作出解释.

(2)由式 $e=k\dfrac{\lambda}{2}$,可见,当波长 λ 已知时,在显微镜中数出干涉条纹数 k,即可得相应的薄片厚度 e,一般说 k 值较大.为避免计数 k 出现差错,可先测出某长度 L_x 间的干涉条纹数 x,得出单位长度内的干涉条纹数 $n=\dfrac{x}{L_x}$.若薄片与劈尖棱边的距离为 L,则共出现的干涉条纹数 $k=n\cdot L$.代入 $e=k\dfrac{\lambda}{2}$,得出薄片的厚度 $e=nL\dfrac{\lambda}{2}$.

【注意事项】

1. 应尽量使叉丝对准干涉暗环中央读数.

2. 不要数错环数,读数时移测显微镜始终向一个方向转动,防止仪器的空转误差,否则全部数据作废.

3. 实验时要把移测显微镜载物台下的反射镜翻转过来,不要让光从窗口经反射镜把光反射到载物台上,以免影响对暗环的观测.

【数据处理】

1. 测平凸透镜的曲率半径 R

表 2.18.1 测平凸透镜的曲率半径 R

钠 $\lambda=5.893\times10^{-4}$ mm   (单位:mm)

级次		m					n				
		30	29	28	27	26	10	9	8	7	6	
干涉环坐标	左 x_1											$D_m^2-D_n^2$ 的平均值
	右 x_2											
直径 $D=|x_1-x_2|$												
D^2												
$(D_m^2-D_n^2)_i$												$\overline{D_m^2-D_n^2}=$
$[\Delta(D_m^2-D_n^2)]^2=$ $[(D_m^2-D_n^2)_i-\overline{(D_m^2-D_n^2)}]^2$												$\sum[\Delta(D_m^2-D_n^2)]^2=$

2. 劈尖测微小厚度(直径)

表 2.18.2 劈尖测微小厚度(直径)

项目	A_0	i	$i+10$	$i+20$	$i+30$	A_{max}
坐标读数 A_i/mm						
$x=\|(i+m)-i\|$/条		—	10	20	30	平均值
$L_x=\|A_{i+m}-A_i\|$/mm		—				
$n=x/L_x$/(条/mm)		—				
$L=\|A_{max}-A_0\|$/mm						
$e=\bar{n}L\lambda/2$/mm						

3. 牛顿环实验内容的数据处理及结果表达

计算:$\bar{R}=\overline{(D_m^2-D_n^2)}/4(m-n)\lambda=$ _____.

A 类:$S_{(D_m^2-D_n^2)}=\sqrt{\dfrac{\sum[\Delta(D_m^2-D_n^2)]^2}{5\times(5-1)}}=$ _____.   B 类:$u_{(D_m^2-D_n^2)}=\dfrac{\Delta}{\sqrt{3}}=$ _____.

合成:$\sigma_{(D_m^2-D_n^2)}=\sqrt{S_{(D_m^2-D_n^2)}^2+u_{(D_m^2-D_n^2)}^2}=$ _____.

$\sigma_R=\dfrac{\sigma_{(D_m^2-D_n^2)}}{4(m-n)\lambda}=$ _____.

测量结果 $\bar{R}\pm\sigma_R=$ _____.

其中,$u_{(D_m^2-D_n^2)}=\dfrac{\Delta}{\sqrt{3}}$,$\Delta$ 是误差极限值,这里 Δ 不用移测显微镜的仪器误差来代替(它的仪器误差是 0.005mm).因为还要考虑由于叉丝对准圆环宽度的中心不准而造成的误差.综合考虑 Δ 为 0.01mm(严格的计算应当是 $u_1=\dfrac{\Delta_仪}{\sqrt{3}}$,$u_2=\dfrac{读数误差}{\sqrt{3}}$,$u=\sqrt{u_1^2+u_2^2}$,为简便综合考虑 Δ 来处理了).

【思考题】

1.实验中如何避免读数显微镜存在的空回误差?

2.试比较牛顿环和劈尖的干涉条纹的异同点.

实验 2.19   迈克耳孙干涉仪测 He-Ne 激光的波长

迈克耳孙(Michelson)干涉仪是许多近代干涉仪的原型,它是一种分振幅双光束的干涉仪,用它可以观察光的干涉现象(包括等倾干涉条纹、等厚干涉条纹、白光干涉条纹),也可以研究许多物理因素(如温度、压强、电场、磁场以及介质的运动等)对光的传播的影响.同时还可以测定单色光的波长、光源和滤光片的相干长度以及透明介质的折射率等.当配上法布里-珀罗系统后还可以观察多光束的干涉,因此它是一种用途很广泛的验证基础理论的常用实验仪器.

【实验目的】

1. 了解迈克耳孙干涉仪的结构原理和调节方法.

2. 观察等倾干涉、等厚干涉等干涉现象.

3. 利用迈克耳孙干涉仪测定 He-Ne 激光的波长.

图 2.19.1　迈克尔孙干涉原理

【实验原理】

迈克耳孙干涉仪的光路原理如图 2.19.1 所示,S 为光源,A 为半镀银板(使照在上面的光线既能反射又能透射,而这两部分光的强度又大致相等),C、D 为平面反射镜.

光源 S 发出的 He-Ne 激光经会聚透镜 L 扩束后,射向 A 板,在半镀银面上分成两束光:光束(1)受半镀银面反射折向 C 镜,光束(2)透过半镀银面射向 D 镜.二束光按原路返回后射向观察者 e(或接收屏)并在此相遇而发生干涉.B 为补偿板,材料与厚度均与 A 板相同,且与 A 板平行,加入 B 板后,使(1)、(2)两束光都经过玻璃二次,其光程差就纯粹是因为 C、D 镜与 A 板的距离不同而引起.

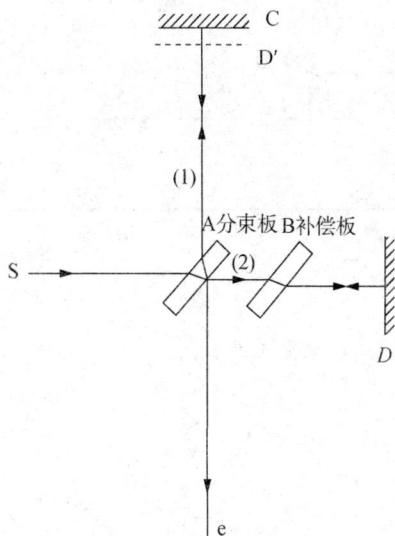

由此可见,这种装置使相干的光束在相干之前分别走了很长的路程,为清楚起见,其光路可简化为如图 2.19.2 所示.观察者自 e 处向 A 板看去,除直接看到 C 镜外,还可以看到 D 镜在 A 板的反射像,此虚像以 D′表示.对于观察者来说,C、D 镜所引起的干涉,显然与 C、D′之间的空气层所引起的干涉等效.因此在考虑干涉时,C、D′镜之间的空气层就成为其主要部分.本仪器设计的优点也就在于 D′不是实物,因而可以任意改变 C、D′之间的距离——D′可以在 C 镜的前面、后面,也可以使它们完全重叠或相交.

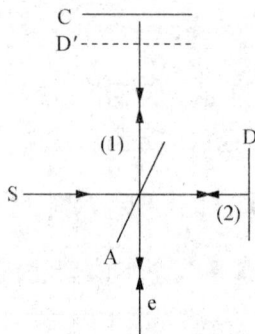

图 2.19.2　光路图简化

1. 等倾干涉

当 C、D′ 完全平行时，将获得等倾干涉，其干涉条纹的形状决定于来自光源平面上的光的入射角 i（图 2.19.3），在垂直于观察方向的光源平面 S 上，自以 O 点为中心的圆周上各点发出的光以相同的倾角 i_k 入射到 C、D′ 之间的空气层，所以它的干涉图样是同心圆环，其位置取决于光程差 ΔL，从图 2.19.3 可以看出

$$\Delta L = 2d\cos i_k \tag{2.19.1}$$

当 $2d\cos i_k = k\gamma(k=1,2,3,\cdots)$ 时将看到一组亮圆纹.

当眼盯着第 k 级亮纹不放，改变 C 与 D′ 的位置，使其间隔 d 增大，但要保持 $2d\cos i_k = k\lambda$ 不变，则必须以减小 $\cos i_k$ 来达到，因此 i_k 必须增大，这就意味着干涉条纹从中心向外"长出"（或"冒出"）.反之当 d 减小，则 $\cos i_k$ 必然增大，这就意味着 i_k 减小，所以相当于干涉圆环一个一个地向中心"吞没"（或"陷入"），因为圆环中心 $i_k=0,\cos i_k=1$，故

$$2d=k\lambda$$

则

$$d = \frac{\lambda}{2} \cdot k \tag{2.19.2}$$

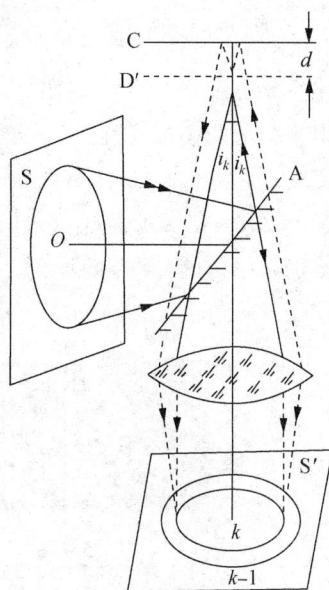

图 2.19.3　等倾干涉原理图

可见，当 C 与 D′ 之间的距离 d 增大（或减小）$\lambda/2$ 时，则干涉条纹就从中心"冒出"（或向中心"吞没"）一圈.如果在迈克耳孙干涉仪上读出始末二态走过的距离 Δd 以及数出在这期间干涉条纹变化（冒出或吞没）的圈数 Δk，则可以计算出此时光波的波长 $\lambda=2\Delta d/\Delta k$（图 2.19.4 为等倾干涉的照片）.

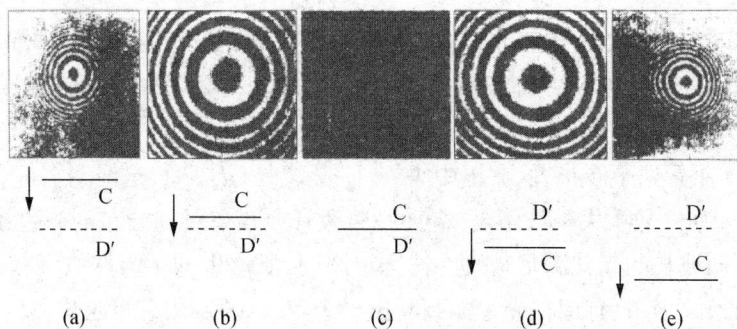

图 2.19.4　等倾干涉照片

2. 等厚干涉

如果 C 不垂直于 D，即 C 与 D′ 成一很小的交角（交角太大则看不到干涉条纹）则出现

等厚干涉条纹.

当 C 与 D′夹角 α 很小时,光线"1"和"2"的光程差仍然可以近似地用 $\Delta L = 2d\cos i_k$ 表示,其中 d 是观察点处空气层的厚度,i_k 仍为入射角.如果入射角 i_k 不大,$\cos i_k \approx 1 - \frac{1}{2}i_k^2$,所以 $\Delta L \approx 2d(1-\frac{1}{2}i_k^2)=2d-di_k^2$.在两镜面交线附近 d 很小,di_k^2 可略去,ΔL 的变化主要决定于厚度 d 的变化.因此,在空气薄层上厚度相同的地方光程差相同,将出现一组平行于两镜面交线的直线条纹.当厚度 d 变大时,干涉条纹逐渐变成弧形,凸向两镜的交线.因为这时 ΔL 既取决于 d,又与 i_k 有关.i_k 变大时,$\cos i_k$ 变小,要保持相同的光程差 $\Delta L = 2d\cos i_k$,d 必须增大,所以条纹两端逐渐向厚度增加方向弯曲.观察等厚条纹时,光源仍采用扩展光源,使反射后能有各方向的光线,便于观察(图 2.19.5 为等厚干涉照片).

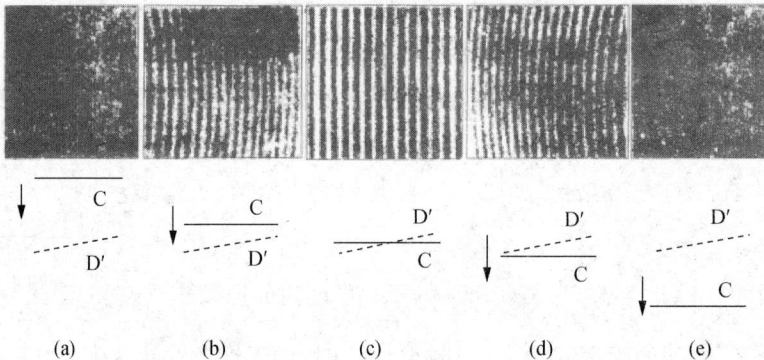

(a)   (b)   (c)   (d)   (e)

图 2.19.5　等厚干涉照片

3. 白光干涉条纹(彩色条纹)

因为干涉花纹的明暗决定于光程差与波长的关系,比如说当程差是 15200Å 时,刚好是红光(7600Å)的整数倍,满足亮条纹的(2.19.1)式,可看到红的亮干涉条纹,可是它对绿光(5000Å)就不满足,所以看不到绿色的亮纹.用白光光源,只有在 $d=0$ 的附近(几个波长范围内)才能看到干涉花纹,在正中央 C、D′交线处($d=0$),这时对各种波长的光来说,其光程差均为 0,故中央条纹不是彩色的.两旁有十几条对称分布的彩色条纹,d 再大时因对各种不同波长的光其满足暗纹的情况也不同,所产生的干涉花纹,明暗互相重叠,结果显示不出条纹来.只有用白光才能判断出中央花纹,而利用它可定出 $d=0$ 的位置.

4. 光源的相干长度和相干时间问题

时间相干性是光源相干程度的一个描述.为简单起见,以入射角 $i_k=0$ 作为例子来讨论.这时光束"1"和"2"的光程差为 $2d$,当 d 增加到某一数值 d' 后,原有的干涉条纹将变成一片模糊,$2d'$ 就称为相干长度,用 L_m 表示.相干长度除以光速 c,称为相干时间,用 t_m

表示.不同的光源有不同的相干长度和相干时间.

对于光源存在一定的相干长度和相干时间的问题,可以这样解释:实际光源发射的光波不是无穷长的波列,当光源发出的一个有限光波列,进入干涉仪,经 D 反射后的光束"2"全部通过干涉区的被观察点时,光束"1"却因与光束"2"有 L_m 的光程差,尚未到达该点,因此它们之间不能构成干涉,所以相干长度实际上表征了波列的长度.

光源的单色性越好,$\Delta\lambda$ 越小,相干长度就越长.

氦氖激光器发射的激光单色性很好,它的 632.81nm 的谱线的 $\Delta\lambda$ 只有 $10^{-7}\sim10^{-4}$ nm,它的相干长度从几米到几公里.而普通的钠光灯、汞灯的 $\Delta\lambda$ 均为零点几纳米,相干长度只有一两个厘米.白炽灯发射的光的 $\Delta\lambda\approx\lambda$,相干长度为波长的数量级,所以只能看到级数很小的彩色条纹.

【实验仪器】

SM-100 型迈克耳孙干涉仪,He-Ne 激光器,扩束镜.

1. 迈克耳孙干涉仪的结构

如图 2.19.6 所示,在仪器中,A、B 两板已固定好(A 板后表面靠 B 板一方镀有一层银),C 镜的位置可以在 AC 方向调节,C,D 镜的倾角可由后面的三个螺丝调节,更精细地可由 E、F 螺丝调节.鼓轮 G 每转一圈,C 镜在 AB 方向平移 1mm.鼓轮 G 每一圈刻有 100 个小格,故每走一格平移为 $\frac{1}{100}$mm.而 H 轮每转一圈 G 轮仅走 1 格,H 轮一圈又分刻有 100 个小格,所以 H 轮每走一格 C 镜移动 $\frac{1}{10000}$mm.因此测 C 镜移动的距离时,若 m 是主尺读数(mm),l 是 G 轮读数,n 是 H 轮读数,则有

$$d=m+l\frac{1}{100}+n\frac{1}{10000}(\text{mm})$$

2. 迈克耳孙干涉仪的调整

迈克耳孙干涉仪是一种精密、贵重的光学测量仪器,因此必须在熟读教材,弄清结构,弄懂操作要点后,才能动手调节、使用.为此特拟出以下几点调整步骤及注意事项.

1)对照教材

眼看实物弄清本仪器的结构原理和各个旋钮的作用;

2)水平调节

用水准仪放在迈克耳孙干涉仪平台上,调节底脚螺丝(图 2.19.6);

3)读数系统调节

(1)位置调节:顺时针(或反时针)转动手轮 G,调节 C 镜位置使其到 A 板的距离与 D 镜到 A 板的距离大致相当,使主尺(标尺)刻度指于 30~40mm(因此时两束光的光程接近,亮度也就接近,从而干涉效果较好).

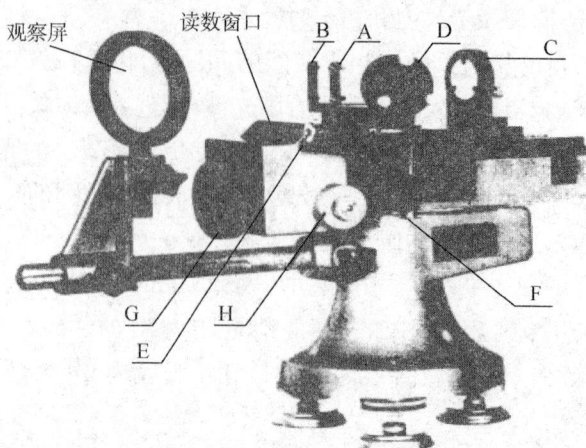

图 2.19.6 迈克耳孙干涉仪的结构

G—粗调螺旋;H—细调螺旋;C—可平移的平面反射镜;

D—位置固定的平面反射镜;A—分光板;B—补偿板

(2)调零:为了使读数指示正常,还需"调零",其方法是先将鼓轮 H 指示线转到"0"刻度;然后再转动手轮,将手轮 G 转到 1/100mm 刻度线的整数线上(此时鼓轮 H 并不跟随转动,即仍指原来"0"位置)这时"调零"过程就完毕.

(3)消除空回误差:目的是使读数准确.上述两步调节工作完毕后,并不能马上测量,还必须消除空回误差(所谓"空回误差",是指如果现在转动鼓轮与原来"调零"时鼓轮的转动方向相反,则在一段时间内,鼓轮虽然在转动,但读数窗口并未计数,因为此时反向后,蜗轮与蜗杆的齿并未啮合靠紧).方法是:首先认定测量时是顺时针方向转动 H 还是反时针转动 H,然后同方向转动 H 若干周后,再开始记数、测量.测量过程中必须始终沿同一方向转动 H,不可反向,并且只能调节侧方小鼓轮 H,不能调节前方大鼓轮 G(如调节 G,干涉条纹移动过快,观察将很不方便).

4)光源的调整

(1)调节激光器的高度和方位,使其与干涉仪 A 板等高并与轴线垂直,点燃 He-Ne 激光器,激光束以 45°角入射于迈克耳孙干涉仪的 A 板上,通过迈克耳孙干涉仪反射到激光器上的光点是否与出射光重合来判断.

(2)在光源 S 与 A 板之间,安放凸透镜 L,作"扩束"用(目的是均匀照亮 A 板,便于观看干涉条纹,注意:等高、共轴).

【实验内容】

1. 等倾干涉测定 He-Ne 激光的波长

(1)点燃 He-Ne 激光器(注意安全,勿用眼睛直视激光,也勿用手接触 He-Ne 激光管两端高压夹头),将其输出的红色激光入射于迈克耳孙干涉仪的 A 板上,在 A 板对面墙壁(或激光器的右端面)上找到 D 和 C 镜的两个反射点(最亮的),并调节 C、D 镜后面的螺钉使其同时进入激光出射孔.

(2)观察光屏,进一步地调节 C、D 镜后面的螺钉和精细调节螺丝 E、F 使激光的两个反射点(最亮的)严格地重合.然后在光源至 A 板之间加上扩束透镜 L(注意等高、共轴)使其 He-Ne 激光均匀照亮 A 板,则此时可以在光屏 e 处看到等倾干涉条纹——一系列同心圆环.

(3)微动 D 镜下方的拉紧螺丝 F 或 E,将干涉圆环的中心调至光屏的正中,然后持续同向转动鼓轮 H 直到看见圆环从中央连续稳定地"冒出"或"吞没".此时记下初始坐标(第零个环).

(4)继续同向转动小鼓轮 H,观察屏上冒出或吞没的圆环个数(测量时以中心亮斑或暗斑为参考,转动小鼓轮,中心亮斑或暗斑必须变化到同样大小时记数一次).每冒出或吞没 50 个干涉圆环读取一个活动平面镜移动的坐标 d 并填入数据记录表格中.

2. 观察等厚干涉条纹

在利用等倾干涉条纹测定 He-Ne 激光波长的基础上,继续增大或减少程差,使 $d \to 0$(转动鼓轮 H,使 C 镜背离或接近 A 镜时,使 C、A 镜的距离逐渐等于 D、A 镜之间的距离),则逐渐可以看到等倾干涉条纹的曲率由大变小(条纹慢慢变直)再由小变大(条纹反向弯曲又成等倾条纹)的全过程.

3. 注意问题

1)实验前应明确以下几点

(1)各透镜、平板、平面镜的作用如何? 半镀银面的位置在哪儿?

(2)调节使用干涉仪特别要注意的是哪几点?

(3)数干涉条纹是密些好? 还是稀些好? 当程差由大变小时,环形条纹是往中心收还是往外冒?

2)实验中应特别注意的问题

(1)实验前必须细读教材,了解仪器的结构.

(2)切勿用手或硬物(包括毛巾纸屑等)触摸仪器上各种光学元件的表面,若有异物,必须请教老师用专门毛笔或高级镜头纸等清除.

(3)爱护导轨丝杆,仪器搬动时,应托住底盘以防轨道变形.

(4)防止振动,耐心操作,严禁强扳硬旋.

【数据处理】

1. 等倾干涉数据记录

记下起始读数,然后每数 50 条记录一个读数 d_i,直到记录至 450 条.将数据填入下表中,用"逐差法",计算出 λ 值.

$$\Delta_{仪}=5\times10^{-5}\text{mm},\lambda_{标}=6.3281\times10^{-4}\text{mm}$$

条纹移动数 K_1	0	50	100	150	200	
C 镜位置 d_1/mm						
K_2	250	300	350	400	450	Δd 平均值
C 镜位置 d_2/mm						
$\Delta K=K_2-K_1$	250	250	250	250	250	
$\Delta d_i=d_2-d_1$/mm						$\overline{\Delta d}=$
$[\Delta d_i-\overline{\Delta d}]^2$/mm^2						$\sum[\Delta d_i-\overline{\Delta d}]^2=$

2. 等倾干涉数据处理

计算：$\bar{\lambda}=\dfrac{2\overline{\Delta d}}{\Delta k}(\text{mm})=$ _____.

A 类：$S_{\Delta l}=\sqrt{\dfrac{\sum[\Delta d_i-\overline{\Delta d}]^2}{5\times(5-1)}}=$ _____.   B 类：$u_{\Delta l}=\dfrac{\Delta_{仪}}{\sqrt{3}}=$ _____.

合成：$\sigma_{\Delta l}=\sqrt{S_{\Delta l}^2+u_{\Delta l}^2}=$ _____.

所以 $\sigma_\lambda=\dfrac{2}{\Delta k}\cdot\sqrt{\sigma_{\Delta l}^2}=\dfrac{2\sigma_{\Delta l}}{250}=$ _____.

计算结果：$\bar{\lambda}\pm\sigma_\lambda=$ _____. $E_r=\dfrac{\bar{\lambda}-\lambda_{标}}{\lambda_{标}}\times100\%=$ _____.

其中，$u_{\Delta l}=\dfrac{\Delta}{\sqrt{3}}$，$\Delta$ 是误差极限值，这里 Δ 仅考虑仪器误差，$\Delta=\Delta_{仪}$.

【思考题】

1. 观察等倾和等厚干涉的先决条件是什么？为什么在观察到等倾干涉后，在不改变 C、D 镜倾角的前提下（保持原来方位不变），继续改变光程差，使 $d=0$，会出现等厚干涉条纹？这两者是否矛盾？

2. 试解释等厚干涉条纹变化的原因？

3. 为什么在等倾干涉测量过程中必须始终沿同一方向转动小鼓轮？

实验 2.20 弗兰克-赫兹实验

20 世纪初，在原子光谱的研究中确定了原子能级的存在. 原子光谱中的每根谱线就是原子从某个较高能级向较低能级跃迁时的辐射形成的. 然而，原子能级的存在，除了可由光谱研究证实外，还可利用慢电子轰击稀薄气体原子的方法来证明. 1914 年弗兰克-赫兹采用这种方法，研究了电子与原子碰撞前后电子能量改变的情况，测定汞原子的第一激发电位，从而证明了原子分立态的存在. 后来他们又观测了实验中被激发的原子回到正常态时所辐射的光，测出的辐射光的频率很好地满足了玻尔假设中的频率定则. 弗兰克一赫兹实验的结果为玻尔的原子模型理论提供了直接证据.

【实验目的】

1. 测定氩原子的第一激发电势,证实原子能级的存在,研究原子能量的量子化现象.

2. 学习实验研究方法来检验物理假说和验证物理理论的方法.

【实验原理】

根据玻尔的原子理论,原子是由原子核和以核为中心沿各种不同轨道运动的一些电子构成.对于不同的原子,这些轨道上的电子数分布各不相同.当同一原子从低能量状态跃迁到较高能量状态时,原子就处于受激状态.但是原子所处的能量状态并不是任意的,而是受到玻尔理论的两个基本假设的制约:

(1)定态假设.原子只能处在稳定状态中,其中每一状态相应于一定的能量值 $E_i(i=1,2,3,\cdots)$,这些能量值是彼此分立的,不连续的.

(2)频率定则.当原子从一个稳定状态过渡到另一个稳定状态时,就吸收或放出一定频率的电磁辐射.频率 ν 的大小取决于原子所处两定态之间的能量差,并满足如下关系:

$$h\nu = E_n - E_m$$

其中,$h=6.63\times10^{-34}$J·S 称为普朗克常量.

原子状态的改变通常在两种情况下发生,一是当原子本身吸收或放出电磁辐射时;二是当原子与其他粒子发生碰撞而交换能量时.本实验就是利用具有一定能量的电子与氩原子相碰撞而发生能量交换来实现氩原子状态的改变.

由玻尔理论可知,处于基态的原子发生状态改变时,其所需能量不能小于该原子从基态跃迁到第一受激态时所需的能量,这个能量称为临界能量.当电子与原子碰撞时,如果电子能量小于临界能量,而发生弹性碰撞;若电子能量大于临界能量,则发生非弹性碰撞.这时,电子给予原子以跃迁到第一受激态时所需要的能量,其余的能量仍由电子保留.

一般情况下,原子在受激态所处的时间不会太长,短时间后会回到基态,并以电磁辐射的形式释放出所获得的能量.其频率 ν 满足下式:

$$h\nu = eU_{Ar}$$

U_{Ar} 为氩原子的第一激发电势.所以当电子的能量等于或大于第一激发能时,原子就开始发光.

弗兰克-赫兹实验原理图如图 2.20.1 所示.在充氩的弗兰克-赫兹管中,电子由阴极 K 发出,阴极 K 和第二栅极 G_2 之间的加速电压 V_{G_2K} 使电子加速.在板极 A 和第二栅极 G_2 之间可设置减速电压 V_{G_2A}.管内空间电位分布如图 2.20.2 所示.

当电子能量足够大,就能越过拒斥电场到达

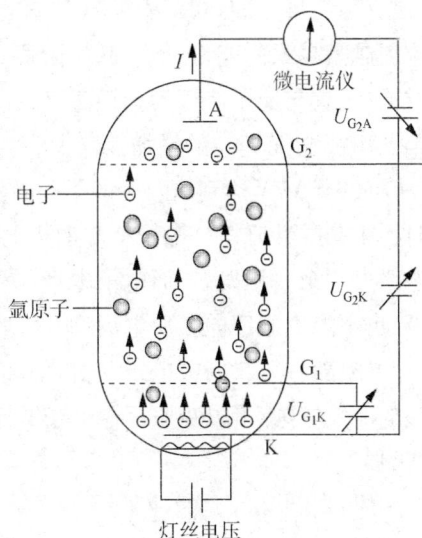

图 2.20.1 弗兰克-赫兹实验原理图

阳极 A 而形成阳极电流 I_a,如果有电子在 K-G 空间中与氩原子发生碰撞,并把一部分能量传给氩原子,电子所剩的能量就可能很小,不能越过拒斥电场,达不到阳极 A,不能形成阳极电流.这类电子增多,阳极电流 I_a 将明显下降.逐渐增加栅极电压 V_{G_2K},观测阳极电流随 V_{G_2K} 的变化,可得 I_A-V_{G_2K} 曲线如图 2.20.3 所示.

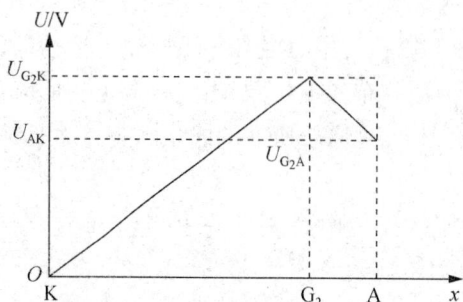

图 2.20.2　弗兰克-赫兹管管内空间电位分布　　　图 2.20.3　弗兰克-赫兹实验 U_{G_2K}-1

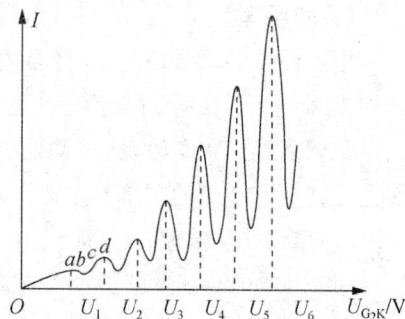

1. 曲线特点

(1)I_A 不是随着 V_{G_2K} 增加而单调增加,曲线中间出现了多次凹陷和凸显,即存在着若干个谷点和峰点.

(2)相邻的二谷点或峰点之间对应的电势差都是 U_0.

2. 对曲线的解释

(1)当灯丝加热时,阴极 K 的氧化层即发射电子,在 G_2、K 间的电场作用下被加速而取得越来越大的能量.但在起始阶段,由于电压 V_{G_2K} 较低,电子的能量较小,即使在运动过程中,它与原子碰撞为弹性碰撞.这样,穿过第二栅极的电子所形成的极板电流 I_a 将随第二栅极电压 V_{G_2K} 的增加而增大(图 2.20.3 的 Oa 段).

(2)当 V_{G_2K} 达到氩原子的第一激发电压时,电子在第二栅极附近与氩原子相碰撞(此时产生非弹性碰撞).电子把从加速电场中获得的全部能量传递给氩原子,使氩原子从基态激发到第一激发态.而电子本身,由于把全部能量传递给氩原子,它即使能穿过第二栅极,也不能克服反向拒斥电场.所以,此时极板电流 I_a 将显著减小(图 2.20.3 的 ab 段).

(3)随着第二栅极电压 V_{G_2K} 的增加,电子能量也随着增加,与氩原子相碰后还留下足够的能量.这就可以克服拒斥电场的作用力而达到极板 A,这时极板电流 I_a 又开始上升(bc 段).

(4)直到 V_{G_2K} 是氩原子第一激发电压的 2 倍时,电子在 G_2、K 之间又会因为第二次非弹性碰撞而失去能量,因而又造成第 2 次板极电流的下降(cd 段).

这种能量转移随着加速电压 V_{G_2K} 的增加而呈现周期性变化.如果以 V_{G_2K} 为横坐标,以板极电流 I_a 为纵坐标,就可以得到谱峰曲线,两相邻谷点(或峰点)之间的加速电压差值,就是氩原子的第一激发电势值,也叫能级差.

由此可推断出氩原子的第一激发电势.

(5)实验中板极电流 I_a 的下降并不是完全突然的,其峰值总有一定的宽度.这是由于从阴极发出的电子初始能量不完全一样,服从一定的统计规律.另外电子与原子的碰撞有一定的概率,当大部分电子恰好在栅极 G_2 前使氩原子激发而损失能量时,显然会有一些电子逃避了碰撞而直接到达板极,因此板极电流并不降到零.

这个实验就说明了弗兰克-赫兹管内的缓慢电子与氩原子碰撞,使原子从低能级激发到高能级,通过测量氩的第一激发电势值(定值,即吸收和发射的能量是完全确定的、不连续的)说明了玻尔原子能级的存在.

如果弗兰克-赫兹管中充以其他元素,则可得到其他元素的第一激发电位,几种元素的第一激发电势如下:

元素名称	钠(Na)	钾(K)	锂(Li)	镁(Mg)	氖(Ne)	氩(Ar)	汞(Hg)
第一激发电位 U_0/V	2.21	1.63	1.84	2.712	16.62	11.55	4.88

【实验仪器】

智能弗兰克-赫兹实验测试仪使用

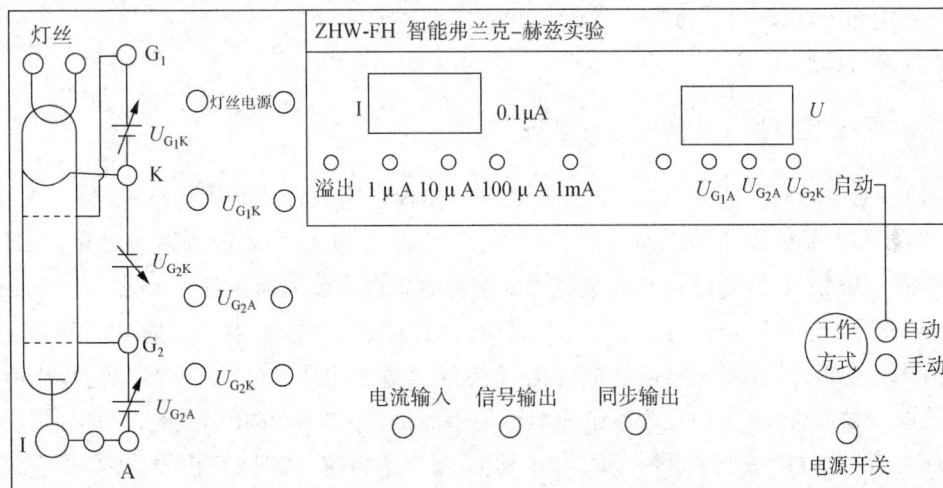

图 2.20.4　智能弗兰克-赫兹实验仪

1. 手动测试介绍

(1)连接左面板上的连接线:用相同颜色的导线与相同颜色的接线柱相连,检查连接无误后按下电源,开机.

(2)变换电流量程:按下电流量程 $1\mu A$ 按键(上边的小绿灯亮),若出现溢出,必须提高电流量程.

(3)修改电压方法:

按下面板上的◀/▶键,电压的修改位将进行向前/向后移动,同时闪动位随之改变,以提示目前修改的电压位置.

按下面板上的▲/▼键,电压值在当前修改位递增/递减一个单位.

2. 自动测试介绍

(1)用机器配备的连接线将"信号输出"和"同步输出"与示波器相连. 用"同步信号"作为触发信号,将示波器调试到外触发方式.

(2)状态设置与手动测试的(1)、(2)、(3)相同. 依次按 $U_{灯丝}=3.5\sim4.0V$, $U_{G_1K}=1.5V$, $U_{G_2A}=6.0V$,再按 U_{G_2K} 按键设定测试终止电压为 $U_{G_2K}=80.0V$,最后按下"工作方式"键为"自动"(前面小红灯亮).自动测试开始. 观察示波器的输出.

【注意事项】

1. 电压 U_{G_2K} 只能在面板上的自动测试键按下后,设置才有效.

2. 电压 U_{G_2K} 只能设置扫描终止电压,系统默认电压 U_{G_2K} 的初始值为零.

3. 要根据手动测试的电流值来确定电流量程. 否则,在自动测试中有可能因为量程选择过小而导致电流溢出,自动测试不能顺利完成.

4. 自动测试过程中,电压 U_{G_2K} 大约每 0.4s 递增 0.2V.

5. 建议工作状态和手动测试情况下相同.

【实验内容】

1. 自动测量:测定氩原子的第一激发电势

(1)接通电源,预热 1min. 将弗兰克-赫兹实验仪设定为自动测量状态.

(2)按照实验仪器使用说明,设定各级电压参数,电流量程先设为最小量程,保证电流显示有效位数最多,根据自动测量过程中是否溢出再修改电流量程.

(3)各级电压参数设定好以后,按下启动按钮. 注意观察:①当第二栅级电压为多大时才有阳极电流.②注意阳极电流的变化,观察第二栅级电压从 0~80V 变化过程中有几个电流的峰值或谷值.③注意观察电流显示是否溢出(溢出指示灯亮与否?)

(4)自动测试结束.①正常结束. 当电压 U_{G_2K} 大于设定的测试终止值后,实验主机自动回复到开机状态. 同时,测试的数据保留在实验主机的存储器中,直到下次自动测试开始时才刷新存储器的内容. 所以,示波器依然可观测到波形.②非正常结束. 在自动测试过程中,如果想提前终止自动测试,只需按下"手动"键,实验主机就回复到开机状态. 同时,测试的数据保留在实验主机的存储器中,直到下次自动测试开始时才刷新存储器的内容. 所以,示波器依然可观测到部分波形.

2. 手动测量:测定氩原子的第一激发电势

(1)将弗兰克-赫兹实验仪设为手动状态,根据自动测量的观察,选取合适的电流量程,设置合适的各级电压.

（2）记录测试数据

手动改变第二栅级电压 U_{G_2K} 从 0V 至 80.0V,每增加 0.2V 的电压,记录一个对应的电流值.

（3）根据测试数据作出氩原子的 I_A-U_{G_2K} 曲线,并在图上标出 U_0 值和实验条件（$U_{灯丝}$、U_{G_1K}、U_{G_2A} 和温度值）.

（4）在测试数据中找出 I_a 谷（峰）值时对应的电压值 U_{G_2K},计算出实验值的 U'_0 和 E_r 值.

3. 实验注意事项

（1）弗兰克-赫兹管很容易因电压设置不合适而遭到损害,所以,一定要按照规定的实验步骤和适当的状态进行实验.

（2）测试时,A,G_1,G_2,K 及灯丝接线柱不要接错或短路,以免损坏仪器.

【数据处理】

（1）手动测试记录点有 400 个,建议在报告记录中左边每增加 0.2V,竖行记录 U_{G_2K} 从 0V 到 80.0V 值（请在预习时就写好）,右边竖行留着记录电流值,要求字体小,上下左右对整齐.

（2）计算电流为谷（峰）值时的实验值 U'_0:

$U_{灯丝}=$_____.　　　$U_{G_1K}=$_____.　　　$U_{G_2A}=$_____.　　　温度=_____.

U_{G_2K}/V					平均值
第一激发电压 U'_0/V	——				$\overline{U'_0}=$

$$E_r = \frac{理论值 - \overline{U'_0}}{理论值} \times 100\% = \underline{\qquad}.$$

【思考题】

1.灯丝电压的改变对弗兰克-赫兹实验有何影响?

2.拒斥电压和第一栅极电压的改变对弗兰克-赫兹实验有何影响?

实验 2.21　光电效应测定普朗克常量

光电效应是指一定频率的光照射在金属表面时会有电子从金属表面逸出的现象.不仅纯金属材料会产生光电效应,半导体材料及表面吸附一层其他元素原子的金属也会产生光电效应,广泛应用于光电管、光电倍增管、变像管、像增强器和一些摄像管等光电器件中,在现代光电检测技术中有着非常重要的应用.

【实验目的】

1.了解光电效应的规律,加深对光的量子性的理解.

2.测量普朗克常量 h.

3.测定光电管的伏安特性曲线及常数.

【实验原理】

光电效应的实验原理如图 2.21.1 所示.入射光照射到光电管阴极 K 上,产生的光电子在电场的作用下向阳极 A 迁移构成光电流,改变外加电压 U_{AK},测量出光电流 I 的大小,即可得出光电管的伏安特性曲线.

光电效应的基本实验事实如下:

(1)对应于某一频率,光电效应的 I-U_{AK} 关系如图 2.21.2 所示.从图中可见,对一定的频率,有一电压 U_0,当 $U_{AK} \leqslant U_0$ 时,电流为零,这个相对于阴极的负值的阳极电压 U_0 被称为截止电压.

(2)当 $U_{AK} > U_0$ 后,I 迅速增加,然后趋于饱和,饱和光电流 I_M 的大小与入射光的强度 P 成正比.

(3)对于不同频率的光,其截止电压的值不同,如图 2.21.3 所示.

(4)作截止电压 U_0 与频率 ν 的关系图如图 2.21.4 所示.U_0 与 ν 成正比关系,当入射光频率低于某极限值 ν_0(ν_0 随不同金属而异)时,不论光的强度如何,照射时间多长,都没有光电流产生.

(5)光电效应是瞬时效应.即使入射光的强度非常微弱,只要频率大于 ν_0,在开始照射后立即有光电子产生,所经过的时间至多为 10^{-9} s 的数量级.

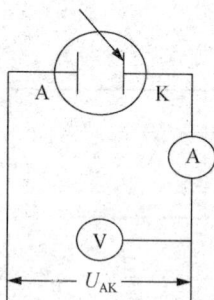

图 2.21.1　实验原理图

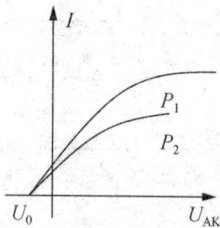

图 2.21.2　同一频率,不同光强时光电管的伏安特性曲线

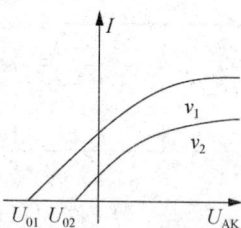

图 2.21.3　不同频率时光电管的伏安特性曲线

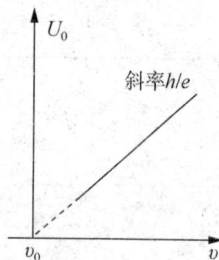

图 2.21.4　截止电压 U 与入射光频率 ν 的关系图

按照爱因斯坦的光量子理论,光能并不像电磁波理论所想象的那样,分布在波阵面上,而是集中在被称之为光子的微粒上.但这种微粒仍然保持着频率(或波长)的概念,频率为 ν 的光子具有能量 $E = h\nu$,h 为普朗克常量.当光子照射到金属表面上时,一次为金属中的电子全部吸收,而无需积累能量的时间.电子把这能量的一部分用来克服金属表面对它的吸引力,余下的就变为电子离开金属表面后的动能,按照能量守恒原理,爱因斯坦提出了著名的光电效应方程

$$h\nu = \frac{1}{2}mv_0^2 + A \tag{2.21.1}$$

式中,A 为金属的逸出功,$\frac{1}{2}mv_0^2$ 为光电子获得的初始动能.

由该式可见,入射到金属表面的光频率越高,逸出的电子动能越大,所以即使阳极电位比阴极电位低时也会有电子落入阳极形成光电流,直至阳极电位低于截止电压,光电流才为零,此时有关系

$$eU_0 = \frac{1}{2}mv_0^2 \tag{2.21.2}$$

阳极电位高于截止电压后,随着阳极电位的升高,阳极对阴极发射的电子的收集作用越强,光电流随之上升;当阳极电压高到一定程度,已把阴极发射的光电子几乎全收集到阳极,再增加 U_{AK} 时 I 不再变化,光电流出现饱和,饱和光电流 I_M 的大小与入射光的强度 P 成正比.

光子的能量 $h\nu < A$ 时,电子不能脱离金属,因而没有光电流产生.产生光电效应的最低频率(截止频率)是 $\nu_0 = A/h$.

将(2.21.2)式代入(2.21.1)式可得

$$eU_0 = h\nu - A \tag{2.21.3}$$

此式表明截止电压 U_0 是频率 ν 的线性函数,直线斜率 $k = h/e$,只要用实验方法得出不同的频率对应的截止电压,求出直线斜率,就可算出普朗克常量 h.

【实验仪器】

ZKY-GD-4 智能光电效应(普朗克常量)实验仪由汞灯及电源、滤色片、光阑、光电管、智能实验仪构成,仪器结构如图 2.21.5 所示,实验仪的调节面板如图 2.21.6 所示. 实验仪有手动和自动两种工作模式,具有数据自动采集、存储、实时显示采集数据、动态显示采集曲线(连接普通示波器,可同时显示 5 个存储区中存储的曲线),及采集完成后查询数据的功能.

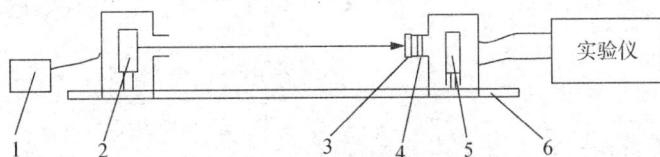

图 2.21.5　仪器结构图
1.汞灯电源;2.汞灯;3.滤色片;4.光阑;5.光电管;6.基座

1. 微电流放大器

电流测量范围:$10^{-8} \sim 10^{-13}$A,分 6 挡,三位半数显,最小显示位 10^{-14}A.

零漂:开机 20min 后,30min 内不大于满度读数的 $\pm 0.2\%$(10^{-13}A 挡).

2. 光电管工作电源

电压调节范围:$0 \sim -2$V 挡,示值精度 $\leqslant 1\%$,最小调节电压 2mV.

$-1\sim+50V$ 挡,示值精度$\leqslant5\%$,最小调节电压 0.5V.

3. 光电管

光谱响应范围:$340\sim700nm$

最小阴极灵敏度$\geqslant1\mu A/L_m$

暗电流:$I\leqslant2\times10^{-12}A(-2V\leqslant U_{AK}\leqslant0V)$

4. 滤光片组

5 组:中心波长 365.0nm,404.7nm,435.8nm,546.1nm,578.0nm

5. 汞灯

可用谱线:365.0nm,404.7nm,435.8nm,546.1nm,578.0nm

测量误差:$\leqslant3\%$

实验仪前面板如图 2.21.6 所示,以功能划分为 12 个区.

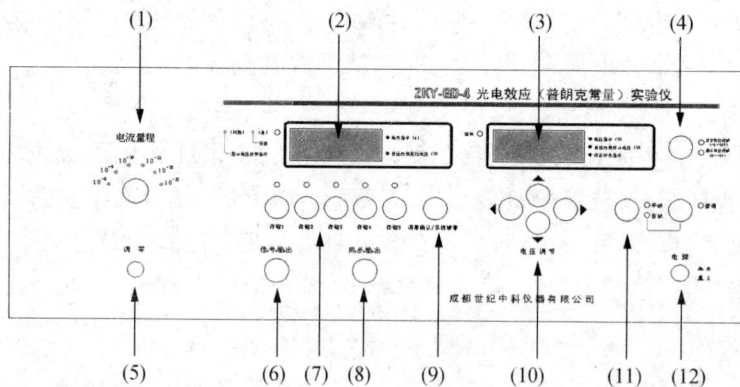

图 2.21.6 实验仪面板图

区(1)是电流量程调节旋钮及其指示.

区(2)是复用区,用于电流指示和自动扫描起始电压设置指示复用:

当实验仪处于测试状态或查询状态时,区(2)是电流指示区;

当实验仪处于设置自动扫描电压时,区(2)是自动扫描起始电压设置指示区;

四位七段数码管指示电流或电压值.

区(3)是复用区,用于电压指示、自动扫描终止电压设置指示和调零状态指示复用:

当实验仪处于测试状态或查询状态时,区(3)是电压指示区;

当实验仪处于设置自动扫描电压时,区(3)是自动扫描终止电压设置指示区;

当实验仪处于调零状态时,区(3)是调零状态指示区,显示"————";

四位七段数码管指示电压值.

区(4)是实验类型选择区:

当绿灯亮时,实验仪选择伏安特性测试实验;

当红灯亮时,实验仪选择截止电压测试实验.

区(5)是调零状态区,用于系统调零.

区(6)、(8)是示波器连接区:

区(6)、区(8)可将信号送示波器显示.

区(7)是存储区选择区:

通过按键选择存储区;

区(9)是复用区,用于调零确认和系统清零:

当实验仪处于调零状态时,按下此键则跳出调零状态;

当实验仪处于测试状态或查询状态时,按下此键则系统清零,重新启动,并进入调零状态;

区(10)是电压调节区:

通过按键调节电压.

区(11)是工作状态指示选择区:

用于选择及指示实验仪工作状态,详细说明见相关操作说明;

通信指示灯指示实验仪与计算机的通信状态.

区(12)是电源开关.

【实验内容】

1. 测试前准备

(1)汞灯及光电管暗箱遮光盖盖上.

(2)将实验仪及汞灯电源接通,预热 20min.

(3)调整光电管与汞灯距离为约 40cm 并保持不变.

(4)用专用连接线将光电管暗箱电压输入端与实验仪电压输出端(后面板上)连接起来(红—红,蓝—蓝).

(5)将"电流量程"选择开关置于所选挡位,进行测试前调零. 实验仪在开机或改变电流量程后,都会自动进入调零状态. 调零时应将光电管暗箱电流输出端 K 与实验仪微电流输入端(后面板上)断开,旋转"调零"旋钮使电流指示为 000.0×10^{-13} A.

(6)用高频匹配电缆将电流输入连接起来,按"调零确认/系统清零"键,系统进入测试状态.

(7)若要动态显示采集曲线,需将实验仪的"信号输出"端口接至示波器的"Y"输入端,"同步输出"端口接至示波器的"外触发"输入端. 示波器"触发源"开关拨至"外","Y衰减"旋钮拨至约"1V/格","扫描时间"旋钮拨至约"20μs/格". 此时示波器将用轮流扫描的方式显示 5 个存储区中存储的曲线,横轴代表电压 U_{AK},纵轴代表电流 I.

2. 测普朗克常量 h

1)影响测量精度的因素及测量方法

理论上,测出各频率的光照射下阴极电流为零时对应的 U_{AK},其绝对值即该频率的截止电压,然而实际上由于光电管的阳极反向电流、暗电流、本底电流及极间接触电位差的影响,实测电流并非阴极电流,实测电流为零时对应的 U_{AK} 也并非截止电压.

光电管制作过程中阳极往往被污染,沾上少许阴极材料,入射光照射阳极或入射光从阴极反射到阳极之后都会造成阳极光电子发射,U_{AK} 为负值时,阳极发射的电子向阴极迁移构成了阳极反向电流.

暗电流和本底电流是热激发产生的光电流与杂散光照射光电管产生的光电流,可以在光电管制作,或测量过程中采取适当措施以减小它们的影响.

极间接触电位差与入射光频率无关,只影响 U_0 的准确性,不影响 $U_0-\nu$ 直线斜率,对测定 h 无大影响.

此外,由于截止电压是光电流为零时对应的电压,若电流放大器灵敏度不够或稳定性不好,都会给测量带来较大误差.

光电管结构的特殊设计使光不能直接照射到阳极,由阴极反射照到阳极的光也很少,加上采用新型的阴、阳极材料及制造工艺,使得阳极电流大大降低,暗电流的水平也较低.

在测量各谱线的截止电压 U_0 时,可采用"零电流法"或"补偿法".

"零电流法"是直接将各谱线照射下测得的电流为零时对应的电压 U_{AK} 的绝对值作为截止电压 U_0.此法的前提是阳极反向电流、暗电流和本底电流都很小,用零电流法测得的截止电压与真实值相差较小,且各谱线的截止电压都相差 ΔU 对 $U_0-\nu$ 曲线的斜率无大的影响,因此对 h 的测量不会产生大的影响.

"补偿法"是调节电压 U_{AK} 使电流为零后,保持 U_{AK} 不变,遮挡汞灯光源,此时测得的电流 I_1 为电压接近截止电压时的暗电流和本底电流.重新让汞灯照射光电管,调节电压使电流值至 I_1,将此时对应的电压 U_{AK} 的绝对值作为截止电压 U_0.此法可补偿暗电流和本底电流对测量结果的影响.

2)测量步骤

(1)将汞灯遮光盖罩上.

(2)测量截止电压时,"伏安特性测试/截止电压测试"状态键应为截止电压测试状态."电流量程"开关应处于 10^{-13}A 挡.

(3)手动测量:使"手动/自动"模式键处于手动模式.将直径 4mm 的光阑及 365.0nm 的滤色片装在光电管暗箱光输入口上,打开汞灯遮光盖.

(4)从低到高调节电压,用零电流法测量该波长对应的值的 U_0.

(5)依次换上 404.7nm,435.8nm,546.1nm 和 577.0nm 的滤色片,重复步骤(4).

(6)自动测量:按"手动/自动"模式键切换到自动模式.

此时电流表左边的指示灯闪烁,表示系统处于自动测量扫描范围设置状态,用电压调节键可设置扫描起始和终止电压.

对各条谱线,我们建议扫描范围大致设置为:365nm,$-1.90\sim-1.50$V;405nm,$-1.60\sim-1.20$V;436nm,$-1.35\sim-0.95$V;546nm,$-0.80\sim-0.40$V;577nm,$-0.65\sim-0.25$V.

实验仪设有 5 个数据存储区,每个存储区可存储 500 组数据,并有指示灯表示其状态.灯亮表示该存储区已有数据,灯不亮为空存储区,灯闪烁表示系统预选的或正在存储数据的存储区.

设置好扫描起始和终止电压后,按动相应的存储区按键,仪器将先清除存储区原有数据,等待约 30s,然后按 4mV 的步长自动扫描,并显示、存储相应的电压、电流值.

扫描完成后,仪器自动进入数据查询状态,此时查询指示灯亮,显示区显示扫描起始电压和相应的电流值.用电压调节键改变电压值,就可查阅到在测试过程中,扫描电压为当前显示值时相应的电流值.读取电流为零时对应的 U_{AK},以其绝对值作为该波长对应的 U_0 的值,并将数据记于表 2.21.1 中.

按"查询"键,查询指示灯灭,系统回复到扫描范围设置状态,可进行下一次测量.

在自动测量过程中或测量完成后,按"手动/自动"键,系统回复到手动测量模式,模式转换前工作的存储区内的数据将被清除.

3. 测光电管的伏安特性曲线步骤

(1)"伏安特性测试/截止电压测试"状态键应为伏安特性测试状态."电流量程"开关应拨至 10^{-10}A 挡,并重新调零.

(2)将直径 4mm 的光阑及所选谱线的滤色片装在光电管暗箱光输入口上.

(3)测伏安特性曲线可选用"手动/自动"两种模式之一,测量的最大范围为 $-1\sim50$V,自动测量时步长为 1V,仪器功能及使用方法如前所述.

①手动测量:从低到高调节电压,记录电流从零到非零点变化所对应的电压值(截止电压)作为第一组数据,以后电压每变化一定值记录一组数据,记录于表 2.21.2 中,电压最高加到 50V.

在 U_{AK} 为 50V 时,将仪器设置为手动模式,测量并记录对同一谱线、同一入射距离,光阑分别为 2mm,4mm,8mm 时对应的电流值于表 2.21.3 中,验证光电管的饱和光电流与入射光强成正比.

也可在 U_{AK} 为 50V 时,将仪器设置为手动模式,测量并记录对同一谱线、同一光阑时,光电管与入射光在不同距离,如 300mm,400mm 等对应的电流值于表 2.21.4 中,同样验证光电管的饱和电流与入射光强成正比.

②用示波器观察:将光电效应实验仪与示波器正确连接."伏安特性测试/截止电压测试"状态键应为伏安特性测试状态,自动工作方式.

a.可同时观察 5 条谱线在同一光阑、同一距离下伏安饱和特性曲线.

    b. 可同时观察某条谱线在不同距离(不同光强)、同一光阑下的伏安饱和特性曲线.

    c. 可同时观察某条谱线在不同光阑(不同光通量)、同一距离下的伏安饱和特性曲线.

由此可验证光电管饱和光电流与入射光成正比.

【数据处理】

表 2.21.1　测量普朗克常量 U_0-v 关系　　　　　光阑孔 $\Phi=$____ mm

波长 $\lambda_i/$nm		365.0	404.7	435.8	546.1	577.0
频率 $\nu_i/(\times10^{14}\,$Hz$)$		8.214	7.408	6.879	5.490	5.196
截止电压 $U_{0i}/$V	手动					
	自动					

数据处理:由表 2.21.1 的实验数据,得出 U_0-ν 直线的斜率 k,即可用 $h=ek$ 求出普朗克常量,并与 h 的公认值 h_0 比较求出相对误差 $E=\dfrac{h-h_0}{h_0}$,式中 $e=1.602\times10^{-19}$C, $h_0=6.626\times10^{-34}$J·s.

表 2.21.2　测量光电管的伏安特性曲线 I-U_{AK} 关系

波长:_____	$U_{AK}/$V								
光阑:_____	$I/(\times10^{-10}\,$A$)$								
波长:_____	$U_{AK}/$V								
光阑:_____	$I/(\times10^{-10}\,$A$)$								

表 2.21.3　测量饱和光电流与光强的关系

$U_{AK}=$____ V　　　$L=$____ mm

光阑	光阑直径/mm	2	4	8
	光阑面积/mm^2			
波长 1	电流 $I/(\times10^{-10}\,$A$)$			
	比值 I/S			
波长 2	电流 $I/(\times10^{-10}\,$A$)$			
	比值 I/S			

表 2.21.4　测量饱和光电流与距离的关系

$U_{AK}=$____ V　　　$\lambda=$____ nm　　　$\Phi=$____ mm

入射距离 L			
$I/(\times10^{-10}\,$A$)$			

【思考题】

1. 实验时测量到的光电流是否就是光电效应概念中的光电流？为什么？

2. 光电管为什么要装在暗盒里？

3. 在光电管的伏安特性曲线中，电流的变化为何会趋于平坦？

4. 为减小测量截止电压的误差，实验中采取了什么措施？

【附录】

1. ZKY-GD-4 智能光电效应(普朗克常量)实验仪面板及基本操作介绍

1.1　光电效应(普朗克常量)实验仪前面板功能说明

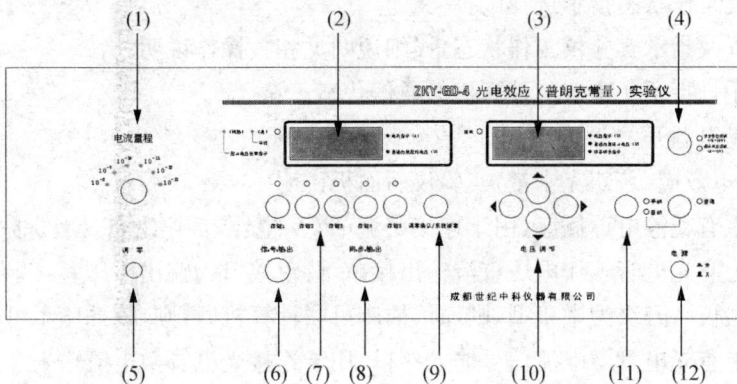

附图 1　实验仪面板

光电效应(普朗克常量)实验仪　前面板如附图 1 所示，以功能划分为 12 个区.

区(1)是电流量程调节旋钮及其指示；

区(2)是复用区，用于电流指示和自动扫描起始电压设置指示复用：

当实验仪处于测试状态或查询状态时，区(2)是电流指示区；

当实验仪处于设置自动扫描电压时，区(2)是自动扫描起始电压设置指示区；

四位七段数码管指示电流或电压值；

区(3)是复用区，用于电压指示、自动扫描终止电压设置指示和调零状态指示复用：

当实验仪处于测试状态或查询状态时，区(3)是电压指示区；

当实验仪处于设置自动扫描电压时，区(3)是自动扫描终止电压设置指示区；

当实验仪处于调零状态时，区(3)是调零状态指示区，显示"－－－－"；

四位七段数码管指示电压值；

区(4)是实验类型选择区：

当绿灯亮时，实验仪选择伏安特性测试实验；

当红灯亮时，实验仪选择截止电压测试实验；

区(5)是调零状态区，用于系统调零：

区(6)、(8)是示波器连接区：

区(6)、区(8)可将信号送示波器显示;

区(7)是存储区选择区:

通过按键选择存储区;

区(9)是复用区,用于调零确认和系统清零:

当实验仪处于调零状态时,按下此键则跳出调零状态;

当实验仪处于测试状态或查询状态时,按下此键则系统清零,重新启动,并进入调零状态;

区(10)是电压调节区:

通过按键调节电压;

区(11)是工作状态指示选择区:

用于选择及指示实验仪工作状态,详细说明见相关操作说明;

通信指示灯指示实验仪与计算机的通信状态;

区(12)是电源开关.

1.2　光电效应(普朗克常量)实验仪后面板说明

后面板上有交流电源插座,用于连接交流 220V 电压,插座上自带有保险管座;

后面板上有光电管工作电压直流输出接口,蓝色接口为输出电压参考地.

如果实验仪已升级为微机型,则通信插座可联计算机,否则,该插座不可使用;

后面板上有光电管微电流信号输入接口,用于连接光电管微电流输入.

1.3　光电效应(普朗克常量)实验仪连线说明

在确认供电电网电压无误后,将随机提供的电源连线插入后面板的电源插座中;

连接前后面板上的连接线.

务必反复检查,切勿连错!!!

1.4　开机后的初始状态

开机后,实验仪进入系统调零状态,去掉光电管微电流输入信号,前面板显示如下:

(1)电压指示为"－－－－";

(2)电流指示为零偏电流值;

(3)截止电压测试灯亮;

(4)手动测试灯亮.

1.5　实验仪调零

注意:当实验仪开机或变换电流量程时,均需对实验仪进行调零.

调零时,测试信号输入连接线必须与光电管暗盒断开.

当实验仪处于调零状态时,电流指示为零偏电流值,电压指示为"－－－－":

旋转区(5)的"调零"旋钮,使电流指示值为"000.0".

调零完成后,按下区(9)的"调零确认/系统清零"键,跳出调零状态,进入手动测试状态.

注意:第一次开机时,应先开机 20min 左右,预热实验仪后再进行调零.

1.6　建议工作状态

伏安特性测试:电流挡位:10^{-10} A;光阑:4mm,测试距离:400mm.

截止电压测试:电流挡位:10^{-13} A;光阑:4mm,测试距离:400mm.

2. 手动测试

下面是用光电效应(普朗克常量)实验仪完成光电效应测试的介绍.

注意:进行测试前,必须用实验连接线把光电管暗盒的微电流输出接口与实验仪的光电管微电流信号输入接口连接正确.

2.1　认真阅读实验教程,理解实验内容

2.2　按 1.3 条的要求完成连线连接

2.3　检查连线连接,确认无误后按下电源开关,开启实验仪

2.4　检查开机状态,参见 1.4

2.5　选择电流量程,进行测试调零,参见 1.5

2.6　选择实验类型

按下区(4)的按键,实验类型在"伏安特性测试"和"截止电压测试"两种实验间转变.

警告:实验类型改变时,原有保存的实验数据均被清除,所以要慎重操作.

2.7　选择存储区

按下区(7)的相应按键,选择相应的存储区,对实验数据进行保存,原来保存的数据被清除.

已经保存有数据的存储区的灯长亮,正在处理的存储区的灯闪烁,没有保存数据的存储区的灯不亮.

2.8　设定手动测试电压值

按下前面板区(10)上的←/→键,当前电压的修改位将进行循环移动,同时闪动位随之改变,以提示目前修改的电压位置.

按下面板上的↑/↓键,电压值在当前修改位递增/递减一个增量单位.

注意:(1)如果当前电压值加上一个单位电压值的和值超过了允许输出的最大电压值,再按下↑键,电压值只能修改为最大电压值.(2)如果当前电压值减去一个单位电压值的差值小于零,再按下↓键,电压值只能修改为零.

2.9　测试操作与数据记录

测试操作过程中每改变一次电源电压值,光电管的光电流值随之改变.记录下区(2)显示的电流值和区(3)显示的电压值数据,待实验完成后,进行实验数据分析.

改变电源电压值的操作方法参见 2.8.

为了快速改变光电管扫描电压,可按 2.8 叙述的方法先改变调整位的位置,从高位电压调起,再调整低位电压,可以得到每步大于 0.5V 或 0.002V 的调整速度.

2.10　示波器显示输出

测试电流变化也可以通过示波器进行显示观测.

将区(6)、(8)的"信号输出"和"同步输出"分别连接到示波器的信号通道和外触发通道,调节好示波器的同步状态和显示幅度,按 2.8 的方法操作实验仪,在示波器上即可看到光电管电流的实时变化.

2.11　存储区清零

在手动测试状态下,按下需要清零的存储区按键,相应的存储区被清零.

警告:存储区清零后,原来存储的数据将无法恢复.所以,此功能要谨慎使用.

2.12　系统清零

在手动测试的过程中,按下区(9)中的"调零确认/系统清零"按键,实验仪重新启动,进入开机状态,参见 1.4.

3. 自动测试

光电效应(普朗克常量)实验仪除可以进行手动测试外,还能自动产生光电管扫描电压,完成整个测试过程;将示波器与实验仪相连接,在示波器上可看到光电管极间电流随扫描电压变化的波形.

3.1　自动测试状态设置

自动测试时电流量程设置、调零等操作过程、光电管的连线操作过程、存储区的选择与手动测试操作过程一样,可参看 2.1 至 2.6 条的介绍.

如要通过示波器观察自动测试过程,可将区(6)、(8)的"信号输出"和"同步输出"分别连接到示波器的信号通道和外同步通道,调节好示波器的同步状态和显示幅度.

建议工作状态和手动测试情况下相同.

3.2　光电管扫描电压起始、终止值的设定

进行自动测试时,实验仪将自动产生光电管扫描电压.

将面板区(11)中的"手动/自动"测试键按至自动测试指示灯亮,则"溢出/起止电压设置指示"灯闪烁;实验仪自动提供一个默认的光电管扫描起始、终止电压.如果需要修改,在区(10)用↑/↓,←/→完成光电管扫描起始、终止电压的具体设定,参见 2.8 条.

3.3　自动测试启动

自动测试状态设置完成后,在启动自动测试过程前应检查电源电压设定值是否正确,电流量程选择是否恰当,自动测试指示灯是否正确指示.如果有不正确的项目,请按 3.1 条、3.2 条重新设置正确.

如果所有设置都是正确、合理的,在按下相应的存储区按键,自动测试开始,测试数据存储在对应的存储区内.

在自动测试过程中,通过面板电流指示区(区(2)),测试电压指示区(区(3)),观察扫描电压与光电管板极电流相关变化情况.

如果连接了示波器,可通过示波器观察扫描电压与光电管电流的相关变化的输出波形.

在自动测试过程中,为避免面板按键误操作,导致自动测试失败,面板上除"手动/自

动"按键外的所有按键都被屏蔽禁止.

3.4 中断自动测试过程

在自动测试过程中,只要按下"手动/自动"键,手动测试指示灯亮,实验仪就中断了自动测试过程,回复到手动测试状态,所有按键都被再次开启工作,这时可进行下一次的测试准备工作.

3.5 自动测试过程正常结束

当扫描电压大于设定的测试终止电压值后,实验仪将自动结束本次自动测试过程,进入数据查询工作状态.

测试数据保留在实验仪主机的存储器中,供数据查询过程使用,所以,示波器仍可观测到本次测试数据所形成的波形,直到下次测试开始或清零后才刷新存储器的内容.

3.6 自动测试后的数据查询

自动测试过程正常结束后,实验仪进入数据查询工作状态,所有按键都被再次开启工作.

区(11)的自动测试指示灯亮,区(11)的查询灯亮.

改变电源电压指示值,就可查阅到在测试过程中,电压源的扫描电压值为当前显示值时,对应的光电管光电流值的大小,该数值显示于区(2)的电流指示表上.

按下相应存储区的按键,即可查询到相应存储的电源电压和电流值.

注意:在手动测试状态,查询键无效,无查询功能.

3.7 结束查询过程

当需要结束查询过程时,只要按灭区(12)的"查询"键,实验仪回到自动测试的电压设置状态.

在按下区(11)的"手动/自动"键至手动测试状态,实验仪进入手动测试状态,自动退出查询过程.

实验 2.22 用旋光仪测旋光性溶液的旋光率和浓度

天然旋光性是分子光学的最重要的现象之一,它对于研究分子结构有特别的作用.许多物质(无论是结构简单还是结构非常复杂的)都具有能使通过物质的光的偏振平面旋转的能力.旋光性是研究分子中原子以及键的相互影响的很好的工具,因此旋光性实验既具有重要的理论价值,也具有非常重要的实际应用.

【实验目的】

1. 观察线偏振光通过旋光物质的旋光现象.

2. 了解旋光仪的结构及工作原理.

3. 学习用旋光仪测旋光性溶液的旋光率和浓度.

【实验原理】

如图 2.22.1 所示,线偏振光通过某些物质的溶液(特别是含有不对称碳原子物质的溶液,如蔗糖溶液等)后,偏振光的振动面将旋转一定的角度 φ,这种现象称为旋光现象.

旋转的角度 φ 称为旋转角或旋光度. 它与偏振光通过的溶液长度 l 和溶液中旋光性物质的浓度 c 成正比, 即

$$\varphi = kcl \qquad\qquad (2.22.1)$$

式中, k 称为该物质的旋光率, 它在数字上等于偏振光通过单位长度(1dm)(1dm= 0.1m)、单位浓度(1g/mL)的溶液后引起振动面旋转的角度[①]. c 用 g/mL 表示, l 用 dm 表示.

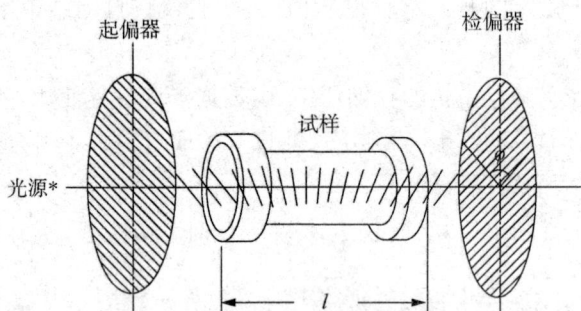

图 2.22.1 观测偏振光的振动

实验表明, 同一旋光物质对不同波长的光有不同的旋光率; 在一定的温度下, 它的旋光率与入射光的波长的平方成反比, 即随波长的减小而迅速增大, 这个现象称为旋光色散. 考虑到这一情况, 通常采用钠黄光的 D 线($\lambda = 589.3$nm) 来测定旋光率.

若已知待测旋光性溶液的浓度 c 和液柱的长度 l, 则测出旋光度 φ 就可由式 $\varphi = kcl$ 算出其旋光率 k. 在液柱的长度 l 不变时, 如果依次改变浓度 c, 测出其相应的 φ, 然后画出 φ-c 曲线——旋光曲线, 则得到一条直线, 其斜率为 kl. 从直线的斜率也可以算出旋光率 k[②].

反之, 通过测量旋光性溶液的旋光度, 可确定溶液中所含旋光物质的浓度. 通常可根据测出的旋光度从该物质的旋光曲线上查出对应的浓度.

【实验仪器】

测量物质旋光度的装置称为旋光仪, WXG-4 型圆盘旋光仪的结构如图 2.22.2 所示.

---

① 某些晶体(如石英等)也具有旋光性质, 其旋光度 $\varphi = k \cdot d$, 其中 d 为晶体通光方向的厚度, 单位为 mm. 可见, 晶体的旋光率 k 在数值上等于偏振光通过厚度为 1mm 的晶体片后振动面的旋转角度.

② 在这里, 我们忽略了温度和溶液浓度对于旋光率的影响. 实际上旋光率 k 与温度和浓度均有关. 例如, 在 20℃ 时, 对于钠黄光 D 线蔗糖水溶液的旋光率为

$$k_{20} = 66.412 + 0.01267c - 0.000376c^2$$

其中, 浓度 $c = 0 \sim 50$(g/100g 溶液). 当温度 t 偏离 20℃, 在 14~30℃ 时, 其旋光率随温度变化的关系为

$$k_t = k_{20}[1 - 0.00037(t - 20)]$$

大体上, 在 20℃ 附近, 温度每升高或降低 1℃, 蔗糖水溶液的旋光率约减小或增加 0.24°mL/g·(dm).

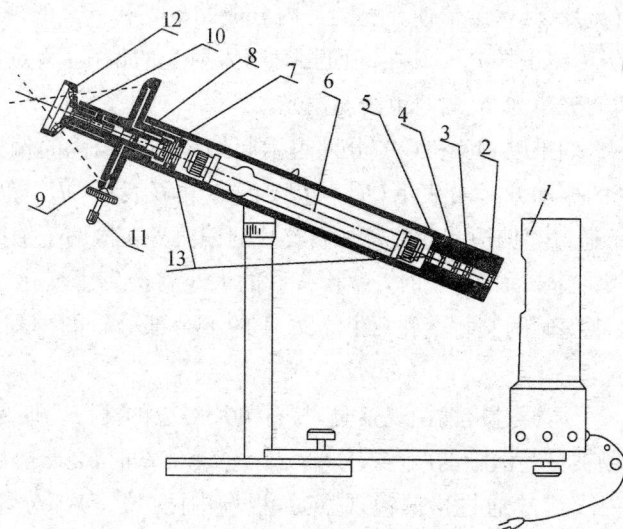

图 2.22.2　旋光仪示意图

1.光(钠光)2.会聚透镜 3.滤色片 4.起偏镜 5.半波片(石英片)
6.测试管 7.检偏镜 8.望远镜物镜 9.刻度盘游标 10.望远镜目镜
11.刻度盘转动手轮

　　测量时,先将旋光仪中起偏镜(4)和检偏镜(7)的偏振轴调到相互正交,这时在目镜(10)中看到最暗的视场;然后装上测试管(6),转动检偏镜(7),使因振动面旋转而变亮的视场重新达到最暗,此时检偏镜的旋转角度即表示被测溶液的旋光度.

　　因为人的眼睛难以准确地判断视场是否最暗,故多采用半荫法,用比较视场中相邻两光束的强度是否相同来确定旋光度.具体装置如图 2.22.3 所示.在起偏镜后再加一石英晶体片,此石英片和起偏镜的一部分在视场中重叠.随石英片安放位置的不同,可将视场分为两部分[图 2.22.3(a)]或者三部分[图 2.22.3(b)].同时在石英片的旁边装上一定厚度的玻璃片,以补偿由石英片产生的光强变化.取石英片的光轴平行于自身表面并与起偏镜的偏振轴成一角度 θ(仅几度).由光源发出的光经起偏镜后变成线偏振光,其中

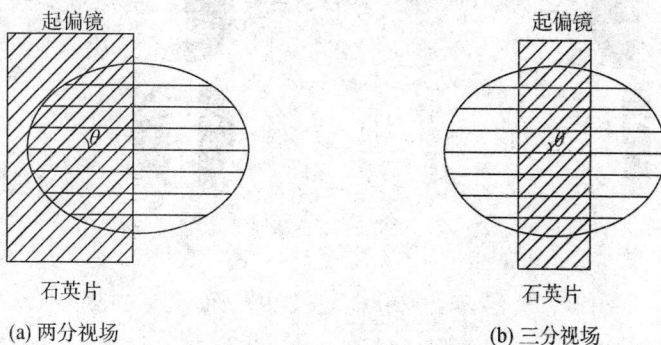

(a) 两分视场　　　　　　　　　(b) 三分视场

图 2.22.3　石英片的两种安装方式

一部分光再经过石英片(其厚度恰使在石英片内分成的 e 光和 o 光的位相差为 π 的奇数倍,出射的合成光仍为线偏振光),其振动面相对于入射光的偏振面转过了 2θ,所以测试管的光是振动面间的夹角为 2θ 的两束线偏振光.

在图 2.22.4 中,如果以 OP 和 OA 分别表示起偏镜和检偏镜的偏振轴,OP' 表示透过石英片后偏振光的振动方向,β 表示 OP 与 OA 的夹角,β' 表示 OP' 与 OA 的夹角;再以 A_P 和 A'_P 分别表示通过起偏镜和起偏镜加石英片的偏振光在检偏镜偏振轴方向的分量;则由图 2.22.4 可知,当转动检偏镜时,A_P 和 A'_P 的大小将会发生变化,反映在从目镜中见到的视场上将出现亮暗的交替变化(图 2.22.4 的下半部分).图中列出了四种显著不同的情形:

(a)$\beta' > \beta$,$A_P > A'_P$,通过检偏镜观察时,与石英片对应的部分为暗区,与起偏镜对应的部分为亮区,视场被分为清晰的两(或三)部分.当 $\beta' = \pi/2$ 时,亮暗的反差最大.

(b)$\beta = \beta'$,$A_P = A'_P$,故通过检偏镜观察时,视场中两(或三)部分界线消失,亮度相等,较暗.

(c)$\beta > \beta'$,$A'_P > A_P$,视场又分为两(或三)部分,与石英对应的部分为亮区,与起偏镜对应的部分为暗区,当 $\beta = \pi/2$ 时,亮暗的反差最大.

(d)$\beta = \beta'$,$A_P = A'_P$,故通过检偏镜观察时,视场中两(或三)部分界线消失,亮度相等,较亮.

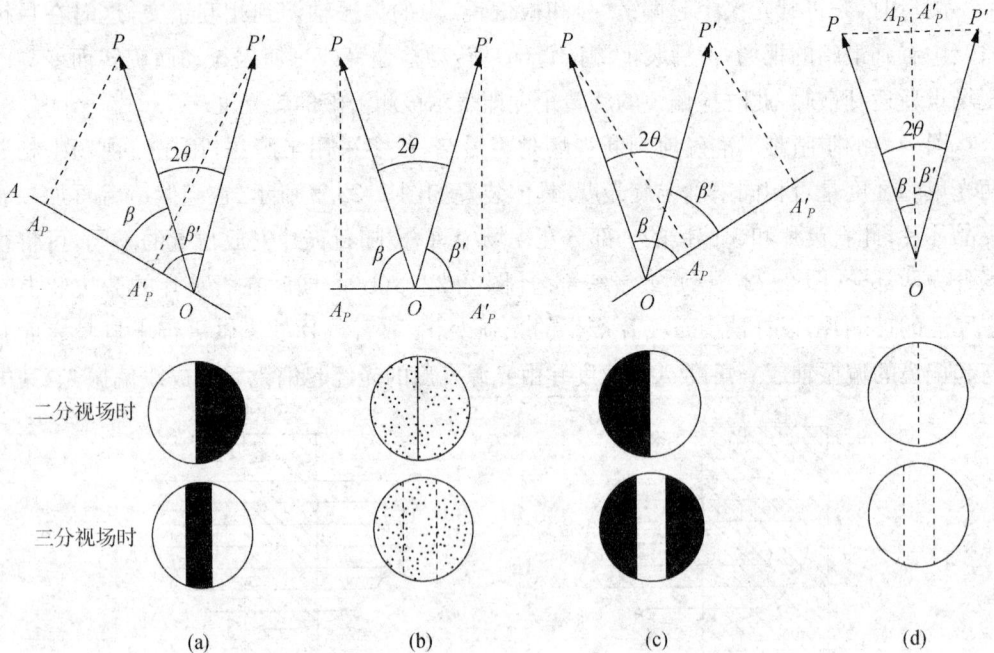

图 2.22.4 转动检偏镜时,目镜中视场的亮度变化图

由于在亮度不太强的情况下,人眼辨别亮度微小差别的能力较大,所以常取

图 2.22.4(b)所视的视场作为参考视场,并将此时检偏镜的偏振轴所指的位置取作刻度盘的零点.

在旋光仪中放上测试管后,透过起偏镜和石英片的两束偏振光均通过测试管,它们的振动面转过相同的角度 φ,并保持两振动面间的夹角 2θ 不变.如果转动检偏镜,使视场仍旧回到图 2.22.4(b)所示的状态,则检偏镜转过的角度即为被测试溶液的旋光度.迎着射来的光线看去,若检偏镜向右(顺时针方向)转动,表示旋光性溶液使偏振光的偏振面向右(顺时针方向)旋转,该溶液称为右旋溶液,如蔗糖的水溶液.反之,若检偏镜向左(反时针方向)转动,该溶液称为左旋溶液,如果糖的水溶液.

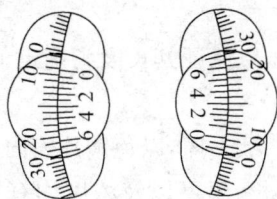

图 2.22.5 游标度盘($\alpha=9.30°$)

【实验内容】

1. 实验准备及调整旋光仪

(1)将纯净待测物质(如蔗糖)分别配制成 10%,15%,20%,25%,30% 的五种不同浓度的溶液作为待测溶液,并加以稳定和沉淀;

(2)接通电源,点燃约 10min 待完全发出钠黄光后,方可以观察使用.

(3)调节旋光仪的目镜,能看清视场中两(或三)部分的分界线清晰时为止.

(4)校验零点:转动刻度盘手轮使检偏镜转动,观察并熟悉视场明暗变化的规律.当视场中视场照度均匀一致时[图 2.22.4(b)],根据三分视场原理,此时作为零点及测量参考视场误差最小.记下刻度盘上的相应读数左游 α_0 和右游 α'_0,零点读数为 $\overline{\alpha_0}=\dfrac{1}{2}(\alpha_0+\alpha'_0)$.

(5)检验溶剂是否有旋光现象.

2. 测定旋光性溶液的旋光率和浓度

(1)将配好的五种不同浓度的旋光性溶液,分别注入长度相同的样品管内.把样品管放入镜筒中,试管有圆泡一端朝上,以便气泡存入不致影响观察和测量.转动刻度盘手轮使检偏镜转动,当视场照度均匀一致时[图 2.22.4(b)],读出刻度盘所旋转的角度 α 和 α'.

测每一种浓度溶液的旋光度时应重复测读 3 次,取其平均值(为降低测量误差).

(2)测出不同浓度旋光性溶液的旋光度 φ.然后,在坐标纸上作 φc 曲线,并由图解法算出斜率为该物质的旋光率 k(也可作图法或最小二乘法求旋光率 $\bar{k}$).

(3)将两种未知浓度的同种旋光性溶液,放入旋光仪中分别测出其旋光度,再根据作出的旋光曲线(φc 曲线),确定待测溶液的浓度 x 值、y 值.

【注意事项】

1.钠光灯管使用时间不宜超过 4h,长时间使用应用电风扇吹风或关熄 10～15min,待冷却后再使用.灯管如遇有只发红光不能发黄光时,往往是因输入电压过低(不到 220V)所致,这时应设法升高电压到 220V 左右.

2.溶液应装满试管,不能有气泡.注入溶液后,试管和试管两端的透光窗均应擦净,才可装入旋光仪.

3.试管的两端经过精密磨制,以保证其长度为确定值,使用时应十分小心,以防损坏试管.

4.镜片不能用不洁或硬质布、纸去擦,以免镜片表面产生划痕.

5.由于旋光率与所用光波波长、温度以及浓度均有关系,所以测定旋光率时应对上述各量作出记录或加以说明.

【数据处理】

钠光波长 $\lambda=5893\text{Å}$ 溶液温度 $t=$____℃   液柱长 $l=$____ dm

零点读数 $\overline{\alpha_0}=\frac{1}{2}$(左游 α_0 + 右游 α_0)=						
浓度 C_i		旋光度/(°)			$\overline{\alpha_i}=\frac{\sum(\alpha+\alpha')}{6}$	旋光度 $\varphi_i=\overline{\alpha_i}-\overline{\alpha_0}$	$k_i=\frac{\varphi_i}{C_i l}/$ $[(°)\cdot\text{mL}/(\text{g}\cdot\text{dm})]$
		1次	2次	3次			
10%	左游 α						
	右游 α'						
15%	左游 α						
	右游 α'						
20%	左游 α						
	右游 α'						
25%	左游 α						
	右游 α'						
30%	左游 α						
	右游 α'						
X%	左游 α						
	右游 α'						
Y%	左游 α						
	右游 α'						

【思考题】

1. 对波长 $\lambda = 589.3\text{nm}$ 的钠黄光,石英的折射率为 $n_o = 1.5442$,$n_e = 1.5533$. 如果要使垂直入射的线偏振光(设其振动方向与石英片光轴的夹角为 θ)通过石英片后变为振动方向转过 2θ 的线偏振光,试问石英片的最小厚度应为多少?

2. 为什么说用半荫法测定旋光度比单用两个尼科耳棱镜(或两块偏振片)时更方便、更准确?

第三部分　综合性实验

21世纪以来,科学技术飞速发展,特别是半导体、激光、材料、微电子、计算机等科学和技术的发展,加快了知识更新的速度.新时代要求将与物理学密切相关的新内容、新技术、新方法及时地传授给学生.这就需要补充一些代表当代物理学发展的实验内容、实验方法和手段.

综合实验是完成基础实验训练后所开设的实验内容.这类实验介于基础教学实验和科学研究实验之间,由几个内容相关的独立实验组合而成的系列实验;一些原属于近代物理实验的内容改成为普通物理实验.同时我们也把我院的一些科研成果转化为实验项目.

综合性实验主要体现当代物理学发展的实验内容、实验方法和手段,将计算机技术、传感器技术等现代科技成果转化为物理实验;普物实验与近代物理实验间的重组与融合,达到以同一方法解决不同问题和同一问题采用不同方法——模块层次化教学方法为目的.

具体包含以下几个方面:

1. 实验内容的综合

同一个实验中,涉及多个知识模块,普通物理(力学、热学、电磁学、光学、原子物理学)、理论物理、近代物理、电子学、机械传感等学科相互交叉,互相组合,构成一个综合交叉的实验体系.如实验3.8温度传感器的测量,同时涉及热学、电子学、机械传感等多个方面的知识体系.

2. 实验方法的综合

1)同一个物理量用不同的方法研究

测量磁场的方法很多,如冲击法、冲击电流计法、磁通计法、磁位法等.通过前阶段的冲击法、冲击电流计法测量磁场实验,在此基础上,本部分又安排了用霍尔元件测量磁场实验,让大家掌握测量磁场的多种方法.

2)同一方法解决不同物理问题

在电桥系列实验里,在第一部分的单臂电桥实验之后,安排了双臂电桥、交流电桥实验.让学生了解各种电桥的平衡条件和测量方法,了解电桥的不同用途,包括实验3.2、实验3.7、实验3.8.体现了用同一方法解决不同问题的教学思路.

在传感器系列实验里,本部分编排了多个涉及传感器技术方面的应用项目,包括温度传感器、压力传感器、转动传感器、霍尔式传感器、CCD图像传感器.如:实验3.1、实验

3.2、实验 3.3、实验 3.4、实验 3.5、实验 3.6、实验 3.8.通过传感器系列实验的训练,让学生了解各种传感器的应用.

3. 实验设备的综合

1)同一仪器解决多种问题

材料热物性研究实验是我院的一些科研成果转化为实验项目.可用同一个仪器研究不同的物理现象,如材料导热系数、材料的定压比热容、材料的热扩散系数、材料的密度等多个物理量的测量,并且还可以对材料的隔热、隔音等性能进行研究.

PASCO 系列实验里,安排了对弹性碰撞实验中速度与加速度矢量的相互关系;非弹性碰撞中的冲力与动量的相互关系;完全非弹性碰撞过程中动量守恒与动能的损失;完全弹性碰撞中动能和动量的守恒的研究.它将计算机技术、传感器技术手段应用到普通物理现象的研究中,让学生了解并掌握现代物理测试技术.

2)同一问题使用多种仪器

同一物理实验中,同时用到多种不同的实验仪器和设备.如在 PASCO 实验里,同时用到了导轨、小车、计算机、传感器等多种实验设备.

4. 实验目标的综合

大学物理综合实验是以理论联系实际的教学方式,学习现代实验与测试及处理技术,强化学生对物理理论、物理原理、物理规律的应用,进一步培养学生综合实验素质、提高实验测试技术水平、科研能力、实验技能的一门高级实验技术课.

通过本课程的学习,使学生掌握现代物理测试方法、测试技术及应用、计算机在实验中的应用,以及从事科研活动的基本程序和方法等方面的知识,同时使学生受到科学实验训练,培养良好的科学精神、科学素养、科学方法和实验能力,为今后的学习、研究和工作奠定良好的基础.

这类实验具有综合性与探索性的特点.通过综合实验使学生学习得到实验技能的综合训练.

总之,综合实验的目标就是培养学生各方面的综合实验能力.

5. 实验要求的综合

本课程要求学生具备综合型的知识和综合型的实验能力.既要具备大学物理各板块的基本知识,又要具备各方面的实际动手能力,既要掌握基础物理各方面的知识体系,又要熟悉常见的各种实验设备的使用方法.

本课程的学习,要求学生掌握现代物理实验和测试技术,能运用所学的知识解决实际问题,具有综合实验能力和综合分析、判断能力.

学生必须具备相应的综合素质,具有合理的知识结构,在知识、能力、素质等方面协调发展.具有较强的知识更新能力和较广泛的科学适应能力.

必须具备科学思维与科学实验方面的综合能力,具有运用物理理论、知识、原理进行实验方案设计和实验技术开发的综合能力.

实验 3.1 密立根油滴实验

美国著名的实验物理学家密立根(R. A. Millikan),在 1909~1917 年期间所做的测量微小油滴上所带电荷的工作,即油滴实验,是近代物理学发展史上具有十分重要意义的实验.这一实验设计巧妙、原理清晰、设备简单、结果精确,其结论却具有不容置疑的说服力,因此堪称为物理实验的精华、典范,对提高学生实验设计思想和实验技能都有很大的帮助.密立根在这一实验工作上花费了 10 年的心血,取得了具有重大意义的结果:①证明电荷的不连续性,所有电荷都是基本电荷 e 的整倍数;②测量了基本电荷即电子电荷的值为 $e=1.60\times10^{-19}$ C.正是由于这一实验的成就,他荣获了 1923 年度诺贝尔物理学奖.

【实验目的】

1. 领会密立根油滴实验的设计思想.

2. 测定电子电荷值,体会电荷的不连续性.

3. 了解 CCD 图像传感器的原理与应用.

4. 培养学生坚忍不拔的精神和求实、科学、严谨的工作作风.

【实验原理】

要测定油滴的带电量,从而确定电子的电荷值,可以用平衡测量方法,也可以用动态方法进行测量,分述如下.

1. 平衡测量法

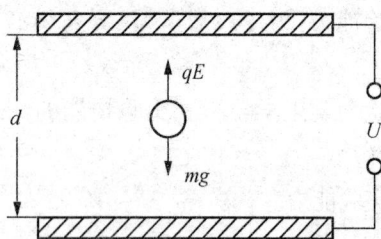

图 3.1.1 带电油滴受力图

质量 m、带电量为 q 的球形油滴,处在两块水平放置的平行带电平板之间,如图 3.1.1 所示.改变两平板间电压 U,可使油滴在板间某处静止不动,此时油滴受到重力、静电力和空气浮力的作用.若不计空气浮力,则静电力 qE 和重力 mg 平衡,即

$$mg=qE=q\frac{U}{d} \tag{3.1.1}$$

式中,E 为两极板间的电场强度,d 为两极板间的距离.只要测出 U,d,m 并代入(3.1.1)式,即可算出油滴带电量 q.然而因油滴很小(直径约为 10^{-6} m),其质量无法直接测得,需要用如下的特殊方法来测定.

两极板间未加电压时,油滴受重力作用而下落,下落过程中同时受到向上的空气黏滞阻力 f_r 的作用.根据斯托克斯定律,同时考虑到对如此小的油滴来说空气已不能视为连续介质,加上空气分子的平均自由程和大气压强 p 成正比等因素,黏滞阻力修正后写为

$$f_r = \frac{6\pi\eta r v}{1 + \dfrac{b}{pa}} \tag{3.1.2}$$

其中,η 为空气的黏滞阻尼系数,a 为油滴的半径,v 为油滴的下落速度,b 为修正常数,p 为大气压强. 随着下落速度的增加,黏滞阻力增大,当 $f_r = mg$ 时,油滴将以速度 v_g 匀速下落,此时有

$$f_r = mg$$

$$\frac{6\pi\eta a v_g}{1 + \dfrac{b}{pa}} = mg = \frac{4}{3}\pi a^3 \rho g \tag{3.1.3}$$

式中,ρ 为油的密度. 由(3.1.2)式、(3.1.3)式通过适当的简化计算后得

$$m = \frac{4}{3}\pi\rho\left[\frac{9\eta v_g}{2\rho g(1 + b/pa)}\right]^{\frac{3}{2}} \tag{3.1.4}$$

分别测出油滴匀速下落距离 l 和所用的时间 t_g,则油滴匀速下落的速度 $v_g = l/t_g$,利用(3.1.4)式和(3.1.1)式有

$$q = \frac{18\pi}{\sqrt{2\rho g}}\left[\frac{\eta l}{t_g(1 + b/pa)}\right]^{\frac{3}{2}}\frac{d}{U} \tag{3.1.5}$$

上式分母仍包含 a,因其处于修正项内,不需十分精确,计算时可用 $a = \sqrt{\dfrac{9\eta l}{2\rho g t_g}}$ 代入.

在给定的实验条件下,η,l,ρ,g,d 均为常数,$\rho = 981\,\text{kg/m}^3$,$g = 9.794\,\text{m/s}^2$,$\eta = 1.83 \times 10^{-5}\,\text{kg/m·s}$,$l = 1.50 \times 10^{-3}\,\text{m}$,$b = 6.17 \times 10^{-6}\,\text{m·cmHg}$,$p = 76.0\,\text{cmHg}$,$d = 6.00 \times 10^{-3}\,\text{m}$. 将以上数据代入(3.1.5)式得

$$q = \frac{1.43 \times 10^{-14}}{[t_g(1 + 0.0200\sqrt{t_g})]^{\frac{3}{2}}U} \tag{3.1.6}$$

(3.1.6)式即为本实验最终依据的测量公式.

实验时,只需测得油滴自由下落距离 l 所用的时间 t_g 和油滴平衡时所加的电压 U,便可求得 q 的值.

2. 动态测量方法

一个质量为 m 带电量为 q 的油滴处在两块平行板之间,在平行板未加电压时,油滴受重力的作用而加速下降,由于空气阻力 f_r 的作用,下降一段距离后,油滴将匀速运动,速度为 v_g,此时 f_r 与 mg 平衡,如图3.1.2所示.

由斯托克斯定律知,黏滞阻力为

$$f_r = 6\pi a \eta v_g = mg \tag{3.1.7}$$

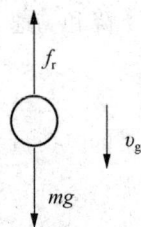

图 3.1.2 油滴受力分析图

式中，η 为空气黏滞系数，r 为油滴的半径.

此时在平行板上加电压 U，油滴处在场强为 E 的静电场中，其所受静电场力 qE 与重力 mg 相反，如图 3.1.3 所示.

当 qE 大于 mg 时，油滴加速上升，由于 f_r 的作用，上升一段距离后，将以 v_e 的速度匀速上升，于是有

$$\begin{cases} 6\pi a\eta v_e + mg = qE = q \cdot \dfrac{U}{d} \\ 6\pi a\eta v_g = mg \end{cases} \tag{3.1.8}$$

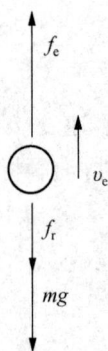

图 3.1.3　油滴受力分析图

由(3.1.8)式可知，为了测定油滴所带的电荷量 q，除应测平行板上所加电压 U、两块平行板之间距离 d、油滴匀速上升的速度 v_e 和 v_g 外，还需知油滴质量 m. 由于空气中的悬浮和空气表面张力的作用，可将油滴视为圆球，其质量为

$$m = \frac{4}{3}\pi a^3 \rho \tag{3.1.9}$$

由(3.1.7)式和(3.1.8)式得油滴半径为

$$a = \sqrt{\frac{9\eta v_g}{2\rho g}} \tag{3.1.10}$$

由于油滴半径 a 小到 $10^{-6}\,\mathrm{m}$，所以，空气的黏滞系数 η 应修正为

$$\eta' = \frac{\eta}{1 + \dfrac{b}{pa}} \tag{3.1.11}$$

将(3.1.11)式代入(3.1.10)式，得

$$a = \sqrt{\frac{9\eta v_g}{2\rho g\left(1 + \dfrac{b}{pa}\right)}} \tag{3.1.12}$$

于是，带电油滴质量 m 为

$$m = \frac{4}{3}\pi\rho\left[\frac{9\eta v_g}{2\rho g\left(1 + \dfrac{b}{pa}\right)}\right]^{\frac{3}{2}} \tag{3.1.13}$$

设油滴匀速下降和匀速上升的距离相等，均为 l，则有

$$v_g = \frac{l}{t_g}, \quad v_e = \frac{l}{t_e}$$

所以油滴所带的电荷量为

$$q = \frac{18\pi}{\sqrt{2\rho g}}\left(\frac{\eta l}{1 + \dfrac{b}{pa}}\right)^{\frac{3}{2}} \cdot \frac{d}{U}\left(\frac{1}{t_e} + \frac{1}{t_g}\right) \cdot \left(\frac{1}{t_g}\right)^{\frac{1}{2}} \tag{3.1.14}$$

令(3.1.14)式中

$$K = \frac{18\pi}{\sqrt{2\rho g}} \left[\frac{\eta l}{1 + \frac{b}{pa}} \right]^{\frac{3}{2}} \cdot d$$

则(3.1.14)式变为

$$q = K \cdot \left(\frac{1}{t_E} + \frac{1}{t_g} \right) \left(\frac{1}{t_g} \right) \frac{1}{U} \tag{3.1.15}$$

该式就是动态法测量油滴带电荷的公式.

【实验仪器】

装置如图 3.1.4 所示,主要由油滴盒、照明装置、调平系统、测量显微镜、计时器、供电电源、喷雾器、CCD 图像监视系统等组成.

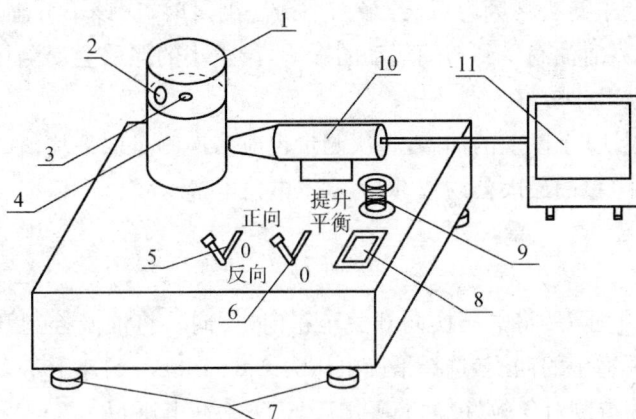

图 3.1.4　油滴仪结构示意图

1.油雾室;2.喷油雾孔;3.油滴入孔;4.油室;5.电压换向开关;
6.油滴控制开关;7.可调底角;8.计时按钮;9.电压调节旋钮;
10.CCD 系统;11.显示器

【实验内容】

1. 油滴仪的调节

打开仪器和显示器开关,使其正常工作;调节仪器底角,使其水平;用喷雾器将油滴从喷雾孔中喷入,观察显示器,直到看到大量星星点点的油滴在显示屏上向下运动.

2. 测量前的练习

油雾通过油雾室进入极板的电场空间后,现场中出现许多在重力场作用下下落的油滴,犹如夜空繁星.此时可迅速交替在极板上加上的电压±U(150~300)V 的平衡电压,将一部分荷电量较大、看上去运动速度较快的油滴驱除.然后在剩下为数不多的油滴中挑选(注视)速度适中的一颗,去掉平衡电压让它下降一段距离;再加上平衡电压和升降电压(注意电压极性)使其上升一段距离.如此往复上下多次,挑选适合测量的油滴并尽可能不要轻易丢失(匀速下落 1.5mm 的时间在 8~20s 的油滴较为适宜)(其中:油室中装有一平行板电容器,上下极板间距 6mm).

　　所选油滴的质量和荷电量都应适中.油滴质量太大,下降速度太快,不易测准;质量太小,则布朗运动明显,且易受热扰动的影响,引起涨落较大,也不易测准.同样的原因,油滴荷电量也不宜太大,以带几个电子电荷为宜.

　　同时练习计时器的使用方法.

　　(显示器中分划线是将平行板电容器中的 2mm 空间放大显示,并可读出极板间的电压值.)

3. 正式测量

　　采用运动法和平衡法测量均可.若采用平衡法测量时,应该十分细心地调节平衡电压.由于调节和观察时油滴受到布朗运动的影响,产生小的漂移会使测量结果产生误差,一般来说用运动法效果较好.

　　实验中要测量 10 个以上的油滴,每次测量也应多次测量取平均值,这样才能尽量减少误差.通过计算电量的最大公约数,即为基本电荷电量.

4. 平衡测量法

　　(1)测量平衡电压 U.将电压换向开关至正向(反向),将油滴控制开关至平衡位置,在视场中选定一颗适中的油滴,选择平衡电压为 200～300V,匀速下落 1.5mm 所用时间约 20s 的油滴作为待测对象较好.油滴平衡后,记下平衡电压 U.

　　(2)测量匀速下降的时间 t_g.应先让油滴下降一段距离变为匀速后,选定平行板之间的中央部分的一段距离,测出油滴经过这段距离所用时间 t_g.

　　(3)由于有涨落,对于同一颗油滴必须进行多次测量.同时还应该对不同的油滴进行反复的测量.

　　通过控制开关扳到"提升"挡,将油滴升至所需格的位置,这时再回到"平衡挡"按计时开关让计时停止,后将控制开关扳到"0"挡位,此时油滴下落计时开始,油滴落到指定位置,将控制开关扳至"平衡"挡,计时停止,请记下时间,重复 5～10 次(上下极板间距 6mm).

　　对一颗油滴进行多次反复测量(一般在 5 次以上),且每次测量前均应重新调节平衡电压,分别算出每次测量的结果(油滴带电量和基本电荷).

　　用同样的方法至少测量 5 颗油滴,最终求出(所有)基本电荷的实验平均值.

5. 动态测量法

　　(1)先将油滴带电、捉住,然后加电压,油滴向上运动,将电压调节旋钮扳到"0"挡,油滴下落.将电压调节旋钮扳到"提升"挡,油滴上升.

　　(2)测量匀速下降的时间 t_g.应先让油滴下降一段距离变为匀速后,选定平行板之间的中央部分的一段距离,测出油滴经过这段距离所用时间 t_g,油滴落到指定位置,将控制开关扳至"平衡"挡,计时停止,记下时间.

(3)测量匀速上升的时间 t_e.将电压调节旋钮置到"提升"挡,这时带电的油滴向上运动,同时计时开始,当油滴升至所需要待测的格值时,将电压调节旋钮扳到"0"挡,这时计时停止(请记下时间).

反复几次分别测出加电压时油滴上升的速度和不加电压时油滴下落时间并代入相应公式求出 e 值,油滴运动距离一般选用 1.5mm 对某颗油滴重复 5～10 次,选 10～15 颗油滴,求得电子电荷的平均值 e(油滴不带电下落时间用平衡法测量).各式中的有关参数为(参考):

油密度　　　　　$\rho_i = 981\text{kg/m}^3$

重力加速度　　　$g = 9.804\text{m/s}^2$

空气黏滞系数　　$\eta = 1.81 \times 10^{-5}\text{kg/m} \cdot \text{s}$

平行板间距　　　$d = 6 \times 10^{-3}\text{m}$

大气压强　　　　$p = 1.00 \times 10^5\text{Pa}$

常数　　　　　　$b = 0.00823\text{Pa} \cdot \text{m}$

【注意事项】

1.喷雾时切勿将喷雾器插入油雾室,甚至将油倒出来,更不应该将油雾室拿掉后对准上电极板中央小孔喷油,否则会将油滴盒周围搞脏,甚至把落油孔堵塞.

2.选择大小合适的油滴是实验的关键.大而亮的油滴,因其质量大,油滴带电量也多,匀速下落一定距离的时间短,增加测量和数据处理误差.而过小的油滴布朗运动明显,且不易观察.

3.测量油滴运动时间应在两极板中间进行,太靠近上极板,小孔附近有气流,电场也不均匀,若太靠近下极板,测量后油滴容易丢失.

【思考题】

1.为什么向油雾室喷油时要使两极板短路?

2.对同一颗油滴进行多次测量时,为什么平衡电压必须逐次调整?

3.实验时如何保证测量的时间是对应油滴作匀速运动的时间?

4.密立根油滴实验的设计思想、实验技巧对你的实验素质和能力的提高有何帮助?作完该实验后有何心得体会?

【附录】CCD 电子显示系统简介

CCD 是英文 charge coupled device 的缩写,意为电荷耦合器件,它是一种以电荷量反映光学量大小,用耦合方式传输电荷量的新型器件.这种半导体光电器件用作摄像器件具有体积小、重量轻、工作电压低、功耗小、自动扫描、实时转移、光谱范围宽和寿命长等一系列优点,所以自 1970 年问世以来,发展迅速,应用广泛.

CCD 的结构与 MOS(金属-氧化物-半导体)器件基本类似.半导体硅片作为衬底,在硅表面上氧化一层二氧化硅(SiO_2)薄膜,再上面是一层金属膜,作为电极.用于图像显示的 CCD 器件的工作过程大致如下:用光学成像系统将景物成像在 CCD 的像敏面上,像敏面再将照在每一像敏单元上的照度信号转变为少数载流子密度信号,在驱动脉冲的作用下顺序地移出器件,成为视频信号输入监视器,在荧光屏上把原来景物的图像显示出来.可见,这种CCD的作用是将二维平面的光学图像信号转变为有规律的连续的一维输出的视频信号.

CCD电子显示系统的使用方法和注意事项:

(1)用光学镜头将景物成像在CCD的像敏面上.通过旋转光学镜头,改变镜头与像敏面的距离,使成像清晰.不要用手触及CCD前面的镜面玻璃,如有沾污,可用镜头纸沾混合洗液清除.

(2)CCD专用电源线将CCD上的电源插孔与油滴仪上的CCD电源插座相连接,CCD工作电源为直流12V,中心电极为正极,正负极性不要搞错.

(3)用75Ω视频电缆将CCD上的VIDEOOUT插座与监视器的VIDEOIN插座相连接,此时监视器的阻抗开关应置于75Ω挡,切勿使CCD视频输出(VIDEOOUT)短路.

(4)把油滴仪的测量显微镜调节好,用眼睛能清晰地看到分划板刻度和油滴.将CCD镜头靠近测量显微镜的目镜,适当旋转和移动CCD镜头,就能在监视器上观察到分划板刻度和油滴.有时也可省去CCD成像镜头和显微镜目镜,将景物通过显微镜物镜直接成像在CCD的像敏面上.

(5)禁止将CCD直对太阳光、激光等强光源,防止CCD受潮和受撞击.

实验 3.2 交流电桥

交流电桥是电测量技术中常用的测量仪器,它主要用来测量电容器的电容量及其损耗和线圈的电感量及其损耗,随着传感器技术的发展,交流电桥还可以用来测量与电感、电容有关的物理量.如互感、材料的磁导率、介质的损耗和介电常量等.在测量方面有着广泛的用途.

【实验目的】

1.用交流电桥测量电感和电容及其损耗.
2.了解交流电桥的平衡原理和调节平衡的方法.

【实验原理】

1. 交流电桥的平衡条件

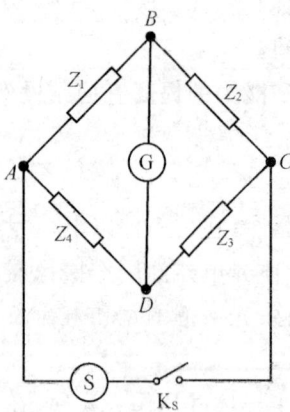

图 3.2.1 电桥线路

交流电桥电路如图3.2.1所示.在电路组成上与单臂直流电桥相似.设四个桥臂交流元件的复阻抗分别为Z_1,Z_2,Z_3,Z_4.

交流电桥采用交流电源(S),频率应选用被测元件的工作频率;示零器(G)采用高灵敏度的交流电流表或者示波器、耳机等交流电流(或者交流电压)指示仪表,交流电桥平衡的条

件为:当两个复数 $\dot{U}_B = \dot{U}_D$ 时,电桥达到平衡状态. 电桥平衡时

$$Z_1 = \frac{Z_4}{Z_3} Z_2 \tag{3.2.1}$$

2. 实际电容器和线圈的等效线路

实际电容器可等效成如图 3.2.2 所示的理想电容 C 与绝缘电阻 R_1 的并联. 只有当 R_1 值趋于无限大, 实际电容器与理想电容器才完全等效, 因此电容器的"容抗"应写作

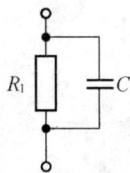

图 3.2.2 实际电容器等效电路

$$Z_C = R_1 // \frac{1}{j\omega C} = \frac{R_1 \dfrac{1}{j\omega C}}{R_1 + \dfrac{1}{j\omega C}} = \frac{R_1(1 - R_1 j\omega C)}{1 + (R_1\omega C)^2} \tag{3.2.2}$$

当绝缘电阻远大于纯容抗时

$$Z_C = \frac{1}{R_1(\omega C)^2} + \frac{1}{j\omega C} = R_2 + \frac{1}{j\omega C}$$

式中

$$R_2 = \frac{1}{R_1(\omega C)^2} \tag{3.2.3}$$

根据上述结果实际电容器又等效成理想电容器 C 与电阻 R_2 串联而成的 R_2C 电路, R_2 值可根据式(3.2.3)计算出来, 由于 R_1 远大于 $\dfrac{1}{\omega C}$ 值, 因此 R_2 值很小, 并趋于零. 理想电容器的 $R_1 \to \infty$, 或者 $R_2 \to 0$. 由于实际电容器不完全理想, 所以正弦交流电通过它时, 电容两端的电压与通过的电流之间相位差不是 $90°$, 而是 $\varphi = 90° - \delta$. δ 称为电容器的损耗角, φ 就是实际电容器端电压与电流间的相位差. 如图 3.2.3 所示, 损耗角 δ 随 R_2 的增加而变大, 离纯电容或者理想电容的特性越远, 因此 δ 是衡量实际电容器与理想电容器差别的一个重要参数. 为了方便, 还用损耗角的正切来衡量实际电容器的质量, 称为损耗

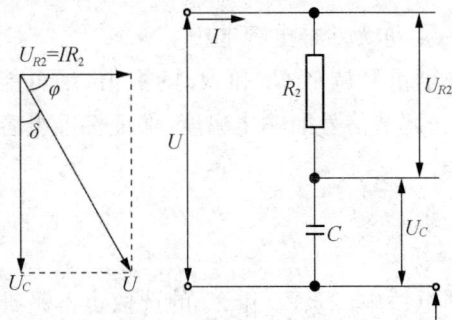

图 3.2.3 电容器的损耗角

$$\tan\delta = R_2\omega C \tag{3.2.4}$$

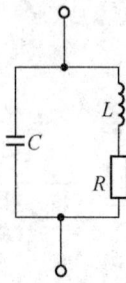

图 3.2.4 实际线圈等效线路

电感是由导线按一定方式绕制而成的线圈,因此它具有导线的电阻、由导线相对位置决定的分布电容以及线圈本身决定的电感量. 它可等效于一个 LRC 串并联电路,如图 3.2.4 所示. 图中 C 为实际线圈的"分布"电容,其值很小,对高频交流电有较大的旁路作用. L 为纯电感线圈或称为理想线圈,R 为线圈的直流电阻和由其他影响合成的串联电阻. 如果线圈工作在低频(约几百千赫)范围内,便可略去 C,而仅考虑线圈的直流电阻,于是感抗可表示为

$$Z_L = R + \mathrm{j}\omega L \tag{3.2.5}$$

R 越小,线圈越近纯电感. 为了衡量线圈的质量,用品质因数 Q 来定量描述

$$Q = \frac{L\omega}{R} \tag{3.2.6}$$

3. 实际电容的测量

根据交流电桥平衡的条件,利用(3.2.1)式来测量 R_x 和 C_x 的形式不是唯一的,若取 $Z_2 = R_2, Z_3 = R_3 // \dfrac{1}{\mathrm{j}\omega C_3}$,以及 $Z_4 = \dfrac{1}{\mathrm{j}\omega C_4}$,并且不计各个标准电容的损耗电阻,则关系式

$$R_x + \frac{1}{\mathrm{j}\omega C_x} = \frac{\dfrac{1}{\mathrm{j}\omega C_4}}{R_3 // \dfrac{1}{\mathrm{j}\omega C_3}} R_2 \tag{3.2.7}$$

成立. 化简(3.2.7)式可以得到

$$C_x = \frac{R_3}{R_2} C_4 \tag{3.2.8}$$

$$R_x = \frac{C_3}{C_4} R_2 \tag{3.2.9}$$

$$\tan\delta = R_3\omega C_3 \tag{3.2.10}$$

这样的电桥如图 3.2.5 所示,称为西林电容电桥.

为了使电桥平衡可分别重复调节 C_3 和 R_3 的数值,尽可能使 $R_2 = R_3, C_4 = C_x$,并适当调节信号的输出幅度,保证标准电容 C_4 的有效数字不少于四位.

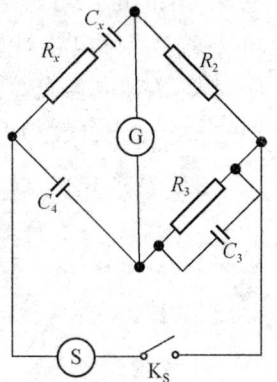

图 3.2.5 西林电桥

4. 实际电感的测量

在测量线圈电感量的电桥中,Z_2、Z_3 和 Z_4 的选取也不是唯一的.

如果 $Z_1 = R_x + L_x\omega\mathrm{j}, Z_2 = R_2, Z_4 = R_4$($Z_2$ 和 Z_4 为纯电阻),$Z_3 = R_3 // \dfrac{1}{C_3\omega\mathrm{j}}$,就组成了

麦克斯韦电桥,如图 3.2.6 所示. 根据电桥平衡的条件

$$R_x + L_x \omega \mathrm{j} = \frac{R_4 R_2}{R_3 // \dfrac{1}{C_3 \omega \mathrm{j}}}$$

化简得到

$$L_x = R_2 R_4 C_3 \qquad (3.2.11)$$

$$R_x = \frac{R_2 R_4}{R_3} \qquad (3.2.12)$$

$$Q = \frac{L_x \omega}{R_x} = R_3 C_3 \omega \qquad (3.2.13)$$

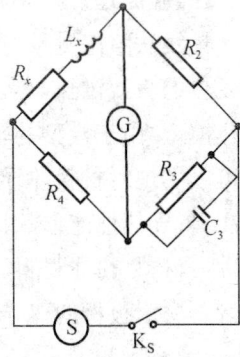

图 3.2.6　测量电感的电桥

5. 交流电桥使用中的几个问题

(1)电桥开始调节时应使交流电源的输出幅度尽量小一点. 交流示零器的交流电流量程取足够大,然后调节规定的可调量. 每改变一次可调量,使交流示零器的指针由大变到不能再小为止,依次反复调节各个可变量,增加电流的输出幅度,减少示零器的量程,提高测量灵敏度. 重复上述调节步骤,直到最后结果满足一定的精度要求为止. 不过在增加电源输出幅度的同时,要考虑桥臂中各元件是否承受得住其最大功耗的要求.

(2)用电桥测量时,往往总是分粗测和精测两步来进行. 粗测的目的是知道待测元件的大致数值和范围. 精测的目的则是选择合适的元件和数值,确保各量的精密度,以保证最后结果的准确度.

【实验仪器】

电阻箱、晶体管万用表(交流电流表)、音频信号发生器、标准可变电容箱、标准电感、待测电容和待测线圈.

【实验内容】

1. 自组西林电桥(图 3.2.5),测定电容的大小及损耗.

2. 自组麦克斯韦电桥(图 3.2.6),测定电感的大小及损耗.

【思考题】

1. 当 $Z_1 = R_x + \dfrac{1}{C_x \omega \mathrm{j}}$ 作为待测阻抗,再与 $Z_2 = R_2$, $Z_3 = R_3 + \dfrac{1}{C_3 \omega \mathrm{j}}$, $Z_4 = R_4 // \dfrac{1}{C_4 \omega \mathrm{j}}$ 组成交流电桥能否平衡? 为什么?

2. 用麦克斯韦电桥测定同样的 L_x 有什么特点?

3. 交流电桥调节平衡的过程是怎样的? 能否加快调节速度,即减少可调量调节的次数.

实验 3.3　热的传导及导热系数测量的研究

【实验目的】

1. 理解热线法瞬态测量材料热导率的原理和实现方法.

2. 用热线法具体测量一种材料的热导率.

【实验原理】

热线法瞬态测量材料的热导率,是指在大块均匀材料中,放置一根很长的,能均匀恒定发热的直线供热,热在垂直于热线的径向方向上传导,构成一个理想的无限长圆柱体导热模型. 由于模型的轴对称性质,只要测量出热丝上(或介质中某点)相继时刻的温度,就可以实现对材料热导率的测量.因为对热丝(或介质中某点)而言,导热好的材料,温度升高慢;导热性能差的材料,温度升高快.用热线法瞬态测量材料的热导率,适合用于测量大块材料、粉体材料、颗粒材料和纤维材料等.本实验用 SHT-20 热物性自动测量仪,测量干松木板材的热导率.

1. 无限长圆柱体的导热微分方程及其解

在均匀的大块材料中,放置一根长直细电阻丝.当电阻丝中通以稳恒的电流加热时,形成一个长直圆柱体导热模型.电热丝(或试件中某点)的温度升高的快慢程度,与试件材料的热导率有关,即试件材料的绝热性能好,温度升高快;试件材料的导热性能好,电热丝的温度升高慢.试件材料的热导率与电热丝(或试件中某点)的温升关系,可以通过求解无限长圆柱体的导热微分方程

$$\frac{\partial \vartheta(r,t)}{\partial t} = a\left[\frac{\partial^2 \vartheta(r,t)}{\partial r^2} + \frac{1}{r} \cdot \frac{\partial \vartheta(r,t)}{\partial r}\right] \tag{3.3.1}$$

求得. 式中,r,t 分别为试件中某点到热丝的距离和加热时间,$\vartheta(r,t)$ 表示 r 处 t 时刻的温升,a 为热扩散系数. 不难求得,(3.3.1)式的解为

$$\frac{\mathrm{d}\vartheta(r,t)}{\mathrm{d}t} = \frac{q}{4\pi\lambda t}\mathrm{e}^{-\frac{r^2}{4at}} \tag{3.3.2}$$

(3.3.2)式表明:试件内的电阻丝,在 $t=0$ 时,突然通一下电流(脉冲)加热,热丝发出的这一瞬息热量,用单位长度热丝在单位时间内发出的热量 q 表示时,在试件内引起沿径向距热线的距离为 r 处,单位时间的温度变化.式中,q 为热丝单位长度单位时间的发热量,可以用电阻丝上通过的电流 I 和热丝的电阻 R 表示为

$$q = I^2 R / l \tag{3.3.3}$$

式中,l 为电阻丝的长度.

2. 用热线法测量材料的热导率

若为恒定热流持续加热,即从 $t=0$ 到 t 的时间内,试件内 r 处,t 时刻温度变化可用(3.3.2)式积分得到,即

$$\vartheta(r,t) = \frac{q}{4\pi\lambda}\int_0^t \frac{1}{t}\mathrm{e}^{-\frac{r^2}{4at}}\mathrm{d}t \tag{3.3.4}$$

令 $y = \frac{r}{2\sqrt{at}}$,(3.3.4)式可以改写成

$$\vartheta(r,t) = \frac{q}{2\pi\lambda}\int_y^\infty \frac{1}{y}\mathrm{e}^{-y^2}\mathrm{d}y \tag{3.3.5}$$

为了计算(3.3.5)式,可以将被积函数展为级数,逐项积分得到

$$\vartheta(r,t)=-\frac{q}{4\pi\lambda}\Big[C+\ln|y|-\frac{y^2}{1\cdot1!}+\frac{y^4}{2\cdot2!}-\frac{y^6}{3\cdot3!}+\cdots\Big]$$

可以证明,当 $y=\dfrac{r}{2\sqrt{at}}$ 足够小时,平方以上的项均可略而不计.这样,近似地就有

$$\vartheta(r,t)\approx-\frac{q}{2\pi\lambda}\Big[\frac{c}{2}+\ln\Big|\frac{r}{2\sqrt{at}}\Big|\Big] \tag{3.3.6}$$

式中,$c=0.57726$,称为欧拉常数.

在加热升温过程中,试件中某点(也可以就选热丝中点的表面)处,在满足 $y=\dfrac{r}{2\sqrt{at}}$ 足够小的条件下,任意选定某点在两个不同时刻及其相应的温度 $\vartheta(r,t_1)$ 和 $\vartheta(r,t_2)$,求出其相应温度的差值

$$\Delta\vartheta=\vartheta(r,t_2)-\vartheta(r,t_1) \tag{3.3.7}$$

用(3.3.6)式代入,经整理、变换,则得到试件材料的热导率

$$\lambda=\frac{q}{4\pi\Delta\vartheta}\ln\frac{t_2}{t_1} \tag{3.3.8}$$

从而,实现了对材料热导率的测量.

【实验仪器】

SHT-20 热物性自动测量仪,钢板尺,直流电桥各一台.

SHT-20 热物性自动测量仪简介参见实验《脉冲法瞬态测量材料热物性》中对热物性自动测量仪的介绍.

【实验内容】

(1)打开直流稳压电源的电源开关,预热 10min,启动计算机待用.

(2)用钢板尺测量热丝长度 l(m)(注意:热丝很细,约 0.2mm,要轻拿轻装,避免损坏),用直流电桥测量热丝电阻 $R(\Omega)$.

(3)将待测试件(本实验为 100mm×200mm×300mm 干松木板,两块)置于屏蔽箱内底座上,注意光面向上,位置适中.

(4)将热丝装在加热支架上,旋紧螺丝固定,放下支架,让加热丝正好位于试件的中轴线上,然后将三号温差热电偶的热端贴在热丝中点,再将另一块试件,光面向下覆盖上去,扣上屏蔽箱盖子.

(5)用鼠标双击 TAS 图标,调出测量主界面,找到热端通道选择,选择 3 号通道,然后点击测量,则测量开始,可以看到温度-时间图上温度随时间变化的曲线缓慢延伸.压一下电源上的测量开关,即开始通电加热,这时,可以看到热丝温度开始上升,一直测量到 400s 左右,温度随时间变化的曲线有一段较长的直线即可再按一次测量按钮,停止加热,测量即随之结束.

(6)在作热测量的这一过程中,要注意观察记录加热电流.通常加热电流会稳定在某一数值.若有微小变化,可以多记录几个值,计算其平均值作为加热电流值.

【数据处理】

1. 为满足理论近似条件,在温度随时间变化曲线的直线部分,即大约在测量数据序号的 100 以后,随机抽取 16 组数据,并从数据列表中,顺次纪录下测温时间和对应的温度.

2. 然后按 $[9,1]$,$[10,2]$ 等等,用 $(3.3.7)$ 式计算温度差 $\Delta\vartheta$.

3. 用 $(3.3.8)$ 式计算 λ_i,$i=1,2,3,\cdots,8$.

4. 计算待测材料的热导率.

5. 估算热导率测量的不确定度.

【思考题】

1. 本实验的数据处理比较简单,请实验者编一个小程序,在计算机上实现对测量数据的自动记录和处理.

2. 为满足 $y=\dfrac{r}{2\sqrt{at}}$ 足够小的条件,试以本实验所使用的仪器和试件作一合理的估计,测量时间应控制的区间.

3. 为满足边界条件的要求,试件尺寸能否减小? 请设法作一估算.

实验 3.4　PASCO 实验

PASCO 传感器——利用先进的传感技术,可实时采集物理实验中各种变化物理量数据,计算机接口——它将来自传感器的数据信号输入计算机,采样频率最高可达每秒二十五万次. 利用先进的数据采集技术,令物理实验更准确、更有效率. 本实验操作简便,设计新颖,即可作定量实验,也可作定性演示.

【仪器介绍】

1. 科学工作室 750 型接口 CI-7565A(图 3.4.1)

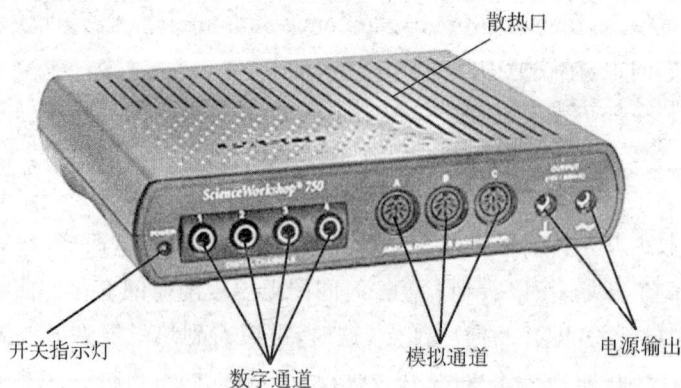

图 3.4.1　科学工作室 750 型接口外形图

"科学工作室 750 型接口"是一个用于数据获得的电脑操作系统,它是 700 型界面的升级.它适用于"Science Workshop"和"Data Studio"两款软件.它拥有 700 型接口的所有功能,还包括以下新的功能:

(1)模拟取样率高达 250000 样本/s;

(2)相比 700,SCSI 端口速率增加了三倍;

(3)模拟输入频道可以按不同输入分成三挡:1,10,100;

(4)用于交流供电的内置功率放大器,并且波形函数发生器提高到 300mA;

(5)12bits 直流振幅精度,允许振幅以 3.4mV 为单位进行调节;

(6)可以通过 banana 插口输出模拟信号,允许输出电压和电流在不占用一个模拟频道,不使用内置功率放大器的情况下,允许输出电压和电流以进行监控;

(7)对动作感应灵敏度更高;

(8)产生的直流波频率可高达 50kHz(是 700 型的 10 倍);

(9)自动将模拟输入信号偏移量调为 0;

(10)由闪存进行升级的固件;

(11)当 SCSI 端口不可用时,可以通过连续端口连接进行操作.

2. 组成科学工作室 750 型接口的仪器设备

组成科学工作室 750 型接口的仪器设备主要有科学工作室 750 型接口,12V,2A 直流电源,750 型所配备的装有与电脑 SCSI 接口进行连接用的 DB25 线缆,以及 MDB50 连接器(高密度 50 针接口),CD-ROM 上的软件和说明文档,AdeptecSCSI 卡.

可选择的包括:连接 750 型界面连续端口的线缆,注意连续端口要比 SCSI 端口最大数据率小的.两段分别装有适用于 Macintosh 操作系统的 8 针 MDIN 线缆(编号:514-002),一端装有连接 750 型用的 8 针 MDIN 连接器,另一端装有用于连接 Windows 连续接口的 DB25 接头的线缆(编号:514-5965,为电脑连接使用的 9 针连续端口,也提供 25 针到 9 针适配器,编号:514-009).

3. 科学工作室 750 型接口的操作方法

在运行 Windows 系统的电脑上操作"科学工作室",750 型系统必须在电脑启动前开机-Windows 系统只在导入过程中对 SCSI 设备进行识别.具体方法参考第二章.

4. 电源

科学工作室 750 型接口的工作电源为外接 12V 直流稳压电源.

5. 科学工作室 750 型接口 SCSI 加速卡

(1)科学工作室 750 型接口与电脑的主要连接是通过 SCSI 端口.750 型的数据传输率有了很大的提高,已经接近于 700 型的四倍,但这也取决于电脑的运算速度.SCSI 加速卡的线缆有为连接电脑所提供的 DB25 接头,也有用来连接 750 型的 MDB50 接头(高密度 50 针).750 型只在后部面板上有一个接口,因此必须是用于最后一个 SCSI 设备,SC-SI 总线在 750 内部自动中断,不需要对 SCSI 总线使用外部中断,所有 SCSI 设备(CD-Roms,扫描仪等)在操作 750 型时必须全部启动.

SCSI 的 ID 在出厂时被预设为 2,如果你希望改变 ID 号,只需要操作后部面板的变换设置并对 750 型重新启动即可,750 型只在启动时读取变换设置.

注意:为避免与系统中其他 SCSI 设备冲突,在改变 ID 号前确定是否仍有剩余的 ID 号码.

(2)选择连续端口的连接:在 SCSI 端口不可用的情况下,750 型可以与连续端口(COM)进行连接,但是,最大数据传输率比 SCSI 端口低得多.

6. 闪存

750 型在闪存里储存了它的操作系统(包括波形模式).因此,在启动后很短的时间内,界面自己开始运行操作系统(OS),不需要科学工作室对其进行初始化.科学工作室在可以修订时能对闪存内的 OS 和波形升级.

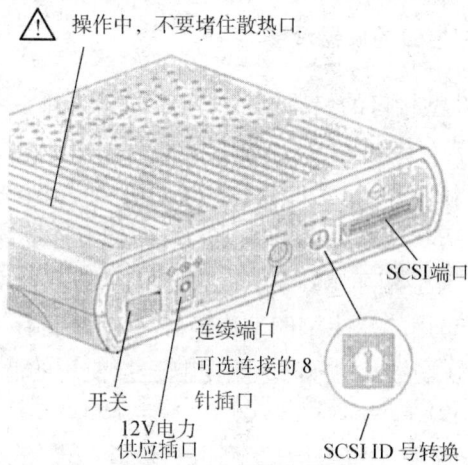

图 3.4.2　750 型的后部面板

7. 模拟信号输入频道

如图 3.4.2 所示,750 型科学工作室有三个同样的模拟信号输入端口.每一个接不同的输入信号传感器,也就是说,它们就像对一个没有一段接地的电压表进行输入.电压标准是两个不同输入的电压差,每一个频道有三个软件已达成不同收集设置:1,10 和 100.

最大采样频率取决于选用哪一个频道用于测量.为了得到更高的采样频率,科学工作室抽取一个 2000bytes 的 block 并将其进行传输.一旦向主机的传送开始,750 型科学工作室会抽取一个新的 block.因为数据没有进行采样的时间间隔非常短暂,所以称为 burst 模式.这个模式主要是用于模拟示波器.表 3.4.1 显示了当时用速度较快的电脑进行记录数据时的采样约束.

表 3. 4. 1 采样频率约束

取样频率	频道编号	注释
250kHz	1analog	burst 模式
100kHz	3analog	burst 模式
50kHz	5analog	burst 模式
20kHz	1analog(5analog)	continuous * (burst)联系的
10kHz	1analog＋digital(5analog)	continuous * (burst)
≤100Hz	5analog	Continuous8xoversample (在≤100Hz 情况下提高精度率)

注意:用选取的 5 个频道进行连续取样维持时间约几秒钟.

750 型接口有 5 个模拟频道可供选择,其中,频道 A—C,输出模拟电压(在 banana 接口),以及模拟输出电流. 请注意这只适用于连续采样. 计算机速度是一个重要因素,尤其是当科学工作室正在忙于现实各种数据时.

注意:当选择了一个数字传感器,采样频率就不再取决于数字频道的编号,因为它们同样在 10kHz 时进行取样.

8. 内置函数发生器

750 型科学工作室有一个内置的函数发生器用于输出模拟信号,它可以是交流信号,如正弦波和三角波,也可以是范围在 ±5V 内的直流信号. 对于交流信号波形,其中有 8 种驻留在闪存中,频率可以从 1mHz(0.001Hz)到 50kHz,波峰到波峰间的最大值可以以 3.44mV 的增量从 0V 到 ±5V 间进行调节. 输出电压在出厂时会被调整,偏移电压调为 0,并设置全电压.

9. 存取模拟输出

有两种方法存取模拟输出信号. 第一(科学工作室默认的方法)是连接测试导线到 banana 插口,所产生的信号是出现在 DIN 连接器上的信号功率放大上,它能够提供将近 ＋5V,300mA. 输出电流可以由输出电压进行监控. 第二点是使用 CI-6552A 功率放大器(电压增益为 2V,释放功率为 10W),并将它的 DIN 插头连接到模拟频道 A、B、C 其中的一个上面.

数字结果采样:750 型科学工作室可以对感光定时进行数字采样. 750 型科学工作室利用硬件进行边缘探测,所以它能够捕获其中一种作为数字结果,这成为触发条件的一个特征. 它能够计算设备的数字结果,例如:盖革—米勒计数传感器或一个转动传感器. 每一个频道都有一个独立的 16bit 计算器. 对于动作感应,不论单一或二重的,内部计算器和边缘探测器都提供了测量过程中减少噪声的改良性能.

10. 注意事项

(1)在 750 型科学工作室工作时不要挡住其顶部和底部的通风散热孔;

(2)若想使用 DataStudio 对 750 型科学工作室进行操作,详细说明参考 DataStudio 在线帮助系统.

3.4.1 传感器介绍

1. PASCO 传感器综述

PASCO 传感器分有模拟/数字传感器配合计算机接口的数十种传感器,单独或组合应用于力学、热力学、波和声学、光学、电力和磁力学、原子和核子学.

1994 年首次出版用于配合 PASCO 的 ScienceWorkshop 接口和传感器,该接口和传感器带有 240 多个预设实验,方便老师和学生直接调用;具有方便直观的用户使用界面,令数据记录、监控变得简单;数据/图形可存储/编辑/打印;方便学生完成实验报告,并可转存 EXECL/WORD 文档进行编辑整理;数据/图形处理包含最大/小值、平均、偏差统计;具有曲线适配、积分、微分多种功能;实时数据显示;同时最多显示 5 种关系曲线;虚拟仪器仪表(示波器/FFT/电压电流表)同步显示真实数据.下面分别介绍本实验室所用的传感器.

2. 加速度传感器 CI-6558(图 3.4.3)

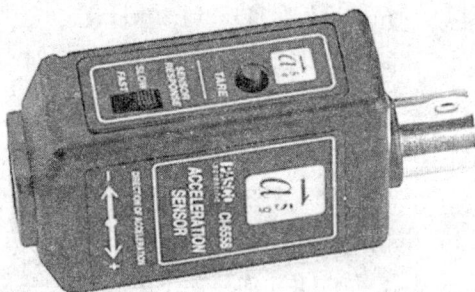

图 3.4.3 加速度传感器外形图

1)范围:±5g   0.01g 分辨率

加速度传感器是一个独特的传感器类型,它可以记录几乎所有应用中的加速度数据.直接将传感器接入"科学工作室 500 型"接口就可以制成一个轻便的加速度测量设备.

2)典型应用

动力小车碰撞实验,升降机实验,汽车以及过山车实验.

3)仪器包括

加速度传感器(附有 2m 连接线缆),动力小车所附带的托架及其他硬件设备.

4)技术指标

范围:±5g;灵敏度:0.01g;

零函数:按键,零重力输出;传感器应答设置:可选开关;

"slow"用于减少升降机加速实验、过山车实验及汽车实验测量中的高频振荡与噪声;

"fast"用于测量瞬时实验数据如小车碰撞实验;

连接器:计算机接口与传感器连接线缆.

3. 力传感器 CI-6537(图 3. 4. 4)

测量范围：± 50N
精度：0.03N

图 3.4.4　力传感器外形图

它是物理实验中用于测量力效果最好的传感器,它的能力是能够除去不是直接作用在运动方向坐标轴上的力从而产生更精确的读数.它的±50N 范围以及 0.03N 的分辨率可以适用于大部分物理实验.

1)特色

tare 按键:按下此键可以忽略小的力值.

过载保护:防止超过最大范围的力损坏设备.

附件质量盒:作为使 PASCO 动力小车保持重量的附件,装配在标准的 12.4mm 支撑杆上.

2)典型应用

测量弹性与非弹性碰撞中的力,测量由振动物体产生的力,测量回转力.

3)技术指标

力的范围:−50～+50N;灵敏度:0.03N 或 3.1g;

零函数:按键;

过载保护:机械停止以保护超过 50N 的力损坏传感器;

连接器:计算机接口与传感器连接线缆

4. 运动传感器Ⅱ CI-6688(图 3.4.5)

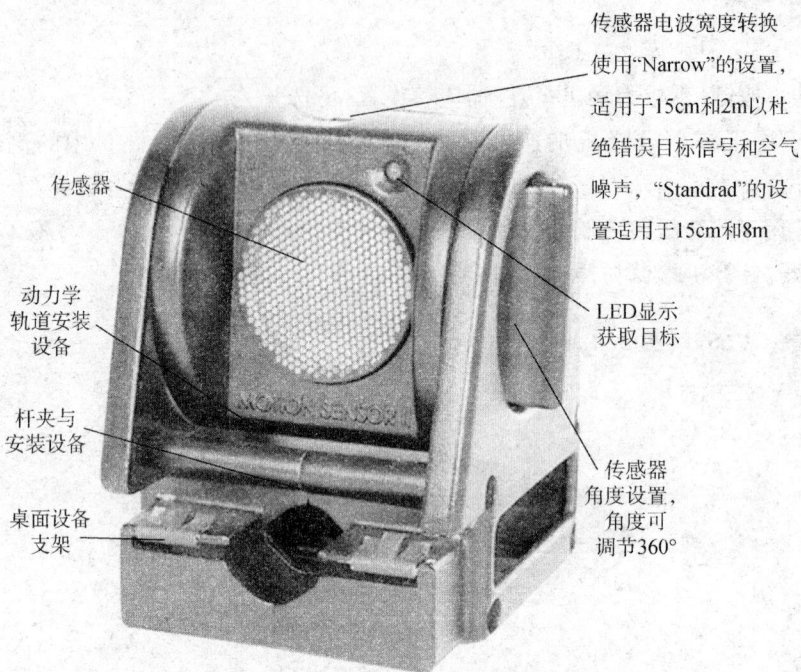

传感器

传感器电波宽度转换
使用"Narrow"的设置,
适用于15cm和2m以杜
绝错误目标信号和空气
噪声, "Standrad"的设
置适用于15cm和8m

动力学
轨道安装
设备

杆夹与
安装设备

桌面设备
支架

LED显示
获取目标

传感器
角度设置,
角度可
调节360°

图 3.4.5   运动传感器外形图

1)运动传感器测量原理

基于超声波脉冲技术测量目标位置.

2)典型应用

测量目标位置、速度和加速度的实验;

测量弹簧上质点正弦运动的实验;

可以用来监控大目标(如学生本身)的动作.

3)技术指标

最小测量范围:15cm;

最大测量范围:8m;

传感器测量旋转角度:360°;

狭窄/标准:转换设置;

狭窄:最高距离为 2m,以消除错误目标信号或忽略空气轨迹噪声;

连接器:计算机接口与传感器连接线缆.

4)安装配件

12.5mm 或更小直径的杆;直接装到 PASCO 动力学轨道;为桌面安装而设置的防滑橡胶脚.

5. 转动传感器 CI-6538(图 3.4.6)

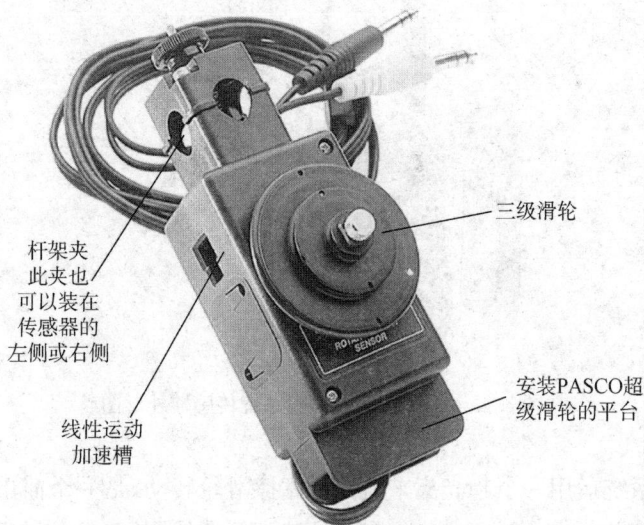

图 3.4.6 转动传感器外形图

（图中标注：三级滑轮；安装PASCO超级滑轮的平台；杆架夹此夹也可以装在传感器的左侧或右侧；线性运动加速槽）

转动传感器可能是在学生物理实验室里最常用的位置/动作测量设备. 它擅长于测量以 0.055mm 的灵敏度来测量线性位置或以 0.25°的灵敏度来测量转动动作. 这个传感器也是双向的,表示出运动方向.

直径为 6.35mm 的双球轴承由该设备的两边伸展出来,为转动实验提供了一个完美的测量平台. 杆夹(可以从三面装在传感器上)使得以任意方位装配该设备成为可能. 一个三组滑轮和一个 PASCO 超级滑轮的设备,可以很容易的完成扭矩实验.

这个传感器的核心部分是一个光学编码器. 因为这是一个数字实验,这些力的值不可能出现漂移与累计错误,零位置始终显示在同一点上. 灵敏度方面:1°或 0.25°,在软件里是可选的.

1)典型应用

角动量的守恒,盘和环的转动惯量,质点的转动惯量,力与位移的比较,装有重滑轮的小车加速度,张力与角度,角动量守恒,简谐振动.

2)技术指标

三组滑轮:直径分别为 10mm,29mm,48mm;

灵敏度:1°和 0.25°;

最大速度:在灵敏度为 1°时,13r/s;

在灵敏度为 0.25°时,3.25r/s;

传感器尺寸:10cm×5cm×3.75cm;

连接器:计算机接口与传感器连接线缆.

6.感光/滑轮系统 ME-6838(图 3.4.7)

图 3.4.7　光门/超级滑轮系统传感器外形图

　　感光/滑轮系统运用一个趋光头来监控低摩擦滑轮转动,是一个简单的、应用范围很广的传感器.计算并画出位置、速率、小车的加速度等曲线图.感光/滑轮系统精确的滑轮可以执行所有的功能.

　　另外,可以将滑轮移除,感光设备部分可以用来做感光实验.

　　1)典型应用

　　匀速运动的速度,自由落体,倾斜平面上运动学实验,发射速度,小车的加速度实验.

　　2)技术指标

　　滑轮:转动惯量测量范围 1.8×10^{-6} kg · m^2;

　　摩擦系数$<7 \times 10^{-3}$;直径:5cm,质量:5.5g;

　　感光设备:宽 7.5cm,上升时间:$<$500ns;

　　透光孔灵敏度:$<$1mm(装配上"科学工作室"以后);

　　连接器:计算机接口与传感器连接线缆.

　　下面的章节中介绍动力学系列实验.

3.4.2　弹性碰撞实验中速度与加速度矢量的相互关系

【实验目的】

研究小车进行弹性碰撞时的力、位置、速度、加速度矢量相互之间的关系.

【实验仪器】

转动传感器(RMS)(CI-6538),RMS/IDSKit,IDS 设备附件(CI-6692),动力学小车(ME-9430 或 ME-9454),动力学轨道(ME-9435A 或 ME9458),可调的终点挡板(ME-9448A),PASCO 计算机 750 型接口,电脑.

【实验内容】

1. 实验仪器安装

(1)使用 IDS 设备附件以及 IDS 轨道滑轮托架,将 IDS 轨道装上 RMS,并进行相应的调整;

(2)可调的终端挡板安装在轨道的末端(图 3.4.8),如果有必要,可以将 IDS 滑轮支架移走;

(3)小车放在轨道上,让磁铁一面冲着可调终点挡板,并将细绳支架装在小车上;

(4)将绳按图示方法接好,确认绳子能够不受阻碍的自由移动,与滑轮和小车、线绳支架保持水平,确保位置足够高不会使绳从滑轮上滑落.

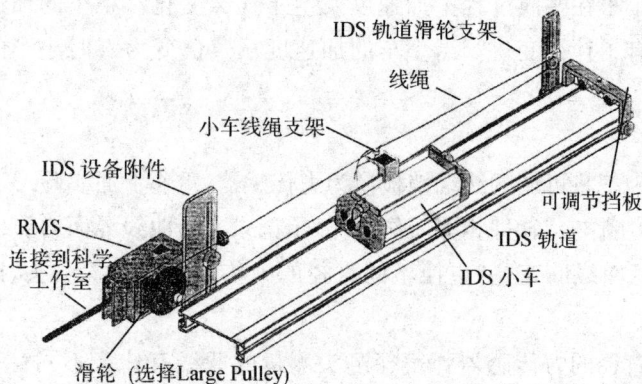

图 3.4.8 实验安装示意图

2. 连接科学工作室

(1)将转动传感器 RMS 安装到"科学工作室"接口上;

(2)如果你没有进入 RMS 的启动画面,双击 RMS 图标;

(3)将"Division/Rotation"(分界/旋转)值设为 1440,点击"OK";

(4)点击"Sampling Options"(取样操作)键并将取样比率设为 50Hz 或者更大,点击"OK";

(5)拖拽一个"Graphic Display"图标到转动传感器 RMS 图标里,并在"Choose Caculationsto Display"弹出对话框内选择:"Position(linPos)"、"Velocity(linVel)"和"Acceleration(linAcc)".

【数据处理】

1.将小车与转动传感器 RMS 连接好并放在轨道末端.

2.开始记录数据.

3.向着挡板方向轻轻推小车一下(能使小车平滑运动所需大小的力即可).

4. 当小车从挡板回弹时,停止记录数据.

5. 重复上述实验,直到记录的测量曲线满足实验要求为止.

【分析数据】

1. 画出三个图像的草图并标出坐标轴(或打印出实验曲线图).

2. 标注出实验曲线图下面三个状态:①小车向挡板方向移动;②小车的弹性碰撞;③小车被挡板弹开.

【思考题】

1. 碰撞前,小车的速率和加速度是多少?

2. 描述一下小车在碰撞时速率发生了什么变化? 当小车有了反方向速率时它的位置发生了什么变化?

3. 描述一下小车在碰撞过程中加速度发生了什么变化? 小车的加速度从 0 变为负值后小车的位置有了什么变化? 当小车的加速度从负值变为 0 时小车的位置又发生了什么变化?

【附加实验】

1. 在本实验中把将可调的终端挡板换为力传感器,重作上面实验.

2. 通过"科学工作室"软件相关操作,将显示记录实验曲线界面增加一个"F-t"数据窗口. 注意观察"F-t"曲线的变化,更换不同直径的力传感器弹簧探测头,记录相关的实验曲线.

3. 回答不同直径的力传感器弹簧探测头测量的曲线有什么不同? 有什么意义? 对实验结果有什么影响?

【注意事项】

把力传感器连接到"科学工作室"上时,请把"科学工作室"接口电源关闭,以免损坏仪器.

3.4.3 非弹性碰撞中的冲力与动量的相互关系

【实验目的】

目的是定量地比较小车运动的动量和小车与固定物体发生的非弹性碰撞所产生的冲力.

【实验原理】

这个系统的动量由以下关系式决定

$$P = mv \tag{3.4.1}$$

式中,P 代表动量,m 代表质量,v 代表速度.

在碰撞过程中,动量的变化由以下关系式决定

$$|\Delta P| = P_1 + P_2 = \int_{t_1}^{t_2} F \mathrm{d}t \tag{3.4.2}$$

作用力相对时间曲线下面的面积由曲线积分确定,作为动量变化的总值.

在非弹性碰撞中,最后的速度为零,所以以下关系成立

$$mv=\int_{t_1}^{t_2}F\mathrm{d}t \tag{3.4.3}$$

【实验仪器】

转动运动传感器(RMS)(CI-6538),RMS/IDS 工具包(CI-6569),±50N 力传感器(CI-6537),IDS 设备附件(CI-6692),力传感器支架和碰撞缓冲器(CI-6545),动力学小车(ME-9430 或 ME-9454),PASCO 计算机 500 型或 750 型接口,动力学轨道(ME-9435 或 ME-9458),电脑,10cm 左右高度的木块(或相似物体).

【实验内容】

1. 仪器安装

(1)用 IDS 设备附件将转动传感器 RMS 装在 IDS 轨道上,并将滑轮支架装配在 IDS 轨道上(属于设备安装过程),如图 3.4.9 所示;

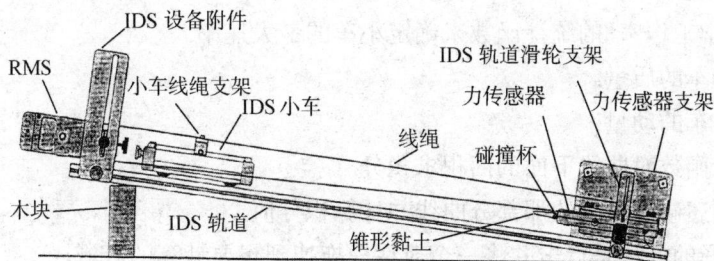

图 3.4.9 实验安装示意图

(2)使用力传感器支架将力传感器装在轨道的末端,如果需要的话,可以移动 IDS 轨道滑轮支架;

(3)松开取下力传感器上的探测头,将力传感器支架上的碰撞杯装上去;

(4)用黏土做一个底部半径为 1cm,高为 3cm 的锥形,压进碰撞杯内;

(5)将小车放在轨道上,让磁铁冲着力传感器;

(6)安装小车线绳支架(按图 3.4.8 中所示方法安装线绳),水平穿过滑轮与小车线绳支架,调整线绳的松紧和滑轮、支架、小车之间的线绳高度处于同一水平,确保绳子可以无阻碍的自由移动.

2. 启动"科学工作室"

(1)将转动传感器 RMS 安装到"科学工作室"接口上,同时把力传感器也连接到"科学工作室"接口上;

(2)如果你没有启动转动传感器 RMS 的窗口,双击 RMS 图标;

(3)点击"Division/Rotation"按键,并将值设为 1440,点击"OK";

(4)双击"Sampling Options"按键,并将取样频率值设为 50Hz 或者是大于 50Hz,点击"OK";

(5)拖拽一个"GraphicDisplay"按钮到 RMS 图标上,并在"ChooseCaclulation to Display"弹出对话框内选择"Velocity(linVel)";

(6)通过"科学工作室"软件相关操作,将显示记录实验曲线界面调整为"F-t;V-t"两个数据窗口.

【记录数据】

1.将小车放在靠近转动传感器 RMS 的位置上,并将整个轨道由一端用木块垫高.

2.开始记录数据.

3.松开小车,使其由静止开始下滑.

注意:如果碰撞不是完全非弹性的(小车被黏土阻挡物弹回来了),将轨道升起的角度减小.

4.停止记录数据.

5.重复上述实验,直到记录的测量曲线满足实验要求为止.

【分析数据】

1.由"科学工作室"的统计函数来确定小车的最大速率.

2.确定小车的质量.

3.计算小车的动量.

4.用统计函数对曲线下面的面积求积分.

5.选择描述碰撞过程的那部分曲线并计算积分值.

注意:选择的方法是点击并将一个对话框拖拽到想要计算的区域.

6.比较小车在碰撞过程中动量与冲量的大小.

【思考题】

实验数据是否说明了碰撞过程中小车动量的增量等于冲量(是否满足 $mv = \int_{t_1}^{t_2} F dt$)?

3.4.4 完全非弹性碰撞过程中动量守恒与动能的损失

【实验目的】

本实验的目的是利用数据与测量曲线图形研究运动小车与静止小车在发生非弹性碰撞过程中的动量守恒以及动能损失.

【实验原理】

在发生碰撞前的小车的情形如图 3.4.10 所示.

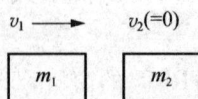

图 3.4.10 发生碰撞前的小车

m_1 表示第一辆小车的质量,v_1 表示第一辆小车的初速度,m_2 表示第二辆小车的质量,v_2 表示第二辆小车的初速度,为 0.

在碰撞发生之后,小车黏在一起作为一个整体移动,如图 3.4.11 所示.

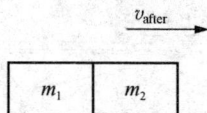

图 3.4.11　碰撞发生后的小车

整个系统在这段时间内每一点的动量都可由以下公式表示

$$P = m_1 v_1 + m_2 v_2 \qquad (3.4.4)$$

式中,m_1 和 v_1 是第一辆小车的初速度与质量,m_2 和 v_2 是第二辆小车的速度与质量. 在碰撞后动量守恒,以下关系式成立

$$m_1 v_1 + m_2 v_2 = m_{after} v_{after} \qquad (3.4.5)$$

式中,m_{after} 是两个小车的总质量,v_{after} 是两个小车黏在一起时的运动速度. 系统的总动能有以下式子表示出

$$E = \frac{1}{2} m_1 v_1^2 + \frac{1}{2} m_2 v_2^2 \qquad (3.4.6)$$

与动量不同的是,动能在碰撞前后并不守恒

$$\frac{1}{2} m_1 v_1^2 + \frac{1}{2} m_2 v_2^2 \neq \frac{1}{2} m_{after} v_{after}^2 \qquad (3.4.7)$$

【实验仪器】

转动传感器(RMS)(CI-6538)(2 组),动力学轨道(ME-9435A 或 ME-9458),RMS/IDS 套装(CI-6569)(2 组),PASCO 计算机接口(750 型),IDS 设备附件(CI-6692)(2 组),科学工作室 2.2 版或更高,Plunger 小车或碰撞小车(ME-9430 或 ME-9454),电脑.

【实验内容】

1. 实验 A——等质量的完全非弹性碰撞

1)实验设备安装

(1)在 IDS 轨道上用 IDS 设备附件安装两个转动传感器,并在轨道上安装两个装有小滑轮的支架,如图 3.4.12 所示.

(2)小车上装上线绳支架,用天平称出小车的质量,并填入表(3.4.2).

(3)将两个小车装上尼龙扣(Plunger 小车)或配备无磁铁末端(碰撞小车)并放在轨道上,让两个小车相对.

(4)如图 3.4.9 将线绳绑好,调整线绳的松紧和滑轮、支架、小车之间的线绳高度处于同一水平,确保线绳可以无阻碍的在轨道上自由移动.

(5)调整装有小滑轮的支架,确保线绳在实验过程中不会脱落.

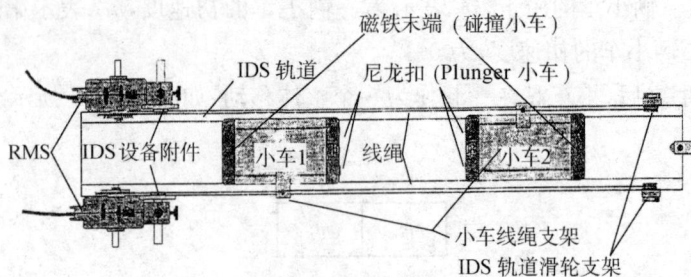

图 3.4.12 等质量的非弹性碰撞实验安装示意图

2)启动"科学工作室"

(1)将与小车 1 连接的转动传感器(RMS)的数字插头接到计算机接口的数字通道 1 和 2,与小车 2 连接的转动传感器(RMS)的数字插头也接到计算机接口的数字通道 3 和 4;

(2)启动"科学工作室"中的转动传感器;

(3)如果没有启动 RMS 的窗口,直接双击转动传感器 RMS 图标.点击"Division/Rotation"按键将值设为 1440,检查在 Linear Calibration 对话框中是否选中的是"LargePully(Groove)",点击"OK";

(4)将另一个转动传感器 RMS 也按以上步骤设置好各项参数;

(5)双击"Sampling Options"按钮,并将取样值设为 50Hz 或者是大于 50Hz,点击"OK".

(6)定义动量:点击实验计算按钮.按下"New"键建立一个新的计算进程来计算动量,进入表达式区域,使用"input,f(x)"按键与键盘,键入一个描述计算进程的动量(mv)公式,起一全名称和简称作为记录曲线参量的名称,如"Total Momenum1"和"Mome",单位应设为实验所适用的国际统一单位,检查无误后,按下回车键返回到计算窗口.

(7)定义动能:再按下"New"键再建立一个新的计算进程来计算动能,进入表达式区域,使用"input,f(x)"按键与键盘,键入一个描述计算进程的动能$\left(\frac{1}{2}mv^2\right)$公式,起一全名称和简称作为记录曲线参量的名称,如"Total Kinetic Energy1"和"KE",单位应设为实验所适用的国际统一单位,检查无误后,按下回车键返回到计算窗口.

(8)关闭实验计算窗口.

(9)输出小车 1 和小车 2 的速度以及系统动量、系统总动能与时间的函数关系图形,拖拽图像按钮到 RMS 图标上,并选择显示四个计算进程的图形,具体步骤:在"Choose Caculations to Display"弹出菜单中选出图形(这些选择将被修改,所以选择哪一项计算进程都是没有关系的),然后一幅具有 4 个不同参量的 y 轴和同一个参量的 x 轴的时间函数坐标图形窗口将会生成.

(10)改变 y 轴参量为实验所需要测量的参量值,方法如下:①将 y 轴设为小车 1 的速度.方法如下：点击 y 轴顶部的"Plot Input Menu"键(图)，并在弹出菜单中选择"Digital"和"Velocity(linVel)"。②设定小车 2 的速度，点击第二个 y 轴顶部的"Plot Input Menu"键，并在弹出菜单中选择"Digital3"和"Velocity(linVe3)"。③设定总动量，点击第三个 y 轴顶部的"Plot Input Menu"键，并在弹出菜单中选择"caculations"和动量的计算公式名称，如"Total Momenum1"。④设定总动能，点击第四个 y 轴顶部的"Plot Input Menu"键，并在弹出菜单中选择"caculations"和计算动能的公式名称，如"Total Kinetic Energy1"。

3)记录数据

(1)将小车放置在如图 3.4.10 所示的位置.

(2)开始记录数据.

(3)轻推小车 1 并松手，让它向小车 2 滑行.

注意：推力应当充足，使两个小车碰撞后仍能继续运动，但不要用力过大致使小车在轨道上蹦跳，平滑运动能得到最好的实验结果.

(4)停止记录数据.

注意：数据应是平滑的.如果需要，在实验计算中使用平滑函数，平滑数据的具体方法是：在实验计算中修改公式，选择 f(x)键→Special→Smooth(n,x).先设 $n=8$，如果你没有得到需要的平滑效果，使用不同的 n 值进行实验数据处理.

(5)上述过程可重复，直到记录的测量曲线满足实验要求为止.

4)分析数据

(1)在测量曲线图形上点击"Autoscale Tool"(自动调节比例).

(2)将测量曲线图打印或画一张草图，并标出小车碰撞前后过程的状态.

(3)解释每个曲线图形上碰撞前后的数据变化.

(4)使用 Smart Cursor 去测量并记录数据在表 3.4.2 和表 3.4.3 内：①小车 1 在碰撞前一瞬间时的速度；②两个小车在碰撞后一瞬间的速度；③碰撞前、后的动量值；④碰撞前、后的动能值.

表 3.4.2 实验数据记录表

	m_1 /kg	v_1 /(m/s)	m_2 /kg	v_2 /(m/s)	m_{after}/kg	v_{after} /(m/s)	$m_1 v_1 + m_2 v_2$ /(kg·m/s)	$m_{after} v_{after}$ /(kg·m/s)
Part A								
Part B								

表 3.4.3   实验数据记录表

	$\frac{1}{2}(m_1v_1{}^2+m_2v_2{}^2)/(N \cdot s)$	$\frac{1}{2}m_{after}v_{after}{}^2/(N \cdot s)$	动能损失/%
Part A	计算值	计算值	
	测量值	测量值	
Part B	计算值	计算值	
	测量值	测量值	

2. 实验 B——非等质量的完全非弹性碰撞

给小车 2 添加质量重新进行实验并纪录数据,实验步骤和方法与实验 A 相同.把实验数据记录在表 3.4.2 和表 3.4.3 内.

【注意事项】

由于质量的不同需要重新定义计算公式中小车 2 的质量来计算总动量和动能以得到正确的测量曲线图.

【思考题】

1. 非弹性碰撞对系统总动量和总动能的影响是什么?

2. 摩擦力对于系统总动能和总动量的影响是什么?

3. 还有其他什么因素造成了实验数据与理想数据间的误差?

3.4.5   完全弹性碰撞中动能和动量的守恒

【实验目的】

本实验的目的是以数据和测量曲线图形来证实一个小车与另一个静止小车间发生弹性碰撞过程中动量的守恒以及动能是否有所损失.

【实验原理】

在两个小车碰撞前,情况如图 3.4.13 所示.

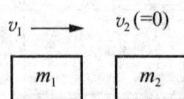

图 3.4.13   两个小车碰撞前

m_1 表示第一辆小车的质量,v_1 表示第一辆小车的初速度;m_2 表示第二辆小车的质量,v_2 表示第二辆小车的初速度,为 0.

当弹性碰撞发生时,动能转化为势能,然后弹回时势能转化为动能.在碰撞发生之后,一辆小车的所有动能传递给另一辆小车,表现为原来静止的小车获得速度远离另一辆速度已变为 0 的小车.速度为 0 时,情况如图 3.4.14 所示.

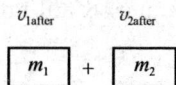

图 3.4.14　两小小车碰撞后

系统在任意点的动量如下

$$P=m_1v_1+m_2v_2 \tag{3.4.8}$$

m_1v_1 是第一辆小车的动量,m_2v_2 是第二辆小车的动量.在碰撞前后动量守恒,以下关系式成立

$$m_1v_1+m_2v_2=m_{1after}v_{1after}+m_{2after}v_{2after} \tag{3.4.9}$$

式中,m_{1after} 和 m_{2after} 分别是两个小车碰撞后的质量,v_{1after} 和 v_{2after} 分别是两个小车碰撞后的瞬间运动速度.系统的总动能由以下式子表示出

$$E=\frac{1}{2}m_1v_1{}^2+\frac{1}{2}m_2v_2{}^2 \tag{3.4.10}$$

在弹性碰撞后,动能由以下式子表示出

$$\frac{1}{2}m_1v_1{}^2+\frac{1}{2}m_2v_2{}^2=\frac{1}{2}m_{1after}v_{1after}^2+\frac{1}{2}m_{2after}v_{2after}^2 \tag{3.4.11}$$

【实验仪器】

转动传感器(RMS)(2 个)(CI-6538),动力学轨道(ME-9435A 或 ME-9458),RMS/IDS 套装(2 个)(CI-6569),PASCO 计算机接口(750 型),IDS 设备附件(2 个)(CI-6692),科学工作室 2.2 版或更高,动力学小车(ME-9430 或 ME-9454),电脑.

【实验内容】

1. 实验仪器安装

(1)在 IDS 轨道上用 IDS 设备附件安装两个转动传感器 RMS,并在轨道上安装两个装有小滑轮的支架,如图 3.4.15 所示;

(2)将两个小车装上线绳支架,用天平称出两个小车的质量填入表 3.4.4 中;

(3)将装由磁铁的小车相对放置在轨道上,同极相对;

(4)如图 3.4.15 所示,将线绳绑好,水平穿过滑轮与小车线绳支架,调整线绳的松紧和滑轮、支架、小车之间的线绳高度处于同一水平,以确保线绳可以无阻碍的自由移动;

(5)调整装有小滑轮的支架,确保线绳在实验过程中不会脱落.

2. 启动"科学工作室"

(1)将与小车 1 连接的转动传感器 RMS 的数字插头接到计算机接口的数字通道 1 和 2,与小车 2 连接的转动传感器 RMS 的数字插头接到计算机接口的数字通道 3 和 4.

（2）启动"科学工作室"中的转动传感器.

（3）如果没有启动转动传感器 RMS 的窗口,直接双击 RMS 图标.点击"Division/Rotation"按键将值设为 1440,检查在 Linear Calibration 对话框中是否选中的是"Large Pully(Groove)",点击"OK".

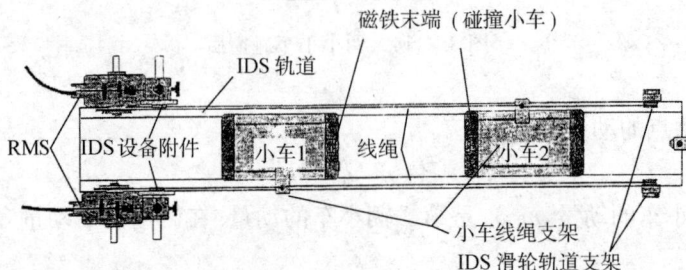

图 3.4.15　实验仪器安装示意图

（4）另一个 RMS 也按以上步骤设置好各项参数.

（5）双击"Sampling Options"键,并将取样值设为 50 Hz 或者是大于 50 Hz,点击"OK".

（6）定义动量:点击实验计算按钮.按下"New"键建立一个新的计算进程来计算动量,进入表达式区域,使用"input,f(x)"按键与键盘,键入一个描述计算进程的动量(mv)公式,起一全名称和简称作为记录曲线参量的名称,如"Total Momenum1"和"Mome",单位应设为实验所适用的国际统一单位,检查无误后,按下回车键返回到计算窗口.

（7）定义动能:再按下"New"键再建立一个新的计算进程来计算动能,进入表达式区域,使用"input,f(x)"按键与键盘,键入一个描述计算进程的动能$\left(\dfrac{1}{2}mv^2\right)$公式,起一全名称和简称作为记录曲线参量的名称,如"Total Kinetic Energy1"和"KE",单位应设为实验所适用的国际统一单位,检查无误后,按下回车键返回到计算窗口.

（8）关闭实验计算窗口.

（9）输出小车 1 和小车 2 的速度以及系统动量、系统总动能与时间的函数关系图形,拖拽图像按钮到转动传感器 RMS 图标上,并选择显示四个计算进程的图形,具体步骤:在"Choose Caculationsto Display"弹出菜单中选出图形(这些选择将被修改,所以选择哪一项计算进程都是没有关系的),然后一幅具有四个不同参量的 y 轴和同一个参量的 x 轴的时间函数坐标图形窗口将会生成.

（10）改变 y 轴参量为实验所需要测量的参量值,方法如下:

①将 y 轴设为小车 1 的速度.方法如下:点击 y 轴顶部的"Plot Input Menu"键(图),并在弹出菜单中选择"Digital"和"Velocity(linVel)";

②设定小车 2 的速度,点击第二个 y 轴顶部的"Plot Input Menu"键,并在弹出菜单中选择"Digital3"和"Velocity(linVe3)";

③设定总动量,点击第三个 y 轴顶部的"Plot Input Menu"键,并在弹出菜单中选择"caculations"和动量的计算进程公式名称,如"Total Momenum1";

④设定总动能,点击第四个 y 轴顶部的"Plot Input Menu"键,并在弹出菜单中选择"caculations"和计算动能的公式名称;如"Total Kinetic Energy1".

3. 记录数据

(1)将小车放置在如图 3.4.15 所示的位置.

(2)开始记录数据.

(3)轻推小车 1 并松手,让它向小车 2 滑行.

注意:推力应当充足,使两个小车碰撞后仍能继续运动,但不要用力过大致使小车在轨道上蹦跳,平滑运动能得到最好的实验结果.

(4)停止记录数据.

注意:数据应是平滑的.如果需要,在实验计算中使用平滑函数,平滑数据的具体方法是:在实验计算中修改公式,选择 f(x)键→Special→Smooth(n,x).先设 $n=8$,如果你没有得到需要的平滑效果,使用不同的 n 值进行实验数据处理.

(5)重复上述实验,直到记录的测量曲线满足实验要求为止.

4. 分析数据

(1)在测量曲线图形上点击"Autoscale Tool"(自动调节比例).

(2)将测量曲线图打印或画一张草图,并标出小车碰撞前后过程的状态.

(3)解释每个曲线图形上碰撞前后的数据变化.

(4)使用 Smart Cursor 去测量并记录数据在表格 3.4.4 和 3.4.5 内:①小车 1 在碰撞前一瞬间时的速度;②两个小车在碰撞后一瞬间的速度;③碰撞前、后的动量值;④碰撞前、后的动能值.

表 3.4.4　碰撞前、后的实验动量值数据记录表

m_1 /kg	v_1 /(m/s)	m_2 /kg	v_2 /(m/s)	m_{1after} /kg	v_{1after} /(m/s)	m_{2after} /kg	v_{2after} /(m/s)	$m_1v_1+m_2v_2$ /(kg·m/s)	$m_{1after}v_{1after}+m_{2after}v_{2after}$ /(kg·m/s)
								计算值 / 测量值	计算值 / 测量值

表 3.4.5　碰撞前、后的实验动能值数据记录表

$\frac{1}{2}(m_1v_1^2+m_2v_2^2)$ /(N·s)	$\frac{1}{2}(m_{1after}v_{1after}^2+m_{2after}v_{2after}^2)$ /(N·s)
计算值 / 测量值	计算值 / 测量值

【思考题】

1. 弹性碰撞对系统的总动量和总动能影响如何?

2. 摩擦力对系统的总动量和总动能影响如何?

3. 还有其他什么因素造成了实验数据与理论数据间的误差?

3.4.6　加速度和简谐振动

【实验目的】

目的是测量不同倾角的斜面上的弹簧和物体系统的振动周期,并验证牛顿第二定律,$F=ma$.

【实验原理】

对于弹簧上的物体,振动的理论周期为

$$T=2\pi\sqrt{\frac{m}{k}} \tag{3.4.12}$$

式中,T 是一个来回运动的时间,m 是振动质量,k 是弹簧系数.

根据胡克定律,弹簧产生的力与弹簧被压缩或伸长的距离成正比,$F=kx$,这里 k 是比例常数.这样在实验上,可以通过施加不同的力让弹簧压缩或伸长不同的距离来确定.作力-距离的图,直线的斜率就等于 k.根据牛顿第二定律 $F=ma$,F 是作用在物体 m 上的外力,a 是物体的加速度.

【实验仪器】

带质量的动力车(ME-9430),弹簧,A 型底座和支杆,加速度传感器(CI-6558),50N 力传感器(CI-6537),动力学轨道(ME-9435A 或 ME-9458),电子天平,PASCO 计算机 750 型接口,科学工作室 2.2 版或更高,电脑.

【实验内容】

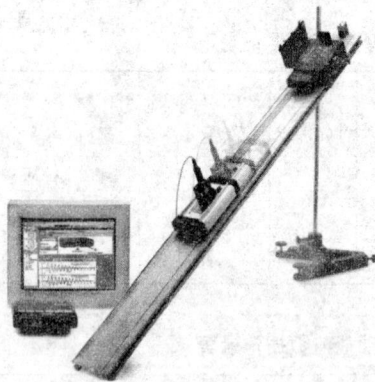

图 3.4.16　加速度和简谐振动安装示意图

实验 A——理论周期的测量

1. 实验设备安装(图 3.4.16)

(1)把加速度传感器固定在小车上.

(2)用天平称出小车和加速度传感器的质量,记下这个值 M.

(3)把力传感器准确安装到导轨上,把 A 型底座和支杆连接好.

(4)把小车放在导轨上,把弹簧的一端插入小车的孔中,把弹簧和小车连在一起,然后把弹簧的另一端与导轨的末端的力传感器测试头连在一起.

(5)通过支杆和导轨的连接器,抬高与弹簧相连的导轨的末端,让导轨倾斜.导轨的末端升高后,弹簧会伸长.让导轨的倾角足够小,这样,被拉长的弹簧的长度不超过导轨长度的一半,记下平衡位置 L_0.

2. 启动"科学工作室"

(1)把力传感器的模拟插头接到接口的 A 通道,把运动传感器的数字插头接到通道 1 和 2.

(2)把科学工作站接口连到计算机上,打开计算机接口电源,打开计算机.

(3)打开科学工作室,正确选择力传感器和运动传感器并设置传感器测量所需的参数,打开科学工作站处于所需的工作状态.

3. 记录数据

(1)拖动小车拉长弹簧.

(2)点击"REC"按钮,计算机开始记录数据.

(3)松开小车,在弹簧的作用下,小车做简谐运动.记录力-位移关系曲线.

(4)停止记录数据.

(5)重复上述实验,直到记录的力-位移曲线满足实验要求为止.

4. 分析和处理数据

(1)计算 Theoretical Period 理论周期.在力-位移的曲线图中,斜率就是弹簧常数 k. 作出力-位移的图,通过数据点作出最合适的直线,确定直线的斜率 $k=$ _____.

(2)知道小车的质量和弹簧常数,代入式(3.4.12),计算理论周期 $T=$ _____.

实验 B——测量实验周期

1. 实验仪器安装

(1)把加速度传感器固定在小车上;

(2)用天平称出小车和加速度传感器的质量,记下这个值 M;

(3)把力传感器准确安装到导轨上,把 A 型底座和支杆连接好;

(4)把小车放在导轨上,把弹簧的一端插入小车的孔中,把弹簧和小车连接在一起,然后把弹簧的另一端与导轨的末端的力传感器测试头连在一起.

2. 启动"科学工作室"

(1)力传感器的模拟插头接到计算机接口的 A 通道,把加速度传感器的模拟插头接到接口的 B 通道.

(2)把科学工作站接口连到计算机上,打开计算机接口电源,打开计算机.

(3)打开科学工作室,正确选择力传感器和加速度传感器并设置传感器测量所需的参数,打开科学工作站处于所需的工作状态.

3. 记录数据

(1)让小车离开平衡位置一段距离.

(2)点击"REC"按钮,计算机开始记录数据.

(3)松开小车,记录力-时间和加速度-时间关系曲线.

(4)停止记录数据.

(5)上述过程可重复,直到记录的力-时间和加速度-时间关系曲线满足实验要求为止.

(6)改变斜面的倾角,重复步骤(1)到(5).

4. 分析和处理数据

(1)力-时间曲线中,可以得到振动的时间周期.

(2)每次实验记录 5 次振动的时间周期,除以 5 就得到实验周期 $T=$_____.

【思考题】

1.周期会随着倾角的改变而改变吗?

2.比较实验值和理论值,结果如何?

3.随着倾角改变平衡位置会改变吗?

4.如果倾角变为 90°,周期将是多少?

实验 3.5 材料热物性实验

【实验目的】

1.理解用平面热源脉冲法瞬态测量材料热物理性质的原理和实现方法.

2.用平面热源脉冲法,具体测量一种固体板材的热扩散系数、热导率、比热和密度.

【实验原理】

如图 3.5.1 所示,当用均质材料制成的平板型试件,以具有恒定热流强度 q 的平面热源对试件脉冲加热时,在试件中,满足半无限大的传热条件.若取加热平面的中心为坐标原点,则在垂直于加热平面的方向为 X 轴的方向.则试件中 X 轴方向上距原点为 x 处的温度变化为: $\vartheta(x,t)=T(x,t)-T(x,0)$,式中,$T(x,0)$ 为 x 处 $t=0$ 时的温度,

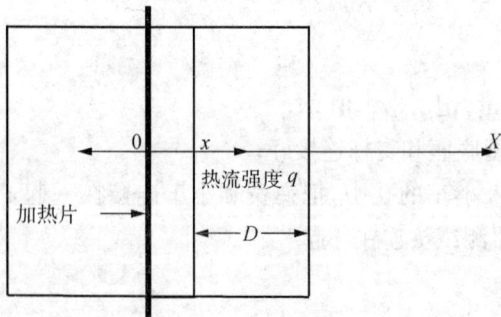

图 3.5.1 半无限大传热示意图

$T(x,t)$ 为 x 处 t 时的温度.

对于材料的体积变化可忽略的纯粹热传导问题,由热力学第一定律和傅里叶热传导定律证明:试件中温度分布的变化由如下定解问题给出,即

$$t=0,x\geqslant 0,\vartheta(x,0)=0$$

$$\frac{\partial^2\vartheta(x,t)}{\partial x^2}=\frac{1}{a}\cdot\frac{\partial\vartheta(x,t)}{\partial t},\quad t>0,x\to\infty,\vartheta(\infty,t)=0 \tag{3.5.1}$$

$$t>0,x=0,q=-2\lambda\frac{\partial\vartheta(x,t)}{\partial x}$$

式中,a 为材料的热扩散系数,且 $a=\frac{\lambda}{c_p\rho}$,由材料的热导率 λ、定压比热容 c_p、密度 ρ 等因素决定. 它们都是反映试件材料热物理性质的重要物理量. 对(3.5.1)式的时间变量 t 作拉氏变换,不难解得试件中 X 轴上温度变化的分布为

$$\vartheta(x,t)=\frac{q}{\lambda}\cdot\sqrt{\frac{at}{\pi}}B(y) \tag{3.5.2}$$

式中

$$B(y)=\mathrm{e}^{-y^2}-2y\int_y^\infty\mathrm{e}^{-y_1^2}\mathrm{d}y_1 \tag{3.5.3}$$

$$y=\frac{x}{2\sqrt{at}} \tag{3.5.4}$$

当加热试件的加热温度变化范围不太大时,可以认为上述各式中描述材料热物理性质的物理量 λ,a,c_p,ρ 等均为常数. 从(3.5.2)式出发,还可以用托哈默尔定理求出加热停止后,到 t_2 时刻(计时起点与 t_1 相同)试件中热面($x=0$ 处)的温度变化为

$$\vartheta(0.t_2)=\frac{q}{\lambda}\sqrt{\frac{a}{\pi}}(\sqrt{t_2}-\sqrt{t_2-t_1}) \tag{3.5.5}$$

由(3.5.2)式、(3.5.5)式可以解得

$$B(y)=\frac{\vartheta(x,t_1)}{\vartheta(0,t_2)}\cdot\frac{\sqrt{t_2}-\sqrt{t_2-t_1}}{\sqrt{t_1}} \tag{3.5.6}$$

式中,温升和时间都是可以测量的,因而取不同的 t_2 值 t_{2i},则可以找到相应的 $\vartheta(0,t_{2i})$. 由于 $t_1,t_{2i},\vartheta(x,t_1)$ 和 $\vartheta(0,t_{2i})$ 都可以从测量记录中查得,因而可以用(3.5.6)式计算出 $B_i(y)$ 的值. 用之代入(3.5.3)式,用数值计算法,总可以解出 y_i 来. 再代入(3.5.4)式,可以计算出热扩散系数 a_i. 从而,实现对材料热扩散系数的测量.

当平面恒流热源采用电加热时,其加热的热流强度 q,可用加热电流强度 I,加热电压 V 或加热片的电阻 R 算出,即有

$$q_0=\frac{IV}{A}=\frac{I^2R}{A} \tag{3.5.7}$$

式中,A 表示加热片的有效发热面积.

由于热源并非理想的平面热源,加热升温时加热片自身吸热是不可忽略的,特别是对轻质隔热材料更是如此. 本仪器能方便地直接测出升温速度 $\Delta\vartheta/\Delta t$. 因而只要知道加热片有效加热面的质量 m_0 和定压比热容 c_{p0}(查加热片上的标定值),就能方便地给出发

热体的吸热功率 $m_0 c_{p0} \Delta\vartheta/\Delta t$,从而计算热流强度的损失 $q' = \frac{1}{A} m_0 c_{p0} \frac{\Delta\vartheta}{\Delta t}$,用于对(3.5.7) 式加以修正. 修正后的有效热流强度为

$$q = q_0 - q' = \frac{1}{A}\left(I^2 R - m_0 c_{p0} \frac{\Delta\vartheta}{\Delta t}\right) \tag{3.5.8}$$

再将已经计算得到的 a, q 以及测温时间 t_{2i} 和该时刻热面($x = 0$ 处)的温度变化 $\vartheta(0, t_{2i})$, $\Delta\vartheta/\Delta t$ 等代入(3.5.5)式,便可以方便地计算出试件材料的热导率

$$\lambda_i = \frac{q\sqrt{a_i}}{\vartheta(0, t_{2i})\sqrt{\pi}}\left(\sqrt{t_{2i}} - \sqrt{t_{2i} - t_1}\right) \tag{3.5.9}$$

试件的密度可以直接测量,即只要用天平测量出待测薄试件的质量 m,用米尺和游标卡尺测出试件的体积,则密度 $\rho = \frac{m}{V} = \frac{m}{xA} = \frac{m}{xl_1 l_2}$,利用 $a = \frac{\lambda}{c_p \rho}$,将已测出的热导率和热扩散系数代入,即可得到材料的定压比热容

$$c_p = \frac{\lambda}{a\rho} \tag{3.5.10}$$

从而,方便地得到了 a, λ, c_p, ρ 等材料的热物理性质.

【实验仪器】

材料热物性瞬态自动测试仪,游标卡尺,米尺,物理天平.

材料热物性瞬态自动测量仪简介:材料热物性瞬态自动测量仪由测量装置,温差电偶,A/D 转换接口板,加热电源,数据处理系统及输入输出设备等部分组成,如图 3.5.2 所示.

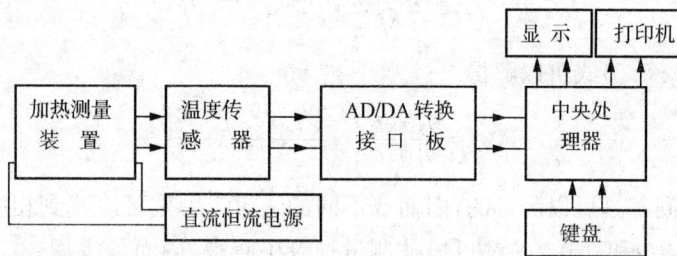

图 3.5.2 材料热物性瞬态自动检测仪结构框图

材料热物性测量在 TAS 测量平台上进行. TAS 测量平台的主界面如图 3.5.3 所示. 主界面内有下拉式菜单、通道选择、冷、热面的温升值适时显示、温度随时间变化的曲线和数值记录表等. 利用下拉式菜单可以进行测试材料登录、热物性测量、测量数据处理、生成测试报告及报告打印等功能.

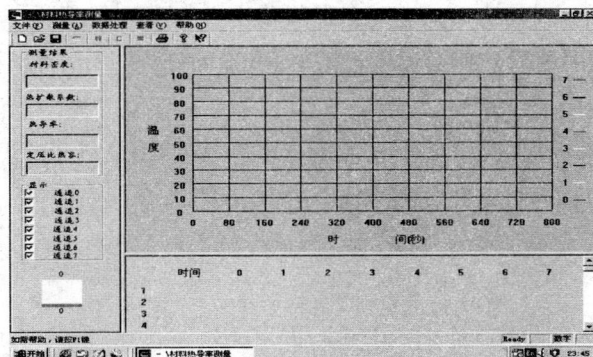

图 3.5.3 材料热物性瞬态自动测试仪的测量主界面

【实验内容】

打开测试仪的电源开关,预热材料热物性瞬态自动测试仪. 然后,可按下述顺序操作:

(1)测量薄试件的体积:用米尺测量薄试件边长 l_1, l_2,各测量 8 次;用游标卡尺测量薄试件的厚度 x,测量 8 次. 记录测量数据.

(2)用物理天平称量薄试件的质量 m,可以只进行一次测量.

(3)依据待测试件密度的大小选择合适的加热电流:一般原则是材料密度大的加热电流宜大一些,材料密度小的加热电流宜小一点. 本测量仪的加热电流可在 0.100～1.000A稳定精密调节.

(4)然后,打开测量装置的盖子,先检查温差电偶,看其 X 质量是否符合要求,并与接线板连接正确:0 号热电偶接 0 通道,1 号电偶接 1 通道等. 检查加热片是否完好,并记 1. 录下加热片上标出的加热电阻 R 的数值,加热片有效加热面积部分的质量 m_0 和其定压比热容 c_{p0},以供数据处理之 0 用. 然后在测量平台上如图 3.5.4 叠放试件.

注意:应将温差电偶的测量端放在垂直于试件平面的中轴线上. 同时应将 1 号热电偶置于热面,2 号热电偶放在冷面,切勿倒置. 安放好后,关上测量装置的盖子.

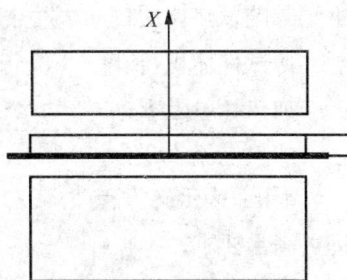

图 3.5.4 试件叠放示意图

(5)按一下控制按钮,启动中央处理器,用鼠标左键双击桌面上的 TAS 图标,调出测量主界面. 以下的测量,数据处理和测量报告生成等工作,都可以在这一界面内用鼠标点击完成.

在测量主界面上,用鼠标左键单击测量,在下拉式菜单中单击测量登记,可以输入待测材料名称和材料编号,然后单击确定按钮回到主界面.

用鼠标左键单击测量,在下拉式菜单中单击开始测量,则测量开始. 可见温度-时间图上 0,1,2 等三个通道的热电偶测得的温度随时间变化的曲线显示出来. 此时三条曲线几乎是重合在一起的. 观察约 30s,若三条曲线稳定且几乎重合,则在 t_0 时刻,闭合测量开关开始加热试件. 这时将看到热面温度迅速升高,冷面则要过几十秒后的 t' 时刻,才开始缓慢上升.

当冷面已有明显升温的 t_1 时刻,切断测量电源,继续记录热面的温度回落 $\vartheta(0,t_{2i})$ 和相应时间 t_{2i} 的变化,同时也可以看到冷面会继续升温. 若令

$$\tau = t' - t_1 \tag{3.5.11}$$

只要控制在时刻

$$t_3 \leqslant \left(\frac{D}{x}\right)^2 \tau \tag{3.5.12}$$

的时间内停止测量,就能保证满足一维半无限大的传热要求. 在此时间内测得的数据为有效数据,可以用于材料热物理性质的计算. 以松木板试件为例:薄试件的厚度 $x = 12\text{mm}$,厚试件的厚度 $D = 26\text{mm}$,实验测得 $\tau \sim 90\text{s}$. 用之可以估算出停止加热测量时间

$$t_3 \leqslant \left(\frac{26}{12}\right)^2 \times 90 = 423\text{s} \tag{3.5.13}$$

事实上,测量时间只要持续到 300s 左右就足够了.

【数据处理】

测量结束后,数据处理可按如下步骤进行:

(1)用鼠标左键单击测量,然后再用鼠标左键单击测量登记,按提示输入待测材料名称和编号;

(2)用鼠标左键单击数据处理,然后再顺序输入下列数据:薄试件质量 m,从加热片上记录的发热体质量 m_0,发热体比热 c_{p0};

薄试件体积:长度 l_{1i},8 个;宽度 l_{2i},8 个;厚度 x_i,8 个;

加热片电阻 R;

加热电流 I,3 个;

delta,表示解方程(3.5.3)的精度要求,可以取 0.005,0.002,0.001,…,一般取 0.005 即可满足要求;

测温时间和温度:这里,实际要求输入的是测量数据记录顺序号,即按其上的提示,并与记录的数值表校核(以下同),首先输入开始加热时间 t_0 对应的序号;然后根据第二个提示值,输入 t_1 对应的序号;然后选择从 t_1 到 t_3 之间,大于 t_1 对应的某一时刻 t_{2i} 对应的顺序号输入;最后输入取值步长,一般可取 1,2 或 3 等. 通常取 1,即从输入的序号起,一个接一个地进行计算.

(3)上述数据输入完成后,用鼠标左键单击数据处理,再用鼠标左键单击计算. 大约 1s 左右,即可完成数据处理.

(4)用鼠标左键单击查看,可以查看计算结果,并可以修改测量结果的表示方式.

(5)打开打印机电源,用鼠标左键单击文件,再单击打印,可以打印自动生成的测量报告. 一般只打印报告的首页即可,用不着把全部数据记录列表都打印出来. 也可以根据

需要打印出包括测量数据记录列表在内的完整报告. 至此,测量结束. 换一块加热片,可以测量另一组试件的热物性.

【思考题】

1. 一般来说,材料的热物性是随温度而变化的. 若想在本仪器上研究热性质随温度的变化规律,需要对仪器作哪些改进? 请提出您的方案和具体建议.

2. 目前采用面积为 200mm×200mm 的试件进行测量,略嫌太大. 若要将试件改小,应考虑哪些因素的影响? 极限地说,用这种测量方法,试件最小应是多大? 请建立一个模型加以说明.

实验 3.6 霍尔效应的应用

测量磁场的方法很多,如冲击法、冲击电流计法、磁通计法、磁位法等. 通过前阶段的冲击法、冲击电流计法测量磁场实验,在此基础上,本实验用霍尔元件测量磁场. 让大家再掌握一种测量磁场的方法.

霍尔效应是导电材料中的电流与磁场相互作用而产生电动势的物理效应,是霍尔 (E. H. Hall,1855~1938) 于 1879 年在研究金属的导电机构时发现的. 后来曾有人利用霍尔效应制成测量磁场的磁传感器,但终因霍尔效应太弱而没能得到应用. 随着半导体材料和制造工艺的发展,人们又利用半导体材料制成霍尔元件,由于它的霍尔效应显著而得到实用和发展,广泛用于非电量电测、自动控制、电磁测量和计算装置方面.

【实验目的】

1. 观察霍尔现象.
2. 了解应用霍尔效应测量磁场的原理和方法.
3. 使用 ZKY–H/S 型磁场测试仪测定螺线管内外磁场分布.

【实验原理】

1. 霍尔效应

如图 3.6.1 所示,在与磁场 B 垂直的半导体薄片上通以电流 I,假设载流子为电子(n 型半导体材料),它沿与电流 I 相反的方向运动,由于洛伦兹力 f_L 的作用,电子即向一侧偏转(如图中虚线方向),并使该侧形成电子积累,另一侧形成正电荷积累,与此同时,还受到与此反向的电场力 f_E 作用. 当两力相等时,电子的积累便达到平衡状态. 这时在两横端面之间形成的电场称为霍尔电场 E_H,相应的电势称为霍尔电势 V_H.

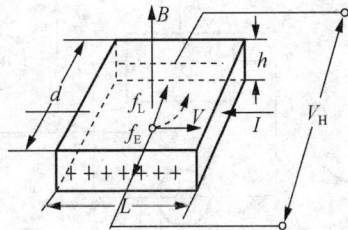

图 3.6.1 霍尔效应

设电子按某一速度 v 向图示方向运动,在磁场作用下,所受洛伦兹力为

$$f_L = evB \tag{3.6.1}$$

式中,f_L 为洛伦兹力,e 电子电量,v 电子速度,B 磁感应强度. 同时,电场作用于电子的

力为

$$f_E = eE_H = eV_H = eV_H/d \tag{3.6.2}$$

式中,f_E 为电场力,E_H 为霍尔电场,V_H 为霍尔电势,d 为元件宽度.

当达到动态平衡时

$$vB = V_H/d \tag{3.6.3}$$

电流密度 j 可用电子浓度(对 n 型半导体)来表示即 $j = nev$,式中速度与电流方向相反,则

$$I = nevdh \tag{3.6.4}$$

即

$$v = I/nedh \tag{3.6.5}$$

式中,h 为元件厚度. 将(3.6.5)式代入(3.6.3)式可得

$$V_H = IB/neh \tag{3.6.6}$$

如果半导体材料是 p 型,其空穴浓度为 P,即可导出

$$V_H = IB/peh \tag{3.6.7}$$

根据(3.6.6)式和(3.6.7)式,可以从实验中得出 V_H 的正、负来判别材料的类型. 令 $R_H = 1/ne$,则(3.6.6)式为

$$V_H = R_H IB/h \tag{3.6.8}$$

式中,R_H 称为该材料的霍尔系数,其值反应某种霍尔材料的霍尔效应的强弱. 根据材料电导率 $\rho = 1/ne\mu$,可得 $R_H = \rho\mu$. 式中,μ 为载流子的迁移率,即单位电场下载流子运动速度.

一般电子迁移率大于空穴迁移率,故大多采用 n 型半导体材料制作霍尔元件.

若令

$$K_H = R_H/h = 1/neh \tag{3.6.9}$$

将(3.6.9)式代入(3.6.8)式得

$$V_H = K_H IB \tag{3.6.10}$$

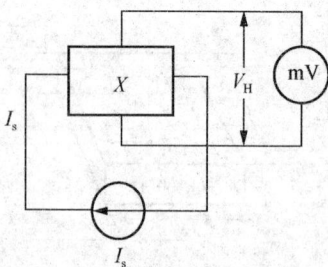

图 3.6.2 霍尔元件测磁场的基本电路

式中,K_H 称为霍尔元件的灵敏度,它表示霍尔元件在单位磁感应强度和单位控制电流下的霍尔电流的大小,其单位是 mV/(mA·T),一般要求 K_H 越大越好,由于金属的电子浓度很高,其 R_H、K_H 都不大,故不适宜作霍尔元件. 此外元件的厚度 h 越薄,K_H 也越高,所以在制作时,往往都采用减少 h 的办法来增加灵敏度,但也不是 h 越薄越好,因为元件的输入和输出电阻将会因此而增加. 霍尔元件测磁场的基本电路如图 3.6.2 所示. 其中 I_s 为一稳恒电流源,向元件提供一恒定的工作电流,由于磁感应强度 B 不同,则在两侧端输出霍尔电压 V_H,用毫伏表 mV 测量,根据公式

$V_H = K_H IB$ 可计算出 $B = \dfrac{V_H}{K_H I}$.

2. 螺线管内部和外部磁感应强度 B

直螺线管是指均匀地密绕在圆柱面上的螺线形线圈,可以近似地看成是一系列圆线圈排列而成.当螺线管的长度 L 比其直径 $(2R)$ 大得多时 $(L \gg 2R)$,可视为"无限长"螺线管,取螺线管的轴线为 X 轴,中心为坐标原点.

根据理论分析螺线管中部各点的磁场是均匀的,其磁感应强度为

$$B = \mu_0 n I \tag{3.6.11}$$

两端口的磁感应强度为

$$B = \frac{1}{2} \mu_0 n I$$

螺线管外部的磁感应强度为零,实际上管口外部附近 $B \neq 0$,管外侧中部 $B \to 0$. 式中,I 为通电螺线管的电流强度(A),n 为螺线管单位长度上的线圈匝数(匝/m),μ_0 为真空中的磁导率,$\mu_0 = 4\pi \times 10^{-1} H/m$.

设螺线管轴线中心为原点 O,轴向为 X 轴,螺线管长为 L,匝数为 N,半径为 R_0,当通以电流 I 时,可以证明,管轴上任一点的磁感应强度的理论值为

$$B_x = \frac{\mu_0 NI}{2L} \left\{ \frac{L/2 - x}{[(L/2 - x)^2 + R_0^2]^{\frac{1}{2}}} + \frac{L/2 + x}{[(L/2 + x)^2 + R_0^2]^{\frac{1}{2}}} \right\}$$

当 $x = 0$ 时,可得螺线管中心 O 的磁感应强度为

$$B_0 = \frac{\mu_0 NI}{(L^2 + 4R_0^2)^{\frac{1}{2}}}$$

当 $L \gg 2R_0$ 时

$$(L^2 + 4R_0^2)^{1/2} \approx L$$

则 $B_x = \dfrac{\mu_0 NI}{L} = \mu_0 n I$ 与前述结论(3.6.11)式相同,当 $x = L/2$ 时可得螺线管两端面中心的磁感应强度为

$$B_{L/2} = \frac{\mu_0 NI}{2(L^2 + R_0^2)^{\frac{1}{2}}} \approx \frac{B_0}{2} (L \gg 2R_0) \tag{3.6.12}$$

若螺线管所绕导线为多层,则可按多层不同的 R_0 计算 B_x,得到 $\sum B_x$.

【设备介绍】

图 3.6.3 为设备原理图,仪器的性能特征:仪器由两路直流恒流电源 $\pm 1000mA$ 供给螺线管的励磁电流,$\pm 10.0mA$ 供给霍尔元件的工作电流.

【实验仪器】

1. ZKY-H/S 型磁场测试仪.

2. HZ-3 型螺线管磁场装置.

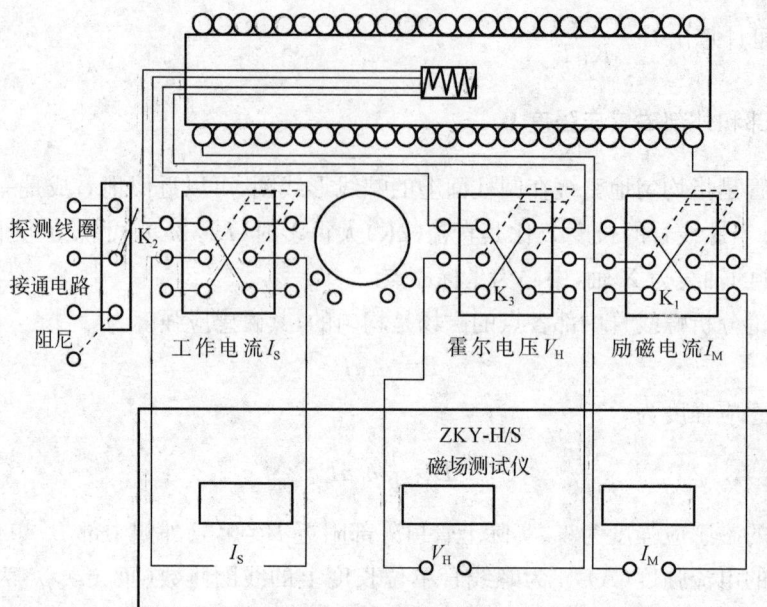

图 3.6.3　设备原理图

【实验内容】

1. 按图 3.6.3 将 ZKY、H/X 磁场测试仪与 HZ－3 型霍尔效应螺线管磁场测试仪连接起来,其中励磁线圈已同换向开关连好.

2. 将提供励磁电流的恒流源调到 $I_M=1.000A$,提供霍尔元件工作电流的恒流源调到 $I_s=10mA$(注意:只有在接通负载时,恒流源才能输出电流,数码管上才有相应显示).

3. 测量螺线管内部某一点磁场:分别改变励磁电流 I_M,工作电流 I_s,霍尔电压 V_H 三个转换开关的正反向接通组合,在数码显示器中读出相应的霍尔电压,填在以下记录表 3.6.1 中.

表 3.6.1　数据表格

X 坐标		$x_1=$		$x_2=$		...		$x_{10}=$	
I_M/A	I_s/mA	正 V_H/mV	反 V_H/mV	正 V_H/mV	反 V_H/mV			正 V_H/mV	反 V_H/mV
+1.000	+10.00								
+1.000	−10.00								
−1.000	+10.00								
−1.000	−10.00								
$\Sigma|V_H|$									
$\bar{V}_H$									
B(实验值)									
B(理论值)									

4.按照上述方法,改变霍尔元件在螺线管中的位置,分别测量出螺线管内部各点磁场,作出螺线管内部磁场分布曲线,并与理论曲线比较.

实验注意事项:

(1)实验原理所讨论的结果都是在磁场与霍尔工作电流垂直的条件下进行的,此时霍尔电势差最大,在制作测量装置时要注意到这一点,但在探测棒多次抽出、插入过程中,若位置发生了偏移则必须校正.

(2)测量的电势差除霍尔电压外还包括其他附加电势差.如由于霍尔电极位置不在一等势面上,则当磁场为零时两霍尔电极间仍在电势差 U_0,这称为不等位电势差.另外由于电极与霍尔元件的接触电势不同及两极间温差不同,也要形成接触电势和温差电势.这些副效应所产生的电势差总和,有时甚至远大于霍尔电势差,形成测量的系统误差,以致使霍尔电势差难以测准.为了减少和消除这些效应引起的附加电势差,利用这些电势差与元件电流和磁场 B 的方向变化,引起正负对称值.采用 $(+I_M, +I_s)$,$(+I_M, -I_s)$,$(-I_M, +I_s)$,$(-I_M, -I_s)$,四种条件下进行测量,将测量到的 V_H 取绝对值平均,作为测量结果.

(3)励磁线圈不能长时间通以大电流,线圈发热温度升高,影响测量结果.

【思考题】

1.在测量螺线管内某一点磁场时,为什么改变工作电励磁电流方向,作对称测量.

2.若螺线管多层绕制,如何计算其磁场分布?为什么?

实验 3.7 双臂电桥原理及应用

在测 1Ω 以下的低电阻时,附加电阻就不能忽略了.一般说,附加电阻约为 0.001Ω 左右.若所测电阻为 0.01Ω,则附加电阻的影响可达 10%.如果测低电阻在 0.001Ω 以下,单臂电桥就无法得出测量结果了.对单臂电桥加以改进而成双臂电桥(又称开尔文电桥)消除了附加电阻的影响,它适用于 $10^{-6} \sim 10^2\,\Omega$ 电阻的测量.

【实验目的】

1.了解双臂电桥测低电阻的原理和方法.

2.学会用双电桥测量导体的电阻率.

【实验原理】

1. 电桥原理

将图 3.7.1 中的 R_x 和 R_2 互换位置,它仍是惠斯通电桥电路,桥式电路有 12 根导线和 A、B、C、D 四个接点.其中由 A、C 点到电源和由 B、D 点到检流计的导线电阻可并入电源和检流计的"内阻"里,对测量结果没有影响.但桥臂的 8 根导线和 4 个接点的电阻会影响测量结果.

在电桥中,由于比率臂 R_1 和 R_2 可用阻值较高的电阻,因

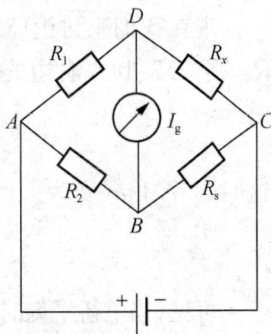

图 3.7.1 原理图

此和这两个电阻相连的四根导线(由 A 到 R_1、C 到 R_2 和由 D 到 R_1、D 到 R_2 的导线)的电阻不会对测量结果带来多大误差,可以略去不计. 由于待测电阻 R_x 是一个低电阻,比较臂 R_s 也应该用低电阻,于是和 R_x、R_s 相连的导线及接点电阻就会影响测量结果了.

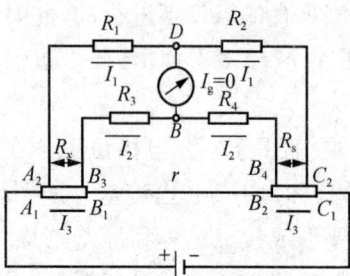

为了消除上述电阻的影响,我们采用图 3.7.2 的线路. 与省略的图中由 A 到 R_x 和由 C 到 R_s 的导线电阻,可将 A 到 R_x 和 C 到 R_s 的导线尽量缩短,最好缩短为零,使 A 点直接与 R_x 相接,C 点直接与 R_s 相接. 要消去 A、C 点的接触电阻,进一步又将 A 点分成 A_1、A_2 两点,C 点分成 C_1、C_2 两点,使 A_1、C_1 点的接触电阻并入电源的内阻,A_2、C_2 点的接触电阻并入 R_1、R_2 的电阻中. B 点的接触电阻和由 B 到 R_x 及由 B 到 R_s 的导线电阻就不能并入低电阻 R_x、R_s 中,因而需对惠斯通电桥进行改良. 我们在线路中增加了 R_3 和 R_4 两个电阻,让 B 点移至跟 R_3、R_4 及检流计相连,这样就只剩下 R_x 和 R_s 相连的附加电阻了. 同样,我们把 R_x 和 R_s 相连的两个接点各自分开,分成 B_1、B_3 和 B_2、B_4,这时 B_3、B_4 的接触电阻并入到附加的两个较高的电阻 R_3、R_4 中. 将 B_1、B_2 用粗导线相连,并设 B_3、B_4 间连线电阻与接触电阻的总和为 r. 后面将要证明,适当调节 R_1、R_2、R_3、R_4 和 R_s 的阻值,就可以消去附加电阻 r 对测量结果的影响.

调节电桥平衡的过程,就是调整电阻 R_1、R_2、R_3、R_4 和 R_s 使检流计中的电流 I_g 等于零的过程.

当电桥达到平衡,即检流计中的电流 I_g 等于零时,通过 R_1 和 R_2 的电流相等,图中以 I_1 表示;通过 R_3 和 R_4 的电流相等,以 I_2 表示;通过 R_x 和 R_s 的电流也相等,以 I_3 表示. 因为 B、D 两点的电位相等,故有

$$I_1 R_1 = I_3 R_x + I_2 R_3$$
$$I_1 R_2 = I_3 R_s + I_2 R_4$$
$$I_2 (R_3 + R_4) = (I_3 - I_2) r$$

联立求解,得到

$$R_x = \frac{R_1}{R_2} R_s + \frac{r R_4}{R_3 + R_4 + r} \left(\frac{R_1}{R_2} - \frac{R_3}{R_4} \right) \tag{3.7.1}$$

现在我们来讨论 (3.7.1) 式右边的第二项. 如果 $R_1 = R_3$,$R_2 = R_4$,或者 $R_1/R_2 = R_3/R_4$,则 (3.7.1) 式右边的第二项为零,即

$$\frac{r R_4}{R_3 + R_4 + r} \left(\frac{R_1}{R_2} - \frac{R_3}{R_4} \right) = 0$$

这时 (3.7.1) 式变为

$$R_x = \frac{R_1}{R_2} R_s \tag{3.7.2}$$

可见,当电桥平衡时,(3.7.2) 式成立的前提是 $R_1/R_2 = R_3/R_4$. 为了保证等式 $R_1/R_2 = R_3/R_4$ 在电桥使用过程中始终成立,通常将电桥做成一种特殊的结构,即将两对比率臂($R_1/$

R_2 和 R_3/R_4)采用所谓双十进电阻箱. 在这种电阻箱里,两个相同十进电阻的转臂连接在同一转轴上,因此在转臂的任一位置上都保持 R_1 和 R_3 相等,R_2 和 R_4 相等.

　　我们在惠斯通电桥基础上增加了两个电阻臂 R_3、R_4,并使 R_3、R_4 分别随原有臂 R_1、R_2 作相同的变化(增加或减小),当电桥平衡时就可以消除附加电阻 r 的影响. 上述这种电路装置称为双臂电桥. 因此双臂电桥平衡时,(3.7.2)式成立;或者说,(3.7.2)式是双臂电桥的平衡条件. 根据(3.7.2)式可以算出低电阻 R_x.

　　还应指出,在双臂电桥中电阻 R_x(或 R_s)有四个接线端. 这类接线方式的电阻称为四端电阻. 由于流经 $A_1R_xB_1$ 的电流比较大,通常称该点 A_1 和 B_1 为"电流端",在双臂电桥上用符号 C_1 和 C_2 表示. 而接点 A_2 和 B_3 则称为"电压端",在双臂电桥上用符号 P_1 和 P_2 表示. 采用四端电阻可以大大减小测电阻时导线电阻和接触电阻(总称附加电阻)对测量结果的影响.

2. 双电桥的灵敏度

　　当双电桥平衡后,将电阻 R_1(或其他电阻)偏调一个量 ΔR_1,这时由于电桥偏离平衡,将引起检流计偏转 Δn 格,与惠斯通电桥一样,定义双电桥的灵敏度 S 为

$$S = \frac{\Delta n}{\dfrac{\Delta R_1}{R_1}} \tag{3.7.3}$$

详细分析双电桥灵敏度 S 与桥路哪些因素有关,是比较麻烦的,下面我们仅作近似讨论. 在图 3.7.2 中,设 r 近似为零,则双电桥就简化成为惠斯通单电桥了. 这时检流计支路电阻变为 $R_g+R_3//R_4$. 参照惠斯通电桥灵敏度的表达式,可得双电桥灵敏度与电路参数的关系式为

$$S = \frac{S_i E}{R_1+R_2+R_s+R_x+(R_g+R_3//R_4)\left(2+\dfrac{R_1}{R_x}+\dfrac{R_s}{R_2}\right)}$$

式中,S_i 为检流计的电流灵敏度. 利用关系式

$$\frac{R_1}{R_2}=\frac{R_3}{R_4}; \frac{R_x}{R_s}=\frac{R_1}{R_2}; E=I_3(R_x+R_s); R_1+R_2+R_s+R_x\approx R_1+R_2$$

则上式可简化为

$$S = \frac{S_i I_3(R_x+R_s)}{R_1+R_2+\left(R_g+\dfrac{R_1R_2}{R_1+R_2}\right)\left(2+\dfrac{R_1}{R_2}+\dfrac{R_2}{R_1}\right)} \tag{3.7.4}$$

由(3.7.4)式可知,要使双电桥有足够的灵敏度,必须①选用灵敏度 S_i 高,内阻 R_g 小的检流计;②提高电源电压 E,即增大工作电流 I_3;③选取合适的桥臂电阻. 与惠斯通电桥不同的是检流计支路中串联了一个电阻 $R_3//R_4$,使灵敏度降低. 从提高电桥灵敏度考虑,$R_1(=R_3)$、$R_2(=R_4)$ 应取小些,而为了减小电压接头接触电阻和接线电阻的影响,$R_1(=R_3)$、$R_2(=R_4)$ 应取足够大. 一般 $R_1=R_3$、$R_2=R_4$ 的取值在 $10\sim10^3\,\Omega$ 范围内.

3. 测量导体的电阻率

一段导体的电阻与该导体材料的物理性质和这段的几何形状有关. 实验指出,导体的电阻与其长度 l 成正比,与其横截面积 A 成反比,即

$$R=\rho \frac{l}{A} \tag{3.7.5}$$

式中,比例系数 ρ 称为导体的电阻率. 它的大小表示导电材料的性质,可按(3.7.6)式求出

$$\rho=R\frac{A}{l}=R\frac{\pi d^2}{4l} \tag{3.7.6}$$

式中,d 为圆形导体的直径.

【设备介绍】

双臂电桥的形式虽各有不同,但它们的线路原理都是一样的. 图 3.7.3 是 QJ44 型携带式直流双臂电桥的线路. 该电桥测量的基本量限为 $0.001\sim11\Omega$,准确度等级为 0.2 级. 图 3.7.4 是它的面板图. 将图 3.7.3 和图 3.7.2 的线路进行比较可知,线路图 3.7.3 或面板图 3.7.4 中的 C_1、C_2 和 P_1、P_2 接待测电阻 R_x. 图中的滑线读数盘和步进读数相当于图 3.7.2 中的已知电阻 R_s,只不过在这里 R_s 被分成连续可变和跳跃可变两部分. 倍率读数(有 100,10,1,0.1,0.01 五挡)即为图 3.7.2 中 R_1/R_2 和 R_3/R_4 的值. B 为接通电源的按钮. G 为接通检流计的按钮."调零"为晶体管检流计的零点调节器."灵敏度"调节用来调晶体管检流计的灵敏度.

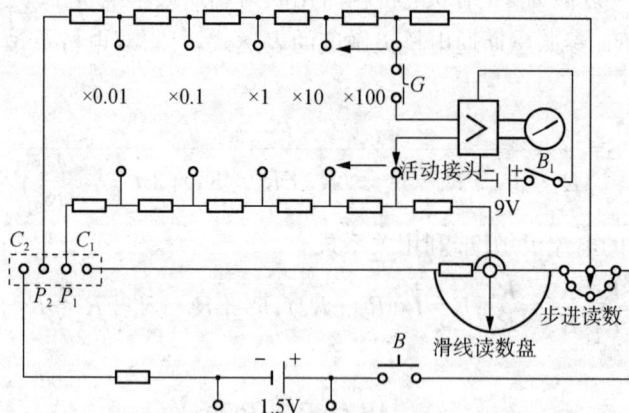

图 3.7.3 QJ44 型直流双臂电桥线路图

一般说,用具有滑线盘的双臂电桥测量电阻时,其最大允许基本误差 ΔR_x,在准确度等级 $a=0.05,0.1$ 时,为 $\Delta R_x=\pm K_r(a\%\cdot R_s+\Delta R)$,式中 $K_r=\dfrac{R_1}{R_2}$ 为比例臂,ΔR 为滑线盘的最小分度值;在准确度等级 $a=0.2,0.5,1,2$ 时,为 $\Delta R_x=a\%\cdot R_{max}$,式中 R_{max} 是具有滑线盘的电桥的最大读数值(电桥的量限).

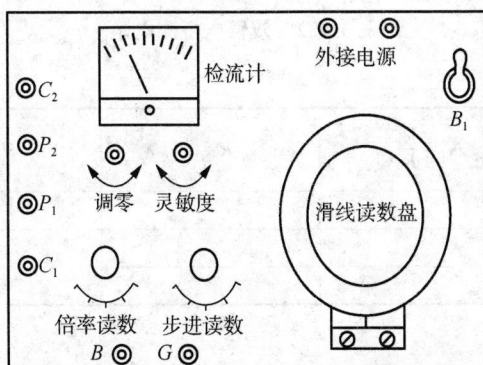

图 3.7.4　QJ44 型直流双臂电桥面板图

【实验仪器】

QJ44 型携带式直流双臂电桥、甲电池、检流计、电阻箱、导线、开关、待测电阻等.

【实验内容】

测量导体的电阻率的步骤如下:

(1)将待测导体(如铜棒 AB)做成四端电阻,按图 3.7.5 把待测电阻 R_x 的电压端接在双臂电桥 P_1、P_2 接线柱上,电流端接在电桥的 C_1、C_2 接线柱上."B_1"开关扳到通位置,等稳定后(约 5min),调节检流计指针在零.

(2)估计被测电阻值大小,选择适当倍率位置和灵敏度位置,先按"G"按钮,再按"B"按钮,调节步进读数和滑线读数,使检流计指针在零位上. 被测电阻按下式计算:

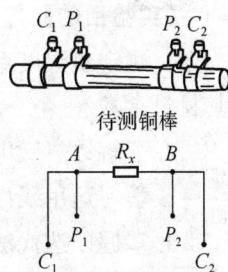

待测铜棒

图 3.7.5　四端接线法

被测电阻值＝倍率读数×(步进读数＋滑线读数)(Ω)

(3)重复两次调节"灵敏度"(凡改变灵敏度旋钮就要调零),按步骤(2)测被测电阻,并计算出 $\bar{R}_x$.

(4)用游标卡尺、千分尺测铜棒 AB 的长 l 和直径 d 各三次,取平均值.

(5)由式 $\rho = R\dfrac{A}{l} = R\dfrac{\pi d^2}{4l}$,算出 ρ 值,并按 $E_r = \dfrac{\Delta R_x}{R_x} + \dfrac{\Delta l}{l} + \dfrac{2\Delta d}{d}$ 估计待测量 ρ 的相对误差和绝对误差 $\Delta\rho = \rho \cdot E_r$,并写出结果表达式 $\rho = \bar{\rho} \pm \Delta\rho$ 单位.

【参考表格及数据处理】

表 3.7.1　测铜棒的长和直径

千分尺零点 $d_0 =$ ____(单位)　　游标卡尺零点____(单位)　　　　　　　　　　　单位:mm

					平均值
读数 d'					
直径 $d = d' - d_0$					
Δd					
AB 长 l					
Δl					

表 3.7.2　双臂电桥测电阻

$\Delta R_x = a\% \cdot R_{max} = $ ＿＿＿＿＿＿＿.

灵敏度	$N' = \dfrac{R_1}{R_2}$	R_s/Ω	R_x/Ω	$\bar{R}_x/\Omega$

【思考题】

1. 双臂电桥与惠斯通电桥有哪些异同?

2. 在双臂电桥电路中,是怎样消除导线本身的电阻和接触电阻的影响的? 试简要说明之.

实验 3.8　温度传感器的测量

【实验目的】

1. 测定负温度系数热敏电阻的电阻-温度特性,并利用直线拟合的数据处理方法,求其材料常数.

2. 了解以热敏电阻为检测元件的温度传感器的电路结构及电路参数的选择原则.

3. 学习运用线性电路和运放电路理论分析温度传感器电压-温度特性的基本方法.

4. 掌握以迭代法为基础的温度传感器电路参数的数值计算技术.

5. 训练温度传感器的实验研究能力.

【实验仪器】

TS-B3 型温度传感综合技术实验仪;磁力搅拌电热器;ZX21 型电阻箱;数字万用表;水银温度计(0~100℃);烧杯;变压器油.

【实验原理】

具有负温度系数的热敏电阻广泛地应用于温度测量和温度控制技术中. 这类热敏电阻大多数是由一些过渡金属氧化物(主要有 Mn、Co、Ni、Fe 等氧化物)在一定的烧结条件下形成的半导体金属氧化物作为基本材料制作而成,它们具有 p 型半导体的特性. 对于一般半导体材料,电阻率随温度变化主要依赖于载流子浓度,而迁移率随温度的变化相对来说可以忽略. 但对上述过渡金属氧化物则有所不同,在室温范围内基本上已全部电离,即载流子浓度基本与温度无关,此时主要考虑迁移率与温度的关系,随着温度升高,迁移率增加,所以这类金属氧化物半导体的电阻率下降,根据理论分析,对于这类热敏电阻的电阻-温度特性的数学表达式通常可以表示为

$$R_t = R_{25} \cdot \exp[B_n(1/T - 1/298)] \tag{3.8.1}$$

其中,R_{25} 和 R_t 分别表示环境温度为 25℃和 t℃时热敏电阻的阻值;$T = 273 + t$;B_n 为材料常数,其大小随制作热敏电阻时选用的材料和配方而异,对于某一确定的热敏电阻元

件,它可由实验上测得的电阻-温度曲线的实验数据,用适当的数据处理方法求得.

下面对以这种热敏电阻作为检测元件的温度传感器的电路结构、工作原理、电压-温度特性的线性化、电路参数的选择和非线性误差等问题论述如下.

1. 电路结构及工作原理

电路结构如图 3.8.1(a)所示,它是由含 R_t 的桥式电路及差分运算放大电路两个主要部分组成. 当热敏电阻 R_t 所在环境温度变化时,差分放大器的输入信号及其输出电压 V_0 均要发生变化. 传感器输出电压 V_0 随检测元件 R_t 环境温度变化的关系称温度传感器的电压-温度特性. 为了定量分析这一特征,可利用电路理论中的戴维南定理把图 3.8.1(a)所示的电路等效变换成图 3.8.1(b)所示的电路,在图 3.8.1(b)中

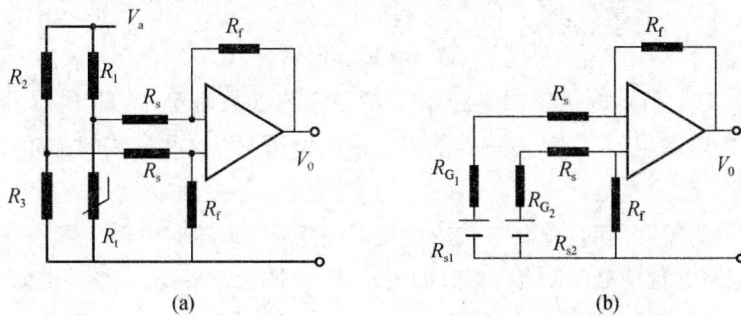

图 3.8.1 电路原理图及其等效电路

$$R_{G_1} = \frac{R_1 \cdot R_t}{R_1 + R_t} \qquad\qquad E_{s_1} = \frac{R_t}{R_1 + R_t} V_a \qquad\qquad (3.8.2)$$

它们均与温度有关,而

$$R_{G_2} = \frac{R_2 \cdot R_3}{R_2 + R_3} \qquad\qquad E_{s_2} = \frac{R_3}{R_2 + R_3} V_a \qquad\qquad (3.8.3)$$

与温度无关. 根据电路理论中的叠加原理,差分运算放大器输电压 V_0 可表示为

$$V_0 = V_{0-} + V_{0+} \qquad\qquad (3.8.4)$$

其中,V_{0-} 和 V_{0+} 分别为图 3.8.1(b)所示电路中 E_{s_1} 和 E_{s_2} 单独作用时对输出电压的贡献. 由运算放大器的理论知

$$V_{0-} = -\frac{R_f}{R_s + R_{G_1}} \cdot E_{s_1}, V_{0+} = \left[\frac{R_f}{R_s + R_{G_1}} + 1\right] V_{i+} \qquad (3.8.5)$$

此处的 V_{i+} 为 E_{s_2} 单独作用时运放电路同相输入端时对地电压. 由于运放电路输入阻抗很大,故

$$V_{i+} = E_{s_2} \cdot R_f / (R_s + R_{G_2} + R_f) \qquad\qquad (3.8.6)$$

把以上结果代入(3.8.4)式,并经适当整理得

$$V_0 = \frac{R_f}{R_{G_1} + R_s} \left[\frac{R_{G_1} + R_s + R_f}{R_{G_2} + R_s + R_f} E_{s_2} - E_{s_1}\right] \qquad (3.8.7)$$

由于(3.8.7)式中 R_{G_1} 和 E_{s_1} 与温度有关,所以该式就是温度传感器的电压-温度特性的数学表达式,只要电路参数和热敏元件 R_t 的电阻-温度特性已知,(3.8.7)式所表达的输出电压 V_0 与温度 t 的函数关系就完全确定.

2. 电压-温度特性的线性化和电路参数的选择

一般情况下(3.8.7)式表达的函数关系是非线性的,但通过适当选择电路参数可以使得这一关系和一直线关系近似.这一近似引起的误差与传感器的测温范围有关.设传感器的测温范围为 $t_1 \sim t_3 \, ℃$,则 $t_2 = (t_1 + t_3)/2$ 就是测温范围的中值温度.若对应 t_1、t_2 和 t_3 三个温度值传感器的输出电压分别为 V_{01}、V_{02} 和 V_{03}.所谓传感器电压-温度特性的线性化就是适当选择电路参数使得这三个测量点在电压-温度坐标系中落在通过原点的直线上,即要求

$$V_{01} = 0, V_{02} = V_{03}/2, V_{03} = V_3 \tag{3.8.8}$$

在图 3.8.1(a)所示的传感器电路中需要确定的参数有 7 个,即 R_1、R_2、R_3、R_f 和 R_s 的阻值、电桥的电源电压 V_a 和传感器的最大输出电压 V_3,这些参数的选择和计算可按以下原则进行:

(1)当温度为 $t_1 \, ℃$ 值时,电路参数应使得 $V_0 = V_{01} = 0$,这时电桥应工作在平衡状态以及差分运放电路参数应处于对称状态,即要求 $R_1 = R_2 = R_3 = R_{t_1}$(热敏电阻在 t_1 温度时的阻值).

(2)为了尽量减小热敏电阻中流过的电流所引起的发热对测量结果带来的影响,V_a 的大小不应使 R_t 中流过的电流超过 1mA.

(3)传感器的最大输出电压 V_3 的值应与后面连接的显示仪表相匹配,若温度-电压变换电路的输出是与计算机数据采集系统连接,V_3 应根据以下关系确定:$V_3 = (t_3 - t_1) * 50\text{mV}/℃$.所以若测温范围为 $25 \sim 65℃$ 时,$V_3 = 2000\text{mV}$.

(4)最后两个电路参数 R_s 和 R_f 的值可按(3.8.8)式所表示的线性化条件的后两个关系式确定,即

$$V_{03} = V_3 = \frac{R_f}{R_{G_{13}} + R_s} \left[\frac{R_{G_{13}} + R_s + R_f}{R_{G_2} + R_s + R_f} E_{s_2} - E_{s_{13}} \right] \tag{3.8.9}$$

$$V_{02} = \frac{V_3}{2} = \frac{R_f}{R_{G_{12}} + R_s} \left[\frac{R_{G_{12}} + R_s + R_f}{R_{G_2} + R_s + R_f} E_{s_2} - E_{s_{12}} \right] \tag{3.8.10}$$

其中,$R_{G_{1i}}$、$E_{s_{1i}} (i = 1, 2, 3)$ 是热敏电阻 R_t 所处环境温度为 t_i 时按(3.8.2)式计算得的 R_{G_1} 和 E_{s_1} 值.当电桥各桥臂阻值、电源电压 V_a 和热敏电阻的电阻-温度特性以及传感器最大输出电压 V_3 已知后,在(3.8.9)式和(3.8.10)式中除 R_s、R_f 外其余各量均具有确定的数值,这样只要联立求解(3.8.9)式和(3.8.10)式就可求出 R_s 和 R_f 的值.然而(3.8.9)式和(3.8.10)式是以 R_s 和 R_f 为未知数的二元二次方程组.其解很难用解析的方法求出,必须采用数值计算技术.

3. 确定 R_s 和 R_f 的数值计算技术

如前所述,方程(3.8.9)式和(3.8.10)式是以 R_s 和 R_f 为未知数的二元二次方程组,每个方程式在 $(R_s、R_f)$ 直角坐标系中对应着一条二次曲线,两条二次曲线交点的坐标值即为这个联立方程组的解(图 3.8.2). 这个解可以利用迭代法求得. 由于在 $R_s=0$ 处与(3.8.10)式对应的曲线对 R_f 轴的截距较(3.8.9)式对应的曲线的截距大(由数值计算结果可以证明),因此为了使迭代运算收敛,首先令 $R_s=0$ 代入(3.8.10)式,由(3.8.10)式求出一个 R_f 的值,然后把这一 R_f 值代入(3.8.9)式,并由(3.8.

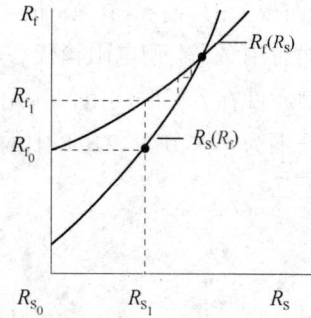

图 3.8.2　确定 R_s 和 R_f 的数值计算技术

9)式求出一个新的 R_s 值,再代入(3.8.10)式……,如此反复迭代,直到在一定的精度范围内可以认为相邻两次算出的 R_s 和 R_f 值相等为止.

【实验内容】

1. 热敏电阻元件电阻-温度特性的测定

该项测量是设计温度传感器的基础,要求测量结果十分准确. 测量时把热敏电阻固靠在 0~100℃水银温度计的头部后,把温度计及热敏元件放入盛有变压器油的烧杯内,并用磁力搅拌电加热器加热变压器油. 在 25~75℃的温度范围内,从 25℃开始,每隔 5℃用数字万用表的电阻挡测量这些温度下热敏电阻的阻值,直到 75℃为止. 为了使测量结果更为准确,可在降温过程中测量,该项测定完成后,采用直线拟合方法处理实验数据,求出(3.8.1)式所表示的热敏电阻电阻-温度特性中的材料常数 B_n 的实验值.

2. 选择和计算电路参数

首先根据实验测得的热敏电阻的电阻-温度特性和测温范围(25~65℃),按前面所述的原则确定 R_1、R_2、R_3、V_a 和 V_3,然后把(3.8.9)式、(3.8.10)式写成以下标准形式

$$AR_s^2+BR_s+C=0(A、B、C\ 中含\ R_f) \tag{3.8.9'}$$

$$A'R_f^2+B'R_f+C'=0(A'、B'、C'\ 中含\ R_s) \tag{3.8.10'}$$

并用迭代法计算电路参数 R_s 和 R_f,在此之后,按(3.8.7)式和(3.8.11)式计算以上测温范围情况下传感器的电压-温度特性的理论值(随 TS-B 系列中任一型号的温度传感技术实验仪配有具有以上功能的计算程序软件).

3. 温度传感器的组装与调试

首先调节设置在 TS-B3 型温度传感综合技术实验仪前后面板上的多圈电阻器 R_1、R_2、R_3、R_s 和 R_f 的值为计算结果值(具体调节方法见 TS-B3 型温度传感综合技术实验仪

使用说明书),然后调节传感器零点和校准量程,具体操作如下:

(1)零点调节. 调节图 3.8.3 所示电路中的 W_1(对应的 TS-B3 型温度传感技术实验仪前面板上的"V_2 调节"旋钮),使传感器的输入桥式电路的电源电压 V_a 为设计时的选定值,然后用 ZX21 型电阻箱代替热敏元件 R_t 接入传感器电路,并把电阻箱的阻值调至 R_{t_1}(热敏元件在 $t_1℃$时的阻值),用数字万用表 200mV 挡观测传感器的输出电压 V_0 是否为零,若不为零调节图 3.8.3 中的"R_3 调节",使 V_0 值为零(允许±1mV 的误差).

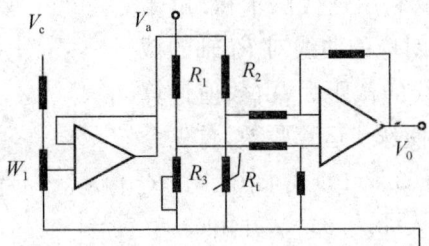

图 3.8.3　温度-电压变换电路原理

(2)量程校准. 完成零点调节后,把代替热敏电阻的电阻箱阻值调至 R_{t_3}(热敏电阻在 $t_3℃$的阻值),用数字万用表的电压挡观测传感器输出电压 V_0 是否为设计时所要求的 V_3 值. 如果不是,再次调节"V_a 调节"旋钮改变电桥电源电压 V_a,使 $V_0=V_3$. 在完成以上调节工作后,注意保持各电阻元件的阻值和"V_a 调节"旋钮位置不变.

4. 传感器电压-温度特性的测定

把测温范围分成 10 个等间隔的子温区,加热变压器油,当温度计示值低于 t_3 约 5℃时就停止加热(但不停止搅拌). 由于加热器余热,变压器油的温度会继续升高,当温度计示值高于 t_3 的某一最高温度后,变压器油便处于降温状态. 在降温过程中测量和记录下以上各子温区交界点温度对应的传感器输出电压 V_0 值,并与按(3.8.7)式计算的理论值列表进行比较.

【数据处理】

1. 根据实验数据在直角坐标上绘出 R_t 的电阻-温度特性曲线,并在同一坐标纸上绘出根据实验求出的 B_n 值及由(3.8.1)式表示的特性曲线.

2. 在同一直角坐标系中绘出温度传感器的电压-温度特性的理论计算曲线和实验测定曲线.

3. 实验结果的分析、讨论和评定.

【思考题】

1. 用迭代法计算 R_s 和 R_f 时,若先给 R_f 赋值,计算过程将会如何发展?

2. 在调节温度传感器的零点和量程时,为什么要先调节零点,后调节量程?

实验 3.9　利用塞曼效应测定电子荷质比

1896 年塞曼用强磁场和精密的光谱仪器,发现放在电磁铁两极之间的光源发射的光谱线分裂成几个部分. 这是在物理学发展史上具有重要意义的一个物理效应,被称为塞曼效应. 利用塞曼效应,根据磁场对光产生的影响,使我们认识到发光原子内部的运动状态及其量子化的特性,进而测定电子的荷质比. 此实验涉及光、机、电、磁等多方面的知识和多种的测量技术,是一个综合性物理实验.

【实验目的】

1. 了解原子在磁场中能级的分裂和测量电子荷质比 e/m 的原理.

2. 学习光路调节和标准具的使用.

【实验原理】

1. 塞曼效应

1896 年塞曼发现了光源所发射的一条谱线在外磁场作用下分裂为三条谱线的现象. 后来进一步发现,磁场对光源作用也可能使谱线分裂成多于三条的情况. 这种在外磁场作用下使光谱线产生分裂的现象称为塞曼效应.

塞曼效应证实原子具有磁矩,而且其空间取向是量子化的. 在磁场中,原子磁矩受到磁场作用,使得原子在原来能级上获得一附加能量. 由于原子磁矩在磁场中可以有几个不同的取向,因而相应有不同的附加能量. 这样,原来一个能级便分裂成能量略有不同的几个子能级. 在原子发光过程中,原来两能级之间跃迁产生的一条光谱线,由于上、下能级分裂成几个能级,因此光谱线也就相应地分裂成若干成分.

根据理论推导(见本实验附录),在磁场中原子附加的能量 ΔE 的表达式如下:

$$\Delta E = Mg \cdot \frac{eh}{4\pi m} \cdot B \tag{3.9.1}$$

式中,h 为普朗克常量,e/m 为电子荷质比. 令

$$\mu_B = \frac{eh}{4\pi m}$$

称 μ_B 为玻尔磁子,$\mu_B = 9.274 \times 10^{-24} \text{A} \cdot \text{m}^2$,则式(3.9.1)变为

$$\Delta E = Mg\mu_B \cdot B \tag{3.9.2}$$

式中,M 为磁量子数,它取整数值,表示原子磁矩取向量子化;g 称为朗德(Lande)因子,它与原子中电子轨道动量矩、自旋动量矩及其耦合方式有关;B 为外磁场. 由此可见,原子附加能量正比于外磁场 B,同时与原子所处的状态有关.

本实验以低压水银灯为光源,研究谱线 546.1nm 塞曼效应. 水银原子从 E_2 态 $(6s7s^3s_1)$ 跃迁到 E_1 态 $(6s6p^3p_2)$ 而产生的光谱,其能级图及相应的 M、g、Mg 值如图 3.9.1所示.

现在我们来讨论谱线的分裂情况. 设某一光谱线是由能级 E_2 跃迁至能级 E_1 而产生的,其频率为 ν,则有 $h\nu = E_2 - E_1$.

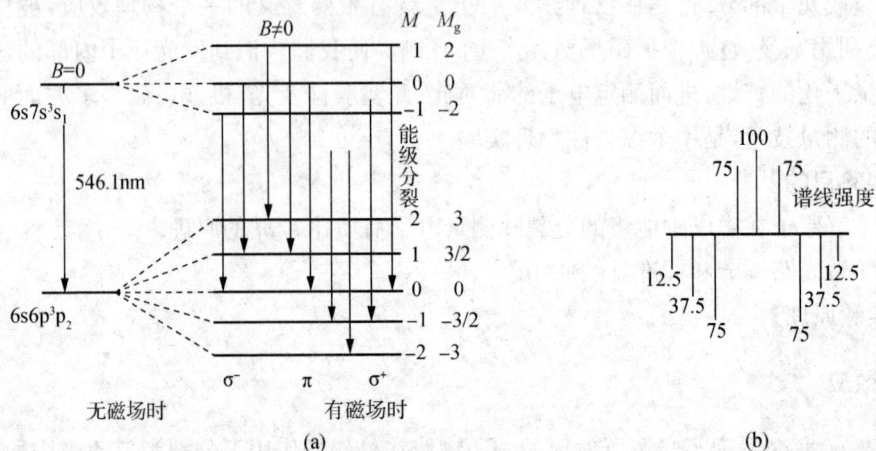

图 3.9.1　塞曼效应能级图

在磁场中,其上、下能级发生分裂,分别有附加能量 ΔE_2 和 ΔE_1,令新谱线的频率为 ν',则有

$$h\nu' = (E_2 + \Delta E_2) - (E_1 + \Delta E_1)$$

分裂谱线的频率差为

$$\Delta\nu = \nu - \nu' = \frac{1}{h}(\Delta E_1 - \Delta E_2)$$

将频率差换成波长差并将(3.9.1)式代入上式,则得

$$\Delta\lambda = \frac{-\lambda^2}{c} \cdot \Delta\nu = (M_2 g_2 - M_1 g_1)\frac{\lambda^2 e}{4\pi mc} \cdot B \tag{3.9.3}$$

令 $L = \dfrac{eB}{4\pi mc} = 4.67 \times 10\mathrm{T}^{-1} \cdot \mathrm{m}^{-1}$ 为裂距单位,并称它为洛伦兹单位. 理论与实验表明,原子发光遵从如下选择定则:$\Delta M = 0$ 或 ± 1,而且选择定则与光的偏振有关. 若以 k 矢量方向表示光传播方向,我们分别从垂直于磁场方向(横向)和平行于磁场方向(纵向)观察(图 3.9.2 所示),所得结果见表 3.9.1 中所列.

表 3.9.1　观察结果

选择定则	$k \perp B$(横向观察)	$k /\!/ B$(纵向观察)
$\Delta M = 0$	直线偏振光(π)	无光
$\Delta M = +1$	直线偏振光(σ^+)	左旋圆偏振光(σ^+)
$\Delta M = -1$	直线偏振光(σ^-)	右旋圆偏振光(σ^-)

从图 3.9.1(a)中我们可看到,由于选择定则的限制,只允许 9 种跃迁存在,故原 546.1nm一条谱线将分裂为 9 条彼此靠近的谱线;图 3.9.1(b)中以线长短表示各谱线的相对强度,并把 π 成分画在波长坐标轴上方,σ 成分画在波长坐标轴下方. 它们的间距即为谱线裂距,相邻谱线裂距为 1/2 洛伦兹单位. 设 $\lambda = 500$nm,$B = 1$T,则相邻谱线波长

差为

$$\Delta\lambda=\frac{\lambda^2 eB}{8\pi mc}\approx0.5\mathrm{nm}$$

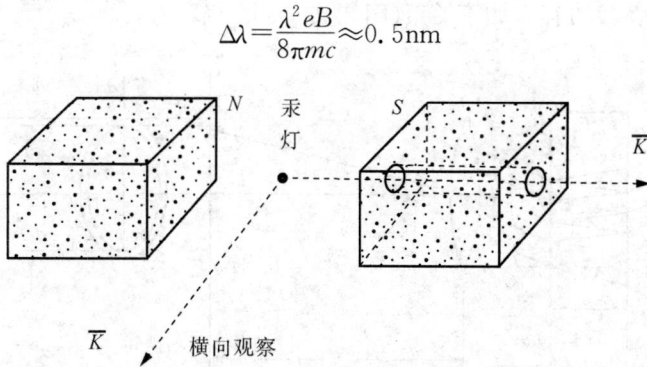

图 3.9.2 法布里-珀罗标准具

可见这个波长差是非常小的,欲测如此小的波长差,必须用高分辨本领的光学仪器,如法布里-珀罗(F-P)标准具,或用鲁末-革尔克板、阶梯光栅等.

2. 利用 F-P 标准具测定波长差

1)F-P 标准具的构造

这种仪器是 1897 年法布里-珀罗制造和使用而得名.

F-P 标准具结构如图 3.9.3 所示,它是两面严格平行和高平面度的,两表面由镀有高反射率介质膜的玻璃构成的.当单色光 S 以小角度入射到标准具时,S 光经 M 和 M' 平面多次反射和透射,产生一系列相互平行的反射光 1,2,3,… 和透射光 1′,2′,3′,… 这些相邻光束之间的光程差 Δ 为

$$\Delta=2nt\cos\theta_k=k\lambda \qquad (亮条纹) \qquad (3.9.4)$$

式中,n 为面间的介质折射率;θ_k 为 S 光在 M' 面上的入射角(图 3.9.3);φ 为折射角;λ 为入射光波长;t 为标准具两表面间的间距(厚度);k 为干涉序,为整数.

如果在透射光前放一凸透镜,在此镜的焦平面上将出现一组同心圆环——等倾干涉条纹.由于 F-P 标准具的间距比波长大得多,故中心亮条纹($\theta\approx0$)的干涉序很高(设 $t=5\mathrm{mm}$,$n=1,\lambda=500.0\mathrm{nm}$,则中心的 $k_{中心}=2\times10^4$).

2)微小波长差的测量

如图 3.9.3 所示,根据折射定律,在 θ_k 很小时有

$$\cos\theta_k=\sqrt{1-\sin^2\theta_k}=1-\frac{\theta_k^2}{2}=1-\frac{1}{2}\left(\frac{\varphi}{n}\right)^2$$

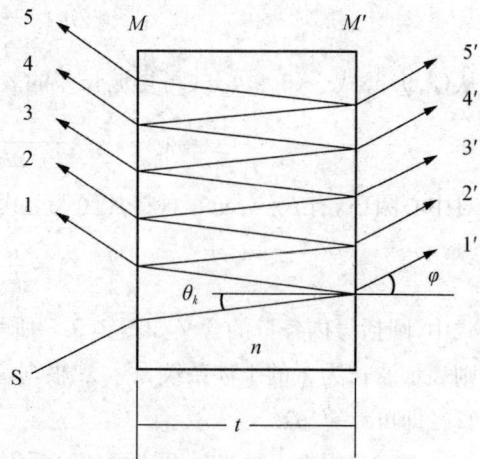

图 3.9.3

如果在 F-P 标准具前放一凸透镜,则通过F-P标准具有透射光成像于焦平面上.则光线的入射角 θ_k 与干涉条纹直径有如下关系(图3.9.4):

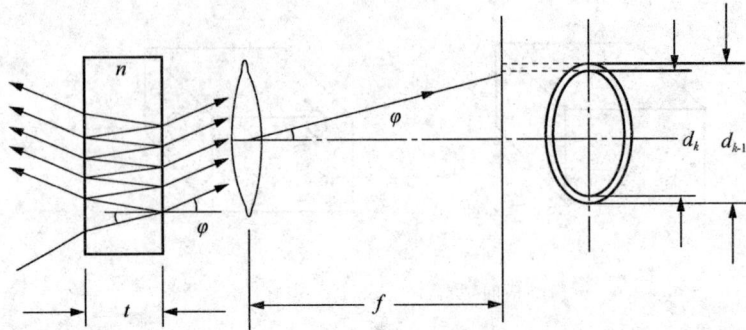

图3.9.4　入射角 θ_k 与干涉条纹直径关系

$$\cos\theta_k = 1 - \frac{\varphi^2}{2n^2} = 1 - \frac{d_k^2}{8n^2 f^2} \tag{3.9.5}$$

式中,f 为透镜焦距;n 为标准具内介质折射率;d_k 为 k 级条纹直径.代入(3.9.4)式得

$$2nt\left(1 - \frac{d_k^2}{8n^2 f^2}\right) = k\lambda \tag{3.9.6}$$

(3.9.6)式表明,干涉条纹直径越大的区域,干涉条纹越密,第二项中负号表示直径越大的干涉条纹,其对应序 k 越小,反之为越大.另外,对同一序的干涉条纹直径大的波长小.相同波长相邻级的(k 与 $k-1$ 级)条纹直径平方差

$$d_{k-1}^2 - d_k^2 = \frac{4f^2 n\lambda}{t} \tag{3.9.7}$$

此式说明 $d_{k-1}^2 - d_k^2$ 是与干涉序 k 无关的常数.

对于另一种波长 λ' 的 k 级条纹,相似地有(3.9.6)式的关系,即

$$2nt\left(1 - \frac{d_k'^2}{8n^2 f^2}\right) = k\lambda' \tag{3.9.8}$$

从(3.9.6)式~(3.9.8)式可得波长差的表达式

$$\Delta\lambda = \lambda_k - \lambda'_k = \frac{t}{4f^2 nk}(d_k'^2 - d_k^2) = \frac{\lambda(d_k'^2 - d_k^2)}{k(d_{k-1}^2 - d_k^2)}$$

对中心圆环,有 $k = (2nt)/\lambda$,将其代入上式则得分裂后两相邻谱线的波长差

$$\Delta\lambda = \frac{d_k'^2 - d_k^2}{d_{k-1}^2 - d_k^2} \cdot \frac{\lambda^2}{2nt} \tag{3.9.9}$$

式中,圆括号内各量的含义如图3.9.5所示,图中实线表示波长为 λ 的干涉条纹,而虚线则表示波长为 λ' 的干涉条纹,$\lambda' < \lambda$.根据(3.9.9)式,只要已知 t,n 和 λ,测得各干涉条纹直径即可计算 $\Delta\lambda$.

上式是根据一块玻璃两表面镀高反射率介质膜的标准具推导出来的,本实验中所用的标准具是由两块平面玻璃构成(图3.9.6),其内表面相距为 t,且内表面镀以高反射率

介质膜. 令 $n=1$. 则以上各式均同样适用.

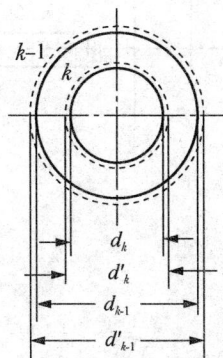

图 3.9.5 分裂后两相邻谱线　　　　图 3.9.6 标准具

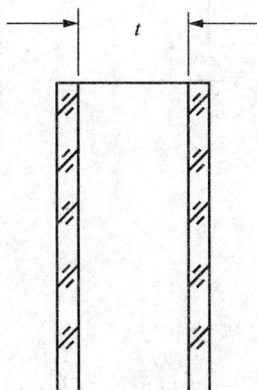

3. 电子荷质比(e/m)的测定

将光源置于磁场中,在磁场作用下,使波长为 λ 的谱线产生分裂,根据(3.9.3)式和 (3.9.9)式,又因 $\Delta v=-\dfrac{c}{\lambda^2}\Delta\lambda$,则有

$$\frac{\lambda^2 eB}{4\pi mC}(M_2 g_2 - M_1 g_1)=\frac{\lambda^2}{2nt}\cdot\frac{d_k^{'2}-d_k^2}{d_{k-1}^2-d_k^2}$$

令 $n=1$,上式整理可得

$$\frac{e}{m}=\frac{2\pi C}{tB(M_2 g_2 - M_1 g_1)}\cdot\frac{d_k^{'2}-d_k^2}{d_{k-1}^2-d_k^2} \tag{3.9.10}$$

据此便可测定电子荷质比 e/m.

【实验内容】

1. 仪器装置及调整

仪器装置原理图如图 3.9.7 所示. 其中 L_1 为聚光镜,使汞灯发出的光聚焦于滤光片上,经滤光片后 546.1nm(绿光)得以通过,其他色光大部分被滤去;L_2 为准直透镜,使入射于 F-P 标准具的光束接近于平行光;L_3 透镜使 F-P 标准具产生的干涉图样成像于观察屏处,供读数显微镜进行测量. 由于我们实验是垂直于磁场方向进行观察,在外磁场作用下一条 546.1nm 谱线分裂为 9 条谱线(均绿色),相应地一条干涉条纹也将分裂为 9 条干涉条纹,这些条纹互相选合而使测量困难. 为此,我们可利用偏振片将 σ 成分的 6 条条纹滤去,只让 π 成分 3 条条纹(中心 3 条)留下来(因为两种成分线偏振光的偏振方向是正交的),所以我们观察到应是如图 3.9.8 所示图像. 在了解光路原理及各光学元件作用的基础上,调整好实验仪器系统.

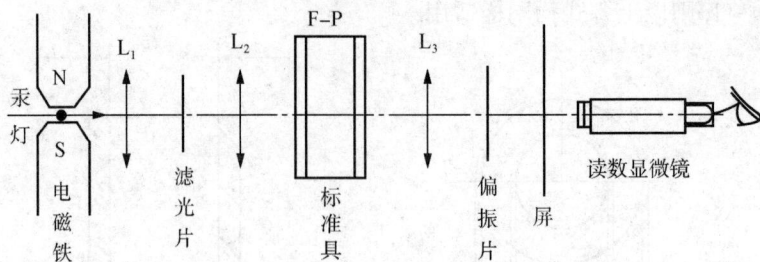

图 3.9.7　装置原理图

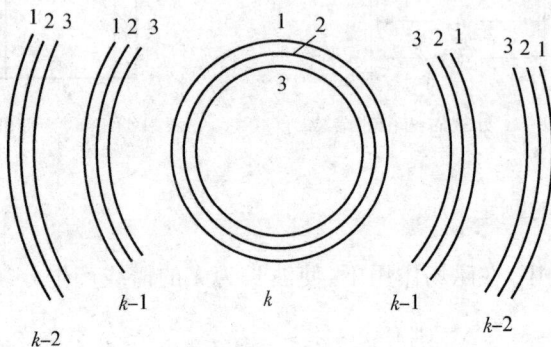

图 3.9.8　干涉图像

2. F-P 标准具的调节

　　F-P 标准具的两玻璃片表面的平行是十分重要的,只有把平行度调好了,才能看到亮条纹很细且亮的高对比度的干涉图像,并且条纹的直径不随观察角度的变化而变化. 调节的方法是:依次调节标准具上三只螺丝,同时微微摆动头来改变观察角,看干涉圆圈直径是否变化. 例如,调节上螺丝,当头向上(沿径向往外)摆动时,看到干涉条纹直径在扩大(或中心处条纹往外"冒"出),则应将上螺丝顺时针拧进去;反之则逆时针退出. 每拧一次螺丝,接着摆一次头,直至上下摆动头时看不到条纹直径扩大或缩小为止. 然后依次对左下方螺丝和右下方螺丝作类似的调节. 此后再重复调节三只螺丝,逐步逼近到最佳的平行状态.

3. 测量与数据处理

　　(1)调节读数显微镜,看到清晰中心干涉条纹(不加磁场时).

　　(2)加磁场,将电磁铁的电流调到 8~10A,观察干涉条纹分裂情况,然后加偏振片并旋转偏振片,直到看到每一级干涉条纹变为 3 条纹(中间一条较亮).

　　(3)用读数显微镜测量 k 级、$k-1$ 级、$k-2$ 级的各干涉条纹直径.

　　(4)用特斯拉计测量磁感应强度 $B(1\mathrm{T}=10^4\mathrm{G})$.

【数据处理】

列出数据纪录表并根据图 3.9.1 和(3.9.10)式计算电子荷质比 e/m 及其百分误差.

已知: $\left(\dfrac{e}{m}\right)^{\text{标准值}} = 1.77 \times 10^{11} \text{C/kg}$ $t = 2 \times 10^{-3} \text{m}$ 特斯拉计测得 $B = 1.2 \text{T}$

表 3.9.2 数据表格

干涉级数	同级细条纹序	条纹直径上端读数/mm	条纹直径下端读数/mm	条纹直径 d/mm	d^2/mm^2	相邻两级中间条纹直径平方差	同级中相邻两条纹直径平方差	$M_2 g_2 - M_1 g_1$	$\dfrac{e}{m}$
k	1						$\begin{aligned}&d_{k,1}^2 - d_{k,2}^2\\ =&\ d_{k-1,1}^2\\ -&\ d_{k-1,2}^2\\ =&\ d_{k-2,1}^2\\ -&\ d_{k-2,2}^2\\ =&\text{平均值}\end{aligned}$	$+\dfrac{1}{2}$	
	2					$\begin{aligned}&d_{k-1}^2 - d_k^2\\ =&\ d_{k-2}^2\\ &\\ d_{k-1}^2 =&\text{平}\\ &\text{均值}=\end{aligned}$			
	3								
$k-1$	1								
	2						$\begin{aligned}&d_{k,3}^2 - d_{k,2}^2\\ =&\ d_{k-1,3}^2\\ -&\ d_{k-1,2}^2\\ =&\ d_{k-2,3}^2\\ -&\ d_{k-2,2}^2\\ =&\text{平均值}\end{aligned}$	$-\dfrac{1}{2}$	
	3								
$k-2$	1								
	2								
	3								

【思考题】

1. F-P 标准具产生的干涉图是多光束干涉的结果,它与牛顿环、迈克耳孙干涉仪的双光束干涉图有何区别?

2. 偏振片如何判断偏振光 π 成分和 σ 成分?

【附录】在磁场中原子附加的能量 ΔE(理论推导)

1. 原子的总磁矩与总角动量的关系

原子中的电子由于有轨道运动和自旋运动,它们有轨道角动量 P_L 和轨道磁矩 μ_L 以及自旋角动量 P_S 和自旋磁矩 μ_S,它们的关系

$$\mu_L = \frac{-e}{2m} P_L$$

$$P_L = \sqrt{l(l+1)} \frac{h}{2\pi} \tag{1}$$

$$\mu_S = \frac{-e}{m} P_S$$

$$P_S = \sqrt{S(S+1)} \frac{h}{2\pi} \tag{2}$$

电子轨道角动量与自旋角动量合成原子总角动量 P_j,电子轨道磁矩与自旋磁矩合成原子总磁矩 μ(如附图 1).由于 μ_S/P_S 比 μ_L/P_L 大一倍,故合成的磁矩 μ 不在 P_j 的方向上.但由于 μ 绕 P_j 快速旋进,故只有 μ 在 P_j 方向上的投影分量 μ_j 对外平均才不为零.按

附图 1 进行向量叠加运算,可以得到 μ_j 与 P_j 的关系为

$$\mu_j = g\,\frac{-e}{2m}P_j \tag{3}$$

$$g = 1 + \frac{J(J+1) - L(L+1) + S(S+1)}{2J(J+1)} \tag{4}$$

式中,g 称为朗德因子(Lande),它表征了总角磁矩与总动量矩的关系,而且决定了能级分裂的大小.

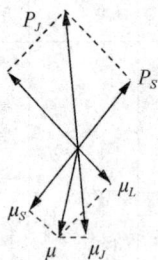

附图1　角动量和磁矩　　　　附图2　动量旋进

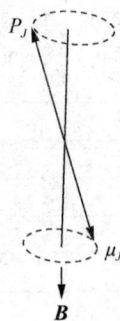

2. 外磁场对原子能级的作用

原子的总磁矩在外磁场中受到力矩 F_r 的作用为

$$F_r = \mu \times B$$

力矩 F_r 使总角动量发生旋进(附图2),旋进引起附加能量 ΔE 为

$$\Delta E = -\mu_j B\cos(P_j \cdot B) = g\,\frac{eB}{2m}P_j\cos(P_j \cdot B) \tag{5}$$

由于 μ 或 P_j 在磁场中的取向是量子化的,即 P_j 在磁场方向的分量是量子化的,它只能是 $h/2\pi$ 的整数倍,即

$$P_j\cos(P_j \cdot B) = M\,\frac{h}{2\pi} \tag{6}$$

式中,$M = J,(J-1),\cdots,-J$,共有 $2J+1$ 个 M 值,代入(5)式

$$\Delta E = Mg \cdot \frac{eh}{4\pi m}B \tag{7}$$

令 $\mu_B = \dfrac{eh}{4\pi m} = 9.274 \times 10^{-24}\,\text{A} \cdot \text{m}^2$,称为玻尔磁子,所以

$$\Delta E = Mg\mu_B B \tag{7'}$$

这说明原子在无磁场时的一个能级,在外磁场 B 的作用下分裂成 $2J+1$ 个子能级,两相邻子能级差 ΔE 正比于外磁场 B 和 g 因子,但由于 g 因子对于不同能级而不同,则每一能级分裂成的子能级也不同.

第四部分　设计性实验

设计性实验是实验教学改革中出现的新实验类型. 它既不同于以掌握进行科学实验的基本知识、基本方法和基本技能为基础的常规教学实验,又不同于在工程实践中以解决生产、科研中具体问题为目的的实验设计. 与常规教学实验相比,设计实验偏重于实验知识、方法和技能的灵活运用;注重于调用学生的学习主动性和积极性,开拓学生智力,培养学生分析问题和解决问题的能力,激发他们创新设计的才能.

学生可以根据实验室提供的设备器材自行论证有关理论,也可以自行确定实验方法,自行选择组配实验仪器设备,自行拟订实验程序. 当然,所确定的实验方案、实验电路、测试内容等,应经过指导教师审核并听取参考意见后实施. 实验结束后,学生应按实验课题或研究项目的精度等要求得出实验结果,作出分析评判,写出较完整的实验报告,最后还应列出为完成本课题所查找的主要参考资料.

设计性实验在具体实施时,实验者应遵循如下科学实验设计的一般规则:

(1)实验方案的选择——最优化原则;

(2)测量方法的选择——误差最小原则;

(3)测量仪器的选择——误差均分原则;

(4)测量条件的选择——最有利原则.

在作设计性实验前应经过一定的准备(查阅已有资料,思考并拟定初步的实验设计方案),形成"最优化"的设计.

由于不同的设计性实验课题在要求上的差别,如有的重点在于对实验现象的观察分析,有的重点在于对实验规律的探索、实验结果的比较和实验内容的变通和引申等,因此应特别注重实验后的讨论.

下面的框图是一般设计性实验的研究过程的简述,供同学了解进行科学实验研究的一般过程,以便在设计性实验中借鉴.

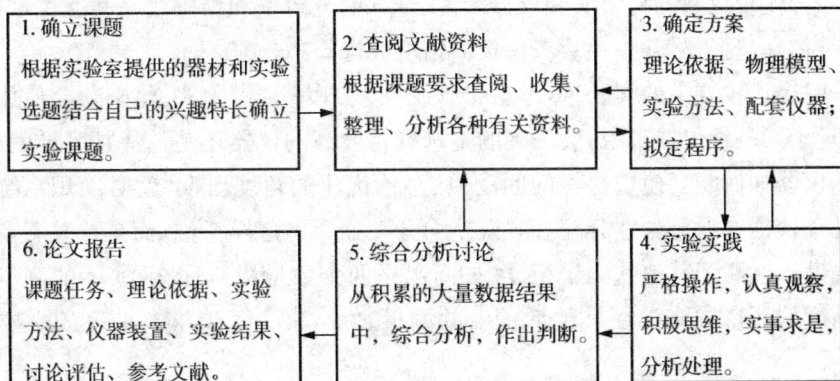

1. 实验方案的选择原则——"最优化"

所谓"最优化"的实验方案,是指根据研究对象,选定合适的实验原理,按照实验对测量的精度要求、仪器要求、量限要求和特性要求等,选择适当的实验方法(包括电路、光路或特定的实验装置等).它并不意味着将要求实验测量结果的精度越高越好,也不能理解为选用的仪器越高级越好.所以,"最优化"原则也可以说是"可行性"和"经济性"或"适应性"原则.

2. 测量方法的选择原则——"误差最小"

在选定了实验方案之后,就需要进一步对实验中可能的误差来源、性质、大小作出初步的估算,并针对不同性质的误差及其来源,选定适当的测量方法,力求测量误差最小.

一般地讲,对于随机(偶然)误差,主要是采取等精度的对次测量的方法来尽量减小其影响;对于一些等间隔、线性变化的连续实验序列数据的处理,则可以采用"逐差法"、"最小二乘法"等;对于系统误差则应有针对性地运用各种基本测量方法予以发现和消除(或减小).要发现系统误差,必须仔细地考察与研究对测量原理和方法的推演过程;检验或校准每一个仪器;分析每一个实验条件;考虑每一个调整和测量,置疑每一种对实验的影响等.

3. 测量仪器的选择原则——"误差均分"

在选择测量仪器或将仪器配套时,通常考虑以下 4 个因素:

(1)分辨率——改实验仪器所能测量的最小值;

(2)精确度——常用仪器最大实验误差 $\Delta_{仪}$ 的标准误差 $= \dfrac{\Delta_{仪}}{3}$ 及各自的相对误差表征;

(3)有效性(实用性);

(4)经济(价格)性.

由于后两个因素受各种情况和条件的影响较大,在大学物理实验中主要讨论前两个因素.对一种比较成熟的科学实验仪器来说,奇异的分辨率和精确度是相互关联的,从这个意义上讲,在选择仪器时,主要考虑仪器精度的选择和分配.

对于一个比较复杂的实验来说,会涉及多个物理量的测量,因此必须会使用多种测量仪器.对于某一种仪器来说,会碰到的是选择精度高的仪器还是选择精度低的仪器,以及不同的仪器如何配套使用这样的问题.从总体优化的角度出发,就必须用系统优化的观点来处理仪器的误差合理分配,即"误差均分".如果不这样考虑,而是让某一个自变量的测量精度远远高于其他的测量精度(如高出一两个数量级),那么,实际的测量结果是这些高精度的测量被淹没在其他低精度的测量之中,失去了追求高精度的必要而造成浪费.

　　当然,在实际工作中,要完全严格做到"误差均分",这既不可能,也没必要的,而是应该完全依据实际情况在数值上予以调整. 但是,按"误差均分"的原则来选择对各自变量测量的仪器误差,使它们在数量级上大致均衡,应该作为仪器选配的一个重要原则. 根据实验设计中对相对误差的要求,将这一误差均分给各自变量的仪器误差,就可以很快地确定所需仪器的精度等级.

4. 测量条件的选择原则——"最有利"

　　在测量方案、测量方法及仪器已被确定的情况下,有时还需要确定测量的最有利条件,这就是确定在什么条件下进行测量,才能使函数关系引起的总体误差最小. 从数学上讲,也就是求函数误差$\frac{\sigma_N}{N}$对于各自变量$(x,y,z,\cdots)$的极值. 这种情况常用在测量结果的误差大小与测量点的选择有关的时候.

　　设计性实验的一般程式:

　　(1)明确任务,确定方法.

　　(2)误差分析:①系统误差. 如果有明显的系统误差,则可推导出误差传递公式,并估算之. ②偶然误差. 由偶然误差的传递公式,设法使该公式的形式表达成每一个直接测量的物理量的相对误差.

　　(3)按误差要求,选择测量仪器及确定测量条件:①仪表量程的确定;②仪表精度等级的确定;③仪表测量条件的确定.

　　当部分仪表的精度等级已经给定时,按误差分配等作用原则分配. 仪器的等级与量限的选择在选定前可能会反复变化,特别是直接测量量的个数较多时,可以根据占有仪器的情况和误差要求去调整所选的数据. 一般应以降低(减小)误差为目的. 对每一个直接测量的物理量,都可以相应定出符合误差要求的测量条件(范围). 误差分析、仪器及测量条件的选择是设计实验的关键.

　　总之,一个好的实验设计,还需要通过实验的具体时间,加以审查,当所得的实验结果及其误差完全符合任务要求,各仪表使用运转正常时,设计才算完成. 否则,还应根据具体时间的反馈情况对设计进行修改、补充.

　　需要强调的是,在完成测试任务,得出实验结果以后,还必须整理实验数据(列出表格),作出最终实验结果的总结,分析讨论经验教训,并列出主要参考文献资料.

实验 4.1　微小长度的测量

【实验目的】

了解测量长度的基本工具和方法.

【实验仪器】

移测显微镜、牛顿环装置、光杠杆和尺读望远镜、迈克耳孙干涉仪、He-Ne 激光器、待测细丝等.

【实验要求】

1.分别设计三种以上测定细丝直径的实验方案.

2.画出实验草图.

【实验报告要求】

1.简要概述本实验涉及的基本原理.

2.详细叙述本实验的设计思路、设计过程和实验结果.

3.针对各种实验方案的结果分析讨论其优缺点,提出改进意见.

实验 4.2　振动的研究

【实验目的】

1.学习如何选择实验方法验证物理规律.

2.研究弹簧振子中弹簧的有效质量,测量弹簧的倔强系数.

3.研究受迫振动的幅频特性和相频特性.

4.研究不同阻尼对受迫振动的影响,掌握共振现象.

【实验仪器】

弹簧、气垫导轨、焦利秤、计时仪器、砝码、光电门、玻尔共振仪.

【实验要求】

1.设计一个研究简谐振动运动规律的实验方案.

2.设计测量弹簧的有效质量和倔强系数的方法.

3.测定所设计振动系统在自由振动时的振幅和振动频率.

4.测定受迫振动的幅频特性和相频特性.

【实验报告要求】

1.写明实验的目的和意义.

2.阐明实验原理和设计思路,写出有关简谐振动的运动规律及验证方法.

3.说明实验方法和测量方法的选择.

4.列出所用仪器和材料,确定实验步骤和数据记录处理表格.

5.归纳总结本设计的利弊.

实验 4.3　变阻器在电路中的使用和研究

【实验目的】

1.了解常用两类变阻器的基本性能和使用方法.

2.掌握限流和分压两种电路的连接方法、性能和特点.

3.学习检查电路故障的一般方法,熟悉电学实验的操作规程和安全知识.

【实验仪器】

毫安表、伏特表、万用电表、直流稳压电源、滑线变阻器、电阻箱、干电池、开关、若干导线等.

【实验要求】

1.设计限流电路并画出相关电路图,研究限流电路特性.

2.设计分压电路并画出相关电路图,研究分压电路特性.

3.设计有关变阻器的其他用途的电路,说明运行原理.

4.如何根据实验要求正确选择变阻器的参数.

【实验报告要求】

1.记录所用变阻器及其他电表的规格型号等参数,并说明对实验的影响.

2.在限流电路中,根据变阻器阻值和外接负载电阻的大小,改变变阻器的滑动头 C,以滑动端在滑线变阻器上的相对位置为横坐标,负载电流为纵坐标,作变阻器的限流特性曲线.

3.在分压电路中,根据变阻器阻值和外接负载电阻的大小,改变变阻器的滑动头 C,以滑动端在滑线变阻器上的相对位置为横坐标,负载电压为纵坐标,作变阻器的分压特性曲线.

4.归纳总结变阻器的多种用途,根据实验所作特性曲线说明如何正确选择变阻器的参数.

实验 4.4　电势差计校准电表和测定电阻

【实验目的】

1.了解箱式电势差计的电路结构和原理.

2.熟练掌握箱式电势差计的使用方法.

3.运用箱式电势差计校正电压表与电流表.

4.运用箱式电势差计测量电阻.

【实验仪器】

UJ31 型电势差计、YB1719 直流稳压电源、检流计(或平衡指示仪)、标准电阻箱、甲电池、标准电阻、待校正电流表、待校正电压表、待测电阻、电键和导线若干等.

【实验要求】

1.利用箱式电势差计校正电流表并作 ΔI_x-I_x 校正曲线图.

2.利用箱式电势差计校正电压表并作 ΔU_x-U_x 校正曲线图.

3.利用箱式电势差计测电阻.

【实验报告要求】

1.明确本实验的目的和意义.

2.简述设计本实验的基本原理、设计思路和研究过程.

3.准确画出设计电路,详细记录所用实验仪器材料的规格型号及数量等.

4.记录实验全过程,包括详尽的实验操作步骤、各种实验现象、采集所需实验数据等.

5.分析实验结果,讨论实验中出现的各种问题.

6.得出实验结果并提出改进意见或建议.

实验 4.5　望远镜和显微镜的组成

【实验目的】

1.了解望远镜和显微镜的构造及其放大原理,并掌握使用方法.

2.了解视觉放大率、横向放大率等光学概念,掌握其测量方法.

3.进一步熟悉透镜成像规律.

【实验仪器】

透镜、竖直标尺、玻璃标尺、钢尺、半透半反镜、导轨滑块、测微显微镜、带小灯的毫米标尺、光具座、光具夹、望远镜等.

【实验要求】

1.测定凹凸透镜的焦距.

2.用以上透镜组成望远镜、显微镜,分别确定其放大率.

实验 4.6　光栅常数的测定及光栅特性研究

【实验目的】

1.了解光栅的制作原理及分类.

2.掌握光栅常数的测量方法.

3.研究衍射光栅的特性及其与入射光波波长的影响.

【实验仪器】

分光计、光栅、滤光片、钠光灯、汞灯、He-Ne 激光等.

【实验要求】

1.根据光栅衍射理论测量光栅常数.

2.研究衍射光栅的特性.

【实验报告要求】

1.阐述光栅的形成及其应用.

2.详细描述光栅衍射理论如何测量光栅常数.

3.变换不同的单色光测量同一光栅的光栅常数比较结果的异同,并由此分析入射光波长对测量光栅常数的影响.

4.综合分析衍射光栅的特性.

实验 4.7　光学介质折射率的测定及应用

【实验目的】

1.掌握通过测量角度求折射率 n 的几何方法,如掠入射法、位移法、最小偏向角法等.

2.学会利用光波通过介质后,投射光波的相位变化与折射率密切相关这一原理来测定折射率的物理光学方法,如测量布儒斯特角法、干涉法、衍射法等.

【实验仪器】

分光计、读数显微镜、汞灯、钠光灯、激光器、偏振器、迈克耳孙干涉仪、待测样品等.

【实验要求】

1. 用几何光学的方法去设计透明气体、液体、固体光学介质的折射率的测量方法.

2. 用物理光学的方法去设计透明气体、液体、固体光学介质的折射率的测量方法.

3. 气体的压强、温度等物理量的变化对折射率的影响及其变化规律的研究.

4. 液体的溶液浓度、温度的变化对折射率的影响及其变化规律的研究.

【实验报告要求】

1. 阐明设计思路和具体方案,画出相关光路图.

2. 详细写出实验涉及的仪器和器材,写明实验步骤.

3. 对同一介质用不同方法测量结果的异同作比较,并分析原由.

4. 分析与讨论.

实验 4.8　光的偏振性及应用的研究

【实验目的】

1. 深入理解光的偏振的基本规律,掌握各类偏振光的产生方法和各种波长片的作用原理.

2. 学会利用光学器件,正确判定光的各种偏振特性.

3. 利用线偏振光通过旋光物质会发生旋光现象的特性,测定旋光溶液的旋光率和浓度.

【实验仪器】

分光计、偏振器、旋光仪、钠光灯、各种波片、待测蔗糖溶液等.

【实验要求】

1. 设计一个实验方案,如何判断自然光、圆偏振光及两者的混合光.

2. 设计一个实验方案,如何区别椭圆偏振光和部分偏振光.

3. 设计一个实验方案,如何测定旋光溶液的旋光率和浓度.

【实验报告要求】

1. 详细阐述偏振光的基本概念和获得各类偏振光的常用方法.

2. 阐述一个设计方案,并附光路图解.

3. 记录测量数据并计算结果.

4. 实验总结.

第五部分　研究性实验

　　研究性实验的目的是使同学们了解科学实验的全过程、逐步掌握科学思想和科学方法,培养同学们独立实验的能力和运用所学知识解决给定问题的能力.所谓研究性实验,是一种较高层次的实验训练,它要求学生自己查找和阅读各种参考材料,在此基础上,根据一定的实验要求,自行选择实验仪器、设计实验步骤、观察和记录实验现象和数据、研究实验过程中发现的种种问题,并着重对实验结果进行分析和研究,最后完成实验.虽然这种实验一般要花费较多的时间,而且往往要经历某些失败、甚至多次的失败,但却是为培养独立从事科学研究工作能力特别是创新能力所必须的.相对于传统的验证性实验,它是一种较高层次的实验训练,是为培养独立从事科学研究工作能力、鼓励学生的创新精神而设计的.

　　本研究性实材与一般的实验不同,它通过实验目的、原理、基本知识到研究循序渐进过程,学生深入理解物理原理,提高自学能力、动手能力以及分析问题、研究问题、解决问题的能力,激发创新精神.

　　本研究性实验列举代表性的迈克耳孙干涉仪、单缝衍射测光强分布、透明介质材料透过率测定、变折射率介质传输光信息和太阳能电池转化效率等研究.通过基础性实验学习后,由同学们以团队形式,以科研方式进行实验研究.

实验 5.1　迈克耳孙干涉仪应用研究

　　迈克耳孙干涉仪是 1883 年美国物理学家迈克耳孙和莫雷合作设计制作出来的精密光学仪器.它利用分振幅法产生双光束以实现光的干涉,可以用来观察光的等倾、等厚和多光束干涉现象,测定单色光的波长和光源的相干长度等.在近代物理和计量技术中可以作为某物理量测量工具.

【实验目的】

　　1.掌握迈克耳孙干涉仪的使用.

　　2.迈克耳孙干涉仪对工程技术领域中的某物理量(长度、温度、应力、引力等)进行测量.

【实验仪器】

　　迈克耳孙干涉仪,He-Ne 激光器,扩束镜,白炽灯,待测样品,光具座,薄玻璃片.

【实验原理】

　　迈克耳孙干涉仪工作原理:如图 5.1.1 所示.在图中 S 为光源,G_1 是分束板,G_1 的一面镀有半反射膜,使照在上面的光线一半反射另一半透射.G_2 是补偿板,M_1、M_2 为平面反射镜.

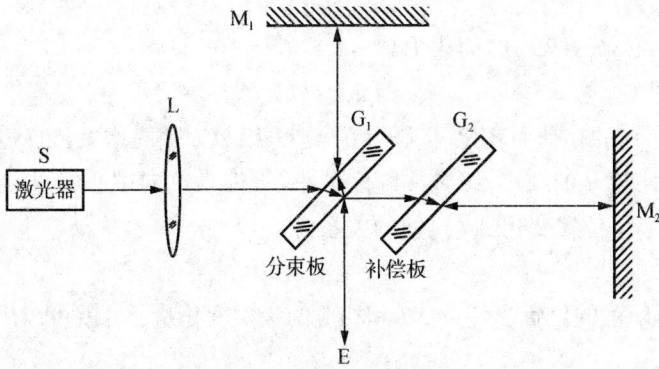

图 5.1.1　迈克耳孙干涉仪原理图

光源 He-Ne 激光器 S 发出的光经会聚透镜 L 扩束后,射入 G_1 板,在半反射面上分成两束光:光束(1)经 G_1 板内部折向 M_1 镜,经 M_1 反射后返回,再次穿过 G_1 板,到达屏 E;光束(2)透过半反射面,穿过补偿板 G_2 射向 M_2 镜,经 M_2 反射后,再次穿过 G_2,由 G_1 下表面反射到达屏 E. 两束光相遇发生干涉.

补偿板 G_2 的材料和厚度都和 G_1 板相同,并且与 G_1 板平行放置. 考虑到光束(1)两次穿过玻璃板,G_2 的作用是使光束(2)也两次经过玻璃板,从而使两光路条件完全相同,这样,可以认为干涉现象仅仅是由于 M_1 镜与 M_2 镜之间的相对位置引起的.

为清楚起见,光路可简化为图 5.1.2 所示,观察者自 E 处向 G_1 板看去,透过 G_1 板,除直接看到 M_1 镜之外,还可以看到 M_2 镜在 G_1 板的反射像 M_2',M_1 镜与 M_2' 构成空气薄膜. 事实上 M_1、M_2 镜所引起的干涉,与 M_1、M_2' 之间的空气层所引起的干涉等效.

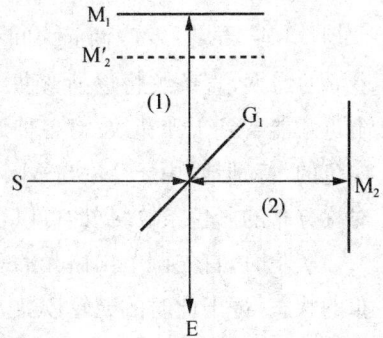

图 5.1.2　迈克耳孙干涉仪简化光路

1. 干涉法测光波波长原理

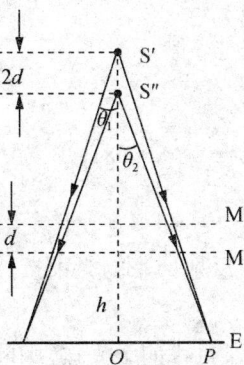

图 5.1.3　干涉光程计算

考虑 M_1、M_2' 完全平行,相距 d 时的情况. 点光源 S 在镜 M_1、M_2' 中所成的像 S'、S'' 构成相距 $2d$ 的相干光源,光路如图 5.1.3 所示. 设 S' 到 O 点的距离为 h. 这种情况下,干涉现象发生在两光相遇的所有空间中,因此干涉是非定域的. 对于屏幕上任意一点 P 处,设 S'' 到 O 点的距离为 h. 两像光源发出的光相遇时的光程差为 δ,P 点处发生相长干涉的条件为

$$\delta = \frac{h+2d}{\cos\theta_1} - \frac{h}{\cos\theta_2} = k\lambda \tag{5.1.1}$$

由(5.1.1)式,结合图 5.1.3 可以看出,保持 h 与 d 不变,令 P 点向外移动时,θ_1、θ_2 将增大,对应级次 k 将伴随 δ 减小,所以

中央条纹的级次高.

对于屏幕中心,$\theta_1=\theta_2=0$,简化为

$$2d=k\lambda \tag{5.1.2}$$

实验中,d 随 M_1 镜的移动而变化.伴随 d 的增大,级数 k 随之增大,也就是有新的干涉条纹从中心冒出;伴随 d 的减小,级数 k 随之减小,干涉条纹向中心缩进."冒出"或"缩进"的条纹数 Δk 与 M_1 位置变化 Δd 之间的关系为

$$\lambda=2\Delta d/\Delta k \tag{5.1.3}$$

可见只要测定 M_1 镜的位置改变量 Δd 和相应的级次变化量 Δk,就可以用(5.1.3)式算出光波波长.

2. 等厚干涉法测薄玻璃片厚度原理

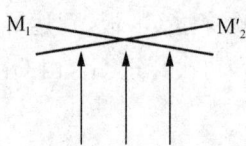

图 5.1.4　等厚干涉

如图 5.1.4 所示,若 M_1 与 M_2' 成一很小的交角,能在 M_1 附近直接观察到等厚干涉条纹(不是在屏幕上).事实上形成等厚干涉要求入射光来自平面光源,因此应当首先将光源更换为面光源.由于入射光倾角 θ 的影响,只有在 M_1 与 M_2' 之间距离等于零时,两面之间相交的一条直线附近的干涉条纹才近似是等厚条纹.随着 θ 的增大,直条纹将逐渐弯曲.使用白光做光源时,在正中央 M_1、M_2' 交线处($d=0$)及附近才能看到干涉花纹.对各种波长的光来说,在交线上的光程差都为 0,故中央条纹是白色的.特别地,由于 M_1 与 M_2' 形成两劈尖正对的结构,所以中央白条纹两旁有十几条对称分布的彩色条纹.据此可以很容易判别出中央明条纹的位置.

实验时,首先调节出白光的等厚干涉花样,形成中央一条亮线、两侧彩色条纹对称分布的状态,记下此时的鼓轮读数 m_1.然后将厚度为 l 的待测薄玻璃片放入 M_1 镜所在光路中.注意玻璃片相对 M_1 镜平行.接下来转动微动鼓轮,使 M_1 镜向屏幕方向移动,直到白光的等厚干涉条纹再次出现(特别注意途中微动鼓轮不能反转).记下这时的鼓轮读数 m_2.m_1 与 m_2 之差就是 M_1 镜移动的距离 Δd,这一距离与薄玻璃片带来的附加光程差 $l(n-1)$ 相等,即

$$\Delta d=l(n-1) \tag{5.1.4}$$

利用(5.1.4)式可以求得玻璃片厚度.

【基础知识】

1. 观察非定域干涉现象

在了解迈克耳孙干涉仪的调整和使用方法之后进行以下操作.

(1)使 He-Ne 激光束大致垂直于 M_2,调节激光器高低左右,使反射回来的光束按原路返回.

(2)拿掉观察屏,可看到分别由 M_1 和 M_2 反射到屏的两排光点,每排四个光点,中间有两个较亮,旁边两个较暗.调节 M_2 背面的三个螺钉,使两排中的两个最亮的光点大致

重合,此时 M_1 和 M_2 大致垂直.这时观察屏上就会出现干涉条纹,如图 5.1.5 所示.

图 5.1.5　等厚干涉

(3)调节 M_2 镜座下两个微调螺钉 2.4,直至看到位置适中、清晰的圆环状非定域干涉条纹.

(4)轻轻转动微动手轮 3,使 M_1 前后平移,可看到条纹的"冒出"或"缩进",观察并解释条纹的粗细、密度与 d 的关系.

2. 测量 He-Ne 激光的波长

(1)读数刻度基准线零点的调整.将微动鼓轮 3 沿某一方向旋至零,然后以同一方向转动手轮 1 使之对齐某一刻度,以后测量时使用微动鼓轮需以同一方向转动.值得注意的是微动鼓轮有反向空程差,实验中如需反向转动,要重新调整零点.

(2)慢慢转动微动鼓轮,可观察到条纹一个一个地"冒出"或"缩进",待操作熟练后开始测量.记下粗动鼓轮和微动鼓轮上的初始读数 d_0,每当"冒出"或"缩进" $N=50$ 个圆环时,记下 d_i,连续测量 9 次,记下 9 个 d_i 值,每测一次算出相应的 $\Delta d=|d_{i+1}-d_i|$,以检验实验的可靠性.

3. 观察等厚干涉的变化

在利用等倾干涉条纹测定 He-Ne 激光波长的基础上,继续增大或减少光程差,使 $d\to0$(转动微动鼓轮 3,使 M_1、G_1 镜的距离逐渐等于 M_2、G_1 镜之间的距离),则逐渐可以看到等倾干涉条纹的曲率由大变小(条纹慢慢变直),再由小变大(条纹反向弯曲又成等倾条纹)的全过程.

4. 观察白光彩色条纹,测量薄玻璃片厚度

接上一步,去掉屏幕,用眼睛直接观察.利用白光(白炽灯)代替激光光源,注意在白炽灯前放一块毛玻璃片.慢慢转动微动鼓轮 3,可以在 M_1 镜附近看到彩色条纹(图 5.1.5).中间一条条纹呈白(或黑)色,两旁等距对称地分布有十多条外红内紫的彩带.依据彩色条纹的对称性,可以判别中央条纹的位置.将中央条纹移至视场中央,记下此时的鼓轮读数 m_1.将厚度为 l 的待测薄玻璃片放入 M_1 镜所在光路中.注意玻璃片相对 M_1 镜平行.接下来转动微动鼓轮,使 M_1 镜向屏幕方向移动,直到白光的等厚干涉条纹再次出现(特别注意途中微动鼓轮不能反转).记下这时的鼓轮读数 m_2.m_1 与 m_2 之差就是 M_1 镜移动的距离 Δd,这一距离与薄玻璃片带来的附加光程差 $l(n-1)$ 相等,利用(5.1.4)式可以求得玻璃片厚度.

【应用领域】

1. 微小位移量和微振动的测量

采用迈克耳孙干涉技术,通过测量 KDP 晶体生长的法向速率和台阶斜率来研究其

台阶生长的动力学系数、台阶自由能、溶质在边界层内的扩散特征以及激发晶体生长台阶的位错活性. He-Ne 激光器的激光通过扩束和准直后射向分束镜,参考光和物光分别由反射镜和晶体表面反射,两束光在重叠区的干涉条纹通过物镜成像,该像用摄像机和录像机进行观察和记录. 滤膜用于平衡参考光和物光的强度.

2. 纳米量级位移的测量

采用 633nm 稳频的 He-Ne 激光波长作为测量基准,采用干涉条纹计数,用静态光电显微镜作为环规端面瞄准装置,对环规进行非接触、绝对测量,配以高精度的数字细分电路,使仪器分辨力达到 5nm;静态光电显微镜作为传统的瞄准定位技术在该装置中得以充分利用,使其瞄准不确定度达到 30nm;精密定位技术在该装置中也得到了很好的应用,利用压电陶瓷微小变动原理,配以高精度的控制系统,使其驱动步距达到 5nm. 将迈克耳孙干涉仪的动镜黏在压电陶瓷片上,当压电陶瓷片受到电激励产生机械伸缩时就带动动镜移动. 而动镜每移动 $\lambda/2$ 的距离,就会导致产生或消失一个干涉环条纹,根据干涉环条纹变化的个数就可以计算出压电陶瓷片伸缩的距离.

3. 角度测量

仪器的两个反射镜由三棱镜代替,反射镜组安装在标准被测转动器件的转动台上. 被测转角依照正弦原理转化成反射镜组两个立体棱镜的相应线位移,而后进行干涉测量,从而把角度旋转转变为位移移动,从而用干涉仪测出角度的变化.

4. 薄透明体的厚度及折射率的同时测量

在不放薄膜时调出白光干涉条纹,而后插入透明薄膜,在薄膜与光线垂直时调出白光干涉条纹后,记录此时动镜移动的距离,再将薄膜偏转 α 角(45°比较方便),再调出白光干涉条纹,再记录动镜移动的距离. 通过动镜这两次移动的距离和薄膜的偏转角,就可以同时计算出待测薄膜的厚度和折射率.

5. 气体浓度的测量

在迈克耳孙干涉仪的参考光路中,放入一个透明气体室,利用白炽灯做光源,在光程差为零的附近观察到对称的几条彩色条纹,中间的黑色条纹是等光程($\Delta=0$)精确位置. 利用通入气体前后等光程位置的改变量,计算出气体的折射率,再利用气体的折射率与气体浓度的关系,计算出气体浓度.

6. 引力波探测

引力波存在是广义相对论最重要的预言,对爱因斯坦引力波的探测是近一个世纪以来最重大的基础探索项目之一. 在无引力波存在时,调整臂长使从互相垂直的两臂返回的两束相干光在分光镜处相干减弱,输出端的光电二极管接收的是暗纹,无输出信号. 引力波的到来会使一个臂伸长另一臂缩短,使两束相干光有了光程差,破坏了相干减弱的初始条件,光电二极管有信号输出,该信号的大小与引力波的强度成正比.

7. 混凝土内部应变的测量

把组成光纤迈克耳孙干涉仪的一个臂预埋到混凝土中,当混凝土内部发生膨胀、收缩或变形时,光纤迈克耳孙的白光干涉条纹发生变化,这样可以对混凝土内部的一维和二维很小的应变状态进行测量,可以及时了解材料内部应变信息以及内部应变状态分布. 光纤传感器具有体积小、重量轻、柔软易于布置、可埋入性好、抗拉性好、耐腐蚀性强,不改变材料结构的受力状态,测量的成本低等特点.

8. 地震波加速度的测量

以全光纤迈克耳孙干涉仪为基础,研制出由地震敏感元件组成的单分量双光路加速度地震检波器样机,能同时精确检测空间三个方向加速度的三分量地震检波器就是一个重要的发展方向. 高灵敏度的加速度地震检波器是地震探测过程中检测地震波强度、方向和频率等物理量的传感器,在整个地震探测过程中的作用十分关键.

9. 温度的测量

透明液体、固体折射率或与折射率相关的浓度的测量:哈尔滨智能光电科技有限公司研制了光纤迈克耳孙干涉测量实验系统,可以测量温度,透明液体、固体折射率或与折射率相关的浓度.

【应用研究】

1. 根据你所学的专业,选择设备部件,提出参量进行设计,提出方案.
2. 研究某物理量与该仪器之间的关系.
3. 作为其他仪器的核心部分的迈克耳孙干涉仪.

【思考题】

利用等厚干涉条纹测量微光的调制传递函数 MTF,如何设计和研究?

实验 5.2 单缝衍射光强分布的研究

光波的波振面受到阻碍时,光绕过障碍物偏离直线而进入几何阴影区,并在屏幕上出现光强不均匀分布的现象,称为光的衍射. 研究光的衍射不仅有助于进一步加深对光的波动性的理解,同时还有助于进一步学习近代光学实验技术,如光谱分析、晶体结构分析、全息照相、光信息处理等. 衍射使光强在空间重新分布,利用硅光电池等光电器件测量光强的相对分布是一种常用的光强分布测量方法.

【实验目的】

1. 观察单缝衍射现象,加深对衍射理论的理解.
2. 会用光电元件测量单缝衍射的相对光强分布,掌握其分布规律.

3.学会用衍射法测量微小量.

【实验仪器】

激光器座、半导体激光器、导轨、二维调节架、一维光强测试装置、分划板、可调狭缝、平行光管、起偏检偏装置、光电探头、小孔屏、数字式检流计、专用测量线等.

【实验原理】

光的衍射现象是光的波动性的重要表现.根据光源及观察衍射图像的屏幕(衍射屏)到产生衍射的障碍物的距离不同,分为菲涅耳衍射和夫琅禾费衍射两种,前者是光源和衍射屏到衍射物的距离为有限远时的衍射,即所谓近场衍射;后者则为无限远时的衍射,即所谓远场衍射.要实现夫琅禾费衍射,必须保证光源至单缝的距离和单缝到衍射屏的距离均为无限远(或相当于无限远),即要求照射到单缝上的入射光、衍射光都为平行光,屏应放到相当远处,在实验中只用两个透镜即可达到此要求.实验光路如图 5.2.1 所示,与狭缝 E 垂直的衍射光束会聚于屏上 P_0 处,是中央明纹的中心,光强最大,设为 I_0,与光轴方向成 φ 角的衍射光束会聚于屏上 P_A 处,P_A 的光强由计算可得

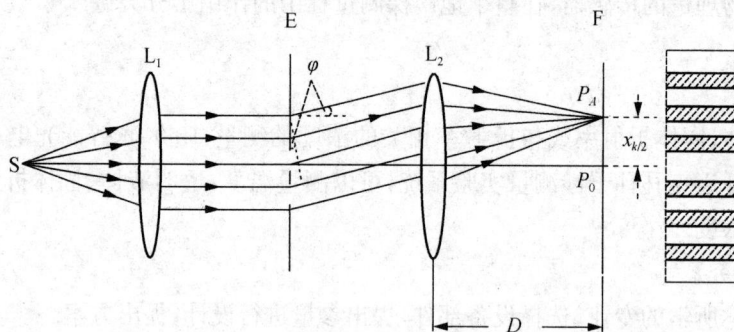

图 5.2.1　夫琅禾费单缝衍射光路图

$$I_A = I_0 \frac{\sin^2\beta}{\beta^2} \qquad \left(\beta = \frac{\pi b \sin\varphi}{\lambda}\right) \tag{5.2.1}$$

$$\sin\varphi = k \frac{\lambda}{b} \tag{5.2.2}$$

式中,b 为狭缝的宽度,λ 为单色光的波长,当 $\beta=0$ 时,光强最大,称为主极大,主极大的强度决定于光强的强度和缝的宽度.

当 $\beta=k\pi$,即 $k=\pm1,\pm2,\pm3,\cdots$时,出现暗条纹.

除了主极大之外,两相邻暗纹之间都有一个次极大,由数学计算可得出现这些次极大的位置在 $\beta=\pm1.43\pi,\pm2.46\pi,\pm3.47\pi,\cdots$,这些次极大的相对光强 I/I_0 依次为 $0.047,0.017,0.008,\cdots$.

夫琅禾费衍射的光强分布如图 5.2.2 所示.

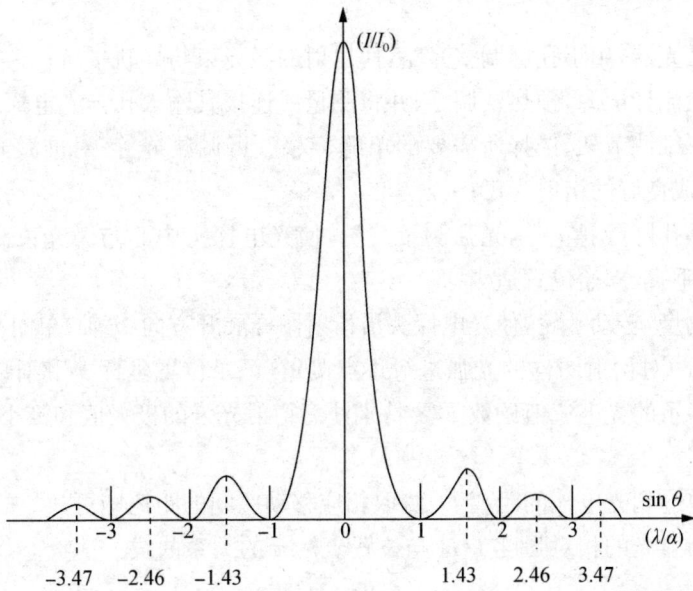

图 5.2.2　夫琅禾费衍射的光强分布

用氦氖激光器作光源,则由于激光束的方向性好,能量集中,且缝的宽度 b 一般很小,这样就可以不用 L_1,若观察屏(接收器)距离狭缝也较远(D 远大于 b),则透镜 L_2 也可以不用,这样夫琅禾费单缝衍射装置就简化为图 5.2.3,这时

$$\sin\varphi \approx \tan\varphi = x/D \tag{5.2.3}$$

由(5.2.2)式和(5.2.3)式可得

$$b = k\lambda D/x \tag{5.2.4}$$

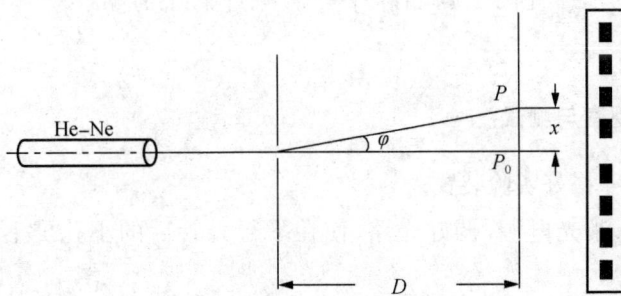

图 5.2.3　夫琅禾费单缝衍射的简化装置

【基础知识】

1. 衍射、干涉等一维光强分布的测试

(1)按图 5.2.4 搭好实验装置. 此前应将激光管装入仪器的激光器座上,并接好

电源;

　　(2)打开激光器,用小孔屏调整光路,使出射的激光束与导轨平行;

　　(3)打开检流计电源,预热及调零,并将测量线连接其输入孔与光电探头;

　　(4)调节二维调节架,选择所需要的单缝、双缝、可调狭缝等,对准激光束中心,使之在小孔屏上形成良好的衍射光斑;

　　(5)移去小孔屏,调整一维光强测量装置,使光电探头中心与激光束高低一致,移动方向与激光束垂直,起始位置适当;

　　(6)开始测量,转动手轮,使光电探头沿衍射图样展开方向(x轴)单向平移,以等间隔的位移(0.5mm)对衍射图样的光强进行逐点测量,记录位置坐标 x 和对应的检流计(置适当量程)所指示的光电流值读数 I,要特别注意衍射光强的极大值和极小值所对应的坐标的测量;

　　(7)测量单缝到光电池的距离 D,测取相应移动座间的距离即可;

　　(8)绘制衍射光的相对强度 I/I_0 与位置坐标 x 的关系曲线.

图 5.2.4　衍射、干涉等一维光强分布的测试

2. 偏振光现象的观察与测试

　　(1)按图 5.2.4 搭好实验装置;

　　(2)同 1,打开激光电源,调好光路,使在平行光管后的小孔屏上可见一较均匀圆光斑;

　　(3)同 1,打开检流计,预热及调零;

　　(4)旋去光电探头前的遮光筒,把探头旋接在起检偏装置上,然后连好测量线;

　　(5)将起偏检偏器置于平行光管后并紧贴平行光管,使光斑完全入射起检偏器;

　　(6)转动刻度手轮(连起偏器),在检流计上观察光强变化,以验证马吕斯定律;

　　(7)置起偏器读数鼓轮于"0"位置,开始测量.转动分度盘(连检偏器)5°,从检流计(置适当量程)上读取一个数值,逐点记录下来,测量一周.

【应用领域】

1. 小转角的测量

利用单缝夫琅禾费衍射装置,通过转动来使组成狭缝的一个棱边与另一固定棱边形成分离间隙,进而使观察屏上的衍射条纹出现不对称分布现象.用最小二乘法对由线阵CCD测量到的衍射图像的光强分布进行二次曲线拟合,并由拟合得到的数学表达式,确定衍射条纹的精确位置.推导出转动棱边在转动平面内两个相互垂直方向上的位移与观察屏上衍射暗纹位置之间的关系式,并利用它对转动棱边的转角进行计算.

2. 测量单丝直径

(1)将激光器、可调节单缝和观测屏放置和调整好.例如,调节激光器前透镜(帽盖),使在观测屏上激光光点最圆、最清晰;然后放好待测单丝,调节单丝的位置,使屏上看到清晰衍射图样.

(2)测出单丝(或单缝)离光屏的距离 Z,第一级、第二级、第三级暗纹离中心亮纹的距离(左右对称级均测),自拟表格记录测量数据.

(3)利用公式 $a = \dfrac{k\lambda Z}{x_k}$ 计算出单丝直径的平均值,并与理论值或用读数显微镜测得的结果进行比较,得出测量结果.

3. 验证马吕斯定律

利用激光器,准直系统,起、检偏装置(起偏可转向),光电池和检流计观察偏振光在一周内的光强变化,验证马吕斯定律

$$I = I_0 \cdot \cos^2 \varphi$$

式中,I_0 是两光轴平行($\theta = 0$)时的透射光强.

按照偏振光现象的观察与测试步骤记录下来的起偏器不同位置(起、检偏器的夹角不同时)的光电流值进行计算,应基本符合马吕斯定律.

【应用研究】

1. 若在单缝到观察屏的空间区域内,充满着折射率为 n 的某种透明介质,此时单缝衍射图样与不充介质时有何区别?

2. 如果激光器输出的单色光照射在一根头发丝上,将会产生怎样的衍射花样?可用本实验的哪种方法测量头发丝的直径?

【思考题】

1. 缝宽的变化对衍射条纹有什么影响?

2. 硅光电池前的狭缝光阑的宽度对实验结果有什么影响?

实验 5.3　透明材料的透射率测定的研究

透射是入射光经过折射穿过物体后的出射现象.被透射的物体为透明体或半透明

体,如玻璃,滤色片等.若透明体是无色的,除少数光被反射外,大多数光均透过物体.为了表示透明体透过光的程度,通常用入射光通量与透过后的光通量之比 T 来表征物体的透光性质,T 称为光透射率.

【实验目的】

1. 了解棱镜单色仪的构造、原理和使用方法.

2. 以汞灯的主要谱线为基准,对单色仪在可见光区进行定标.

3. 掌握用单色仪测定滤光片光谱透射率的方法.

【实验仪器】

反射式棱镜单色仪,汞灯,硅光电池,灵敏电流计,低倍显微镜,滤光片,会聚透镜,毛玻璃.

【实验原理】

当波长为 λ、光强为 $I_0(\lambda)$ 的单色光束垂直入射于透明物体上时,由于物体对不同波长的光的透射能力不同,透过物体后的光强 $I_T(\lambda)$ 也不同.通常定义物体的光谱透射率 $T(\lambda)$ 为

$$T(\lambda) = \frac{I_T(\lambda)}{I_0(\lambda)} \tag{5.3.1}$$

若以白炽灯为光源,出射的单色光由光电池接收,用灵敏电流计显示其读数,则出射的单色光所产生的光电流 $i_0(\lambda)$ 与入射光强 $I_0(\lambda)$、单色仪的光谱透射率 $T_0(\lambda)$ 和光电池的光谱灵敏度 $S(\lambda)$ 成正比,即

$$i_0(\lambda) = kI_0(\lambda)T_0(\lambda)S(\lambda) \tag{5.3.2}$$

式中,k 为比例系数.若将一光谱透射率为 $T(\lambda)$ 的透明物体(滤光片)插入被测光路,则相应的光电流可表示为

$$i_T(\lambda) = kI_T(\lambda)T_0(\lambda)S(\lambda) = kI_0(\lambda)T(\lambda)T_0(\lambda)S(\lambda) \tag{5.3.3}$$

由以上两式可得

$$T(\lambda) = \frac{I_T(\lambda)}{I_0(\lambda)} = \frac{i_T(\lambda)}{i_0(\lambda)} \tag{5.3.4}$$

【基础知识】

1. 单色仪的结构

单色仪是一种分光仪器,它通过色散元件的分光作用,把复色光分解成它的单色组成.根据采用色散元件的不同,可分为棱镜单色仪和光栅单色仪两大类,其应用的光谱区很广,从紫外、可见、近红外一直到远红外.对不同的光谱区域,一般需换用不同的棱镜或光栅.若采用石英棱镜作为色散棱镜,主要应用于紫外光谱区,并用光电倍增管作为探测器;棱镜材料用 $NaCl$、LiF 或 KBr 等,则可用于广阔的红外光谱区,用真空热电偶等作为光探测器.本实验为玻璃棱镜单色仪,仅适用于可见光区,用人眼或光电池作为光探测器.

图 5.3.1 所示为反射式棱镜单色仪的结构示意图,其外壳是圆形的,下方有驱动棱镜台转动的丝杆和读数鼓轮,外侧装有缝宽可调的入射狭缝 S_1 和出射狭缝 S_2.其光学系统由下列三部分组成:

1)入射准直系统

由入射狭缝 S_1 和凹面镜 M_1 组成,因 S_1 固定在 M_1 的焦面上,它使 S_1 发出的入射光束经 M_1 后成为平行光束.

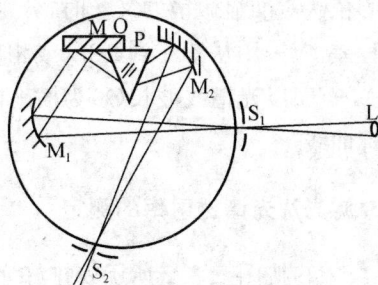

图 5.3.1　单色仪结构图

2)瓦兹渥斯(Wadsworth)色散系统

由玻璃棱镜 P 和平面镜 M 联合组成一整体,安装在同一转台上,可以绕通过 O 点垂直于图面的轴线(棱镜顶角的等分面和底面的交线)转动,该系统的特点是平行光束通过后,以最小偏向角出射的单色光仍平行于原入射光,即该系统为恒偏向色散装置.

3)出射聚光系统

由凹面镜 M_2 和出射缝 S_2 组成,它将色散后沿不同方向传播的单色光经 M_2 反射后,会聚在 M_2 的焦面,即出射缝 S_2 的平面上,因 S_2 缝宽较小,从 S_2 输出的是波段很窄的光,通常称为单色光.

随着棱镜台绕 O 轴转动,以最小偏向角通过棱镜的光束的波长也跟着改变,当最小偏向角由小变大时,从 S_2 输出的单色光的波长将依此由长变短.单色仪能输出不同波长的单色光,是依赖于棱镜台的转动而实现,棱镜台的位置是由鼓轮刻度标志的,而鼓轮刻度的每一数值都和一定波长的单色光输出相对应.因此,必须制作单色仪的鼓轮读数和对应光波波长的关系曲线——定标曲线(又称色散曲线),一旦鼓轮读数确定,便可从定标曲线上查知输出单色光的中心波长.

2. 单色仪的定标

(1)观察入射狭缝和出射狭缝的结构,了解缝宽的调节、读数以及狭缝使用时的注意事项,选取适当的缝宽以获取足够的强度及较好的单色性.

(2)在入射狭缝前放置汞灯,为了充分利用进入单色仪的光能,光源应放置在入射准直系统(S_1 和 M_1)的光轴上.使入射狭缝减小到 $50\mu m$,再在光源与入射缝之间加入聚光透镜,适当选择透镜的焦距和口径,使其相对口径与仪器的相对口径(1∶7)匹配.这样,可获得最大亮度的出射谱线,同时又减少了仪器内部的杂散光.调节聚光透镜的位置,用一块毛玻璃置于出射狭缝处,使毛玻璃上呈现的谱线最明亮.

(3)将低倍显微镜置于出射狭缝处,对出射狭缝 S_2 进行调焦,使显微镜视场中观察到的汞谱线最清晰.为使谱线尽量细锐并有足够的亮度,应使入射缝 S_1 尽可能小,保证汞灯的两条黄色的亮谱线分开,出射狭缝可适当大些.根据可见光区汞灯主要谱线的波长、颜色、相对强度和谱线间距辨认谱线.

(4)使显微镜的十字叉丝对准出射狭缝的中心位置,缓慢地转动鼓轮,直到各谱线中心依次对准显微镜的叉丝时,分别记下鼓轮读数(L)与其所对应的波长(λ).为了避免回程差,应采用从紫光到红光(或相反)的过程,重复测量几次,取其平均值.

(5)以光谱线波长(λ)为横坐标,鼓轮读数(L)为纵坐标画曲线,即能得到单色仪的定标曲线.

3. 滤光片光谱透射率的测定

(1)按图 5.3.2 所示安排好实验仪器,光源用白炽灯,它的发射光谱是连续光谱.选择适当的缝宽(S_2 应尽量得小,S_1 可适度改变).

(2)转动鼓轮,使单色仪输出中心波长为 690nm. 不加滤光片,记录电流计偏转格数 $i_0(\lambda)$(调节 S_1 使其尽量大),加上滤光片时偏转为 $i_t(\lambda)$.求滤光片对该波长的透射率 $T(\lambda)$.

(3)继续转动鼓轮,使输出中心波长从 690nm 向紫光区移动,每隔一定的波长间隔(约 20nm)测量一次,求出透射率 $T(\lambda)$ 并记录波长 λ.

(4)作 $T(\lambda)$-λ 曲线,求出光谱透射率的半宽度.

也可选用汞灯作为光源,分别测出 435.84nm,491.60nm(或 496.03nm),546.07nm,576.96nm(或 579.07nm),623.44nm 五条谱线滤光片的透射率,重复以上过程.

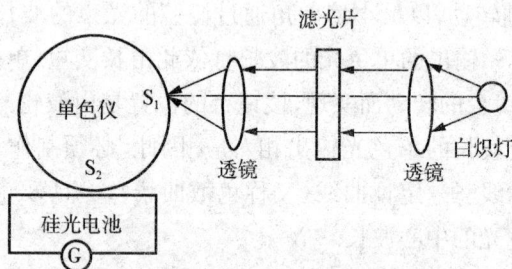

图 5.3.2 透射率测定结构图

【应用领域】

利用光栅光谱仪测定透明材料的透过率

用反射衍射光栅分离入射狭缝的形成像——光谱线,通过调节,选定有限的光谱范围,通过仪器的测定从而得到透明材料的透过率和透过光谱的带宽.仪器装置简图如图 5.3.3 所示.

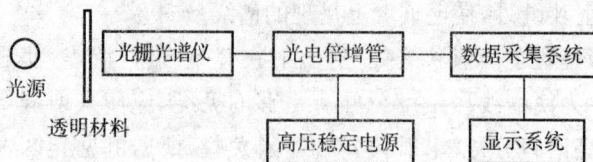

图 5.3.3 仪器装置

【应用研究】

1. 根据你所学的专业,选择设备部件,提出参量进行设计,提出方案.

2. 单色仪的定标步骤.

【思考题】

为什么选取低内阻的灵敏电流计?

实验 5.4　光速测量的研究

光速是物理学中重要的常数之一.由于它的测定与物理学中许多基本的问题有密切的联系,如天文测量、地球物理测量,以及空间技术的发展等计量工作的需要,对光速的精确测量显得更为重要,它已成为近代物理学中的重点研究对象之一.

测量光速的方法很多,本实验采用声光调制形成光拍的方法来测量.实验集声、光、电于一体.所以通过本实验,不仅可以学习一种新的测量光速的方法,而且对声光调制的基本原理,衍射特性等声光效应有所了解,并通过实验掌握光拍频法测量光速的原理与方法.

【实验目的】

1. 掌握光拍频法测量光速的原理和实验方法,并对声光效应有一初步了解.

2. 通过测量光拍的波长和频率来确定光速.

【实验仪器】

发射部分:氦氖激光器,声光移频器,超高频功率信号源;光路:光栏,全反镜 M_0,$M_2 \sim M_{10}$,半反镜 M、M_1,斩光器;接收部分:光电接收盒,分频器;电源:氦氖激光器电源,$\pm 15V$ 直流稳压电源.

【实验原理】

1. 拍频波的产生和传播

根据波的叠加原理,频差较小、速度相同的二同向传播的简谐波相叠加会形成拍.考虑频率分别为 f_1 和 f_2(频差 $\Delta f = f_1 - f_2$ 较小)的光束(为简化讨论,我们假定它们具有相同的振幅)

$$E_1 = E\cos(\omega_1 t - k_1 x + \varphi_1)$$
$$E_2 = E\cos(\omega_2 t - k_2 x + \varphi_2)$$

它们的叠加

$$E_s = E_1 + E_2 = 2E\cos\left[\frac{\omega_1 - \omega_2}{2}\left(t - \frac{x}{c}\right) + \frac{\varphi_1 - \varphi_2}{2}\right] \times \cos\left[\frac{\omega_1 + \omega_2}{2}\left(t - \frac{x}{c}\right) + \frac{\varphi_1 + \varphi_2}{2}\right]$$

$$(5.4.1)$$

是角频率为 $\frac{\omega_1 + \omega_2}{2}$,振幅为 $2E\cos\left[\frac{\omega_1 + \omega_2}{2}\left(t - \frac{x}{c}\right) + \frac{\varphi_1 + \varphi_2}{2}\right]$ 的前进波.注意到 E_s 的振幅以

频率 $\Delta f = \frac{\omega_1 - \omega_2}{2\pi}$ 周期地变化,所以我们称它为拍频波,Δf 就是拍频,如图 5.4.1 所示.

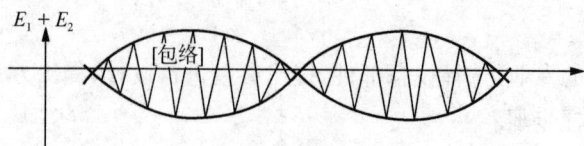

图 5.4.1 光拍频形成

我们用光电检测器接收这个拍频波. 因为光检测器的光敏面上光照反应所产生的光电流系光强(电场强度的平方)所引起, 故光电流为

$$i_0 = gE_s^2 \qquad (5.4.2)$$

式中, g 为接收器的光电转换常数. 把(5.4.1)式代入(5.4.2)式, 同时注意: 由于光频甚高($f_0 > 10^{14}\,\text{Hz}$), 光敏面来不及反映频率如此之高的光强变化, 迄今仅能反映频率 $10^8\,\text{Hz}$ 左右的光强变化, 并产生光电流; 将 i_0 对时间积分, 并取对光检测器的响应时间 $t(\dfrac{1}{f_0} < t < \dfrac{1}{\Delta f})$ 的平均值. 结果, i_0 积分中高频项为零, 只留下常数项和缓变项, 即

$$\bar{i}_0 = \frac{1}{t}\int_t i \cdot d_t = gE^2\left\{1 + \cos\left[\Delta\omega\left(t - \frac{x}{c}\right) + \Delta\varphi\right]\right\} \qquad (5.4.3)$$

其中, $\Delta\omega$ 是与 Δf 相应的角频率, $\Delta\varphi = \varphi_1 - \varphi_2$ 为初相. 可见光检测器输出的光电流包含有直流和光拍信号两种成分. 滤去直流成分, 即得频率为拍频 Δf, 位相与初相和空间位置有关的输出光拍信号.

光拍信号 i_0 在某一时刻的空间分布, 如果接收电路将直流成分滤掉, 即得纯粹的拍频信号在空间的分布. 这就是说处在不同空间位置的光检测器, 在同一时刻有不同相位的光电流输出. 这就提示我们可以用比较相位的方法间接地决定光速.

事实上, 由(5.4.3)式可知, 光拍频的同相位诸点有如下关系:

$$\Delta\omega\frac{x}{c} = 2n\pi \quad 或 \quad x = \frac{nc}{\Delta f} \qquad (5.4.4)$$

式中, n 为整数, 两相邻同相点的距离 $\Delta x = \dfrac{c}{nf}$ 即相当于拍频波的波长. 测定了 Δx 和光拍频 Δf, 即可确定光速 c.

2. 相拍二光束的获得

利用声光相互作用产生频移的方法有两种. 一是行波法. 在声光介质的与声源(压电换能器)相对的端面上敷以吸声材料, 防止声反射, 以保证只有声行波通过, 如图 5.4.2 所示. 互相作用的结果, 激光束产生对称多级衍射. 第 l 级衍射光的角频率为 $\omega_1 = \omega_0 + l\Omega$. 其中 ω_0 为入射光的角频率, Ω 为声角频率, 衍射级 $l = \pm 1, \pm 2, \cdots$, 如其中 $+l$ 级衍射光频为 $\omega_0 + l\Omega$, 衍射角为 $\alpha = \lambda/\Lambda$, λ 和 Λ 分别为介质中的光和声波长. 通过仔细的光路调节, 我们可使 $+l$ 与零级两光束平行叠加, 产生频差为 Ω 的光拍频波.

另一种是驻波法, 如图 5.4.3 所示. 利用声波的反射, 使介质中存在驻波声场(相应于介质传声的厚度为半声波长的整数倍的情况). 它也产生 l 级对称衍射, 而且衍射光比行波法时强得多(衍射效率高), 第 l 级的衍射光频为

$$\omega_{lm} = \omega_0 + (l+2m)\Omega$$

其中, $l, m = 0, +1, \pm 2, \cdots$ 可见在同一级衍射光束内就含有许多不同频率的光波的叠加(当然强度不相同), 因此用不到光路的调节就能获得拍频波. 例如选取第一级, 由 $m=0$ 和 -1 的两种频率成分叠加得到拍频为 2Ω 的拍频波.

两种方法比较, 显然驻波法有利, 因此我们选择驻波法.

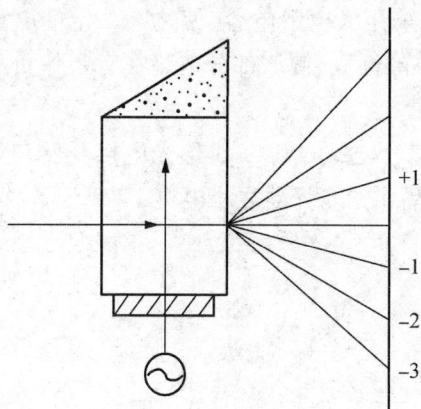

图 5.4.2 行波法

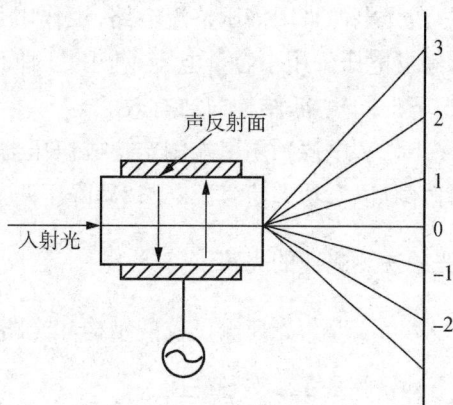

图 5.4.3 驻波法

【基础知识】

1. 光拍法测光速的电路原理(图 5.4.4)

1)发射部分

长 250mm 的氦氖激光管输出激光的波长为 632.8nm, 功率大于 1mW 的激光束射入声光移频器中, 同时高频信号源输出的频率为 15MHz 左右、功率 1W 左右的正弦信号加在频移器的晶体换能器上, 在声光介质中产生声驻波, 使介质产生相应的疏密变化, 形成一位相光栅, 则出射光具有两种以上的光频, 其产生的光拍信号为高频信号的倍频.

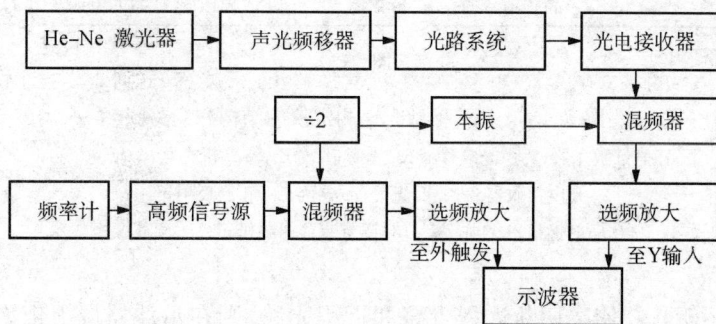

图 5.4.4 光拍法测光速的原理图

2)光电接收和信号处理部分

由光路系统出射的拍频光,经光电二极管接收并转化为频率为光拍频的电信号,输入至混频电路盒.该信号与本机振荡信号混频,选频放大,输出到示波器的 Y 输入端.与此同时,高频信号源的另一路输出信号与经过二分频后的本振信号混频.选频放大后作为示波器的外触发信号,需要指出的是,如果使用示波器内触发,将不能正确显示二路光波之间的位相差.

3)电源

激光电源采用倍压整流电路,工作电压部分采用大电解电容,使之有一定的电流输出,触发电压采用小容量电容,利用其时间常数小的性质,使该部分电路在有工作负载的情况下形同短路,结构简洁有效.

±12V 电源采用三端固定集成稳压器件,负载大于 300mA,供给光电接受器和信号处理部分以及功率信号源.±12V 降压调节处理后供给斩光器之小电机.

2. 光拍法测光速的光路

图 5.4.5 为光速测量仪的结构和光路图.

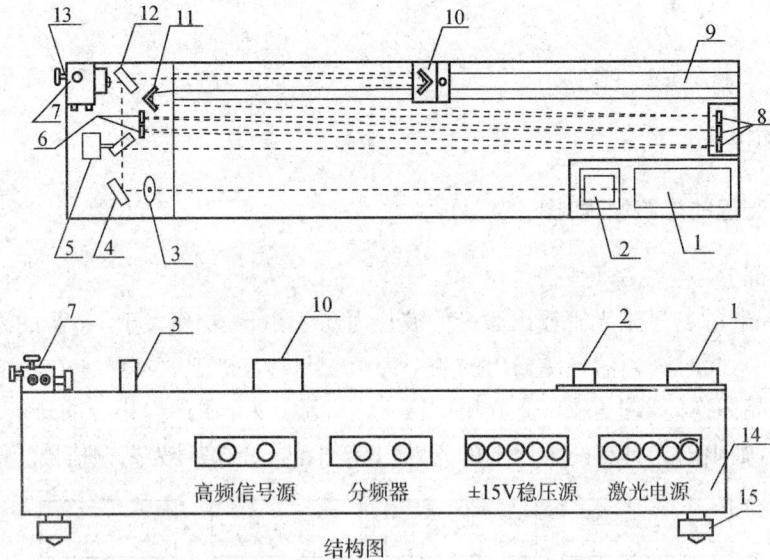

图 5.4.5　CG-Ⅳ型光速测定仪的结构和光路图
1.氦氖激光器;2.声光频移器;3.光阑;4.全反镜;5.斩光器;6.反光镜;
7.光电接收器盒;8.反光镜;9.导轨;10.正交反射镜组;
11.反射镜组;12.半反镜;13.调节装置;14.机箱;15.调节螺栓

实验中,用斩光器依次切断远程光路和近程光路,则在示波器屏上依次交替显示两光路的拍频信号正弦波形.但由于视觉暂留,我们"同时"看到它们的信号.调节两路光的光程差,当光程差恰好等于一个拍频波长 $\Delta\lambda$ 时,两正弦波的位相差恰为 2π,波形第一次完全重合,从而 $c=\Delta\lambda\cdot\Delta f=L\cdot(2F)$.由光路测得 L,用数字频率计测得高频信号源的输出频率 F,根据上式可得出空气中的光速 c.

因为实验中的拍频波长约为 10m,为了使装置紧凑,远程光路采用折叠式,如图5.4.5所示.图中实验中用圆孔光阑取出第 0 级衍射光产生拍频波,将其他级衍射光滤掉.

(1)调节光速测定仪底脚螺丝,使仪器处于水平状态.

(2)正确连接线路,使示波器处于外触发工作状态,接通激光电源,调节电流至 5mA,接通 15V 直流稳压电源,预热 15 分钟后,使它们处于稳定工作状态.

(3)使激光束水平通过通光孔与声光介质中的驻声场充分互相作用(已调好不用再调),调节高频信号源的输出频率(15MHz 左右),使产生二级以上最强衍射光斑.

(4)光栏高度与光路反射镜中心等高,使 0 级衍射光通过光栏入射到相邻反射镜的中心(如已调好不用再调).

(5)用斩光器挡住远程光,调节全反射镜和半反镜,使近程光沿光电二极管前透镜的光轴入射到光电二极管的光敏面上,打开光电接收器盒上的窗口可观察激光是否进入光敏面,这时,示波器上应有与近程光束相应的经分频的光拍波形出现.

(6)用斩光器挡住近程光,调节半反镜、全反镜和正交反射镜组,经半反射镜与近程光同路入射到光电二极管的光敏面上,这时,示波器屏上应有与远程光光束相应的经分频的光拍波形出现,(5)、(6)两步应反复调节,直到达到要求为止.

(7)在光电接收盒上有两个旋钮,调节这两个旋钮可以改变光电二极管的方位,使示波器屏上显示的两个波形振幅最大且相等,如果他们的振幅不等,再调节光电二极管前的透镜,改变入射到光敏面上的光强大小,使近程光束和远程光束的幅值相等.

(8)缓慢移动导轨上装有正交反射镜的滑块 10,改变远程光束的光程,使示波器中两束光的正弦波形完全重合(位相差为 2π)此时,两路光的光程差等于拍频波长 $\Delta\lambda$.

(9)测出拍频波长 $\Delta\lambda$,并从数字频率计读出高频信号发生器的输出频率 F,代入公式求得光速 c.反复进行多次测量,并记录测量数据,求出平均值及标准偏差.

【应用领域】

利用光拍法测定光速的原理,改变光路,根据光程定义,当真空中传播的光通过折射率大于 1 的透明介质时,其光程将增加.设透明介质沿光路方向长度为 d,未将其放入光路中时,光在这段距离 d 内的光程为 cd(c 为光速).若将透明介质置于光路中,则光在介质中的光程为 $vd=cnd$.因此,透明介质加入前后的光程差为 $cd(n-1)$(n 为折射率),相当于光在真空中传播 $d(n-1)$ 的光程.

【应用研究】

1.查相关文献,了解其他测量光速的方法.

2.利用其所用仪器设计基础实验中作过的实验.

【思考题】

1.什么是光拍频波?

2.斩光器的作用是什么?

实验 5.5 变折射率介质传输光信息的研究

变折射率介质很多,光纤就是最典型的一种,光纤是光导纤维的简写,是一种利用光在玻璃或塑料制成的纤维中的全反射原理而达成的光传导工具.前香港中文大学校长高锟和 GeorgeA. Hockham 首先提出光纤可以用于通信传输的设想,高锟因此获得 2009 年诺贝尔物理学奖.光纤是典型的变折射率介质,当光线以一定角度从光密介质射向光疏介质时,就会发生光线在界面上的全反射,光线重新折回光密介质中,光纤就是利用全反射的原理将光从一端传至另一端的.

【实验目的】

1. 掌握光纤的制备技术,包括去除敷层,切割光纤和处理端面.

2. 测量通信级光纤的数值孔径.

【实验仪器】

单模或多模光纤若干米(注意光纤的截止波长)、He-Ne 激光器、光纤定位器 2 套调角仪、光纤切割刀、光功率计、立体变倍显微镜或显微视频系统.

【实验原理】

1. 光纤的几何构造

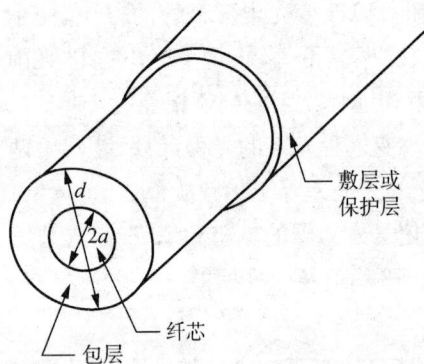

光纤的几何结构

图 5.5.1 光纤的结构

一般裸光纤具有纤心、包层及敷层(外套)的三层结构(图 5.5.1),芯和包层由硅玻璃组成,典型单模光纤的芯径为 $4\sim8\mu m$,多模光纤为 $50\sim100\mu m$,几何形状为圆对称,包层直径一般达百微米以上,敷层是一个保护外套,直径一般达百微米或几百微米,由塑料制成,也有用极薄的清漆或丙烯酸制作.

2. 光纤的机械特性

在测量光纤的数值孔径之前,需要对光纤端面进行处理,即获得一个垂直平整端面.这将采用划裂拉断方法完成,原理是先用刀片在去除敷层后的光纤上沿垂直方向划开一个小裂口,然后从光纤两头贴近裂口处沿水平方向拉动光纤,使裂缝穿过光纤并使光纤断裂,在垂直于光纤轴方向形成平整截面.

切割后光纤端面的一些情况如图 5.5.2 所示,实验中可以通过显微镜进行观察.理论上,玻璃光纤的开裂强度可达 5GPa($1Pa=1N\cdot m^{-2}$,$1GPa=10^9Pa$).但由于光纤的不均匀性和缺陷(如裂口),强度会降低.当裂口顶端的应力等于理论断裂强度时,断裂即发生.裂口可从顶端开始引起原子键的连续断裂.这就是直的裂口产生平的开裂的光纤端面的原因.

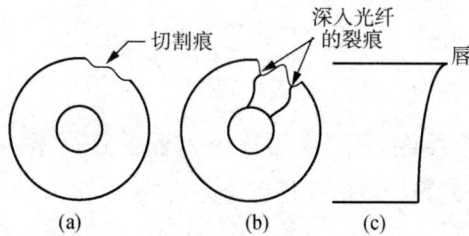

图 5.5.2　光纤切割后的端面情况

(a)切割准确;(b)切割后产生了裂缝;(c)切割不平,产生了边唇

当光纤保持柔性时(如弯曲状态),光纤需要有高的强度.而光纤弯曲时裂缝通常出现在高应力点,当一根半径为 r 的光纤弯曲到曲率半径 R 时(图 5.5.3),光纤上的表面应力是光纤表面的延长 $(R+r)\theta-R\theta$ 除以弧长 $R\theta$,即应力是 r/R.尽管光纤可经受百分之几的应力,为保证实地光缆中光纤不受损伤,一般可将应力上限设为 1%.如果采用 0.5% 作为适当的量值,这意味着 $125\mu m$ 直径的光纤能够承受半径为 1.25cm 的弯曲.

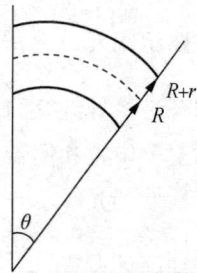

图 5.5.3　光纤弯曲时的应力情况

3. 光纤的数值孔径

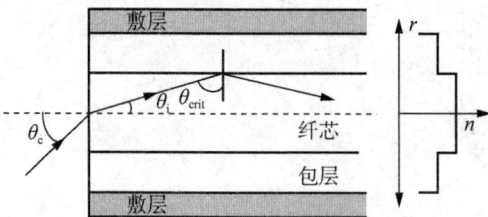

图 5.5.4　阶跃光纤的数值孔径

假设光线以入射角 θ 进入纤芯(图 5.5.4),如果纤芯的折射率 n_{core} 比包层折射率 $n_{cladding}$ 稍大,则进入纤芯的光线在纤芯与包层界面上有可能发生全反射,设这个临界角为 θ_{crit},应有

$$\sin\theta_{crit}=\frac{n_{cl}}{n_{core}} \tag{5.5.1}$$

设数值孔径角 θ_c,由 Snells 定理

$$n_i\sin\theta_c=n_{core}\sin\theta_t=n_{core}\sin(90°-\theta_{crit})$$

$$=n_{core}\cos\theta_{crit}=n_{core}\sqrt{1-\sin^2\theta_{crit}} \tag{5.5.2}$$

因此

$$n_i\sin\theta_c=\sqrt{n_{core}^2-n_{cl}^2} \tag{5.5.3}$$

光纤的数值孔径如同对微透镜或成像透镜的数值孔径定义一样,是入射介质的折射率与最大收光角正弦的乘积

$$\text{N. A.}=n_i\sin\theta_{max} \tag{5.5.4}$$

这与上式同义,故有

$$\text{N. A.}=\sqrt{n_{core}^2-n_{cl}^2} \tag{5.5.5}$$

定义分数折射率差

$$\Delta=(n_{core}-n_{cl})/n_{core} \qquad (5.5.6)$$

弱导时有 $\Delta\ll1$

$$NA=\sqrt{(n_{core}+n_{cl})(n_{core}-n_{cl})}=\sqrt{(2n_{core})(n_{core}\Delta)}=n_{core}\sqrt{2\Delta} \qquad (5.5.7)$$

此即为弱导近似下,阶跃型光纤数值孔径理论公式.

【基础知识】

1. 光纤处理

借助立体变倍显微镜完成光纤端面的制备,两个端面在显微镜下观察比较平整.

2. 光路粗调

务必将处理好的光纤入端位于调角仪的中垂线上(可以用一把直角尺量),调整激光束的上下位置和偏转角度使其平行入射光纤,在光纤出端得到一个较好的圆光斑,如否需重新处理光纤.

3. 光功率计调整

光功率计是将带有衰减器的探头对准光纤出端,调整光纤出端的光纤定位器三维坐标使光纤出射光斑完全进入探头光敏区.

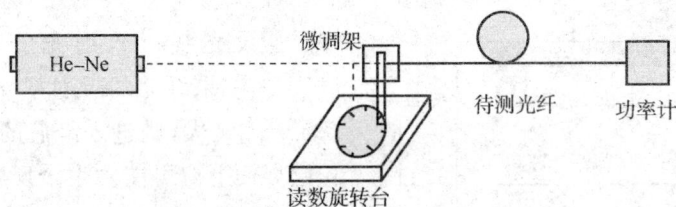

图 5.5.5　光纤数值孔径测量图

4. 光路细调

用一块黑板挡住光源,将光功率计调至灵敏度最高挡,调零将环境光去掉,打开光路,将光功率计调至合适挡级(尽量提高灵敏度),调整光纤入端的光纤定位器 x, y 坐标使光功率计的示值达最大,转动调角仪的调角旋钮进一步使光功率计的示值达最大,此时即对应光功率极值点也就是入射零度角的位置,记录此时的调角仪的角度和光功率值.

5. 入射角的测量

先朝一个方向转动调角仪,每隔一度测一次光功率值直到最大值的 3% 以内,将调角仪回到初始位置后在朝另一个方向转动调角仪重复上面的过程.

6. 实验曲线

以入射角的正弦为横坐标,光功率的常用对数为纵坐标画出拟和曲线,确定最大光功率的 5% 所对应的两个对称的横坐标的值,以它们各自绝对值的平均值作为实际测得的光纤数值孔径值.

【应用领域】

1. 光纤损耗的测试

截断法(破坏性测量方法):在测量光纤数值孔径的基础上,进行改动,用剪断法测量光纤的损耗. 如图 5.5.6 所示,首先测出整盘光纤的输出光功率 $P_2(\lambda)$. 然后在微调节架之后约 0.3m 处切断光纤,测得短光纤的输出光功率 $P_1(\lambda)$,则可得到光纤的衰减为 $A(\lambda)=10\lg\dfrac{P_1(\lambda)}{P_2(\lambda)}\mathrm{dB}$,则衰减系数 $a(\lambda)=A(\lambda)/L$,其中 L 为光纤长度.

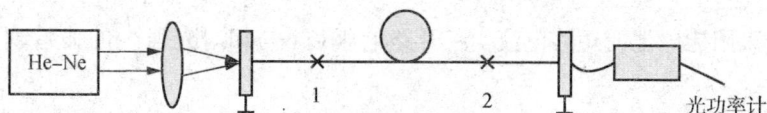

图 5.5.6　截断法

2. LD 远场特性测试

LD 有源层波导横截面的不对称性和很小的线度,使得远场光斑不对称且光束具有较大的发散角. 如图 5.5.7 所示,LD 的有源层截面垂直于结平面方向很薄($0.1\sim0.2\mu\mathrm{m}$),而平行于结平面方向则要宽得多(对于 BHLD 为 $1\sim3\mu\mathrm{m}$);因此相应的发散角要大,而远场光斑呈现椭圆形.

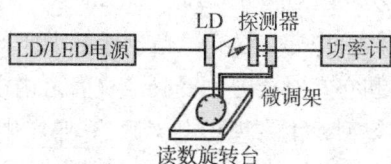

图 5.5.7　远场特性测试装置

【应用研究】

1. 根据你所学的专业,选择设备部件,提出参量进行设计,提出方案.

2. 查文献,得出其他测量光纤损耗的方法,进行比较.

【思考题】

1. 光纤入射端面为何要位于调角仪的中垂线上.

2. 光纤入射端面倾斜将对数值孔径的测量值有何影响.

实验 5.6　太阳能电池转换的研究

太阳能是一种新能源,对太阳能的充分利用可以解决人类日趋增长的能源需求问题. 目前,太阳能的利用主要集中在热能和发电两方面.利用太阳能发电目前有两种方法,一是利用热能产生蒸气驱动发电机发电,二是太阳能电池. 太阳能的利用和太阳能电池的特性研究是 21 世纪的热门课题,许多发达国家正投入大量人力物力对太阳能接收器进行研究. 因此,在普通物理实验中开设了太阳能电池的特性研究实验,介绍太阳能电池的电学性质和光学性质,并对两种性质进行测量,联系科技开发实际,有一定的新颖性和实用价值.

【实验目的】

1. 无光照时,测量太阳能电池的伏安特性曲线.

2. 测量太阳能电池的短路电流 I_{SC}、开路电压 U_{OC}、最大输出功率 P_{max} 及填充因子 FF.

3. 测量太阳能电池的短路电流 I_{SC}、开路电压 U_{OC} 与相对光强 $\dfrac{J}{J_0}$ 的关系,求出它们的近似函数关系.

【实验仪器】

光具座组件、白炽灯、太阳能电池、光功率计、遮光罩、硅光电池测试仪.

【实验原理】

太阳能电池在没有光照时其特性可视为一个二极管,在没有光照时其正向偏压 U 与通过电流 I 的关系式为

$$I = I_0(e^{\beta U} - 1) \tag{5.6.1}$$

式中,I_0 和 β 是常数.

由半导体理论,二极管主要是由能隙为 $E_C - E_V$ 的半导体构成,如图 5.6.1 所示. E_C 为半导体导电带,E_V 为半导体价电带. 当入射光子能量大于能隙时,光子会被半导体吸收,产生电子和空穴对. 电子和空穴对会分别受到二极管之内电场的影响而产生光电流.

假设太阳能电池的理论模型是由一理想电流源(光照产生光电流的电流源)、一个理想二极管、一个并联电阻 R_{sh} 与一个电阻 R_s 所组成,如图 5.6.2 所示.

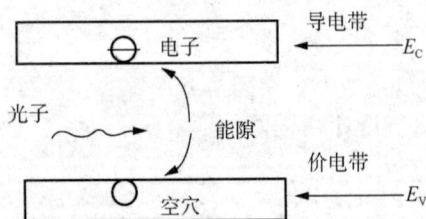

图 5.6.1　半导体价导电带

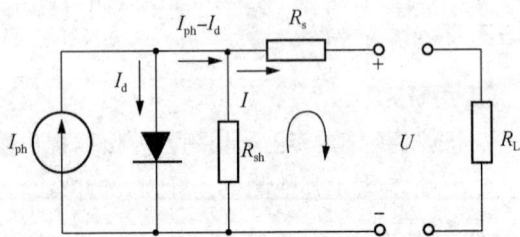

图 5.6.2　太阳能电池理想电路

图 5.6.2 中，I_{ph} 为太阳能电池在光照时该等效电源输出电流，I_d 为光照时，通过太阳能电池内部二极管的电流. 由基尔霍夫定律得

$$IR_s + U - (I_{ph} - I_d - I)R_{sh} = 0 \tag{5.6.2}$$

式中，I 为太阳能电池的输出电流，U 为输出电压. 由(5.6.2)式可得

$$I\left(1 + \frac{R_s}{R_{sh}}\right) = I_{ph} - \frac{U}{R_{sh}} - I_d \tag{5.6.3}$$

假定 $R_{sh} = \infty$ 和 $R_s = 0$，太阳能电池可简化为图 5.6.3 所示电路.

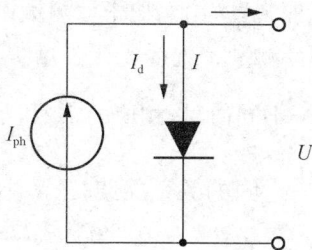

图 5.6.3　太阳能电池简化图

这里

$$I = I_{ph} - I_d = I_{ph} - I_0(e^{\beta U} - 1)$$

在短路时

$$U = 0, I_{ph} = I_{SC}$$

而在开路时

$$I = 0, I_{SC} - I_0(e^{\beta U_{OC}} - 1) = 0$$

所以

$$U_{OC} = \frac{1}{\beta}\ln\left[\frac{I_{SC}}{I_0} + 1\right] \tag{5.6.4}$$

(5.6.4)式即为在 $R_{sh} = \infty$ 和 $R_s = 0$ 的情况下，太阳能电池的开路电压 U_{OC} 和短路电流 I_{SC} 的关系式. 其中 U_{OC} 为开路电压，I_{SC} 为短路电流，而 I_0,β 是常数.

【基础知识】

1. 在没有光源(全黑)的条件下，将太阳能电池连入硅光电池测量仪的暗箱线路(左侧)，插上电源，将硅光电池测量仪上的开关打到暗箱线路，调节旋钮可改变负载电阻的大小，测量太阳能电池正向偏压时的 I-U 特性(直流偏压从 $0 \sim 3.0\text{V}$).

(1)画出测量线路图.

(2)利用测得的正向偏压时 I-U 关系数据，画出 I-U 曲线并求得常数 β 和 I_0 的值.

2. 在不加偏压时，用白色光源照射，将太阳能电池连入硅光电池测量仪的光照线路(右侧)，同时将硅光电池测量仪上的开关打到光照线路，调节旋钮可改变负载电阻的大小测量太阳能电池一些特性. 注意此时光源到太阳能电池距离保持为 20cm.

(1)画出测量线路图.

(2)测量电池在不同负载电阻下,I 对 U 变化关系,画出 I-U 曲线图.

(3)求短路电流 I_{SC} 和开路电压 U_{OC}.

(4)求太阳能电池的最大输出功率及最大输出功率时的负载电阻.

(5)计算填充因子 $FF = \dfrac{P_m}{I_{SC} \cdot U_{SC}}$.

3.测量太阳能电池的光照效应与光电性质.在暗箱中(用遮光罩挡光),取离白光源 20cm 水平距离光强作为标准光照强度,用光功率计测量该处的光照强度 J_0;改变太阳能电池到光源的距离 x,用光功率计测量 x 处的光照强度 J,求光强 J 与位置 x 关系.测量太阳能电池接收到相对光强度 $\dfrac{J}{J_0}$ 不同值时,相应的 I_{SC} 和 U_{OC} 的值.

(1)描绘 I_{SC} 和相对光强度 $\dfrac{J}{J_0}$ 之间的关系曲线,求 I_{SC} 和与相对光强 $\dfrac{J}{J_0}$ 之间近似关系函数.

(2)描绘出 U_{OC} 和相对光强度 $\dfrac{J}{J_0}$ 之间的关系曲线,求 U_{OC} 与相对光强度 $\dfrac{J}{J_0}$ 之间近似函数关系.

【应用领域】

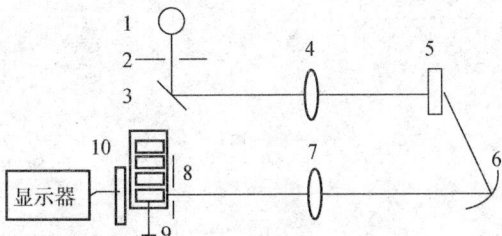

图 5.6.4　光谱透射测试装置

1.光源;2.进光狭缝;3.反射镜;4.凸透镜;5.光栅;

6.反射镜;7.凸透镜;8.出光狭缝;9.比色皿池;10.光电

接收器

如图 5.6.4 所示,光源发出的白色光经过进光狭缝、反射镜、凸透镜后射向光栅,经光栅色散后,各种波长的光被反射镜 6 反射后,经过透镜 7 聚焦于出光狭缝.反射镜 6 装于一个可旋转的转盘上,转动转盘就可在狭缝的后面得到任一波长的单色光.出光狭缝的后面置有比色皿定位装置.单色光通过盛有被测溶液的比色皿后,射到光电池上,从而产生光电流.

光电流 i 和它吸收到的光强度 I 有很好的线性关系,$i = KI$.K 是一个和波长 λ 有关的系数,它与光电材料的光谱特性有关,对于确定的波长 λ,K 是一个常数.因此光强比的测量就可以通过相应的光电流之比来确定.

【应用研究】

设计电路,利用两节干电池,一个电压表,一个电阻箱来测量太阳能电池在全黑的条件下的伏安特性曲线.

【思考题】

1.硅光电池的输出与入射光照射瞬间有没有滞后现象?能否用实验证明?

2.实验时光源的相对光强发生了变化,对测量结果有何影响.

第六部分　开放性实验

　　物理实验是物理学的基础,大学物理实验反映了各个学科科学实验共性和普遍性的问题.在培养学生严谨的科学思维、创新能力,培养学生理论联系实际,特别是与科学技术发展相适应的综合能力,以适应科技发展与社会进步对人才的需求方面有着不可替代的作用.当前我国高等教育已进入全面提高教育质量的新阶段,进一步更新教育理念、积极创造条件,在教学实践中实质性地实施以教师为主导,以学生为主体的实验教学是进一步深化改革的重要内容,也是巩固十多年来的教学成果、提高教学质量、实现实验教学目标的重要保证.

　　20 世纪末以数字化为核心的信息技术的高度发展,预示人类在 21 世纪又将经历一次重大变革.在全面实施以教师为主导,以学生为主体的实验教学中,必须充分利用和发挥信息化技术.

　　物理实验开放性教学紧扣以教师为主导,以学生为主体的实验教学指导思想,利用先进的信息化技术和手段,为实验教学改革和发展提供强有力的支持,开放性实验主要包括仿真实验和演示实验.

6.1　仿真实验

6.1.1　大学物理仿真实验——分光计实验

1. 主窗口

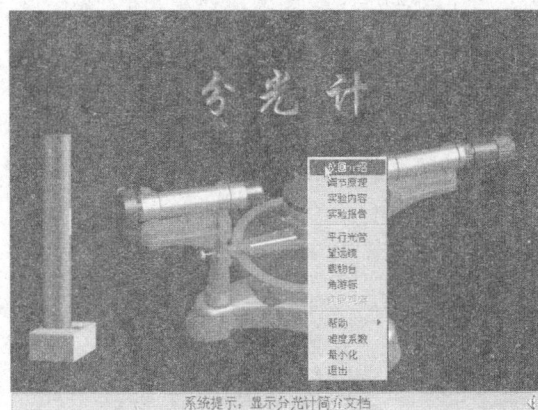

图 6.1.1　主菜单

在系统主界面上选择"分光计"并单击,即可进入本仿真实验平台,播放一段动画后,显示平台主窗口——实验室场景.主窗口左方是汞灯光源(双击开关可以打开或关闭电源),右方为分光计.在主窗口上单击鼠标右键,显示出实验主菜单(图 6.1.1).

2. 主菜单

(1)选择"仪器介绍"菜单项,显示介绍分光计的有关文档.

(2)选择"调节原理"菜单项,显示介绍分光计调节的有关文档.

(3)选择"实验内容"菜单项,显示介绍分光计实验内容的有关文档.

(4)选择"实验报告"菜单项,调用"实验报告处理系统",用户可以建立、查看实验报告,将实验结果存档,以备教师评阅(具体使用方法请参看本手册中"实验报告处理系统"的有关内容).

(5)选择"平行光管"菜单项,显示平行光管调节窗口(图 6.1.2).移动窗口,可以拖动标题条;关闭窗口,双击标题条.

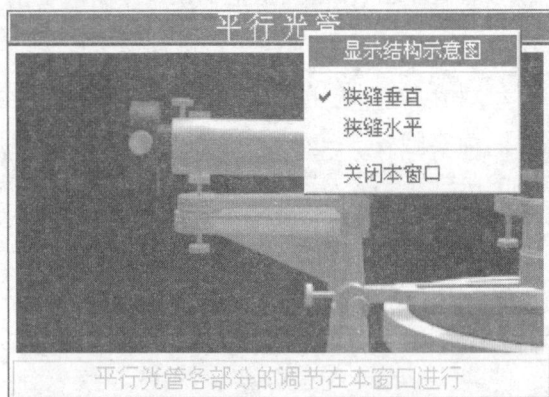

图 6.1.2　平行光管调节

在窗口上端标题条上单击鼠标右键,弹出该窗口的控制菜单.选择"显示结构示意图",窗口变为图 6.1.3 所示.

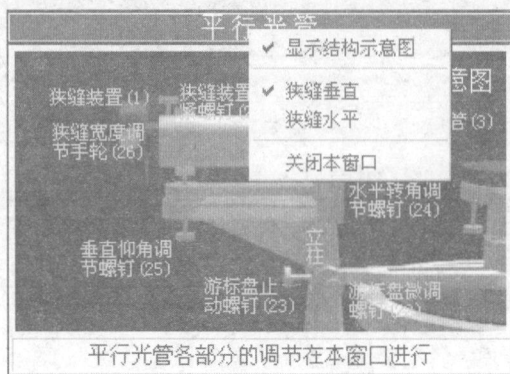

图 6.1.3　仪器结构示意图

窗口中紫色的文字注明了平行光管的各个组成部分,这些部件在本仿真实验中都可以调节.再次选择"显示结构示意图",窗口复原,可以开始调节平行光管."狭缝垂直"、"狭缝水平"菜单项用来设置平行光管狭缝的状态.

(6)选择"望远镜"菜单项,显示望远镜调节窗口,使用方法与平行光管调节窗口类似.

(7)选择"载物台"菜单项,显示载物台调节窗口(图6.1.4).

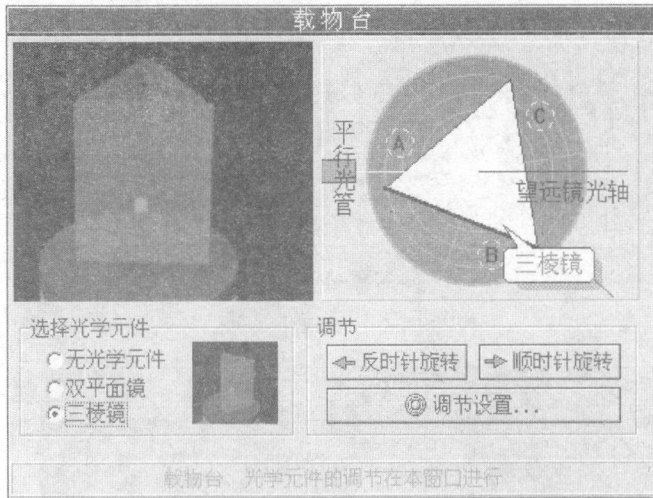

图 6.1.4 载物台

单击"选择光学元件"框中的单选钮,可以选择载物台上放置的光学元件.单击"调节设置"按钮,弹出"调节设置"对话框(图6.1.5).进行调节设置,按"OK"钮关闭.单击"反时针旋转"或"顺时针旋转"按钮调节转角.

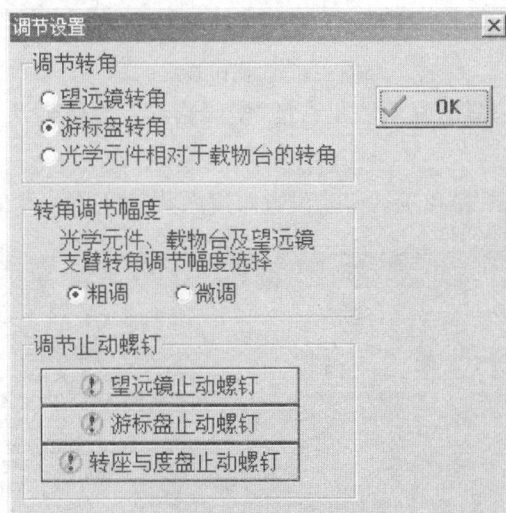

图 6.1.5 调节设置

(8)选择"角游标"菜单项,显示角游标读数窗口(图6.1.6),游标一和游标二是两个相对的角游标.

(9)当分光计没有调平时,望远镜内可能看不到像.这时可以选择"肉眼观察"菜单项,打开"肉眼观察"窗口(图6.1.7).此窗口只能在用双平面镜调节分光计水平时打开.

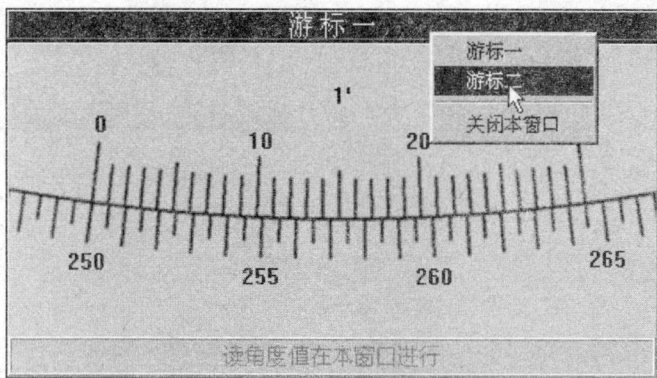

图 6.1.6　游标一

图 6.1.7　肉眼观察

(10)选择"帮助"菜单项,显示联机帮助"实验指导".具体方法请参看【提示信息】中的"实验指导"部分.

(11)选择"难度系数"菜单项,弹出"设置难度系数"对话框(图6.1.8).

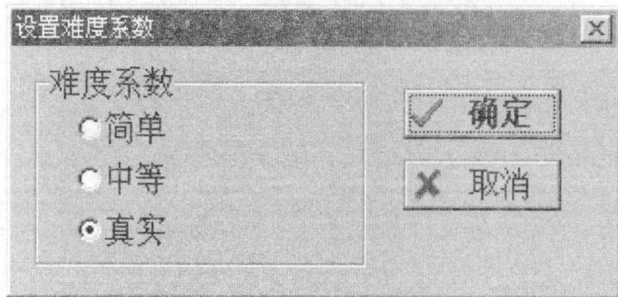

图 6.1.8　设置难度系数

为方便学生学习使用,系统提供了三个级别的调节难度——简单、中等、真实.其中"简单"分光计处于调整完毕状态,可以供学生学习分光计的调节和测量的原理."中等"分光计处于离调平状态不远的位置,可以供学生进行操作练习."真实"难度比较大,供学生最后测量使用,测量结果可记入实验报告,由教师评分.

(12)选择"最小化"菜单项,整个程序将缩为一个图标,用户可以方便地查看 Windows 桌面或进行任务切换.

(13)选择"退出"菜单项,将退出实验平台,返回主界面.

3. 提示和帮助

分光计仿真实验提供了详细的提示信息,用户只需参考提示即可完成本实验.提示和帮助信息分为系统提示、操作提示和实验指导三种类型.

(1)系统提示.在主窗口上单击鼠标右键,弹出主菜单.在仪器窗口标题条上单击右键,可弹出该窗口的控制菜单.当鼠标移动到窗口标题条或菜单项上时,主窗口下方的状态条显示系统提示信息,提示用户如何完成菜单操作和鼠标操作(图 6.1.9).

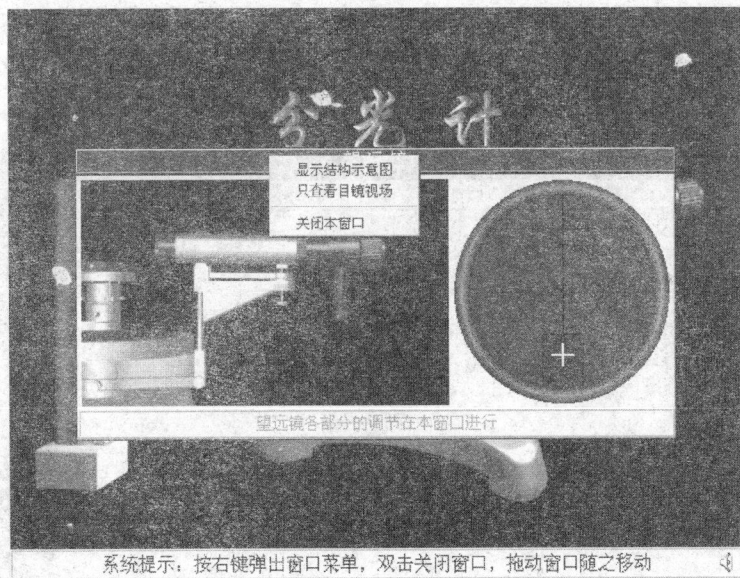

图 6.1.9　系统提示

(2)操作提示.在任一窗口内,当鼠标移动到任一仪器的可调节部分时,鼠标指针光标变为其他形状,旁边出现一个黄色的光标跟随提示框,显示此部分的名称(如果安装了声卡,还会有语音提示);同时主窗口下方的状态条显示操作提示信息,提示用户如何进行仿真操作.对于无效的操作,系统给出声音提示(无需声卡,使用 Windows 控制面板中的"声音"配置),如图 6.1.10 所示.

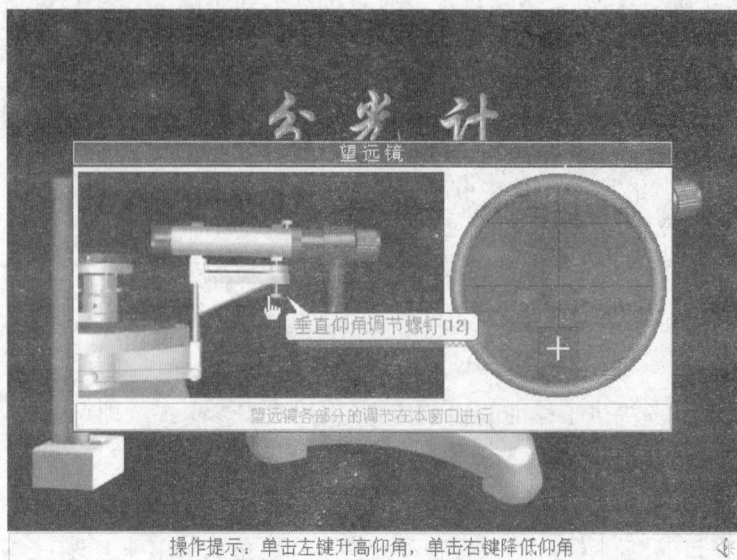

图 6.1.10　文字与声音提示

（3）实验指导，指导您如何完成实验. 打开某一窗口，按 F1 键，即可显示关于该窗口的操作指导. 在主窗口上按 F1 键，或在主菜单中选择"帮助—帮助内容"，显示实验指导的内容目录（图 6.1.11）.

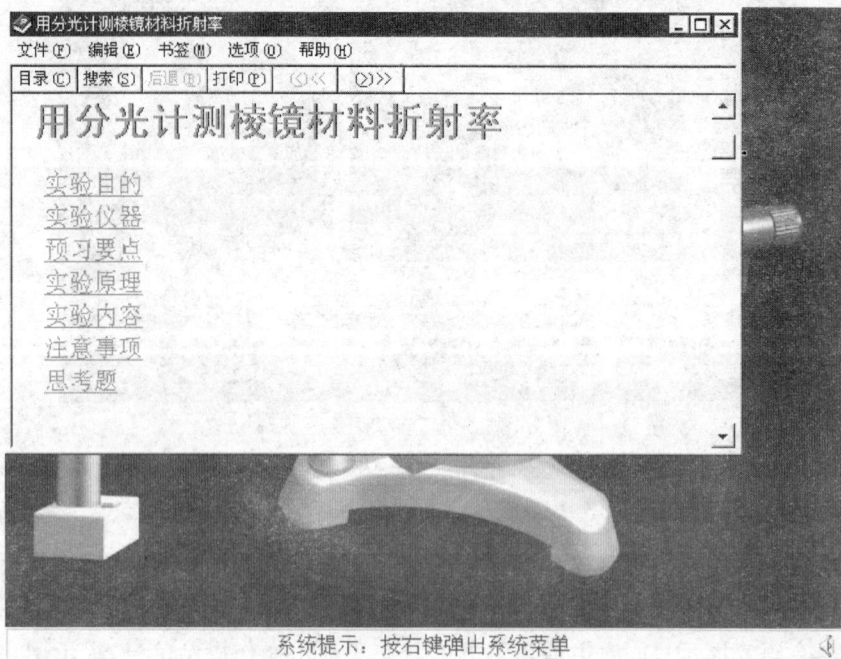

图 6.1.11　实验指导的内容目录

　　实验指导是一个 Help 文件,共分为 23 个主题,各主题间建立超文本链接.主题可以按顺序阅读,也可以利用超级链接在相关主题间跳转,还可以利用搜索功能按关键字查找所需主题.一些比较重要的主题还配有声音,可以自动朗读(也可关闭声音).每个主题除了文字和图片以外,还可以进行调节演示、原理演示和多媒体播放.

　　为了使实验指南和实验操作相配合,各个主题与其相对应的窗口建立关联.例如,在望远镜调节窗口上按 F1 键,将显示与望远镜调节有关的主题;在平行光管调节窗口上按F1 键,将显示与平行光管调节有关的主题,等等.各主题内容包括了分光计实验的全部指导信息,并可以通过添加批注的形式扩充.

　　实验指导的具体用法可以参看 Windows 帮助中的"如何使用帮助".这里只简述与本平台有关的部分.

　　(1)单击"目录"键,可以查看实验指导的内容目录.

　　(2)单击"搜索"键,弹出一个对话框,显示可以查看的实验指导的主题.选择所要查看的主题,即可得到相应的实验指导.

　　(3)单击"后退"键,可以返回上次显示的实验指导.

　　(4)单击"打印"键,可以将当前显示的实验指导打印下来.

　　(5)单击"》"键,可以向后翻页查看.

　　(6)单击"《"键,可以向前翻页查看.

　　(7)单击绿色带实下划线的文字,可以切换到相关主题.

　　(8)单击绿色带虚下划线的文字,弹出一个窗口,显示与它有关的解释或说明.

4. 实验内容

　　本平台仿真了"用分光计测棱镜折射率"实验的全部操作.使用者可以像在真实实验中一样任意地操作仪器,而没有任何顺序上的限制.下面给出此实验的一般过程,具体方法可参看"实验指导"(FGJ.HLP 文件).

　　1)调整分光计

　　(1)目镜调焦;

　　(2)调整望远镜对平行光聚焦;

　　(3)调整望远镜光轴垂直于仪器公共轴;

　　(4)使平行光管发出平行光;

　　(5)使平行光管光轴垂直于仪器公共轴.

　　2)调整三棱镜侧面垂直望远镜光轴

　　3)测棱镜顶角 A

　　4)用最小偏向角法测棱镜材料折射率

　　5)做实验报告

6.1.2 大学物理仿真实验——双臂电桥测低电阻

1. 主窗口

在系统主界面上选择"双臂电桥测低电阻"图标并单击进入本实验,出现本实验主界面(图 6.1.12).

图 6.1.12 实验主界面

在主界面单击右键弹出主菜单,包括以下内容:实验目的、实验原理、实验仪器、预习思考题、实验内容、实验报告和退出实验 7 部分.

2. 主菜单

1)实验目的

在主菜单内点击此项弹出实验目的说明窗口.

2)实验原理

在主菜单内点击此项弹出实验原理窗口,可以进行实验前的预习,其中包括实验所涉及的基本原理、公式和实验原理图(图 6.1.13).

3)实验仪器

在主菜单内点击此项弹出实验仪器窗口.

4)预习思考题

实验电路如图所示：

QJ36型双臂电桥

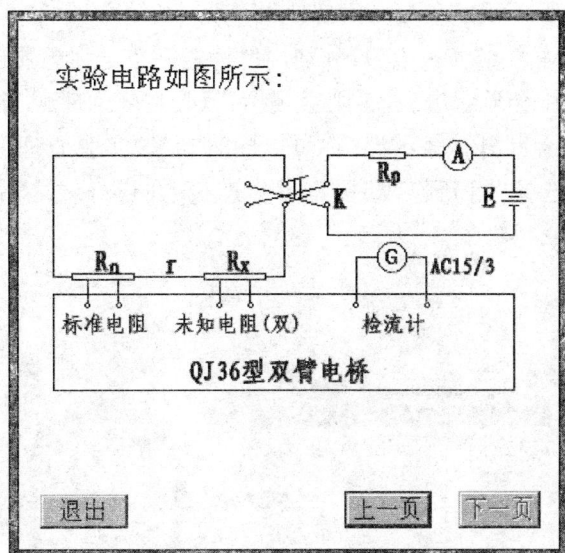

图 6.1.13　基本原理、公式和实验原理图

在主菜单内点击此项弹出预习思考题窗口(图 6.1.14)，点击其中的"上一页"、"下一页"按钮实现翻页功能.将选择答案填入相应空格处,做完后点击"结果"按钮看成绩.

思考题

1. 测量导体电阻率时, 应测量四端钮的哪一部分?
(A, D为电流接头,　 B,C为电压接头).
选(　　　)

(a) A和B　 (b) A和C　 (c) A和D　 (d) B和C

(e) B和D　 (f) C和D

2. 在测量调试时, 闭合开关K的按压方法是什么?
选(　　　)

(a)跃按法(短暂闭合)　(b)深按法(接触牢靠)

3. 若将标准电阻和待测电阻的电压接头,电流接头都相互颠倒会产生什么结果?
选(　　　)

(a)等效电路发生了变化　　(b)接触电阻变大
(c)Rx的电阻率无法准确测量

4. 双臂电桥测低电阻Rx的等效电路图如下:

图 6.1.14　预习思考题

5)实验内容

(1)连线. 连线时注意(图6.1.15):分别用鼠标左键单击你想要连线的两个端点,若连线正确的话电路图中会显示出来,否则会提示错误. 在任何时候当你用鼠标左键双击已经连线的任一端时会断开该条线路. 你可以同时参考"实验原理"中的电路图进行连线,在连线过程中可选择"重新连线"按钮重新连线. 在连好线之后,选择"连线结束"按钮.

实验电路图

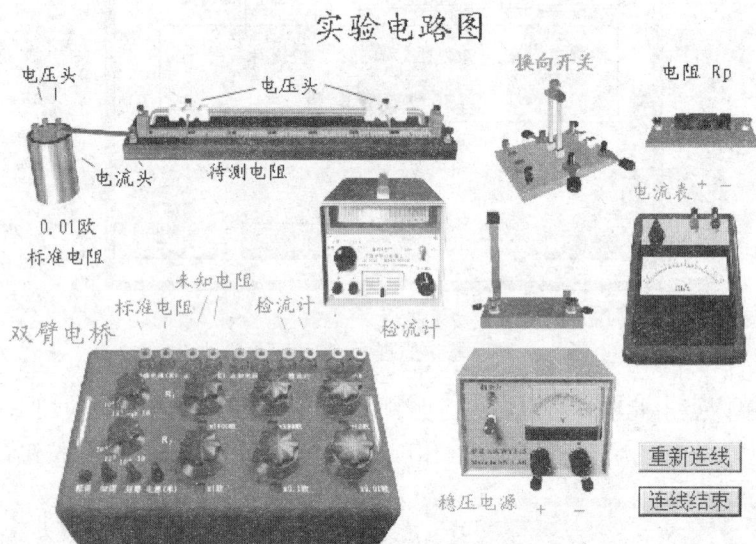

图 6.1.15 连线

(2)测试数据. 在画面上你可以看见5个小视图,分别是双臂电桥、检流计、双刀双置开关、低电阻测试架和数据表格. 单击检流计显示窗,你可以得到放大后的显示窗(图6.1.16).

图 6.1.16 检流计

　　首先进行检流计调零,在调零时注意将换向开关合上,并且将检流计旋钮旋至x1挡.

　　然后就可以进行数据的测量了,在双刀双掷开关的视图中按鼠标左键时换向开关向左闭合,按鼠标右键时换向开关向右闭合.

　　将换向开关向某一方向合上,在测量时首先使用粗调,当电桥接近平衡时再改用细调,这样就可以得到比较精确的数据了(图6.1.17).

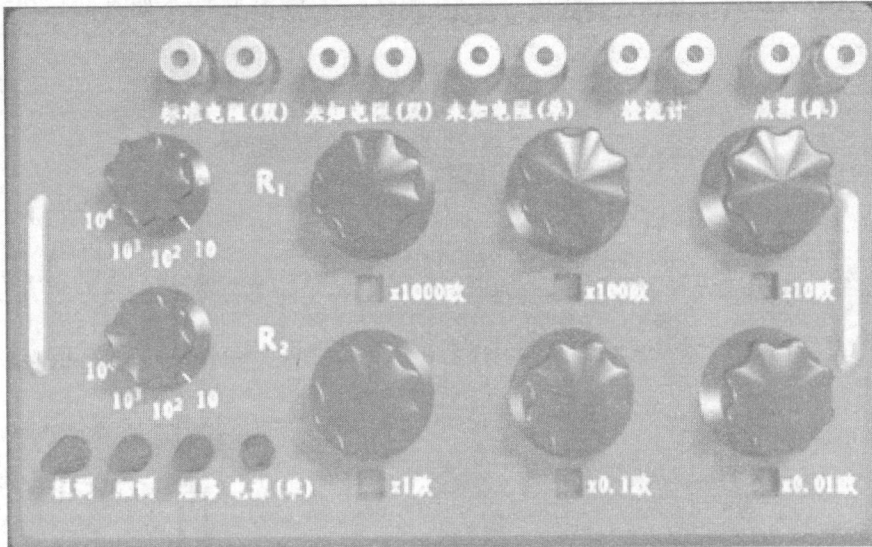

图 6.1.17　面板

　　当电桥平衡以后,你可以单击数据表格中相应于铜棒或铁棒的空格填数.

　　在低电阻测试架的视图中,用鼠标左键点击测试架上的金属棒时可以更换为铜棒或铝棒.当你更换金属棒时请把换向开关打开(图6.1.18).

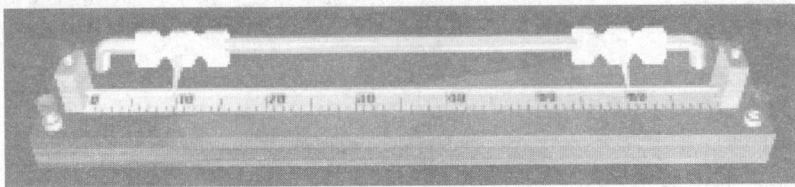

图 6.1.18　低电阻测试架

　　6)实验报告.在测试完6组数据后你可以进入主菜单中的"实验报告"选项填写实验报告.按实验报告处理系统的说明将本实验所测数据填入其中.

　　7)退出.在主菜单内点击此项将退出本实验.

6.1.3 大学物理仿真实验——杨氏模量

1. 主窗口

进入本实验后,先看到标题的显示,而后看到的是实验的仪器,移动鼠标到仪器上面(鼠标呈手状),稍候片刻,就会看到提示.单击鼠标右键,弹出主菜单,如图 6.1.19.

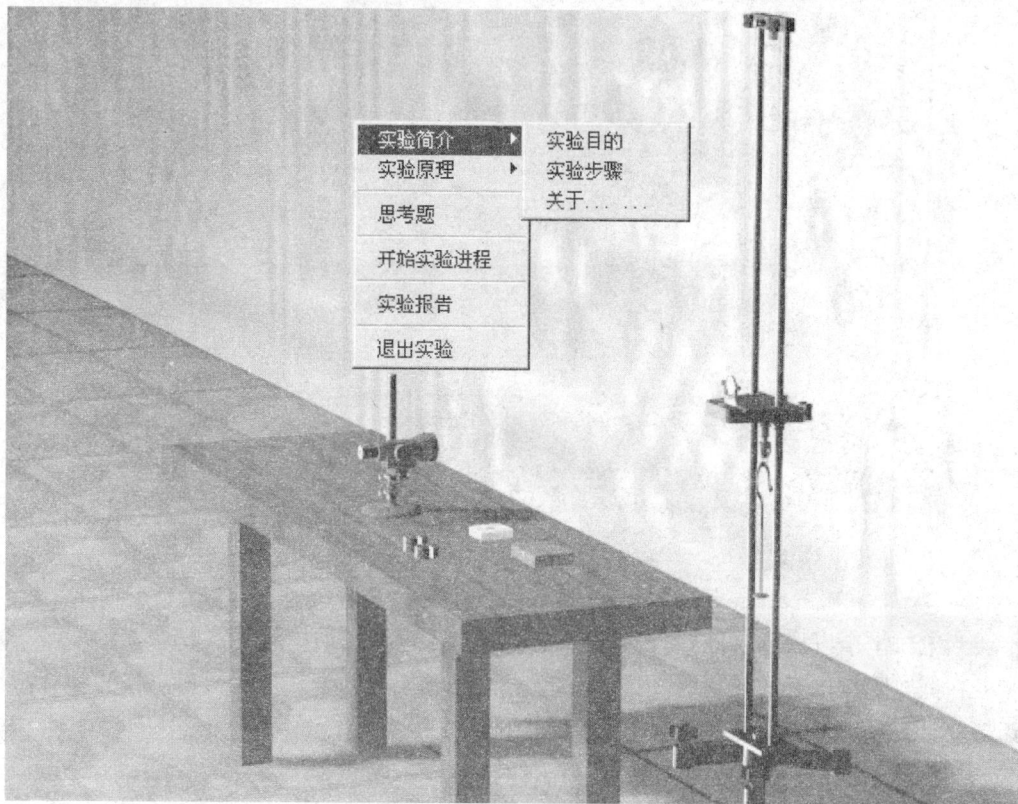

图 6.1.19 主菜单

主窗口上的仪器主要有:望远镜(带标尺),螺旋测微器,米尺,砝码,支架(上面有光杠杆,金属丝和固定金属丝的管制器等)等.在开始实验以后,单击各仪器就进入调节或测量状态.

2. 主菜单

1)实验简介

(1)单击"实验目的",显示本实验的实验目的(图 6.1.20),单击"返回"回到主界面.

(2)单击"实验步骤",显示本实验的实验步骤(图 6.1.21).单击"上一页"和"下一页"进行翻页,单击"返回"回到实验主界面.

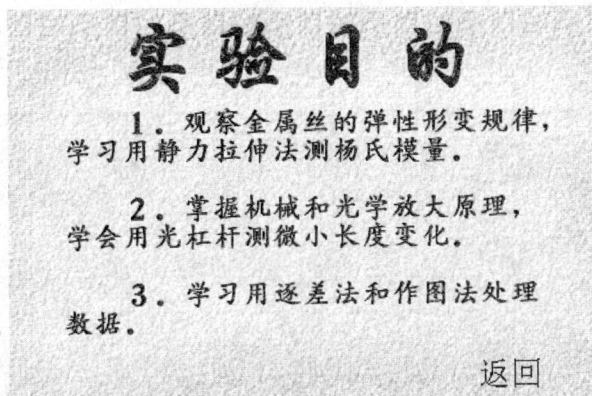

图 6.1.20　实验目的

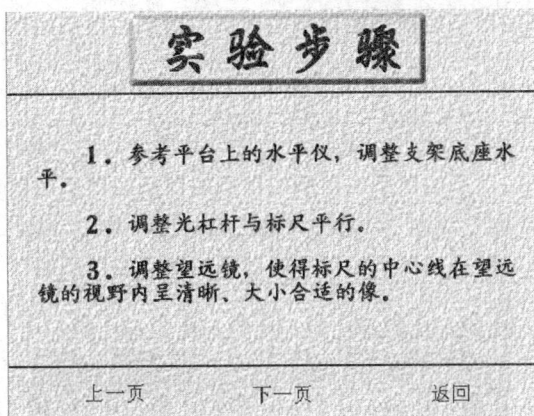

图 6.1.21　实验步骤

2)实验原理

(1)单击"简介",简单介绍了本实验应用的物理学原理(图 6.1.22).单击"上一页"和"下一页"进行翻页,单击"返回"回到实验主界面.

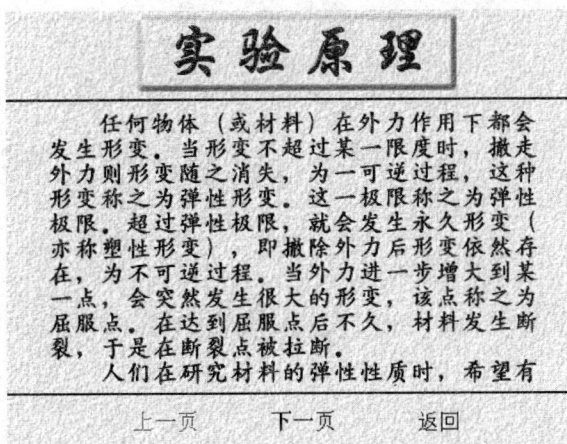

图 6.1.22　实验原理

(2)单击"光杠杆原理",讲解并演示光杠杆原理(图6.1.23).单击"加上重物",演示光杠杆原理,单击"上一页"和"下一页"进行翻页,单击"返回"回到实验主界面.

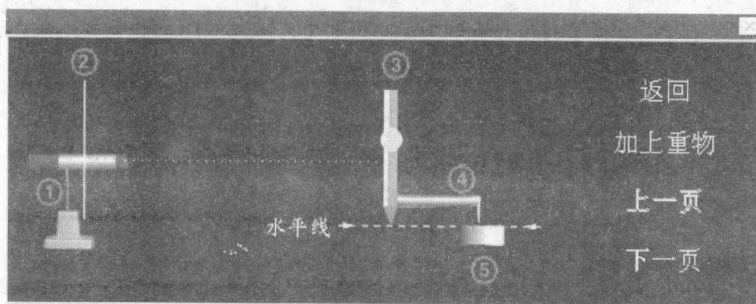

上图中:1.标尺;2.望远镜;3.平面镜;4.光杠杆;5.管制器.

　　　将光杠杆和镜尺组按实验要求放置好,即使望远镜和平面镜镜面的法线在同一水平面上,当在砝码钩上加上砝码,管制器下降一微小长度ΔL时,小镜便以刀口为轴转动一角度θ.当θ很小时

$$\theta \approx \tan\theta = \Delta L / 1$$

其中1是支脚尖到刀口的垂直距离(也叫光杠杆的臂).

图 6.1.23　光杠杆原理

(3)单击"螺旋测微器",简单介绍螺旋测微器的结构(图6.1.24).鼠标移动到螺旋测微器的特定部位,将显示其提示.单击"返回"回到实验主界面.

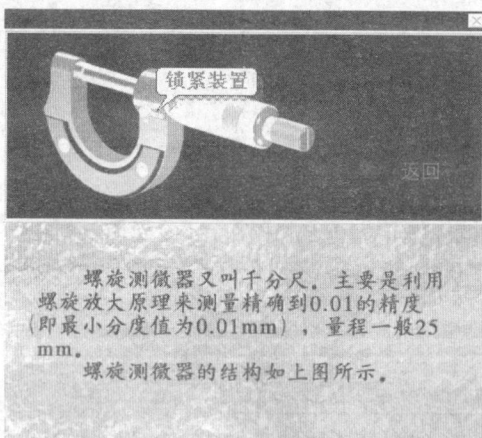

锁紧装置

返回

　　螺旋测微器又叫千分尺.主要是利用螺旋放大原理来测量精确到0.01的精度(即最小分度值为0.01mm),量程一般25mm.
　　螺旋测微器的结构如上图所示.

图 6.1.24　螺旋测微器

3)思考题

　　单击"思考题",显示并要求同学们做预习思考题(图6.1.25),以考察同学们的预习情况.在窗体中,单击"确定"按钮,可以检验题目的正确性;单击"返回"按钮,回到实验主界面.

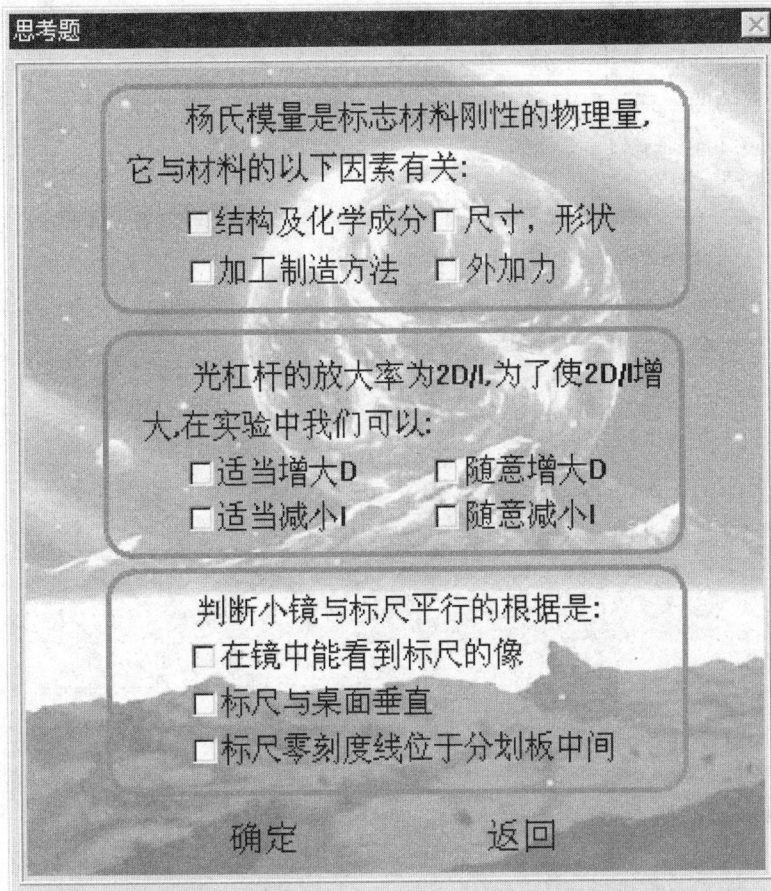

图 6.1.25　预习思考题

4）开始实验进程

单击"开始实验进程"，开始作实验.该菜单变成"结束实验进程"，再次单击可以在任何合法的时候结束实验进程.

5）实验报告

单击"实验报告"，将调用"实验报告处理系统"，用户可以建立、查看实验报告，将实验结果存档，以备教师评阅（具体使用方法请参看本手册中"实验报告处理系统"的有关内容）.

6）退出实验

单击"退出实验"，将退出本实验，返回主界面.在开始实验进程以后，不能退出本实验.

3. 实验仪器操作

以下操作只有在开始实验进程以后才能进行.

1)调节底座

开始实验进程后,单击"底座",出现底座水平调节窗口,如图 6.1.26 所示.鼠标左右键调节底座上的两个螺丝(移动鼠标到上面可以看到提示),控制水平仪的气泡在水平仪中心.按"返回",回到实验主界面.

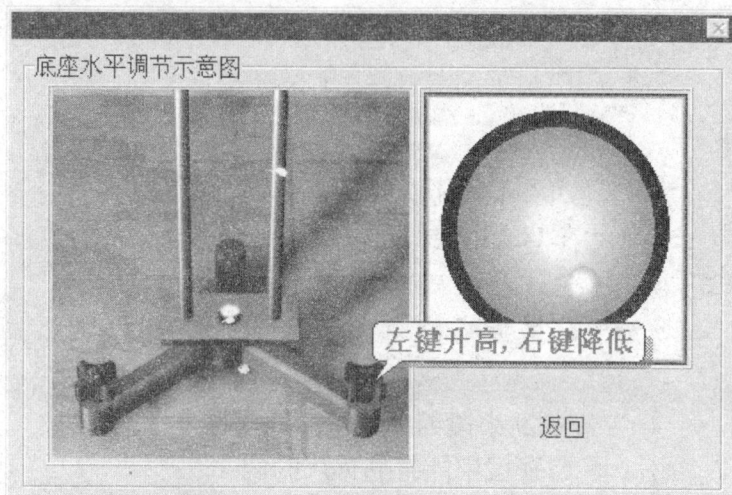

图 6.1.26　底座水平调节

2)调节光杠杆

开始实验进程以后,单击"平台及光杠杆",弹出如图 6.1.27 所示的界面,鼠标左右键在"小镜"上单击,使小镜垂直于平台平面.调节结束按"返回"回到实验主界面.

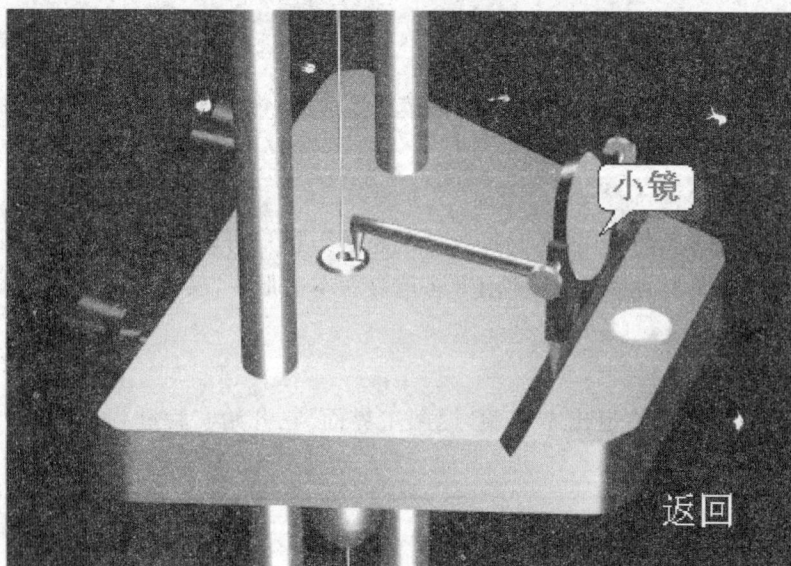

图 6.1.27　平台及光杠杆

3)调节望远镜

开始实验以后,单击"望远镜",弹出望远镜调节界面,如图 6.1.28 所示.移动鼠标到特定部位,将显示提示.调节"底座",使望远镜在桌面上左右移动;调节"固定旋钮",使望远镜镜筒上下移动;调节"目镜",使望远镜放大倍数改变;调节"调焦旋钮",使望远镜焦距改变.找到标尺在望远镜视野中的像,并调节使 0 刻度线在视野中央.待调节完成,则按"返回"回到实验主界面.

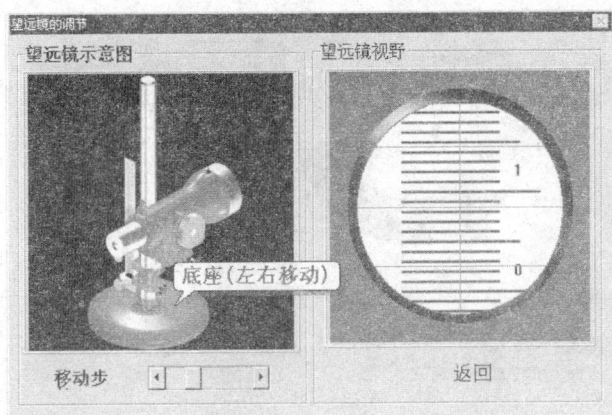

图 6.1.28 望远镜调节

4)加减砝码,测量金属丝的伸长量

进入实验进程以后,单击"挂钩和托盘"或者"砝码",都可以进入加减砝码的窗体,如图 6.1.29 所示.将鼠标左键按在砝码上并拖动,可以实现砝码的拿上和放下(注意:鼠标必须拖动到适当的位置,否则将认为该操作失败,砝码会落回原处;操作者应该手动记录实验数据).测完后,按"返回"回到实验主界面.

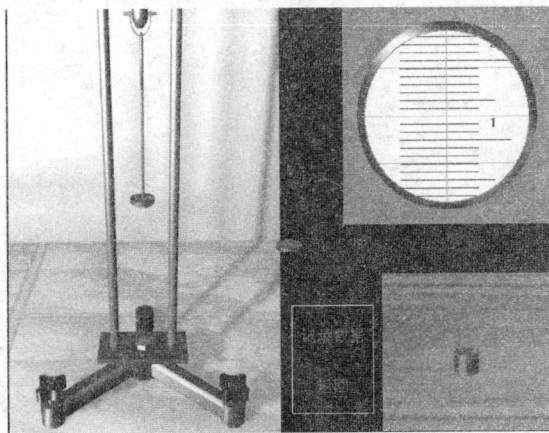

图 6.1.29 加减砝码的窗体

5)测量金属丝的直径

开始实验以后,单击桌面上的"螺旋测微器",进入测量金属丝直径的窗口,如图 6.1.30 所示.缺省状态是练习状态.在螺旋测微器的两侧砧距离足够大的时候,单击"测量",则显示金属丝并进行测量.(注:调节移动步长可以改变螺旋测微器旋转的快慢).测量完毕后,按"返回"退回到实验主界面.

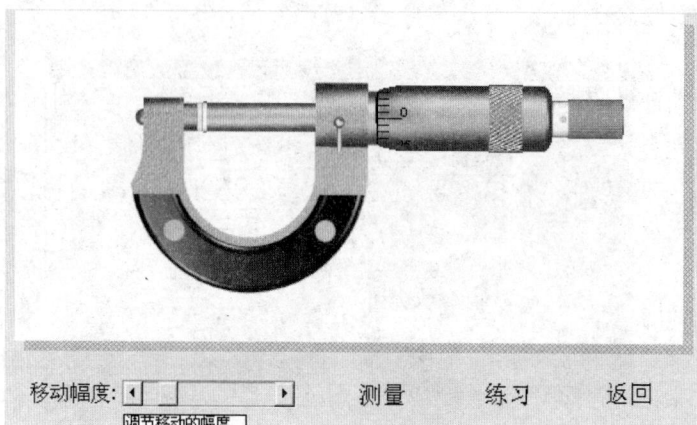

移动幅度: ◄ ▮▮▮▮ ►   测量   练习   返回
调节移动的幅度

图 6.1.30　测量金属丝直径

6)测量标尺到平面镜的距离、光杠杆的臂长和金属丝的长度

实验开始以后,单击桌面上的"米尺",进入测量 D 和 b 的窗口,如图 6.1.31 所示.窗口下面有一个提示栏,单击"望远镜"和"光杠杆"可以得到放大的图像;待测量完毕,按"返回"退回实验主界面(注意:学生必须手工记录实验数据).

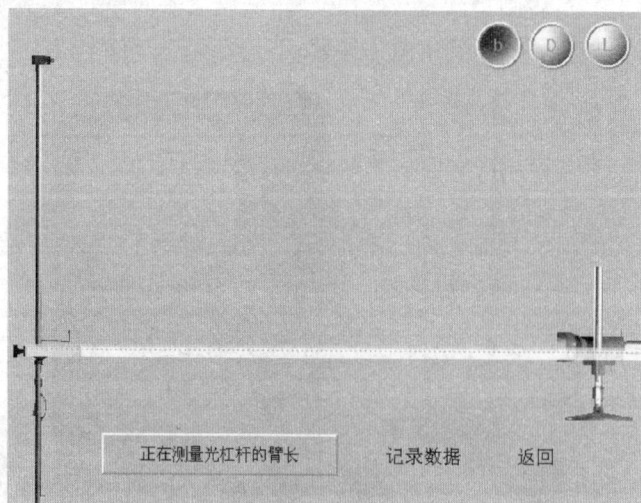

正在测量光杠杆的臂长   记录数据   返回

图 6.1.31　测量 D 和 b

6.2 物理演示实验

失去联想,人类将会怎样? 激发兴趣、启发联想、诱发灵感、引发创新.

当孩提时抽得陀螺高速旋转,看似倾斜欲坠,却欢快游动,绝不倒地;当节日向夜空放飞"孔明灯"时,你可曾问过为什么会这样? 你可曾思考过它演示出的物理原理? 你可曾联想利用这些原理还能做些什么更有意义的事?

根据《现代汉语词典》"演示"即利用实验或实物、图表把事物的发展过程显示出来,使人有所认识和理解.物理演示实验就是为此而产生的,它虽不能得出精确的定量结果.但是其手段的开启式、组合式,使相应物理现象及其过程、物理模型及其方法得以生动形象的展现.有利于认识平时难于观察到的物理现象、构建难以想象的物理模型、理解和记忆深奥的物理原理.

物理演示实验涉及科技领域的广泛性和其构思新颖、方法巧妙,使其不但成为物理教学的重要环节,也成为科技普及的重要手段.

在物理实验教学中使每个模块具有功能化、层次化、多元化的特色.利用演示实验生动形象及相对耗时短的特点,将其与具有类似性质和功能的操作实验组成一个层次化、多元化的实验模块,实现同一应用功能.使学生在有限时间、空间和资源条件下获得更大的信息量和实践训练;同样将具有类似性质和功能的演示实验(如弦驻波、液体驻波、气体驻波等演示实验)甚至趣味物理玩具组成功能化演示实验模块,通过观察思考培养学生发散思维和联想习惯,使其领悟同一物理现象有多种表现形式、可以用多种手段演示、同一物理问题又可以用多种方法解决、同一物理方法手段又可解决多种实际问题.培养学生面对实际问题产生多方联想,并能以多种方法及另辟蹊径处理的创新能力.

总之,形象生动、绚丽多彩的物理演示实验通过创新的教学模式,能使学生通过观察、分析、学习,达到"激发兴趣、启发联想、诱发灵感、引发创新"的目的.

本书非专门的物理演示实验教材,篇幅有限故只选了十一项实验.我们的物理演示实验同时向各层次学生和社会各界开放,所以文字及讲授等方面都考虑到不同层次的受众需要.

本部分参考和借用了上海交通大学物理系王阳等编写的《物理演示简介》,武汉大学沈黄晋主编的《物理演示实验教程》中的一些文字和图形,在此致谢!

实验6.2.1 锥体自动上滚

俗话说:"人往高处走,水往低处流",即地上的物体在重力作用下,总是向低处运动.但是你眼前将出现一种"怪异现象":当一个双锥体置于由两根金属管组成的八字形平面轨道低端时,它竟然沿着轨道向高端滚动.是物理原理失效? 还是有其他神秘的因素作用?

请反复实验、仔细观察、认真思考说明原因.

【实验目的】

1.通过观察思考拨开假象,加深理解重力场中物体运动规律——降低重心,趋于稳定.

2.加深学生对物体具有在势场力作用下从高势能位向低势能位运动的趋势,在此过程中势能将转换为动能,并且在转换过程中机械能守恒(在电磁场中有同样情形).

【实验仪器】

锥体上滚实验演示装置如图 6.2.1 和图 6.2.2 所示.

图 6.2.1　锥体上滚的实验演示装置

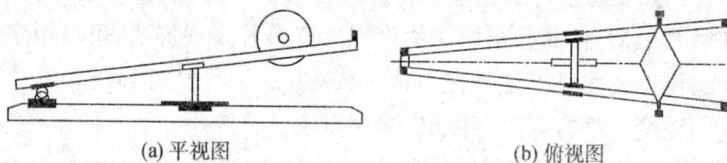

(a) 平视图　　　　　　　　　　　　(b) 俯视图

图 6.2.2　实验仪器结构的平视图和俯视图

【实验原理】

在重力场中可以自由运动的物体,其平衡位置是其重力势能极小的位置,重力的作用迫使物体向重力势能减小的方向运动,这就是本实验的基本原理(同样在电场中带电体在电场力作用下,也趋向于电势能降低).本实验巧妙地利用了双锥体的形状,把双锥体上的支撑点对锥体质心的影响,以及锥体沿倾斜双轨道上滚时轨道高度对质心的影响结合起来.在双锥体的锥体角 β 不变时,调整两轨道间夹角 γ 及轨道倾角 α 为特定数量关系,能使双锥体沿轨道向上滚动.

【实验步骤】

1.在设定条件下将双锥体置于轨道低处,松手后观察双锥体将如何运动,解释为什么?

2.在设定条件下将双锥体置于轨道高处,松手后观察双锥体将如何运动,解释为什么?

3. 在可调支架上,通过可调支架改变轨道的倾角 α 和两轨道的夹角 λ 的大小,观察双锥体的运动状态,解释为什么?

【提示与思考】

1. 在双锥体沿轨道滚动的始末及中间位置测定其转轴到水平面(底座平面)的高度,以此解释所发生的"怪异现象".

2. 试证明:在 λ、α、β 满足 $\tan\dfrac{\beta}{2}\tan\dfrac{\lambda}{2}>\tan\alpha$ 时,密度均匀的双锥体才能出现上滚现象.式中,λ 是两轨道间的夹角,α 是轨道的倾角,β 是双锥体的锥体角.

实验 6.2.2　钢球对心碰撞演示实验

碰撞是最常见的有趣而有用的现象,有时需要利用它,有时需要避开它.现代生活中碰撞概念已延伸到思想意识和情感方面.因而研究碰撞具有十分重要的实际意义.

你面前有 7 个质量和直径完全相同的钢球悬挂在同一高度上,静止时小球间恰好接触并且悬线平行,即小球的质心处于同一水平直线上.拉动某一侧的一个或几个钢球使其偏离竖直方向一个角度,松手使其与其余钢球碰撞,观察碰撞前后各钢球运动状态的变化,解释其原因,说明其原理.

【实验目的】

通过演示等质量钢球之间的对心碰撞过程,加深对完全弹性碰撞和非弹性碰撞过程中动量和机械能变化规律的理解.

【实验仪器】

钢球碰撞演示仪如图 6.2.3 所示.

【实验原理】

最简单而基本的碰撞是两个物体之间的对心碰撞,即两者在碰撞前后的运动方向在同一直线上.

设两者的质量分别为 m_1、m_2,碰撞前后两者的速度分别是 v_{10}、v_{20} 和 v_1、v_2,并且速度的方向在同一直线上,若将两者视为一个系统,在无外力作用的情况下,碰撞前后系统的动量守恒,得

$$m_1 v_{10}+m_2 v_{20}=m_1 v_1+m_2 v_2 \tag{6.2.1}$$

此外,实验表明:对于材料给定的两个物体,其碰撞后的分离速度与碰撞前的接近速度之比为常量,即

$$e=\frac{v_2-v_1}{v_{10}-v_{20}} \tag{6.2.2}$$

图 6.2.3　钢球碰撞演示仪

比例系数 e 称为恢复系数.$e=1$,称为完全弹性系数碰撞;$e=0$,称为完全非弹性碰撞;$0<e<1$,称为一般的非弹性碰撞.对于完全弹性碰撞 $e=1$,(6.2.2)式变为

$$v_{10}-v_{20}=v_2-v_1 \tag{6.2.3}$$

由(6.2.1)式和(6.2.3)式可以证明

$$\frac{1}{2}m_1 v_{10}^2 + \frac{1}{2}m_2 v_{20}^2 = \frac{1}{2}m_1 v_1^2 + \frac{1}{2}m_2 v_2^2 \qquad (6.2.4)$$

(6.2.3)式和(6.2.4)式表明,对于完全弹性碰撞,碰撞前两物体的接近速度等于碰撞后两物体的分离速度,并且碰撞前后两物体的总动能不变.

由(6.2.1)式和(6.2.3)式还可以求得

$$v_1 = \frac{m_1 - m_2}{m_1 + m_2}v_{10} + \frac{2m_2}{m_1 + m_2}v_{20} \qquad (6.2.5)$$

$$v_2 = \frac{2m_1}{m_1 + m_2}v_{10} + \frac{m_2 - m_1}{m_1 + m_2}v_{20} \qquad (6.2.6)$$

下面讨论几种特殊情况:

(1)若 $m_1 = m_2$,则 $v_1 = v_{20}$,$v_2 = v_{10}$,即碰撞后两物体交换速度.

(2)若 $m_1 \ll m_2$ 且 $v_{20} = 0$,则 $v_1 \approx -v_{10}$,$v_2 \approx 0$,这相当于乒乓球去碰静止的铅球时,乒乓球以原速率弹回,而铅球静止不动.

(3)若 $m_1 \gg m_2$ 且 $v_{20} \approx 0$,则 $v_1 \approx v_{10}$,$v_2 \approx 2v_{10}$. 这相当于铅球去碰静止的乒乓球时,铅球任以原速率运动,而乒乓球以 2 倍于铅球的速率运动.

【实验步骤】

1. 使仪器的悬球横杆处与水平,调整固定摆球悬线的螺丝,使悬挂摆球的两根悬线长度相等,且所有摆球的球心都处于同一水平直线上.

2. 拉动任一侧的一个球使其偏离竖直方向一个角度,松手使其与余球碰撞,观察并定性记录碰撞过程.

3. 仿照过程 2,一次拉动两球、三球……松手后使其与余球相碰,观察并定性记录碰撞过程.

4. 用双面泡膜胶将被碰撞的钢球全部或部分相互粘连后,观察碰撞过程,并解释其原因.

5. 设法移去 5 个钢球,只留下两个相邻钢球,拉动一侧钢球后,在受碰钢球的迎碰点贴上双面泡膜胶,观察碰撞过程,并解释其原因.

【提示与思考】

1. 仪器调整时,要尽量使摆球的球心处于同一水平直线上,否则达不到预期效果.

2. 不要用力拉球以免悬线被拉断.

3. 拉动小球时应保持悬线伸直,以保证发生碰撞时小球球心在原来的球心连线上.

4. 试由(6.2.1)式和(6.2.3)式,证明(6.2.4)式,以加深对完全弹性碰撞过程中总动能守恒的理解.

5. 拉起两球与余球碰撞,将使另外一侧的两球同时弹起,试用逐球分析的方法,解释这一结果.

6. 如何粗略判断碰撞前后钢球速度的大小是相等或不相等?

实验 6.2.3　茹科夫斯基转椅

你常常为体操及跳水运动员高难度的多周空翻动作折服,但你可曾想过他们为什么有时必须"团身",有时必须"伸展";舞蹈演员和花样滑冰运动员在单脚直立旋转时,有时要伸开、有时要收回双臂和另一只腿又为什么?

【实验目的】

让学生亲身体验在角动量守恒时发生的有趣现象,以加深理解角动量与转动惯量和角速度的关系.

【实验仪器】

茹科夫斯基转椅如图 6.2.4 所示.

【实验原理】

当刚体或非刚体绕定轴转动时,若所受的合外力矩 $M=0$,由角动量定理 $M=\dfrac{\mathrm{d}L}{\mathrm{d}t}$ 可知,$L=$ 恒量,即系统的角动量守恒.这称为系统的角动量守恒定律.

质点系统绕定轴转动时的角动量为

$$L = J\omega = \Big(\sum_i m_i r_i^2\Big)\omega$$

式中,$J=\sum_i m_i r_i^2$,称为系统绕定轴转动的转动惯量,m_i 是系统中第 i 个质量元的质量,r_i 是该质量元到定轴的垂直距离.由 J 的定义式可知,对于总质量一定的质点系,改变系统内的

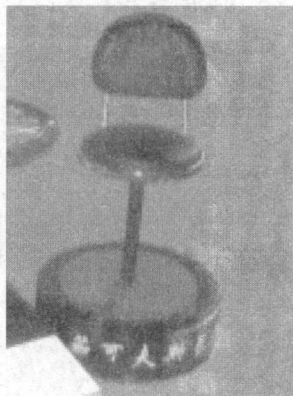

图 6.2.4　茹科夫斯基转椅

质量分布,即可改变系统绕定轴的转动惯量 J.所以,在系统角动量守恒的条件下,通过内力作用改变系统的质量分布(改变 J),系统转动的角速度 ω 也将随之而变.J 增大时,ω 必减小;J 减小时,ω 必增大.

【实验步骤】

1.体验者两手紧握哑铃收拢置于胸前(或小腹),坐在可绕竖直轴自由转动的茹科夫斯基转椅上.

2.在同伴的协助下,体验者开始以一定的角速度自由旋转.

3.体验者两臂(或任一臂)伸开侧平举,体验和观察转速的变化.

4.体验者再次将手握哑铃的两臂(或一臂)收回,观察和体验转速的变化.

5.重复步骤 3 和 4,进行多次观察或体验,解释发生有关现象的原因.

【提示与思考】

1.体验者入坐前需认真检查茹科夫转椅的稳定及安全性,而且必须坐稳,启动不能太快,转速不宜太大,以避免座椅翻倒、散落造成事故.

2.体验者手持哑铃一臂或两臂伸直(或收回胸前)后,应停留几秒后再做下一个动

作,以便于观察和体验.比较三种状态下速度的不同.

3.在整个变换过程中,坐在转椅上的体验者以及哑铃和转椅的总角动量是否发生变化? 总角动能是否发生变化?

4.花样滑冰运动员的原地旋转速度、跳水或体操运动员在空中的旋转速度是否都可以用伸缩肢体来改变?

实验 6.2.4 车轮和陀螺的进动

【实验目的】
直观演示车轮式回转(进动)仪和玩具陀螺的回转(进动)效应.

【实验仪器】

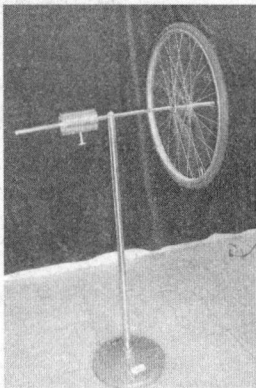

图 6.2.5 "杠杆式"车轮回转(进动)仪

"杠杆式"车轮回转(进动)仪如图 6.2.5 所示.

【实验原理】

"杠杆式"车轮回转(进动)仪由车轮、杠杆、平衡锤和基座四部分组成.杠杆可绕光滑支点 O 在水平面内自由转动,也可以偏离水平方向而倾斜,即可调整平衡锤在杠杆上的位置,使杠杆在水平方向上处于平衡或不平衡状态.当车轮以较大的角速度 ω 转动时,其角动量 L 沿转轴方向,如果系统的重心恰好在支点 O 处(杠杆处于平衡状态),则系统所受的合外力矩为零,角动量 $L=$ 恒矢量,转轴(杠杆)方向恒定不变,此时系统不发生回转(进动).

如果系统的重心不在支点 O,如图 6.2.6 所示,则系统的重力对支点 O 的力矩 $M\neq 0$,由角动量定理

$$Mdt=dL$$

可知,在 dt 时间内,重力矩的作用将使系统的角动量增加 $dL=Mdt$,方向与 M 的方向相同,又由于 $M\perp L$(因为 L 总是沿车轮的轴线方向),所以 $dL\perp L$.由此可以推出,在重力矩的作用下,系统绕 O 点角动量的大小不变,但方向将在水平面内绕 O 点旋转,即发生进动.

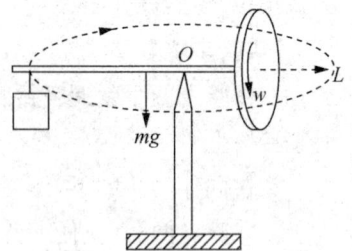

图 6.2.6

【实验步骤】

1."杠杆式"车轮的进动

(1)调节平衡锤的位置,使系统的重心通过支点 O,轮的自转轴(杠杆)处于水平位置,整个系统处于平衡状态.

(2)让车轮快速转动,可以看到不管怎样旋转支架,车轮转轴(杠杆)的方向始终保持

不变,即系统的角动量守恒.

(3)重新调节平衡锤的位置,使系统的重心不在支点 O 处,且位于平衡锤的一侧,如图 6.2.6 所示,则车轮不转动时,系统将向平衡锤一侧倾倒,即系统对 O 点有外力矩作用.

(4)让车轮快速转动时,观察此时车轮及杠杆的运动状态,并且解释其原因.

(5)再次调节平衡锤的位置,使系统的智能更新位于支点 O 的另一侧,重复步骤(4)观察此时车轮及杠杆的运动状态有何变化,并且解释其原因.

2. "陀螺"式进动

将塑料齿条插进玩具陀螺轴的齿轮缝中,与其齿合后,迅速拉动齿条,使陀螺高速旋转. 然后将其自转轴倾斜地放在支架的圆槽上或水平桌面上,观察陀螺的运动状态,并且解释其原因. 重复上述过程,但改变陀螺的转动方向,观察陀螺的运动状态,并且解释其原因.

【提示与思考】

1.玩陀螺时,抽一鞭后陀螺高速旋转,则不会倒地,但过一会速度降低则欲倒地时,再抽一鞭又会直立,为什么?

2.骑自行车的人在行驶时是靠车把的微小转动来调节平衡的,例如当车有向右倾倒的趋势时,只需将车把向右方略微转动一下,即可使车子恢复平衡;又如当骑车人想转弯时,无需有意识地转动车把,只需将自己的重心略微侧倾,车子便自动转弯了. 试说明其中的道理.

实验 6.2.5　角动量守恒

【实验目的】

利用离心节速装置演示角动量守恒.

【实验仪器】

离心节速装置如图 6.2.7 所示.

【实验原理】

当刚体或非刚体绕定轴转动时,若所受的合外力矩 $M=0$,由角动量定理 $M=\dfrac{\mathrm{d}L}{\mathrm{d}t}$ 可知,$L=$ 恒量,即系统的角动量守恒. 这称为系统的角动量守恒定律.

质点系绕定轴转动时的角动量为

$$L = J\omega = \left(\sum_i m_i r_i^2\right)\omega$$

图 6.2.7　离心节速装置

式中,$J = \sum_i m_i r_i^2$,称为系统绕定轴转动的转动惯量,m_i 是系

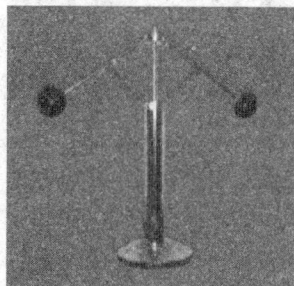

统中第 i 个质量元的质量,r_i 是该质量元到定轴的垂直距离. 由 J 的定义式可知,对于总质量一定的质点系,改变系统内的质量分布,即可改变系统绕定轴的转动惯量 J. 所以,在系统角动量守恒的条件下,通过内力作用改变系统的质量分布(改变 J),系统转动的角速度 ω 也将随之而变.J 增大时,ω 必减小;J 减小时,ω 必增大.

【实验步骤】

本实验仪器中由两对称小球与一铰链四杆机构组成可变形刚体系统,可绕其中心轴旋转.用手动迫使其转动后,再用手上下推动转轴侧面的升降把手,使内转轴上升或下降,以改变两小球与转轴的间距,观察小球转速的变化,并分析其原因.

【提示与思考】

1.因为整个机构体积小,重量轻,在手动使其转动和拨动升降把手时,应用一只手将底座紧压固定,以免其倾倒.

2.本实验中我们用改变小球间距来改变其转速.反过来如果用改变转速来带动小球间距的变化,这在工农业生产中有何实际价值?

实验 6.2.6 简谐运动的合成演示

【实验目的】

1.演示同方向、同频率的两个简谐运动的合成;

2.演示同方向、不同频率的两个简谐运动的合成,了解拍现象及其产生的条件;

3.演示互相垂直的、同频率与不同频率的两个简谐运动的合成,了解李萨如图形产生的条件.

【实验仪器】

振动合成演示仪如图 6.2.8 所示.

【实验原理】

1.同方向、同频率的两个简谐运动的合成

如图 6.2.9 所示,设有两个同方向、同频率的简谐振动

$$x_1 = A_1 \cos(\omega t + \varphi_1)$$
$$x_2 = A_2 \cos(\omega t + \varphi_2)$$

式中,ω 是简谐振动的圆频率,A_1,A_2 和 φ_1,φ_2 分别表示两个分振动的振幅和初相.不难证明这两个谐振动的合成振动的一般表达式为

$$x = x_1 + x_2 = A_合 \cos(\omega t + \varphi_合)$$

式中

$$A_合 = \sqrt{A_1^2 + A_2^2 + 2A_1 A_2 \cos(\varphi_1 - \varphi_2)}$$

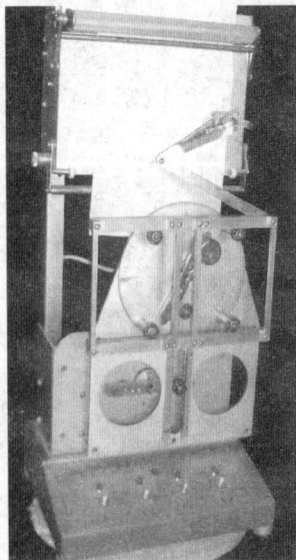

图 6.2.8 振动合成演示仪

是合成振动的振幅，$\varphi_合$是合成振动的初相，其初值由下式确定

$$\tan\varphi_合=\frac{A_1\sin\varphi_1+A_2\sin\varphi_2}{A_1\cos\varphi_1+A_2\cos\varphi_2}$$

由此可见合振动仍为简谐振动，其振动方向及频率与两分振动相同，合振幅大小与两分振动初相差（$\varphi_2-\varphi_1$）有关.

2. 同方向、不同频率的两个简谐运动的合成

设有两个同方向、不同频率的简谐运动

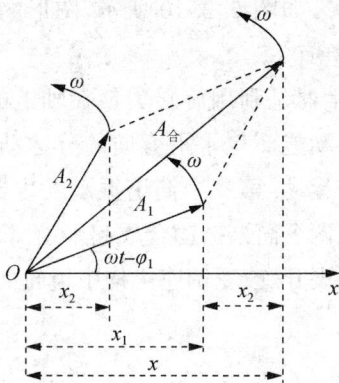

图6.2.9　同方向同频率的两个简谐运动的合成

$$x_1=A\cos(\omega_1 t+\varphi_1)$$
$$x_2=A\cos(\omega_2 t+\varphi_2)$$

由三角函数的和差化积公式，可得和运动的方程

$$x=x_1+x_2=2A\cos\left(\frac{\omega_2-\omega_1}{2}t+\frac{\varphi_2-\varphi_1}{2}\right)\cos\left(\frac{\omega_2+\omega_1}{2}+\frac{\varphi_2+\varphi_1}{2}\right)$$

在$|\omega_1-\omega_2|$远小于ω_1或ω_2的情况下，上式中第一项余弦函数比第二项余弦函数随时间的变化缓慢得多，因此我们可把$\left|2A\cos\left(\frac{\omega_2-\omega_1}{2}t+\frac{\varphi_2-\varphi_1}{2}\right)\right|$看成是随时间缓慢变化的振幅. 显然，此合振动非简谐振动. 由于合振动的振幅是随时间作缓慢的周期性变化，所以它会出现时强时弱的现象，此现象称为拍. 单位时间内合振幅强弱的变化次数称为拍频，常用$\nu_拍$表示，不难理解

$$\nu_拍=\frac{|\omega_1-\omega_2|}{2}=|\nu_1-\nu_2|$$

3. 互相垂直的两个简谐运动的合成

设有两个互相垂直的、同频率的简谐运动

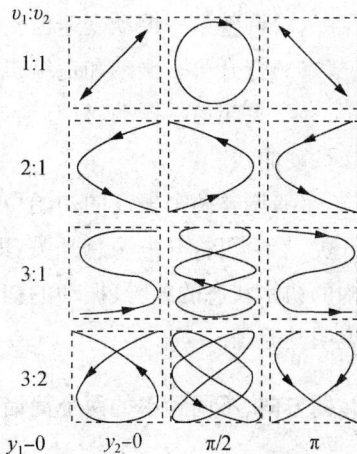

图 6.2.10　李萨如图形

$$x = A_1\cos(\omega t + \varphi_1)$$

$$y = A\cos(\omega t + \varphi_2)$$

当一个质点同时参与这两个简谐运动时,其合振动的轨迹方程为

$$\frac{x^2}{A_1^2} + \frac{y^2}{A_2^2} - 2\frac{xy}{A_1 A_2}\cos(\varphi_2 - \varphi_1) = \sin^2(\varphi_2 - \varphi_1)$$

这是一个椭圆方程,即两个同频率互相垂直的简谐振动的合振动轨迹是椭圆.

如果两个振动的频率不同,它们的合成运动比较复杂,而且轨迹也是不稳定的.但是如果两振动的频率成简单的整数比关系,则合成运动的轨迹构成一个稳定的闭合曲线,这种闭合曲线称为李萨如图形,如图 6.2.10 所示,图形的形状与两个振动的频率之比、两个振动的初始相位及相位差有关.

本演示仪的简谐振动发生器是利用旋转矢量在轴上的投影表示简谐振动的原理制作.实验仪器中的第一简谐振动能产生水平方向的分运动,第二简谐振动既可产生水平方向,也可产生竖直方向的分运动.第一个简谐振动发生器的滑板同时作为第二简谐振动发生器的副基板,这样就把两个简谐振动合成起来了.仪器的记录部分,通过走纸机的运动,能够使振动在时间轴上展开.改变调速机构中齿轮的结合方式,就可以改变两个简谐振动的频率比.

【实验步骤】

1. 同方向、同频率的两个简谐运动的合成

(1)旋松位于第二振动副基板背后的振动方向定位螺丝,调整第二振动方向使之与第一振动运动方向一致(调整后可先用手转动两振动机构的连杆,可见其振动方向是否一致).然后打开第一振动,使其在记录纸上画出一条直线;再打开第二振动,使其在记录纸上画出另一条直线.若两条线重合或构成一条更长的直线,则达到要求,旋紧第二振动方向的定位螺丝.

(2)调整第一振动变速齿轮的齿数比,使两齿轮的转速比为 1:1.

(3)打开第一振动和走纸机的开关,然后再打开电源总开关,绘出第一振动曲线.

(4)关闭第一振动,打开第二振动和走纸机的开关,然后再打开电源总开关,绘出第二振动曲线.

(5)调整两个振动的初始位置(两个振动的初相),先打开第一、第二振动和走纸机的开关,然后再打开电源总开关,即可绘出同方向、同频率的合成振动曲线.改变两振动机构的初始状态的差异(振动的初相位差,特别是 $\Delta\varphi = 0, \pi$ 时),观察运动轨迹有何不同,并说明其原因.

2. 同方向、不同频率的两个简谐运动的合成

实验步骤与 1 相同,只是第一齿轮按不等于 1 的最小的转速比齿合,观察其运动轨迹并说明其原因.

3. 互相垂直的两个简谐运动的合成——李萨如图形

(1)用前述方法调整第二振动方向使其与第一振动方向垂直.然后打开第一振动,使第一振动在记录纸上划出一条水平线;再关闭第一振动,打开第二振动,使第二振动在记录纸上划一条垂直线.如两条直线的夹角成 90°,则达到要求,最后旋紧第二振动的定位螺丝.

(2)依次调整第一振动变速齿轮的齿合比,调整两振动的初始位置,先开启第一、第二振动开关,关闭走纸机开关,最后打开总电源开关,就能在记录纸上得到各种不同初相.不同频率比的李萨如图形.

【提示与思考】

1.注意观察整个机械结构如何通过相互的连接配合,实现将转动变为简谐振动的描述.又通过何种手段改变两振动的振幅和初相位等.

2.回忆在示波器上所作类似的两电信号简谐振动合成的实验,观察比较两者的异同.

实验 6. 2. 7　弦驻波和环形驻波演示实验

驻波是一种常见的特殊的波的干涉现象.一般当平面行波在其传播途中遇到障碍被反射时,其入射波和反射波是振动频率、振动振幅和振动方向都相同,但传播方向相反的两列简谐波,它们相互干涉就可能形成驻波.驻波是相对于行波而言,即在特定空间驻留而不再向外传播.而且这一特定空间的几何尺寸必须与波长成特定数量关系.

因为机械波可以在固体、液体、气体中传播,所以有固体中的(弦、环、杆)驻波、水中的(液体)驻波和腔体中的气体驻波.常见的管弦乐器就是靠弦和气体腔的驻波来发音和增大音响效果的.电磁波也能形成驻波,如微波炉的金属腔内形成的电磁驻波.

【实验目的】

1.通过弦驻波和环形驻波现象,了解驻波的特点及其形成的原因,激发学习的兴趣.

2.通过将自由端反射和固定端反射形成的两种驻波进行比较,了解半波损失现象.

【实验原理】

驻波是一种特殊的波的干涉现象.当振动频率、振动振幅和振动方向都相同的两列简谐波,在同一直线上沿着相反方向传播时,干涉叠加后将会产生驻波,如图6.2.11所示.

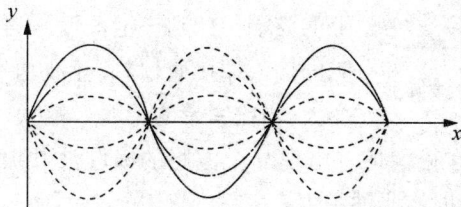

图 6.2.11　驻波及其波节和波腹

　　驻波的特点可以概括为以下四点：

　　(1)驻波上的各点都在作简谐振动,但有固定的波腹和波节.波线上始终静止的点叫波节;振幅最大的点叫波腹;其他各点的振幅在零和最大值之间.

　　(2)相邻两波节之间,各点振动的相位都相同;在任一波节两侧,各点振动的相位相反.

　　(3)相邻两波节(或波腹)之间的距离是入射波波长的$\frac{1}{2}$.

　　(4)在驻波中没有波形与能量的传播过程.

　　假设有两列相干波沿 x 方向传播,沿 x 轴的正方向传播的简谐波为

$$y_1 = A\cos\left[2\pi\left(\frac{t}{T}-\frac{x}{\lambda}\right)+\varphi_1\right]$$

沿 x 轴负方向传播的简谐波为

$$y_2 = A\cos\left[2\pi\left(\frac{t}{T}+\frac{x}{\lambda}\right)+\varphi_2\right]$$

由三角函数的和差化积公式,可以得到它们叠加后的合成波为

$$y = y_1 + y_2 = A\left[\cos 2\pi\left(\frac{t}{T}-\frac{x}{\lambda}\right)+\cos 2\pi\left(\frac{t}{T}+\frac{x}{\lambda}\right)\right] = \left(2A\cos\frac{2\pi}{\lambda}x\right)\cos\frac{2\pi}{T}t$$

上式就是驻波的波动表达式.由此式可以看出,合成波上各质点均在作周期相同的简谐振动.但各点振动振幅为 $\left|2A\cos\frac{2\pi}{\lambda}x\right|$,即驻波上各质点的振幅与位置 x 有关.

　　通常两个沿相反方向传播的简谐波由入射波和它的反射波形成.如果反射点是固定端,反射点就是波节,因为反射波在反射时出现了半波损失(反射波在反射点出现了 π 的振动相位突变,相当于反射波在反射时突然损失了半个波长的路程,称为半波损失).如果反射点是自由端,则反射点是波腹,反射时没有半波损失.

【实验步骤】

1. 固定端反射的弦驻波演示实验

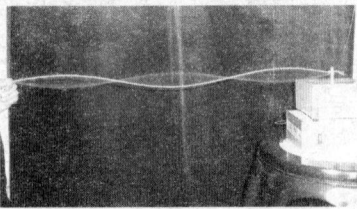

图 6.2.12　固定端反射的弦驻波

　　弦驻波演示实验仪器如图 6.2.12 所示.将长度约 1m 的圆形松紧带的两端分别固定在振荡发生器和喇叭振动膜上的竖直铜棒上,两者分置一定距离,使弦伸直,并张紧到一定程度和长度(也可用手将振荡发生器上的弦端拉伸到一定长度),再把振荡器的输出端与喇叭的输入端接通,调节驻波功率旋钮,使其从最小逐渐变大,当松紧带的长度 L 略大于 $n\lambda/2$ 时(n 是自然数,λ 是入射波的波长),就会在松紧带上出现 n 个波腹的横驻波共振.由于反射端是固定端,所以反射点式波节,反射时有半波损失.

2. 自由端反射的横驻波的演示实验

将喇叭振荡器侧放在桌面的边缘上,把一根较长的钢锯条(或细长的有机玻璃片,或一根密度较大的柔软细绳)固定在喇叭前面的铜棒上,此时钢锯条竖直放置,如图6.2.13所示.接通电源,旋转频率调节旋钮改变振动频率,当钢锯条的长度略大于 $\lambda/4$ 的奇数倍时,就可在钢锯条上产生横驻波共振.由于反射点是自由端,无半波损失,故反射端是波腹.

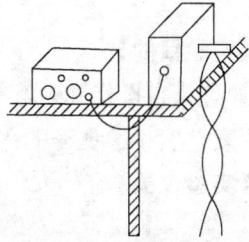

图 6.2.13　自由端反射的横驻波

3. 环形横驻波的演示实验

图 6.2.14　环形驻波演示仪

环形横驻波演示仪如图 6.2.14 所示.环形圈固定在喇叭振动膜上的铜柱上.当铜柱开始振动时,从铜柱的两侧向环形圈内发出两列沿相反方向传播的波,在环形圈内叠加而形成驻波.操作步骤如下:

(1)关闭电源,将环形圈安装于铜柱上,注意环圈由一段钢丝弯成,将钢丝两端相对重叠地插入铜柱顶端固定螺丝的小孔中,然后旋紧固定螺丝,旋时必须将铜柱夹紧,使其不要转动,其后也不得随意旋转环形圈,以免损坏与铜柱相连接的喇叭振动膜.

(2)先将振幅调节旋钮置于较小的输出位置,再打开电源开关,从 10Hz 开始,缓慢调节频率输出,当频率逐渐升高时,可见环形驻波数分别为 3、5、7 个,精细调节振动频率,可见振幅最大且稳定的驻波.操作过程中可适当调节振幅输出,以便得到较好的效果.

【提示与思考】

1. 调节频率时,注意观察振幅的大小,两者配合调节,避免因振幅过大或过小而影响实验效果.此外,振幅过大也容易损坏仪器.

2. 环形圈固定在喇叭振动膜上的铜柱上,不得随意旋转、折弯环形圈,以免将其折断、变形或损坏喇叭振动膜.

3. 在演奏中吉他、小提琴弦乐时,一直手指按压弦线的不同部位,就可以弹(或拉)出不同的音调.这是什么缘故?

4. 为什么大提琴、小提琴、二胡、京胡的空气腔大小不相同?

5. 为什么无论弦的一端为固定端呈波节,为自由端呈波腹,而振源端却始终呈波节?

实验 6.2.8　喷水鱼洗

【实验目的】

通过亲自操作和观察金属盆中的水驻波引发水喷射的有趣物理现象,激发学生学习、探索自然科学奥秘的兴趣.

【实验仪器】

图 6.2.15　喷水鱼洗

鱼洗如图 6.2.15 所示.

鱼洗(铜盆洗、龙洗)由青铜铸成,汉已有之,形如洗面盆,盆底有四尾浮雕的鱼(或龙)栩栩如生,四尾鱼嘴处的喷水装饰线沿盆壁辐射而上,盆壁自然倾斜外翻,盆沿上有两个对称的铜耳(洗耳、提把),通体呈青铜古绿,文饰典雅,古色古香.

【实验原理】

当用双手有规律的摩擦铜耳时,它将作受迫振动,其振动在铜盆内壁形成入射波和反射波叠加产生干涉,形成横驻波.当摩擦的振动频率与铜盆的某个振动模式的固有频率相同或相近,铜盆里的水波就会产生横驻波共振.对圆盘状空间,其驻波的波节和波腹均为 $2n$ 个(n 为自然数),它们等距离地沿圆周分布,盆壁上振幅最大的地方(波腹)会形成幅条状棱波,如果振动较大,随着铜盆发出的"嗡嗡"之声,会有成串的水珠从 4 个(或 6 个)波腹区域喷射出来,珠光四溅,蔚为奇观.

【实验步骤】

在鱼洗盆中注入半盆清水,用肥皂清洁双手和盆沿上双耳后,用双掌内侧摩擦双耳时,鱼洗就会振动起来,并发出"嗡嗡"之声,水波荡漾,随着振动和声音的增大,水面喷出很高水花,而且水花呈 4 瓣(或 6 瓣、8 瓣)珠光四溅,蔚为奇观,如图 6.2.16 所示.

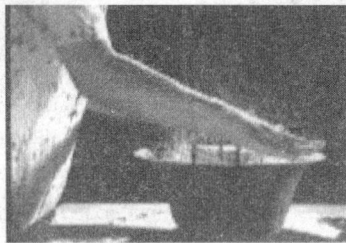

图 6.2.16　鱼洗演示

【提示与思考】

1. 在鱼洗盆与其放置的桌面之间垫上结实的软垫,以保证鱼洗盆位置稳定.

2. 用手顺铜耳方向来回摩擦时需感觉到手与耳间有较强的摩擦力存在,如果感觉光滑,则因为手或耳上有油、汗等,需洗干净再操作.

3. 用手顺铜耳方向来回摩擦时应逐渐加快,并有一定力度,观察喷水状态的变化.

4. 为什么会有 4 瓣、6 瓣等不同水花的呈现,与何因素有关?

5. 为什么水中出现驻波时,位于铜耳部位的正下方盆壁处,总是波节?

实验 6.2.9 雅各布天梯——气体弧光放电演示

霓虹灯、日光灯、闪电、电焊弧光这些五光十色的现象都因气体放电而产生,它丰富了我们的生活,满足了我们某些实际需要. 但在某些场合下又必须采取措施来阻止气体放电现象的发生.

气体放电分为辉光放电、弧光放电、火花放电,它们均与气体电离有关,但其产生机制和表现形式各不相同.

【实验目的】

演示弧光放电及弧光放电随天梯逐级向上爬行的有趣现象.

【实验仪器】

雅各布天梯演示仪器如图 6.2.17 所示.

【实验原理】

在有一定距离的两电极之间加上直流高电压,当两极间的电场强度达到空气的击穿电场时,两电极间空气被击穿,产生大量的正负离子,同时产生光和热,形成气体的弧光放电. 雅格布天梯的两电极构成倒梯形状,间距上宽下窄,电极之间电压高达 2 万~5 万伏. 因两电极底部相距近,两者间的场强最大,故底部的空气首先击穿,产生大量的正负离子,同时产生光和热,即首先在两电极底部形成弧光放电. 由于电极间的离子随着热空气上升,而且有离子的空气更容易电离,所以弧光放电现象在两电极间随着离子和热空气一起上升. 直到电源提供的能量不足以补充

图 6.2.17 雅各布天梯演示仪器

声、光、热等能量的损耗为止. 此时,高电压将再次把底部击穿,发生第二轮弧光放电现象,如此周而复始.

【实验步骤】

打开电源开关,面板上红色指示灯亮,说明电源接通. 按下触发按键,红色指示灯灭,同时可观察到放电弧光上爬现象,弧光上升到顶部后,又从底部开始向上爬. 该设备有自动延时装置,弧光第三次爬上后自动断电,电源指示灯再次变亮. 如需重新观察,必须间隔几分钟再按下触发按键.

【提示与思考】

1. 注意封闭仪器电极的有机玻璃罩有否破损,仪器通电时不可触及电极,以保证操作者安全.

2. 仪器工作的时间不能过长,两次启动的时间最好间隔几分钟.

3. 两电极的夹角对弧光上爬的速度和高度有何影响?如果将天梯倒置,弧光会不会下降?

4. 为什么必须间隔一段时间启动,才能产生弧光?

5. 弧光放电有哪些应用? 在哪些场所必须采取灭弧措施?

实验 6.2.10　魔灯——气体辉光放电演示

【实验目的】

演示气体辉光放电表现出的神奇有趣的现象.

【实验仪器】

图 6.2.18　辉光球演示仪

辉光球演示仪如图 6.2.18 所示.

【实验原理】

魔灯——又称辉光球、等离子球. 球体内充有多种不同的低压惰性气体,中心是一个球形电极. 通常在宇宙射线、紫外线等作用下,气体有少量分子被电离,以正负离子的形式存在于空气中. 辉光球通电后,球形电极的电压高达数千伏,在其周围产生强电场,气体中的自由电子和离子在强电场作用下加速运动,由于气体比较稀薄,电子和离子在相邻两次碰撞之间平均飞行距离较大,使得它们被电场加速后能够获得足够的动能去碰撞并电离其他的中性分子,这一过程的连锁发展,形成电子簇射,同时正离子动能较大轰击阴极时,可产生二次电子发射,于是在供电电源的控制下,两极间的气体将出现高电压(数千伏)、小电流(数十毫安)特征的自持放电现象. 在这种持续放电过程中,电子与分子碰撞时,还常常会引起分子的能级跃迁并发出美丽的辉光,所以称为辉光放电.

【实验步骤】

接通电源即可看见辉光球内发出绚丽多彩的辉光,如图 6.2.19 所示.

【提示与思考】

1. 不可用手或物体重压或敲击玻璃球体,以免倾倒破损而造成危险.

2. 用手指或手掌触摸玻璃球侧面,观察球内辉光会发生什么变化,解释为什么会如此变化?

3. 为什么球内辉光会有各种颜色?

4. 常用的氢灯、钠灯、氙灯、高低压水银灯及试电笔中的氖泡均系气体放电光源,它们各属何种放电——辉光、弧光、火花放电?

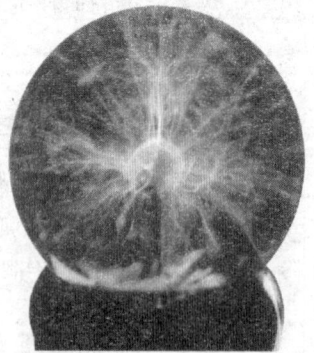

图 6.2.19　气体辉光放电

实验 6.2.11　电磁波的发射与接收演示实验

电磁炉、微波炉、电视、手机这些现代日常生活离不开的东西都与电磁波有关,但是电磁波看不见摸不着,神秘莫测.通过下面的演示实验,你不但能直观感知它的存在,而且能较深入的了解它的特性.

【实验目的】

通过电磁波的发射与接收等现象的演示,使学生对现代生活非常熟悉但又不能直接感知的电磁波有更形象的了解,加深对电磁波基本特性的理解,提高学习兴趣.

【实验仪器】

电磁波发射与接收演示实验仪器如图 6.2.20 所示.

电磁波发射与接收演示实验仪器的主要部件有:主机、可调长度半波振子接收天线 1个、固定长度半波振子接收天线(具有表面和中心连线的小电珠)1个、圆环振子接收天线 1个、铜质发射天线振子及反射天线各 1 根、引导软金属线 2 条、发射机支架 1个、引导线支架 1个.

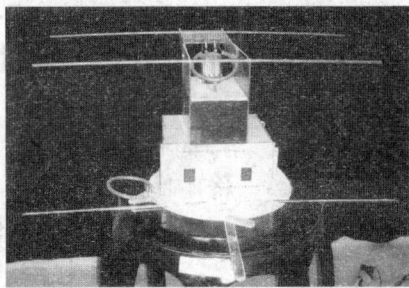

图 6.2.20　电磁波发射与接收演示实验仪器

【实验原理】

麦克斯韦电磁场理论指出:变化电场(或变化磁场)能在邻近空间激发变化磁场(或变化电场),这个变化磁场(或变化电场)又在较远区域激发变化电场(或变化磁场),并在更远区域激发新的变化磁场(或变化电场),这样变化电场和变化磁场不断交替产生,由近及远以有限速度在空间传播就形成电磁波.通常,人工发射的电磁波是由振荡电路产生,然后通过天线辐射出来的.最常见的辐射天线就是电偶极子天线,如无线通信基站上一根直立的导体棒就是电偶极子天线.

电磁波的基本特性:

(1)电磁波是横波,即电磁波的传播方向 u 与波场中任意一点处的电场方向 E 和磁感应强度的方向 B 总是互相垂直的,如图 6.2.21 所示.

(2)在空间同一点上的 E 和 B 的大小总是同步变化的,它们同时增大、同时减小,且互成正比关系.

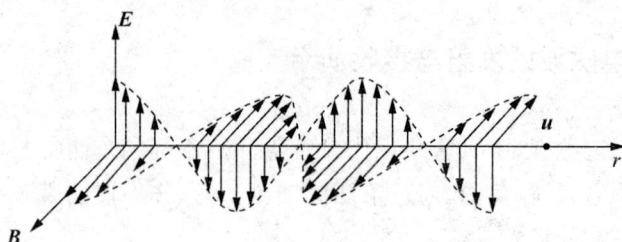

图 6.2.21　平面电磁波传播示意图

(3)在真空中,电磁波的传播速度与光速相同.

【实验演示步骤及演示效果】

1.首先检查设备状态:发射机上的电子管管脚与插座的接触是否良好;接收天线上小电珠是否已烧毁;与拉杆天线接头处的螺钉是否拧紧.然后,将发射机安放在支架上,发射及反射天线放在发射机上,关闭连线上的高压开关,接上电源线,开启电源预热 3min(可见灯丝发亮),待发射管烧热后,即可进行演示实验.

2.演示电磁波的发射与接收:调节可调半波振子接收天线(伸缩式接收天线)与发射天线同长度,接通连线上的高压开关,手持半波振子接收天线,将它放到发射天线的正前方,并与发射天线平行.由距发射天线 1.0m 处逐渐靠近发射天线,观察小电珠的亮暗情况.

3.演示电磁波的电场方向:在以上实验基础上,将半波振子接收天线放在发射天线正前方约 1.0m 远处,并与发射天线平行.将接收天线绕其中心轴在水平面内转动 360°,观察灯泡的亮暗变化;然后又将接收天线在竖直平面内绕其中线轴转动 360°,观察灯泡的亮暗变化.思考并说明变化的原因.

演示完毕,关闭高压开关.

4.演示电磁波的磁场方向:接通高压开关,(可拿掉半波振子发射天线)手持环形接收天线,使其水平放置,并由远及近靠近环形发射天线,在离发射天线适当位置处,环形接收天线上的灯泡发光,调整环形接收天线上的微调电容器,使环形接收天线上的灯泡到最亮.然后转动环形天线的平面,观察小电珠的亮暗变化.思考并说明变化的原因.

演示完毕,关闭高压开关.

5.演示天线辐射的角分布:用接收天线在水平面内绕发射天线转一周,由接收天线上灯泡的亮暗变化演示天线辐射的角分布.

演示完毕,关闭高压开关.

6.演示电磁波的共振:将接收天线移到发射天线正前方 1.0m 远处,并使接收天线与发射天线平行,接通高压开关.接收天线上的小电珠发光.将接收天线拉长或缩短,观察接收天线上的小电珠亮暗情况,思考并说明变化的原因.

演示完毕,关闭高压开关.

7.演示开放电路:接收天线与发射天线同长并与发射天线平行,放在发射天线正前方,并与之相距 0.5m 远处. 接通高压开关,接收天线上的小电珠发光. 将发射天线从发射机上取下、然后再放上、再取下,观察小电珠发光情况,思考并说明变化的原因. 如果将发射机上的发射天线取下,并将半波振子接收天线平移靠近发射机,当逐渐靠近时,观察小电珠发光情况,思考并说明变化的原因.

演示完毕,关闭高压开关.

8. 演示电磁波的趋肤效应:将具有表面和中心连线的两只小电珠的固定长度接收天线平行靠近发射天线,观察两只小电珠的明暗状况,思考并说明变化的原因.

9. 演示电磁波驻波:将两条金属引导软线一端的小钩挂在发射天线两端,软线的另一端小钩则挂在发射天线正前方的引导支架顶端的与发射天线平行的横梁两端,使两条金属引导软线平行. 打开发射机,将接收天线长度调节与发射天线等长,并将两端分别靠近两条引导线,其轴向与引导线垂直,然后在发射天线与引导支架间平行移动,观察小电珠发光变化情况,思考并说明变化其原因.

【提示与思考】

1. 注意:实验开始前,一定要认真做好实验的准备工作,否则实验容易失败,仪器预热时,连线上的高压开关必须要断开. 小电珠是否烧坏可以用 3V 的直流电源来检验.

2. 开机时先打开低压(~220V)开关,预热 3min(可见灯丝发亮)后才可打开高压开关,然后开始工作. 关机时应先关高压,后关低压开关. 注意电子管工作时由高压供电,温度也很高,不得靠近或触摸.

3. 小电珠移近发射天线的过程中,如果发亮且亮度越来越高,则不要靠得太近,以免烧坏电珠.

4. 电磁波有哪些基本性质?

5. 如何根据实验判断电磁波中电场与磁场的方向?

6. 在本实验中产生电磁驻波有哪些条件? 与哪些因素有关?

7. 如何由本实验中的某些因素判断该发射机发射的电磁波的频率和波长?

模拟练习试题一

一、填空题(26分)

(1)根据获得测量结果的不同方法,测量可分为_____测量和_____测量;根据测量条件的不同,测量可分为_____测量和_____测量.

(2)_____之比称为相对误差,实际计算中一般是用_____与_____之比.相对不确定度是____与_____之比.

(3)测一物体质量 $m=10.49\pm0.03(g)$,相对不确定度 $E_m=$_____,体积 $V=3.887\pm0.002(cm^3)$,相对不确定度 $E_V=$_____,由此比较得出测_____比测_____测量更可靠.

(4)计算 A 类不确定度的公式 $S=$_____.只讨论因仪器不准对应的 B 类不确定度 $u=$_____,则合成标准不确定度 $\sigma=$_____.

(5)实验中,随机误差具有的特性为:_____.

(6)将以下错误的结果表达式改正:

a. $\alpha=0.07053\pm0.00219(N/M)$,改正为_____

b. $\eta=1.78250\pm0.01123(Pa\cdot s)$,改正为_____

c. $g=979.49\pm20(cm/s^2)$,改正为_____

二、进行如下测量时,按有效数字的要求,判别对的打"√"、错的打"×"(24分)

(1)用分度值为 0.01mm 的千分尺测物体的长度

0.46cm(　　)0.5cm(　　)0.317cm(　　)0.00236cm(　　)0.90000cm(　　)

(2)用精度(最小分度值)为 0.02mm 的游标卡尺测物体长度

40mm(　　)71.05mm(　　)52.6mm(　　)23.43mm(　　)32.678mm(　　)

(3)用精度为 0.05mm 的游标卡尺测物体长度

40mm(　　)71.01mm(　　)52.64mm(　　)23.46mm(　　)32.60mm(　　)32.677mm(　　)

(4)用最小分格为 0.5℃的温度计测量温度

47.45℃(　　)10.00℃(　　)26.05℃(　　)13.73℃(　　)25℃(　　)

(5)大量的随机误差服从正态分布,一般说来增加测量次数求平均可以减小随机误差.(　　)

(6)利用逐差法处理实验数据的最基本条件和优点是可变换成等差级数的数据序列,充分利用数据,减少随机误差.(　　)

(7)由于系统误差在测量条件不变时有确定的大小和正负号,因此在同一测量条件

下多次测量求平均值能够减少误差或消除它.( )

三、按有效数字运算规则,计算下列各式的值(写出中间运算步骤)(20分)

(1)$\dfrac{100.0\times(5.6+4.412)}{(78.00-77.0)\times10.000}+110.0$

(2)$\dfrac{101.0\times(4.6+4.402)}{(89.00-88.0)\times10.000}+210.00$

(3)$99.3\div2.000^3$

(4)$\dfrac{76.000}{40.00-2.0}$

四、(15分) 若用最小分度值为 0.01mm 的千分尺($\Delta_{仪}=0.004$mm)测某个钢球的直径 D 分别为:2.001,2.004,2.000,1.999,1.996,1.998(单位:mm).试求(1)钢球直径的平均值、合成标准不确定度和相对不确定度;(2)计算钢球的体积、体积的总合成标准不确定度、相对不确定度及结果表达.

五、(15分) 已知某空心圆柱体的外径 $D=(2.995\pm0.006)$cm,内径 $d=(0.997\pm0.003)$cm,高 $H=(0.9516\pm0.0005)$cm,已知体积 $V=\dfrac{\pi}{4}(D^2-d^2)H$,计算体积 V,并用不确定度表示测量结果.

模拟练习试题二

一、填空题(27分)

1. 在牛顿环实验中,用逐差法处理数据,其优点是____,还可以消除_____误差.

2. 牛顿环实验中,在旋转读数显微镜读数鼓轮时,应注意消除_____差,具体做法是_____.

3. 在分光计调整过程中

(1)要看清分光计望远镜中分划板刻线,要调节_____.

(2)要看清分光计望远镜中反射十字像,要调节_____.

4. 分光计实验中采用双游标读数的目的是为了消除_____和_____的误差.

5. 使用组装的惠斯通电桥测电阻时,桥臂电阻线不均匀的误差属于____误差,可以通过_____方法加以消除.

6. 对分光计调整,应达到_____与_____共轴,而且与分光计中心轴_____,载物台面应与分光计中心轴____,而且与望远镜转动平面_____.

7. 用量程为1.5/3.0/7.5/15V 的电压表和 250/500/1000mA 的电流表测量额定电压为6.3V,额定电流为 300mA 的小电珠的伏安特性,电压表和电流表应选量程分别是_____V 和_____mA.

8. 焦利秤是测量_____的装置,使用前应先调_____,并使指标杆与玻璃套管_____,保证弹簧下端位置不变的标志是_____.

9. 表示测量结果的三要素是_____、_____和_____.

10. 用统计方法估算的不确定度分量称为不确定度的____类分量,用其定方法估算的不确定度分量称为不确定度的_____类分量,总不确定度应是它们的_____合成.

二、选择题(20分)

1. 下列测量结果表达正确的是(　　)

A. $S=(2560\pm100)\mathrm{mm}$ 　　　　 B. $A=8.32\pm0.02$

C. $R=82.3\pm0.3\Omega$ 　　　　 D. $f=2.485\times10^4\mathrm{Hz}\pm0.09\times10^3\mathrm{Hz}$

2. 下列说法中正确的是(　　)

A. 间接测量结果有效位数的多少,只取决于与之有关的直接测量量经有效数字运算规则运算的结果

B. 间接测量结果的有效数字应根据与之有关的直接测量量经不确定度传递公式求出的绝对不确定度而定

C. 不论是直接测量量还是间接测量量,只要知道其绝对不确定度,就可定出其结果

的有效数字位数

D. 某量小数点前有几位数,它就有几位有效数字

3. 用伏安法测约 200Ω 的电阻,已知电压表内阻 $5k\Omega$,电流表内阻 10Ω,其电表内阻引起的系统误差最小的接法是(　　)

A. 电流表内接　　　　　　　　　B. 电压表内接

C. 电压表外接　　　　　　　　　D. 任意

4. 拉伸法测杨氏模量实验中,叉丝清楚而标尺刻度像不清楚,则应调节(　　)

A. 望远镜目镜　　　　　　　　　B. 望远镜物镜

C. 平面镜的位置　　　　　　　　D. 刻度尺的高度

5. 求 $X=\dfrac{m}{n}y$,其中 $m=(1.00\pm0.02)$cm,$n=(10.00\pm0.03)$cm,$y=(5.00\pm0.01)$cm,其结果表达式为(　　)

A. (0.50 ± 0.02)cm　　　　　　B. (0.50 ± 0.03)cm

C. (0.50 ± 0.01)cm　　　　　　D. (0.50 ± 0.04)cm

6. 对分光计进行平面镜自准,若反射回的亮十字像不清晰,则应调节(　　)

A. 望远镜倾斜　　　　　　　　　B. 望远镜目镜

C. 望远镜的目镜和叉丝镜筒　　　D. 平面镜倾斜

7. 用自准直法调整分光计的望远镜工作状态时,若从望远镜的视场中所看到的三棱镜的两个面的反射十字像如图所示,其中表明望远镜工作状态已经调好的是(　　)

A　　　　B　　　　C　　　　D

8. 在示波器实验中,用李萨如图形校正低频发生器的频率,如果 y 轴输入一个 $50Hz$ 的信号,低频信号发生器的信号从 x 轴输入,经调整后得到所示图形,那么,低频信号发生器这时的频率应当是(　　)

A. $25Hz$　　　　B. $50Hz$　　　　C. $75Hz$　　　　D. $100Hz$

9. 杨氏模量实验中,如望远镜叉丝不清楚,则应调节望远镜的部位或状态是(　　)

A. 目镜　　　　B. 物镜　　　　C. 水平　　　　D. 高度

10. 在测金属丝的杨氏模量实验中,通常需预加一定负荷,其目的是(　　)

A. 消除摩擦力

B. 使系统稳定,金属丝铅直

C. 拉直金属丝,避免将拉直过程当为伸长过程进行测量

D. 减小初读数,消除零误差

三、判断题(20 分)

1. 偶然误差(随机误差)与系统误差的关系,系统误差的特征是它的确定性,而偶然误差的特征是它的随机性.(　　)

2. 误差是指测量值与量的真值之差,即误差＝测量值－真值,上式定义的误差反映的是测量值偏离真值的大小和方向,其误差有符号,不应该将它与误差的绝对值相混淆.(　　)

3. 残差(偏差)是指测量值与其算术平均值之差,它与误差定义差不多.(　　)

4. 精密度是指重复测量所得结果相互接近程度,反映的是偶然误差(随机误差)大小的程度.(　　)

5. 标准偏差的计算有两种类型,如果对某一物体测量 $K=10$ 次,计算结果 $\sigma=\frac{2}{3}$ 和,有人说比 σ 精度高,计算标准偏差应该用.(　　)

6. 用 50 分度游标卡尺单次测量某一个工件长度,测量值 $N=10.00\text{mm}$,试用不确定度表示结果为 $N_真=(10.00\pm0.02)\text{mm}$,但有人说不对,因为不确定度包含 A 类分量和 B 类分量,其测量结果中少了 A 类不确定度.(　　)

7. 大量的随机误差服从正态分布,一般说来增加测量次数求平均可以减小随机误差.(　　)

8. 利用逐差法处理实验数据的最基本条件和优点是可变换成等差级数的数据序列,充分利用数据,减少随机误差.(　　)

9. 有一个 0.5 级的电流表,其量程数为 $10\mu A$,单次测量某一电流值为 $6.00\mu A$,试用不确定度表示测量结果为 $I_真=(6.00\pm0.05)\mu A$.(　　)

10. 由于系统误差在测量条件不变时有确定的大小和正负号,因此在同一测量条件下多次测量求平均值能够减少误差或消除它.(　　)

四、简答题(18 分)

1. 实验中如何避免读数显微镜存在的空回误差? (9 分)

答:在测量中为避免读数显微镜存在的空回误差,应做到以下两点:一是要移动鼓轮数到大于第一个读数条纹级数以外,再多数几条,才可以换向读数;二是在测量读数过程中,绝对不可以反向转动鼓轮.

2. 用焦利秤时,为什么必须调整到"三线对齐"时进行读数? 在测表面张力时,为什么要始终保持"三线对齐"?(9 分)

答:由于测量物体长度时总是利用测量工具的一端与被测物体的一端对齐(相对固

定),再观察末端所在位置,然后首尾的数据差就是物体长度的测量值.而使用焦利秤必须调整到"三线对齐"时才读数也是为了使弹簧的下端位置固定,而弹簧的伸长量则由伸长前后升降杆上的读数之差得出.

五、计算题(15 分)

用螺旋测微器测量小钢球的直径,五次的测量值分别为 $d(\text{mm})=11.922,11.923,11.922,11.922,11.922$,螺旋测微器的最小分度值为 0.01mm,试写出测量结果的标准式.

答:

1. 求直径 d 的算术平均值

$$\bar{d}=\frac{1}{n}\sum_1^5 d_i=\frac{1}{5}(11.922+11.923+11.922+11.922+11.922)=11.922(\text{mm})$$

2. 计算 A 类标准不确定度

$$S_d=\sqrt{\frac{\sum_1^5(d_i-\bar{d})^2}{n(n-1)}}=\sqrt{\frac{4\times(11.922-11.922)^2+(11.923-11.922)^2}{5\times(5-1)}}$$

$$=0.0002\bar{2}=0.0002(\text{mm})$$

3. 计算 B 类标准不确定度螺旋测微器的仪器误差 $\Delta_{仪}=0.004\text{mm}$ $u_d=\frac{\Delta_{仪}}{\sqrt{3}}=$

$\frac{0.004\text{mm}}{\sqrt{3}}=0.002\text{mm}$(国际计量规定一级千分尺的仪器误差为 0.004mm)

4. 合成标准不确定

$$\sigma=\sqrt{S_d^2+u_B^2}=\sqrt{0.0002^2+0.002^2}$$

式中,由于 $0.0002<\frac{1}{3}\times0.002$,故可略去 S_d,于是

$$\sigma=0.002\text{mm}$$

5. 测量结果

$$d=\bar{d}\pm\sigma_d=11.922\pm0.002(\text{mm})$$

模拟练习试题三

一、选择题(每题 3 分,共 45 分)

1. 请选择出表达正确者(　　)

A. $\rho=(7.600\pm0.05)\mathrm{kg/m^3}$　　　　B. $\rho=(7.60\times10^4\pm0.41\times10^3)\mathrm{kg/m^3}$

C. $\rho=(7.600\pm0.140)\mathrm{kg/m^3}$　　　　D. $\rho=(7.60\pm0.08)\times10^3\mathrm{kg/m^3}$

2. 等厚干涉实验中测量牛顿环两个暗纹直径的平方差是为了(　　)

A. 消除回程差　　　　　　　　　　B. 消除干涉级次的不确定性

C. 消除视差　　　　　　　　　　　D. 消除暗纹半径测量的不确定性

3. 关于牛顿环干涉条纹,下面说法正确的是(　　)

A. 是光的等倾干涉条纹　　　　　　B. 是光的等厚干涉条纹

C. 条纹从内到外间距不变　　　　　D. 条纹由内到外逐渐变疏

4. 声速测量实验中声波波长的测量采用(　　)

A. 模拟法和感应法　　　　　　　　B. 补偿法和共振干涉法

C. 共振干涉法和相位比较法　　　　D. 相位比较法和补偿法

5. 要把加在示波器 Y 偏转板上的正弦信号显示在示波屏上,则 X 偏转板必须加(　　)

A. 方波信号　　　　B. 锯齿波信号　　　　C. 正弦信号　　　　D. 非线性信号

6. 下面哪一个阻值的待测电阻需要用双臂电桥来测量?(　　)

A. 0.001Ω　　　　B. 1MΩ　　　　　C. 1000Ω　　　　D. 100Ω

7. 单双臂电桥测量电阻值的适用范围是(　　)

A. 单双臂电桥都可以测量任何阻值的电阻

B. 单臂电桥适用于测量中值电阻,而双臂电桥适用于测量低值电阻

C. 双臂电桥只适用于测量低电阻,而单臂电桥测量电阻的范围不受限制

D. 单臂电桥适用于测量中值电阻,而双臂电桥测量电阻的范围不受限制

8. 选出下列说法中的正确者(　　)

A. 用电位差计测量微小电动势时必须先修正标准电池的电动势值

B. 标定(校准)电位差计的工作电流时发现检流计光标始终向一边偏,其原因是待测电动势的极性接反了

C. 用校准好的电位差计测量微小电动势时发现光标始终偏向一边,其原因是检流计极性接反了

D. 工作电源的极性对测量没有影响

9. 选出下列说法中的不正确者(　　　)

A. 标定(校准)电位差计的工作电流时,发现检流计光标始终向一边偏,其原因可能是工作电路的电源没接上

B. 标定(校准)电位差计的工作电流时发现检流计光标始终向一边偏,其原因可能是待测电动势的极性接反了

C. 标定(校准)电位差计的工作电流时发现检流计光标始终向一边偏,其原因可能是标准电池极性接反了

D. 电位差计工作电流标定完成后,在测量待测电动势时,发现检流计光标始终向一边偏,其原因可能是待测电动势极性接反了

10. 请选出下列说法中的正确者(　　　)

A. 一般来说,测量结果的有效数字多少与测量结果的准确度无关

B. 可用仪器最小分度值或最小分度值的一半作为该仪器的单次测量误差

C. 直接测量一个约 1mm 的钢球,要求测量结果的相对误差不超过 5%,可选用最小分度为 1mm 的米尺来测量

D. 单位换算影响测量结果的有效数字

11. 测量误差可分为系统误差和偶然误差,属于偶然误差的有(　　　)

A. 由于电表存在零点读数而产生的误差

B. 由于多次测量结果的随机性而产生的误差

C. 由于量具没有调整到理想状态,如没有调到垂直而引起的测量误差

D. 由于实验测量公式的近似而产生的误差

12. 用霍尔法测直流磁场的磁感应强度时,霍尔电压的大小(　　　)

A. 与霍尔片上的工作电流 I_s 的大小成反比

B. 与霍尔片的厚度 d 成正比

C. 与霍尔材料的性质无关

D. 与外加磁场的磁感应强度的大小成正比

13. 测量误差可分为系统误差和偶然误差,属于系统误差的有(　　　)

A. 由于多次测量结果的随机性而产生的误差

B. 由于测量对象的自身涨落所引起的误差

C. 由于实验者在判断和估计读数上的变动性而产生的误差

D. 由于实验所依据的理论和公式的近似性引起的测量误差

14. 测量误差可分为系统误差和偶然误差,属于系统误差的有(　　　)

A. 由于电表存在零点读数而产生的误差

B. 由于实验环境或操作条件的的微小波动所引起的误差

C. 由于实验者在判断和估计读数上的变动性而产生的误差

D. 由于实验测量对象的自身涨落引起的测量误差

15. 对于一定温度下金属的杨氏模量,下列说法正确的是(　　　)

A. 只与材料的物理性质有关而与材料的大小及形状无关

B. 与材料的大小有关,而与形状无关

C. 与材料的形状有关,而与大小无关

D. 与材料的形状有关,与大小也有关

二、多项选择题(每小题全部选对得 3 分;部分正确得 1 分;有错误答案得 0 分,共 15 分)

1. 请选出下列说法中的正确者(　　　)

A. 当被测量可以进行重复测量时,常用重复测量的方法来减少测量结果的系统误差

B. 对某一长度进行两次测量,其测量结果为 10cm 和 10.0cm,则两次测量结果是一样的

C. 已知测量某电阻结果为:$R = (85.32 \pm 0.05)\Omega$,表明测量电阻的真值位于区间 $85.27 \sim 85.37$ 之外的可能性很小

D. 测量结果的三要素是测量量的最佳值(平均值),测量结果的不确定度和单位

E. 单次测量结果不确定度往往用仪器误差 $\Delta_{仪}$ 来表示,而不计 Δ_A

2. 测量误差可分为系统误差和偶然误差,属于系统误差的有(　　　)

A. 由于电表存在零点读数而产生的误差

B. 由于测量对象的自身涨落所引起的误差

C. 由于实验者在判断和估计读数上的变动性而产生的误差

D. 由于实验所依据的理论和公式的近似性引起的测量误差

3. 在测量金属丝的杨氏模量实验中,常需预加 2kg 的负荷,其目的是(　　　)

A. 消除摩擦力

B. 使测量系统稳定,金属丝铅直

C. 拉直金属丝,避免将拉直过程当作伸长过程进行测量

D. 消除零误差

4. 等厚干涉实验中测量牛顿环两个暗纹直径的平方差是为了(　　　)

A. 消除回程差　　　　　　　　　　　　B. 消除干涉级次的不确定性

C. 消除视差　　　　　　　　　　　　　D. 消除暗纹半径测量的不确定性

5. 电位差计测电动势时若检流计光标始终偏向一边的可能原因是(　　　)

A. 检流计极性接反了　　　　　　　　　B. 检流计机械调零不准

C. 工作电源极性接反了　　　　　　　　D. 被测电动势极性接反了

三、填空题(每空 2 分,共 18 分)

1. 在自检好的示波器荧光屏上观察到稳定的正弦波,如下页右图所示. 当 Y 电压增益(衰减)选择开关置于 2V/div 时,U_y 的峰-峰电压为_____,其有效值为_____.

利用李萨如图形校准频率时,若 X 轴输入信号的频率为 50Hz,现观察到如右所示的图形,则 Y 轴输入的信号频率为 _____ _____.

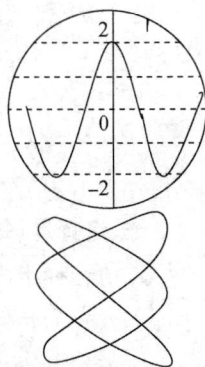

2.分光计调整的任务是 _____ 能够接受平行光,使 _____ 能够发射平行光,望远镜的主光轴与 _____ 的主光轴达到 _____,并与载物台的法线方向 _____ _____.分光计用圆刻度盘测量角度时,为了消除圆度盘的 _____ _____,必须有相差 180° 的两个游标分别读数.

四、解答题(1题 10 分;2题 12 分)

1.已知汞灯绿色光谱线的波长为 $\lambda = 5461\text{Å}$,用分光计测得其经光栅衍射后的 -1 级绿光和 $+1$ 绿光的左右游标读数如下,求该光栅的光栅常数 d(不要求计算不确定度 Δd).

谱线	$K = -1$		$K = +1$	
	Θ左	Θ右	Θ'左	Θ'右
绿	348°43′	168°41′	329°51′	149°50′

2.解述金属丝杨氏弹性模量测定中望远镜调整的主要步骤.

模拟练习试题四

一、选择题(每小题 3 分,共 45 分)

1. 请选择出表达正确者( )

A. $\rho=(7.60\times10^4\pm0.41\times10^3)\,\text{kg/m}^3$

B. $h=(10.4\pm0.35)\,\text{cm}$

C. $\rho=(7.60\pm0.08)\times10^3\,\text{kg/m}^3$

D. $h=10.4\,\text{cm}\pm0.3\,\text{mm}$

2. 某同学计算得某一体积的最佳值为 $\overline{V}=3.415678\,\text{cm}^3$(通过某一关系式计算得到),不确定度为 $\Delta_V=0.064352\,\text{cm}^3$,则应将结果表述为( )

A. $V=(3.415678\pm0.64352)\,\text{cm}^3$

B. $V=(3.415678\pm0.6)\,\text{cm}^3$

C. $V=(3.41568\pm0.64352)\,\text{cm}^3$

D. $V=(3.4\pm0.6)\,\text{cm}^3$

3. 在观察李萨如图形时,使图形稳定的调节方法有( )

A. 通过示波器同步调节,使图形稳定

B. 调节信号发生器的输出频率

C. 改变信号发生器输出幅度

D. 调节示波器时基微调旋钮,改变扫描速度,使图形稳定

4. 请选出下列说法中的不正确者( )

A. 当被测量可以进行重复测量时,常用重复测量的方法来减少测量结果的偶然误差

B. 对某一长度进行两次测量,其测量结果为 10cm 和 10.0cm,则两次测量结果是一样的

C. 已知测量某电阻结果为 $R=(85.32\pm0.05)\,\Omega$,表明测量电阻的真值位于区间 85.27~85.37 之外的可能性很小

D. 测量结果的三要素是测量量的最佳值(平均值)、测量结果的不确定度和单位

E. 单次测量结果不确定度往往用仪器误差 $\Delta_仪$ 来表示,而不计 Δ_A

5. 被测量量的真值是一个理想概念,一般来说真值是不知道的(否则就不必进行测量了). 为了对测量结果的误差进行估算,我们用约定真值来代替真值求误差. 不能被视为真值的是( )

A. 算术平均值　　B. 相对真值　　　　　　C. 理论值　　　　　　　　D. 某次测量值

6. 在计算数据时,当有效数字位数确定以后,应将多余的数字舍去. 设计算结果的有效数字取 4 位,则下列不正确的取舍是(　　)

A. 4. 32749→4. 328　　　　　　　　B. 4. 32750→4. 328

C. 4. 32751→4. 328　　　　　　　　D. 4. 32850→4. 328

7. 测量误差可分为系统误差和偶然误差,属于偶然误差的有(　　)

A. 由于电表存在零点读数而产生的误差

B. 由于多次测量结果的随机性而产生的误差

C. 由于量具没有调整到理想状态,如没有调到垂直而引起的测量误差

D. 由于实验测量公式的近似而产生的误差

8. 测量误差可分为系统误差和偶然误差,属于系统误差的有(　　)

A. 由于多次测量结果的随机性而产生的误差

B. 由于电表存在零点读数而产生的误差

C. 由于量具没有调整到理想状态,如没有调到垂直而引起的测量误差

D. 由于实验者在判断和估计读数上的变动性而产生的误差

9. 测量误差可分为系统误差和偶然误差,属于系统误差的有(　　)

A. 由于多次测量结果的随机性而产生的误差

B. 由于测量对象的自身涨落所引起的误差

C. 由于实验者在判断和估计读数上的变动性而产生的误差

D. 由于实验所依据的理论和公式的近似性引起的测量误差

10. 下面哪一个阻值的待测电阻需要用双臂电桥来测量(　　)

A. 0. 001Ω　　　　B. 1MΩ　　　　　　C. 1000Ω　　　　　　D. 100Ω

11. 对于一定温度下金属的杨氏模量,下列说法正确的是(　　)

A. 只与材料的物理性质有关而与材料的大小及形状无关

B. 与材料的大小有关,而与形状无关

C. 与材料的形状有关,而与大小无关

D. 与材料的形状有关,与大小也有关

12. 请选出下列说法中的正确者(　　)

A. 一般来说,测量结果的有效数字多少与测量结果的准确度无关

B. 可用仪器最小分值度或最小分度值的一半作为该仪器的单次测量误差

C. 直接测量一个约 1mm 的钢球,要求测量结果的相对误差不超过 5%,应选用最小分度为 1mm 的米尺来测量

D. 实验结果应尽可能保留多的运算位数,以表示测量结果的精确度

13. 下面说法正确的是(　　)

A. 系统误差可以通过多次测量消除　　B. 偶然误差一定能够完全消除

C. 记错数是系统误差　　　　　　　　D. 系统误差是可以减少甚至消除的

14. 在测量金属丝的杨氏模量实验中,常需预加 2kg 的负荷,其作用是(　　　)

A. 消除摩擦力

B. 没有作用

C. 拉直金属丝,避免将拉直过程当作伸长过程进行测量

D. 消除零误差

15. 牛顿环实验将测量式由 $R=\dfrac{r^2}{K\lambda}$ 化为 $R=\dfrac{D_m^2-D_n^2}{4(m-n)\lambda}$ 的主要原因是(　　　)

A. 消除干涉级次 K 的不确定性引起的系统误差

B. 为了测量更加方便

C. 减小测量的偶然误差

D. 避免了读数显微镜读数的螺距差

二、多项选择题(每小题全部选对得 3 分;部分正确得 1 分;有错误答案得 0 分,共 15 分)

1. 测量误差可分为系统误差和偶然误差,属于系统误差的有(　　　)

A. 由于多次测量结果的随机性而产生的误差

B. 由于电表存在零点读数而产生的误差

C. 由于量具没有调整到理想状态,如没有调到垂直而引起的测量误差

D. 由于实验者在判断和估计读数上的变动性而产生的误差

2. 请选出下列说法中的正确者(　　　)

A. 当被测量可以进行重复测量时,常用多次测量来减少测量结果的系统误差

B. 多次测量某物理量 L 时,如果偶然误差 $\Delta L < \Delta_{仪}$,则将结果记为:$\overline{L} \pm \overline{\Delta L}$

C. 已知测量某电阻结果为:$R=(85.32 \pm 0.05)\Omega$,表明测量电阻真值位于区间 85.27~85.37 的可能性很大

D. 偶然误差即为不确定度 A 类分量,系统误差即为不确定度 B 类分量

E. 单次测量结果不确定度往往用仪器误差 $\Delta_{仪}$ 来表示,而忽略 Δ_A

3. 选出下列说法中的正确者(　　　)

A. 用电位差计测量电动势时必须先修正标准电池的电动势值

B. 标定(校准)电位差计的工作电流时发现检流计光标始终向一边偏,其原因是待测电动势的极性接反了

C. 用校准好的电位差计测量温差电动势时发现光标始终偏向一边,其原因是温差电动势极性接反了

D. 热电偶若无工作电源是产生不出电动势的

4. 在调节分光计望远镜光轴与载物台转轴垂直时,若从望远镜视场中看到自准直反射镜正反二面反射回来的自准直像如下图(　　　)所示,则说明望远镜光轴与载物台转轴垂直.

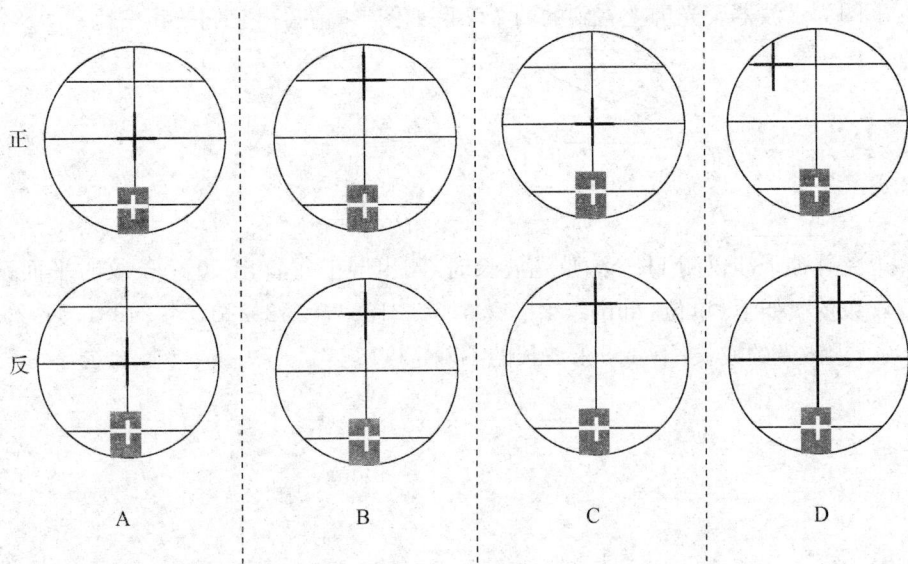

正

反

A B C D

5.选出下列说法中的正确者( )

A.牛顿环是光的等厚干涉产生的图像

B.牛顿环是光的等倾干涉产生的图像

C.平凸透镜产生的牛顿环干涉条纹的间隔从中心向外逐渐变密

D.牛顿环干涉条纹中心必定是暗斑

三、填空题(每空 2 分,共 20 分)

1.用共振法测声速时,首先要进行谐振调节,系统已达谐振状态的判据是:＿＿＿＿＿
＿＿＿＿＿＿＿＿＿＿＿＿＿＿＿＿＿＿＿.如果两探头 S_1 和 S_2 间距为 X,那么
入射波与反射波形成驻波的条件是:＿＿＿＿＿＿＿;相邻两波节间距＿＿＿＿＿＿.

2.光栅由许多＿＿＿的狭缝构成的,两透光狭缝间距称为＿＿＿,当入射光垂直入射到
光栅上时,衍射角 φ_k,衍射级次 k 满足的关系式是＿＿＿,用此式可通过实验测定＿＿＿和
＿＿＿.

3.分光计读数系统设计双游标的主要作用是:＿＿＿＿＿.将望远镜调焦到无穷远
的主要步骤是:＿＿＿＿＿＿＿＿＿＿.

四、解答题(1 题 8 分;2 题 6 分;3 题 6 分;共 20 分)

1.有一个角度 AOB,用最小分度值为 $30''$ 的分光计测得其 OA 边和 OB 边的左右游
标读数如下,求该角度的值.

OA 边		OB 边	
$\theta_左$	$\theta_右$	$\theta'_左$	$\theta'_右$
348°43′	168°41′	329°51′	149°50′

2.下图为示波器荧光屏上看到的两个李萨如图形,请写出它们的频率比.

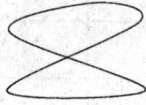

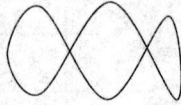

$f_x : f_y =$ _____ $f_x : f_y =$ _____

3.迈克耳孙干涉仪测 He-Ne 激光波长时,测出屏上每冒出 50 个条纹时平面镜 M_1 的位置读数依次如下(单位:mm):54.19906,54.21564,54.23223,54.24881,54.26242,54.27902,求激光的波长(不要求求波长的不确定度).

模拟练习试题五

一、填空题(28分)

1. 用电桥测量时,往往总是分粗测和细测两步来进行. 粗测的目的是_____;精测的目的是_____.

2. 双臂电桥测量电阻的范围为_____.

3. 直流电桥的平衡条件是_____.

4. 交流电桥的平衡条件是_____.

5. 双臂电桥测量电阻,从提高电桥灵敏度考虑,$R_1(=R_3)$,$R_2(=R_4)$应取_____些.

6. 霍尔效应的现象是_____.

7. 螺线管内部和外部磁感应强度 B _____.

二、选择题(18分)

1. 密立根油滴实验的重要意义表现在(   )

A. 该实验观察了微小带电颗粒在电场中的运动情况

B. 该实验证明了电荷的量子性,并首次提出了电子电荷

C. 该实验证明了测量带电粒子电荷的一种方法

D. 该实验的测量方法可避免系统误差

2. 本实验的计算公式中,t_g 指的是油滴(   )

A. 无电场时的上升时间   B. 无电场时的下落时间

C. 有电场时的上升时间   D. 有电场时的下落时间

3. 本实验中,需要读取数据的是(   )

A. 升降电压   B. 平衡电压

C. 油滴数目   D. 电场强度

4. 在本实验中,压力传感器的作用是(   )

A. 放大点信号   B. 放大非电量信号

C. 把非电量信号转换为电量信号   D. 把电信号转换为非电量信号

5. 下面关于电桥输出电压灵敏度的叙述中,正确的是(   )

A. 单臂电桥与半桥差动电路的灵敏度相同

B. 单臂电桥高于半桥差动电路的灵敏度

C. 半桥差动电路的灵敏度是单臂电桥最大灵敏度的二倍

D. 单臂电桥与半桥差动电路的灵敏度不具有可比性

6. 在测量压力传感器电压输出灵敏度的实验中,所使用的数据处理方法是(   )

A. 最小二乘法   B. 逐差法   C. 拟合法   D. 作图法

三、简答题(42分)

1. 当 $Z_1 = R_x + \dfrac{1}{j\omega C_x}$ 作为待测阻抗,再与 $Z_2 = R_2$,$Z_3 = R_3 + \dfrac{1}{j\omega C_3}$,$Z_4 = R_4 // \dfrac{1}{j\omega C_4}$ 组成交流电桥能否平衡? 为什么?

2. 交流电桥调节平衡的过程是怎样的? 能否加快调节速度,即减少可调量调节的次数.

3. 双臂电桥与惠斯通电桥有哪些异同?

4. 在双臂电桥电路中,是怎样消除导线本身的电阻和接触电阻的影响的? 试简要说明之.

5. 说明霍尔效应测量磁场的原理和方法.

6. 你知道的传感器有几种,它们在哪些实验涉及,分别说明.

四、计算题(12分)

由 $\rho = R\dfrac{A}{l} = R\dfrac{\pi d^2}{4l}$,写出 ρ 的相对误差表达式.

模拟练习试题六

一、填空题(22分)

1. 在密立根油滴实验中,要测定油滴的带电量,从而确定电子的电荷值,可以用____方法,也可以用_____方法进行测量.

2. 热线法瞬态测量材料的热导率,是指在大块均匀材料中,放置一根很长的,能均匀恒定发热的_____供热,热在_____于热线的径向方向上传导,构成一个理想的_____导热模型.

3. 对热丝(或介质中某点)而言,导热好的材料温度升高_____;导性能差的材料温度升高_____.用热线法瞬态测量材料的热导率,适合用于测量_____材料、粉体材料、_____材料和纤维材料等.

4. 对于弹簧上的物体,振动的理论周期为 $T=$_____.根据胡克定律,弹簧产生的力与弹簧被压缩或伸长的距离成_____.根据牛顿第二定律 $F=$_____,F 是作用在物体 m 上的外力,a 是物体的加速度.

二、选择题(10分)

1. 如图为密立根油滴实验中的油滴仪结构示意图,从备选答案中选出下列零部件的名称.

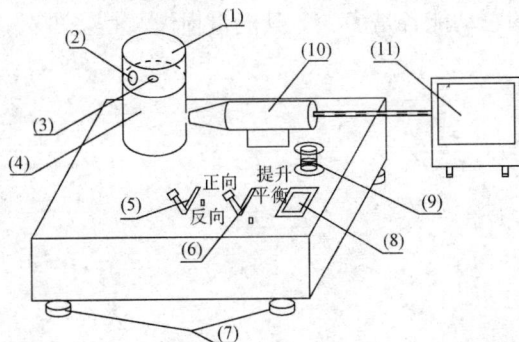

(2)_____;(4)_____;

(5)_____;(8)_____;

(10)_____

A. 喷油雾孔　B. 油雾室　C. 油滴入孔　D. 显示器　E. 电压换向开关

F. CCD系统　G. 可调底角　H. 计时按钮　I. 电压调节旋钮

J. 油滴控制开关　K. 油室

2. 在弹性碰撞实验中的速度与加速度矢量的相互关系的 *PASCO* 实验中所用到的仪器与设备的选项前打勾.

A. 转动传感器   B. 转动运动传感器   C. 力传感器支架和碰撞缓冲器

D. 可调的终点挡板   E. PASCO 计算机 750 型接口   F. RMS/IDS 工具包

G. ±50N 力传感器   H. IDS 设备附件   I. 动力学轨道   J. 动力学小车

三、简答题(40 分)

1. 非弹性碰撞对系统总动量和总动能的影响是什么? 摩擦力对于系统总动能和总动量的影响又是什么?

2. 在弹性碰撞实验中的速度与加速度矢量的相互关系的 PASCO 实验中描述一下小车在碰撞过程中加速度发生了什么变化? 小车的加速度从 0 变为负值后小车的位置有了什么变化? 当小车的加速度从负值变为 0 时小车的位置又发生了什么变化? 当小车的加速度从 0 变为正值时小车的位置又发生了什么变化?

3. 简述材料热物性实验的主要实验步骤.

4. 简述密立根油滴实验中动态测量法的主要实验步骤.

四、计算题(28 分)

下面是完全非弹性碰撞过程中动量守恒与动能损失实验的数据记录表.

m_1/kg	v_1/(m/s)	m_2/kg	v_2/(m/s)	v_{after}/(m/s)
3.0	5.0	2.0	4.0	4.4

1. 碰撞后系统总动量的理论值和实验值各是多少? 其相对误差是多少?

2. 碰撞前后系统的总动能各是多少? 其能量损失又是多少?

附　　录

附录 A　随机误差的补充知识

(一)随机误差的正态分布规律

大量的测量误差是服从正态分布(或称 Gauss 分布)规律的. 标准化的正态分布的曲线如图 A.1 所示. 图中的 x 代表某一物理量的实测值,$p(x)$ 为测量值的概率密度.

$$p(x) = \frac{1}{\sigma_{n-1}\sqrt{2\pi}} e^{-\frac{(x-\mu)^2}{2\sigma_{n-1}^2}}$$

其中,$\mu = \lim\limits_{n\to\infty} \dfrac{\sum x}{n}$,且 $\sigma_{n-1} = \lim\limits_{n\to\infty} \sqrt{\dfrac{\sum(x-\mu)^2}{n}}$.

曲线峰值处的横坐标相应于测量次数 $n\to\infty$ 时测量的平均值,横坐标上任一点 x 到该值的距离(x $-\mu$)即为测量值相应的随机误差分量,σ_{n-1} 为曲线上

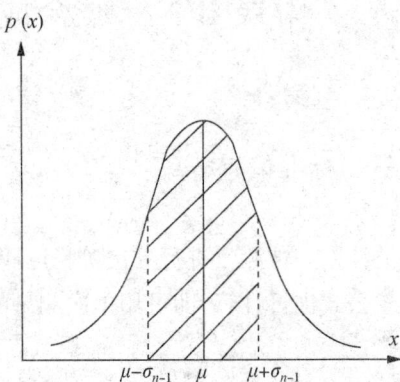

图 A.1　正态分布

拐点处的横坐标与 μ 值之差,它是表征测量值分散性的重要参数,称为正态分布的标准误差. 该曲经是概率密度分布曲线,曲线和 x 轴间的面积为 1,可以用来表示随机误差在一定范围内的概率. 例如,图中阴影部分的面积就是随机误差在 $\pm\sigma_{n-1}$ 范围内的概率,即测量值落在 $(\mu-\sigma_{n-1}, \mu+\sigma_{n-1})$ 区间中的概率 p,由定积分算得其值 $p = 68.3\%$. 如果将区间扩大到 2 或 3 倍,则 x 落在 $(\mu-2\sigma_{n-1}, \mu+2\sigma_{n-1})$ 区间中的概率就提高到 95.4% 或 x 落在 $(\mu-3\sigma_{n-1}, \mu+3\sigma_{n-1})$ 区间中的概率便提高到 99.7%(称为极限误差). 本附录只讨论随机误差服从正态分布规律的情况,其他分布规律可查有关专著.

(二)最小二乘法原理推导

有限次测量的最佳估计值.

实验中不可能进行无限多次测量,一般教学实验只能做 5～10 次有限次测量. 在无系统误差分量存在情况下,根据最小二乘法原理,一列等精度测量的最佳估计值是能使

各次测量值与该值之差的平方和为最小的那个值. 设真值的最佳估计值为 x_0,其差值平方和为

$$f(x) = \sum_{i=1}^{n} (x_i - x_0)^2$$

为求 $f_{\min}(x)$,令 $\dfrac{\mathrm{d}f(x)}{\mathrm{d}x_0} = -2\sum_{i=1}^{n}(x_i - x_0) = 0$,则有

$$x_0 = \frac{1}{n}\sum_{i=1}^{n} x_i = \overline{x}$$

可见,采用最小二乘法原理推导出有限次测量值的算术平均值 $\overline{x}$,可作为其真值的最佳估计值.

附录 B   标准合成与技术规范合成标准不确定度

(一)标准偏差 σ_{n-1}

同一被测量进行 n 次等精度测量时,表征测量值分散性的参数 σ_{n-1} 可用下面的贝塞尔公式进行计算,即可用单次测量的标准偏差来表征测量值的分散性

$$S = \sigma_{n-1} = \sqrt{\frac{\sum (x_i - \overline{x})^2}{n-1}}$$

可以证明(略)平均值的标准偏差 $\sigma_{\overline{x}}$ 是一列测量中单次测量的标准偏差 σ_{n-1} 的 $\dfrac{1}{\sqrt{n}}$,即算术平均值的标准偏差

$$S = \sigma_{\overline{x}} = \frac{\sigma_{n-1}}{\sqrt{n}} = \sqrt{\frac{\sum (x_i - \overline{x})^2}{n(n-1)}}$$

(二)测量标准不确定度中的 A 类分量 S_x

在相同条件下对同一被测量作 n 次等精度测量,现若存在用统计方法计算的测量不确定度中的 A 类分量 S_x,它等于平均值的标准偏差 $\sigma_{\overline{x}}$ 乘以一因子 $t_p(n-1)$,即

$$S_x = t_p(n-1) \cdot \sigma_{\overline{x}}$$

此时,被测量的真值 x 落在 $\overline{x} \pm t_p(n-1)\sigma_{\overline{x}}$ 范围内的概率为 p(称置信概率). 从概率论和数理统计可知(略):当积分的上下限是 $\pm t_p(n-1) = \sqrt{n}$ 时,以 $(n-1)$ 为参量(称自由度)的 t 分布(称 Student 分布)函数的积分值为概率 p_0 因子 $t_p(n-1)$ 的值,可以从专门的数表

中查得. 概率 p 及测量次数 n 确定后，$t_p(n-1)$ 也就确定了.

大学物理实验中的测量次数 n 一般是在 $6 \leqslant n \leqslant 10$，如果取 $S_x = \sigma_{n-1}$，可由下式看出：

$$S_x = t_p(n-1) \cdot \sigma_{\bar{x}} = \sigma_{n-1} \frac{t_p(n-1)}{\sqrt{n}} = \sigma_{n-1}$$

只有当 $t_p(n-1) = \sqrt{n}$ 时，假定才成立. 这说明 S_x 取 σ_{n-1} 的值相当于取 $\sqrt{n}$ 作为因子 $t_p(n-1)$ 的值.

由 $t_p(n-1)$ 分布的数表可以算出 $n = 2 \rightarrow 11$ 且 $t_p(n-1) = \sqrt{n}$ 时相应的置信概率 p 的数值表：

测量次数 n	2	3	4	5	6	7	8	9	10	11
$t_p(n-1) = \sqrt{n}$	1.41	1.73	2.00	2.24	2.45	2.65	2.83	3.00	3.16	3.32
置信概率 p	0.610	0.775	0.816	0.911	0.942	0.962	0.974	0.983	0.988	0.992

从表中的数据看出：$6 \leqslant n \leqslant 10$ 时，取 $S_1 = \sigma_{n-1}$ 的另一原因是，$p > 0.94$，因子 $(t/\sqrt{n}) = 1$（将 $t_p(n-1)$ 简写为 t，以下同），因此根据国际标准 ISO2602 和国家标准 GB3362-82 介绍的精神有 $S_x = (t/\sqrt{n})\sigma_{n-1} = \sigma_{n-1}$（专业计量工作也允许将 $(t/\sqrt{n})$ 看成一个因子而绕开 $\sigma_{\bar{x}}$ 和 t 分布）.

（三）测量标准不确定度中的 B 类分量 u

测量不确定度中的 B 类分量 u 要成为标准偏差形式，一般是由估计出的仪器误差限值 $\Delta_{仪}$ 等，除以一个与分布有关的因子 K_B，即

$$u = \frac{\Delta_{仪}}{K_B}$$

确定 K_B 已超出了课程的"基本要求". 在原理方法及一定的环境条件均符合要求，观测者的影响可以忽略情况下，可直接将 B 类标准不确定分量 u（视 $K_B = 1$）取为 $\Delta_{仪}$. $\Delta_{仪}$ 是由仪器结构、制造、使用精度下降等因素造成的，一般由实验室给出.

（四）简化的测量标准不确定度 σ

在未深入了解随机误差和未定系统误差的可能分布情况下，最简单的办法是假定它们均接近正态分布，则简化的测量标准不确定度 σ 可以采用"方和根"法合成，即有

$$\sigma = \sqrt{S^2 + u^2} = \sqrt{S^2 + \Delta_{仪}^2}$$

(五)标准合成不确定度与技术规范合成不确定度

1. 标准合成不确定度

在求出 σ_{n-1} 之后,再求 $\sigma_{\bar{x}}=\dfrac{\sigma_{n-1}}{\sqrt{n}}$,且应考虑自由度 $\gamma=n-1$,当 n 较小时,$\sigma_{\bar{x}}$ 是偏小的估计值,要求按 $[1+0.2545/(n-1)]\cdot\sigma_{\bar{x}}$ 进行修正后作为 S;此外,一般认为 $\bar{x}$ 与被测量真值之差的期值为"0",且在 $\Delta_{仪}$ 内概率相等,即均匀分布的因子 K_B 为 $\sqrt{3}$,则采取 $u=\dfrac{\Delta_{仪}}{K_B}$ $=\dfrac{\Delta_{仪}}{\sqrt{3}}$;最后应用"方和根"求标准合成不确定度为

$$\sigma_{标}=\sqrt{S^2+u^2}=\sqrt{\{[1+0.2545/(n-1)]\cdot\sigma_{n-1}/\sqrt{n}\}^2+(\Delta_{仪}/\sqrt{3})^2}$$

2. 技术规范合成不确定度

第一步仍是求 σ_{n-1},$\sigma_{\bar{x}}=\sigma_{n-1}/\sqrt{n}$,$\cdots$,同上进行修正后定为 S_i;同上将 $\Delta_{仪}/\sqrt{3}$ 定为 u_j,从而就可以求出它们的"方和根"为 $\sigma_0=\sqrt{\sum S_i^2+\sum u_j^2}=\sqrt{\sum S_i^2+\sum(\Delta_{仪j}/\sqrt{3})^2}$

第二步是按下式求自由度

$$\gamma_0=\sigma_0^4/\Big[\sum(\sigma_{\bar{x}}^4/\gamma)+\sum u_j^4\Big]$$

第三步是查 $p=0.95$ 的 t 分布表,得到 $t_p(\gamma_0)$ 值,则技术规范合成不确定度为

$$\sigma=t_p(\gamma_0)\sigma_0$$
$$=t_p(\gamma_0)\sqrt{\sum S_i^2+\sum u_j^2}$$
$$=t_p(\gamma_0)\sqrt{\sum S_i^2+\sum(\Delta_{仪j}/\sqrt{3})^2}$$

由此可见,科技界使用的这两种合成不确定度,跟我们在教学中采用的简化合成标准不确定度有许多"共同点":

(1)它们的基础都是"测量偏差"、"标准偏差"和"不确定度"概念;

(2)既考虑遵守统计规律的 A 类不确定度 S 分量,又考虑不遵守统计规律的 B 类标准不确定度 u 分量(不同点在是否要进行 S 与 u 的修正);

(3)总的合成标准不确定度 σ 均采用"方和根"合成法;

(4)它们的标准形式均为

$$x=\bar{x}\pm\sigma(单位)$$

附录 C　数字修约的国家标准 GB1∶1

在 1981 年的国家标准 GB1∶1 中,对需要修约的各种测量、计算的数值,已有明确的规定:

(1)原文"在拟舍弃的数字中,若左边第一个数字小于 5(不包括 5)时,则舍去,即所拟保留的末位数字不变". 例如,在 3605643 数字中拟舍去"43"时,4＜5,则应为 36056,我们简称为"四舍".

(2)原文"在拟舍弃的数字中,若左边第一个数字大于 5(不包括 5)时,则进一,即所拟保留的末位数字加一". 例如,在 3605623 数字中拟舍去"623"时,6＞5,则应为 3606,我们简称为"六入".

(3)原文"在拟舍弃的数字中,若左边第一个数字等于 5,其右边的数字并非全部为零时,则进一,即所拟保留的末位数字加一". 例如,在 3605123 数字中拟舍去"5123"时,5＝5,其右边的数字为非零的数,则应为 361,我们简称为"五看右".

(4)原文"在拟舍弃的数字中,若左边第一个数字等于 5,其右边的数字都为零时,所拟保留的末位数字若为奇数则进一,若为偶数(包括"0")则不进". 例如,在 36050 数字中拟舍去"50"时,5＝5,其右边的数字都为零,而拟保留的末位数字为偶数(含"0")时则不进,故此时应为 360,简称为"五看右左".

上述规定可概述为:舍弃数字中最左边一位数为小于四(含四)舍、为大于六(含六)入、为五时则看五后若为非零的数则入、若为零则往左看拟留数的末数为奇数则入为偶数则舍,可简述为"四舍六入五看右左".

可见,采取惯用"四舍五入"法进行数字修约,既粗糙也不符合国标的科学规定. 类似的不严谨、甚至是错误的提法和作法有:"大于 5 入、小于 5 舍、等于 5 保留位凑偶";尾数"小于 5 舍,大于 5 入,等于 5 则把尾数凑成偶数";"若舍去部分的数值大于所保留的末位 0.5,则末位加 1,若舍去部分的数值小于所保留的末位 0.5,则末位不变,……"等.

还要指出,在修约最后结果的标准不确定度时,为确保其可信性,还往往根据实际情况执行"宁大勿小"原则.

附录 D　教学中常用仪器误差限 $\Delta_仪$

(一)为什么 u 取成 $\Delta_仪$

在有限次直接测量结果的标准不确定度评定中,如何分析"仪器误差"的影响,是大学物理实验教学中的一个较难的问题,也是一个重要的问题.所谓较难是指其理论和实践还处于发展阶段,不够成熟;所谓重要是指 u 取成 $\Delta_仪$ 具有一定的合理性,使 σ 的估计趋于正确和全面.

评定 B 类标准不确定度,以数字电压表制造说明为例:"仪器检定 1~2 年,其 1V 内精度为 $(1.4\times10^{-6}\times读数)+2\times10^{-6}\times测量范围$".设检定 20 个月后仪器在 2V 内测量电压 U,U 的重复观测量值平均为 $\overline{U}=0.928\,571V$,其 A 类标准不确定度 $S(\overline{U})=12\mu V$;B 类标准不确定度可以由制造厂商说明书评定,并认为所得值使 $\overline{U}$ 的附加修正 $\Delta\overline{U}$ 产生一对称信赖限,$\Delta\overline{U}$ 期望值为 $0(\Delta\overline{U}=0)$,在限内以等概率在任何处出现,值 ΔU 的对称矩形概率分布半宽 a 为

$$a=1.4\times10^{-6}\times0.928\,571U+2\times10^{-6}\times1U=15\mu V$$
$$u^2(\Delta\overline{U})=75\mu U^2,u(\Delta\overline{U})=8.7\mu V,\cdots$$

上例说明:一定条件下完全可以把"高精度"仪器的误差限值基本上当成非随机分量,进而评定 B 类分量不确定度 u,将 B 类与 A 类合成.

在《互换性与技术测量》和《实用计量全书》等测量专论中,也有类似将计量器具的总标准不确定度(相当于器具误差限 $\Delta_仪$)与其他测量标准不确定度分量"方和根"合成,以求得测量结果的总标准不确定度(测量极限误差)的典型例子.

由类似的典型事例说明:$\Delta_仪$ 不是以随机分量为主,非随机分量占的比重较大,将 $\Delta_仪$ 简化、纯化为非随机分量的 B 类不确定度 u 是符合情理的;在有限次等精度测量中,那种只估计不确定度的 A 类分量 S,而将 $\Delta_仪$ 因素等的 B 类分量 u 完全抛开不计的做法是不可取的.由此可见,"方和根"式中的 u 取成 $\Delta_仪$ 是比较全面、合理的.

(二)约定正确使用仪器时的 $\Delta_仪$ 值

米尺(分度值 1mm):	$\Delta_仪=0.5mm$
游标卡尺(二十、五十分度):	$\Delta_仪=$ 最小分度值(0.05mm 或 0.02mm)
千分尺:	$\Delta_仪=0.004mm$ 或 0.005mm
分光计(杭光、上机厂):	$\Delta_仪=$ 最小分度值(1′ 或 30″)
移测显微镜:	$\Delta_仪=0.005mm$
各类数字式仪表:	$\Delta_仪=$ 仪器最小读数
记时器(1s,0.1s,0.01s):	$\Delta_仪=$ 仪器最小分度(1s,0.1s,0.01s)
物理天平(0.1g,0.02g,0.05g):	$\Delta_仪=0.05g,0.02g,0.05g$
电桥(QJ24 型):	$\Delta_仪=K\%\cdot R$(K 是准确度或级别,R 为示值)
电位差计(UJ37 型):	$\Delta_仪=K\%\cdot V$(K 是准确度或级别,V 为示值)
转柄电阻箱:	$\Delta_仪=K\%\cdot R$(K 是准确度或级别,R 为示值)
电表:	$\Delta_仪=K\%\cdot M$(K 是准确度或级别,M 为量程)
其他仪器、量具:	$\Delta_仪$ 是根据实际情况由实验室给出示值误差限

附录 E　中华人民共和国法定计量单位
（1984 年 2 月 27 日国务院公布）

我国的法定计量单位（以下简称法定单位）包括：

(1)国际单位的基本单位：见表 1；

(2)国际单位制的辅助单位：见表 2；

(3)国际单位制中具有专门名称的导出单位：见表 3；

(4)国家选定的非国际单位制单位：见表 4；

(5)由以上单位构成的组合形式的单位；

(6)由词头和以上单位构成的十进倍数和分数单位（词头见表 5）；

(7)物理实验常量单位，见表 6.

法定单位的定义、使用方法等，由国家计量局另行规定.

表 1　国际单位制的基本单位

量的名称	单位名称	单位符号
长度	米	m
质量	千克(公斤)	kg
时间	秒	s
电流	安[培]	A
热力学温度	开[尔文]	K
物质的量	摩[尔]	mol
发光强度	坎[德拉]	cd

表 2　国际单位制的辅助单位

量的名称	单位名称	单位符号
平面角	弧度	rad
立体角	球面度	sr

表 3　国际单位制中具有专门名称的导出单位

量的名称	单位名称	单位符号	其他表示实例
频率	赫[兹]	Hz	s^{-1}
力;重力	牛[顿]	N	$kg \cdot m/s^2$
压力;压强;应力	帕[斯卡]	Pa	N/m^2
能量;功;热量	焦[尔]	J	$N \cdot m$
功率;辐射通量	瓦[特]	W	J/s

续表

量的名称	单位名称	单位符号	其他表示实例
电荷量	库[仑]	C	A·s
电位;电压;电动势	伏[特]	V	W/A
电容	法[拉]	F	C/V
电阻	欧[姆]	Ω	V/A
电导	西[门子]	S	A/V
磁通量	韦[伯]	Wb	V·s
磁通量密度;磁感应强度	特[斯拉]	T	Wb/m^2
电感	亨[利]	H	Wb/A
摄氏温度	摄氏度	℃	—
光通量	流[明]	lm	cd·sr
光照度	勒[克斯]	lx	lm/m^2
放射性活度	贝可[勒尔]	Bq	S^{-1}
吸收剂量	戈[瑞]	Gy	J/kg
剂量当量	希[活特]	Sv	J/kg

表 4　国际选定的非国际单位制单位

量的名称	单位名称	单位符号	换算关系和说明
时间	分	min	1min=60s
	[小]时	h	1h=60min=3600s
	天(日)	d	1d=24h=86400s
平面角	[角]秒	(″)	$1''=(\pi/648000)rad$
			(π 为圆周率)
	[角]分	(′)	$1'=60''=(\pi/10800)rad$
	度	(º)	$1^o=60'=(\pi/180)rad$
旋转速度	转每分	r/min	$1r/min=(\frac{1}{60})s^{-1}$
长度	海里	nmile	1nmile=1852m(只用于航程)
速度	节	kn	1kn=1nmile/h
			$=(1\frac{852}{3}600)m/s$
			(只用于航程)
质量	吨	t	$1t=10^3kg$
	原子质量单位	u	$1u\approx1,6605655\times10^{-27}kg$
体积	升	L,(l)	$1L=1dm^3=10^{-3}kg$
能	电子伏	eV	$1eV\approx1,6021892\times10^{-19}J$
级差	分贝	dB	
线密度	特[克斯]	tex	1tex=1g/km

表5　用于构成十进倍数和分数单位的词头

所表示的因数	词头名称	词头符号
10^{18}	艾[可萨]	E
10^{15}	拍[它]	P
10^{12}	太[拉]	T
10^{9}	吉[咖]	G
10^{6}	兆	M
10^{3}	千	k
10^{2}	百	h
10^{1}	十	da
10^{-1}	分	d
10^{-2}	厘	c
10^{-3}	毫	m
10^{-6}	微	μ
10^{-9}	纳[诺]	n
10^{-12}	皮[可]	p
10^{-15}	飞[母托]	f
10^{-18}	阿[托]	a

表6　物理实验常数表

1　基本物理常数

名称	符号	数值及单位
真空中的光速	c	2.99792458×10^{8} m/s
电子的电荷	e	1.6021892×10^{-19} C
普朗克常量	h	6.626176×10^{-34} J·s
阿伏伽德罗常量	N_0	6.022045×10^{23} mol^{-1}
原子质量单位	u	1.6605655×10^{-27} kg
电子的静止质量	m_e	9.109534×10^{-31} kg
电子的荷质比	e/m_e	1.7588047×10^{11} C/kg
法拉第常数	F	9.648456×10^{4} C/mol
氢原子的里德伯常数	R_H	1.096776×10^{7} m^{-1}
摩尔气体常数	R	8.31441 J/(mol·K)
玻耳兹曼常量	k	1.380662×10^{-23} J/K
洛喜密德常数	n	2.68719×10^{25} m^{-3}
万有引力常数	G	6.6720×10^{-11} N·m^2/kg^2
标准大气压	p_0	6.101325 Pa
冰点的绝对温度	T_0	273.15 K
标准状态下声音在空气中的速度	v_0	331.46 m/s
标准状态下干燥空气的温度	$\rho_{空气}$	1.293 kg/m^3

续表

名称	符号	数值及单位
标准状态下水银的密度	$\rho_{水银}$	13 595.04kg/m³
标准状态下理想气体的摩尔体积	V_m	22.413 83×10⁻³m³/mol
真空的介电系数(电容率)	ε_0	8.854 188×10⁻¹²F/m
真空的磁导率	μ_0	12.566 371×10⁻⁷H/m
钠光谱中黄线的波长	D	589.3×10⁻⁹m
在15℃,101 325Pa 时镉光谱中红线的波长	λ_{ed}	643.846 96×10⁻⁹m

2　在 20℃时常用固体和液体的密度

物质	密度 ρ/(kg/m²)	物质	密度 ρ/(kg/m²)
铝	2 698.9	水晶玻璃	2 900~3 000
铜	8 960	窗玻璃	2 400~2 700
铁	7 874	冰(0℃)	880~920
银	10 500	甲醇	792
金	19 320	乙醇	789.4
钨	19 300	乙醚	714
铂	21 450	汽车用汽油	710~720
铅	11 350	氟利昂-12	1 329
锡	7 298	变压器油	840~890
水银	13 546.2	甘油	1 260
钢	7 600~7 900	蜂蜜	1 435
石英	2 500~2 800		

3　在 20℃时某些金属的弹性模量

金属	杨氏模量 E(平均值)	
	/GPa	/(kg/mm²)
铝	69~70	7 000~7 100
钨	407	4 500
铁	186~206	19 000~21 000
铜	103~107	10 500~13 000
金	77	7 900
银	69~80	7 000~8 200
锌	78	8 000
镍	203	20 500
铬	235~245	24 000~25 000
合金钢	206~216	21 000~22 000
碳钢	196~206	20 000~21 000
康铜	160	16 300

4 在 20℃ 时与空气接触的表面张力系数

液体	σ/(mN/m)	液体	σ/(mN/m)
航空汽油(在 10℃时)	21	甘油	63
石油	30	水银	513
煤油	24	甲醇	22.6
松节油	28.8	在 0℃时	24.5
水	72.75	乙醇	22.0
肥皂溶液	40	在 60℃时	18.4
氟利昂-12	9.0	在 0℃时	24.1
蓖麻油	36.4		

5 在不同温度下与空气接触的水的表面张力系数

温度/℃	σ/(mN/m)	温度/℃	σ/(mN/m)	温度/℃	σ/(mN/m)
0	75.62	16	73.34	30	71.15
5	74.90	17	73.20	40	69.55
6	74.76	18	73.05	50	67.90
8	74.48	19	72.89	60	66.17
10	74.20	20	72.75	70	64.41
11	74.07	21	72.60	80	62.60
12	73.92	22	72.44	90	60.74
13	73.78	23	72.28	100	58.84
14	73.64	24	72.12		
15	73.48	25	71.96		

6 液体的黏性系数

液体	温度/℃	$\eta/\mu Pa \cdot S$	液体	温度/℃	$\eta/\mu Pa \cdot S$
汽油	0	1 788	甘油	−20	134×10^4
	18	530		0	121×10^5
				20	$1 499 \times 10^3$
				100	12 945
甲醇	0	817	蜂蜜	20	650×10^4
	20	584		80	100×10^3
乙醇	−20	2 780	鱼肝油	20	45 600
	0	1 780		80	4 600
	20	1 190			
乙醚	0	296	水银	−20	1 855
	20	243		0	1 685
				20	1 554
				100	1 224

续表

液体	温度/℃	$\eta/\mu Pa \cdot S$	液体	温度/℃	$\eta/\mu Pa \cdot S$
变压器油	20	1 9800			
蓖麻油	10	242×10^4			
葵花子油	20	50 000			

7 在常温下某些物质对于空气的光的折射率

波长 物质	H_α线 (656.3nm)	D线 (589.3nm)	H_β线 (486.1nm)
水(18℃)	1.331 4	1.333 2	1.337 3
乙醇(18℃)	1.360 9	1.362 5	1.366 5
二硫化碳(18℃)	1.619 9	1.629 1	1.654 1
冕玻璃(轻)	1.512 7	1.515 3	1.521 4
冕玻璃(重)	1.612 6	1.615 2	1.621 3
燧石玻璃(轻)	1.603 8	1.608 5	1.620 0
燧石玻璃(重)	1.743 4	1.751 5	1.772 3
方解石(寻常光)	1.654 5	1.658 5	1.667 9
方解石(非常光)	1.484 6	1.486 4	1.490 8
水晶(寻常光)	1.541 8	1.544 2	1.549 6

8 常用光源的谱线波长表

光源	红	橙	黄	绿	蓝	蓝紫	绿蓝
H(氢)	656.28	—	—	—	434.05	410.7 397.01	486.13
He(氦)	706.52 567.82	—	587.56(D_3)	501.57	471.31 447.15	402.62 388.87	492.19
Ne(氖)	650.65	640.23 638.30 626.65 621.73 614.31	588.19 585.25	—	—	—	—
Na(钠)	—	—	589.529(D_1) 588.995(D_2)	—	—	—	—
Hg(汞)	—	623.44	579.07 576.96	546.07	435.83	407.78 404.66	491.60
He-Ne 激光	—	632.8	—	—	—	—	—

附录 F　1901～2012 年诺贝尔物理学奖获得者一览表

1. 1901 年:威尔姆·康拉德·伦琴(德国)发现 X 射线.

2. 1902 年:亨德瑞克·安图恩·洛伦兹(荷兰)、塞曼(荷兰)关于磁场对辐射现象影响的研究.

3. 1903 年:安东尼·亨利·贝克勒尔(法国)发现天然放射性;皮埃尔·居里(法国)、玛丽·居里(波兰裔法国人)发现并研究放射性元素钋和镭.

4. 1904 年:瑞利(英国)气体密度的研究和发现氩.

5. 1905 年:伦纳德(德国)关于阴极射线的研究.

6. 1906 年:约瑟夫·汤姆生(英国)对气体放电理论和实验研究作出重要贡献,并发现电子.

7. 1907 年:迈克耳孙(美国)发明光学干涉仪并使用其进行光谱学和基本度量学研究.

8. 1908 年:李普曼(法国)发明彩色照相干涉法(李普曼干涉定律).

9. 1909 年:伽利尔摩·马克尼(意大利)、布劳恩(德国)发明和改进无线电报;理查森(英国)从事热离子现象的研究,特别是发现理查森定律.

10. 1910 年:范德华(荷兰)关于气态和液态方程的研究.

11. 1911 年:维恩(德国)发现热辐射定律.

12. 1912 年:达伦(瑞典)发明可用于同燃点航标、浮标气体蓄电池联合使用的自动调节装置.

13. 1913 年:卡末林—昂内斯(荷兰)关于低温下物体性质的研究和制成液态氦.

14. 1914 年:马克斯·凡·劳厄(德国)发现晶体中的 X 射线衍射现象.

15. 1915 年:威廉·亨利·布拉格、威廉·劳伦斯·布拉格(英国)用 X 射线对晶体结构的研究.

16. 1916 年:未颁奖.

17. 1917 年:查尔斯·格洛弗·巴克拉(英国)发现元素的次级 X 辐射特性.

18. 1918 年:马克斯·卡尔·欧内斯特·路德维希·普朗克(德国)对确立量子论作出巨大贡献.

19. 1919 年:斯塔克(德国)发现极隧射线的多普勒效应以及电场作用下光谱线的分裂现象.

20. 1920 年:纪尧姆(瑞士)发现镍钢合金的反常现象及其在精密物理学中的重要性.

21. 1921 年:阿尔伯特·爱因斯坦(德国)对数学物理学的成就,特别是光电效应定律的发现.

22. 1922 年：尼尔斯·亨利克·大卫·玻尔(丹麦)关于原子结构以及原子辐射的研究．

23. 1923 年：罗伯特·安德鲁·密立根(美国)关于基本电荷的研究以及验证光电效应．

24. 1924 年：西格巴恩(瑞典)发现 X 射线中的光谱线．

25. 1925 年：弗兰克·赫兹(德国)发现原子和电子的碰撞规律．

26. 1926 年：佩兰(法国)研究物质不连续结构和发现沉积平衡．

27. 1927 年：康普顿(美国)发现康普顿效应；威尔逊(英国)发明云雾室，能显示出电子穿过空气的径迹．

28. 1928 年：理查森(英国)研究热离子现象，并提出理查森定律．

29. 1929 年：路易·维克多·德布罗意(法国)发现电子的波动性．

30. 1930 年：拉曼(印度)研究光散射并发现拉曼效应．

31. 1931 年：未颁奖．

32. 1932 年：维尔纳·海森伯(德国)在量子力学方面的贡献．

33. 1933 年：埃尔温·薛定谔(奥地利)创立波动力学理论；保罗·阿德里·莫里斯·狄拉克(英国)提出狄拉克方程和空穴理论．

34. 1934 年：未颁奖．

35. 1935 年：詹姆斯·查德威克(英国)发现中子．

36. 1936 年：赫斯(奥地利)发现宇宙射线；安德森(美国)发现正电子．

37. 1937 年：戴维森(美国)、乔治·佩杰特·汤姆生(英国)发现晶体对电子的衍射现象．

38. 1938 年：恩利克·费米(意大利)发现由中子照射产生的新放射性元素，并用慢中子实现核反应．

39. 1939 年：欧内斯特·奥兰多·劳伦斯(美国)发明回旋加速器，并获得人工放射性元素．

40. 1940～1942 年：未颁奖．

41. 1943 年：斯特恩(美国)开发分子束方法和测量质子磁矩．

42. 1944 年：拉比(美国)发明核磁共振法．

43. 1945 年：沃尔夫冈·E·泡利(奥地利)发现泡利不相容原理．

44. 1946 年：布里奇曼(美国)发明获得强高压的装置，并在高压物理学领域作出发现．

45. 1947 年：阿普尔顿(英国)高层大气物理性质的研究，发现阿普顿层(电离层)．

46. 1948 年：布莱克特(英国)改进威尔逊云雾室方法和由此在核物理和宇宙射线领域的发现．

47. 1949 年：汤川秀树(日本)提出核子的介子理论，并预言Ⅱ介子的存在．

48. 1950 年：塞索·法兰克·鲍威尔(英国)发展研究核过程的照相方法，并发现 π

介子.

49.1951 年:科克罗夫特(英国)、沃尔顿(爱尔兰)用人工加速粒子轰击原子产生原子核嬗变.

50.1952 年:布洛赫、珀塞尔(美国)从事物质核磁共振现象的研究,并创立原子核磁力测量法.

51.1953 年:泽尔尼克(荷兰)发明相衬显微镜.

52.1954 年:马克斯·玻恩(英国)在量子力学和波函数的统计解释及研究方面作出贡献;博特(德国)发明了符合计数法,用以研究原子核反应和 γ 射线.

53.1955 年:拉姆(美国)发明了微波技术,进而研究氢原子的精细结构;库什(美国)用射频束技术精确地测定出电子磁矩,创新了核理论.

54.1956 年:布拉顿、巴丁(犹太人)、肖克利(美国)发明晶体管及对晶体管效应的研究.

55.1957 年:李政道、杨振宁(美籍华人)发现弱相互作用下宇称不守衡,导致有关基本粒子的重大发现.

56.1958 年:切伦科夫、塔姆、弗兰克(苏联)发现并解释切伦科夫效应.

57.1959 年:塞格雷、欧文·张伯伦(OwenChamberlain)(美国)发现反质子.

58.1960 年:格拉塞(美国)发现气泡室,取代了威尔逊的云雾室.

59.1961 年:霍夫斯塔特(美国)关于电子对原子核散射的先驱性研究,并由此发现原子核的结构;穆斯堡尔(德国)从事 γ 射线的共振吸收现象研究,并发现了穆斯堡尔效应.

60.1962 年:达维多维奇·朗道(苏联)关于凝聚态物质,特别是液氦的开创性理论.

61.1963 年:维格纳(美国)发现基本粒子的对称性及支配质子与中子相互作用的原理;梅耶夫人(美国人.犹太人)、延森(德国)发现原子核的壳层结构.

62.1964 年:汤斯(美国)在量子电子学领域的基础研究成果,为微波激射器、激光器的发明奠定理论基础;巴索夫、普罗霍罗夫(苏联)发明微波激射器.

63.1965 年:朝永振一郎(日本)、施温格、费因曼(美国)在量子电动力学方面取得对粒子物理学产生深远影响的研究成果.

64.1966 年:卡斯特勒(法国)发明并发展用于研究原子内光、磁共振的双共振方法.

65.1967 年:贝蒂(美国)核反应理论方面的贡献,特别是关于恒星能源的发现.

66.1968 年:阿尔瓦雷斯(美国)发展氢气泡室技术和数据分析,发现大量共振态.

67.1969 年:盖尔曼(美国)对基本粒子的分类及其相互作用的发现.

68.1970 年:阿尔文(瑞典)磁流体动力学的基础研究和发现及其在等离子物理富有成果的应用;内尔(法国)关于反磁铁性和铁磁性的基础研究和发现.

69.1971 年:加博尔(英国)发明并发展全息照相法.

70.1972 年:巴丁、库柏、施里弗(美国)创立 BCS 超导微观理论.

71.1973 年:江崎玲于奈(日本)发现半导体隧道效应;贾埃弗(美国)发现超导体隧道效应;约瑟夫森(英国)提出并发现通过隧道势垒的超电流的性质,即约瑟夫森效应.

72. 1974 年:马丁·赖尔(英国)发明应用合成孔径射电天文望远镜进行射电天体物理学的开创性研究;赫威斯(英国)发现脉冲星.

73. 1975 年:阿格·N·玻尔、莫特尔森(丹麦)、雷恩沃特(美国)发现原子核中集体运动和粒子运动之间的联系,并且根据这种联系提出核结构理论.

74. 1976 年:丁肇中、里希特(美国)各自独立发现新的 J/ψ 基本粒子.

75. 1977 年:安德森、范弗莱克(美国)、莫特(英国)对磁性和无序体系电子结构的基础性研究.

76. 1978 年:卡皮察(苏联)低温物理领域的基本发明和发现;彭齐亚斯、R·W·威尔逊(美国)发现宇宙微波背景辐射.

77. 1979 年:谢尔登·李·格拉肖、史蒂文·温伯格(美国)、阿布杜斯·萨拉姆(巴基斯坦)关于基本粒子间弱相互作用和电磁作用的统一理论的贡献,并预言弱中性流的存在.

78. 1980 年:克罗宁、菲奇(美国)发现电荷共轭宇称不守恒.

79. 1981 年:西格巴恩(瑞典)开发高分辨率测量仪器以及对光电子和轻元素的定量分析;布洛姆伯根(美国)非线性光学和激光光谱学的开创性工作;肖洛(美国)发明高分辨率的激光光谱仪.

80. 1982 年:K·G·威尔逊(美国)提出重整群理论,阐明相变临界现象.

81. 1983 年:萨拉马尼安·强德拉塞卡(美国)提出强德拉塞卡极限,对恒星结构和演化具有重要意义的物理过程进行的理论研究;福勒(美国)对宇宙中化学元素形成具有重要意义的核反应所进行的理论和实验研究.

82. 1984 年:卡洛·鲁比亚(意大利)证实传递弱相互作用的中间矢量玻色子 $[[W+]]$,$W-$ 和 Zc 的存在;范德梅尔(荷兰)发明粒子束的随机冷却法,使质子-反质子束对撞产生 W 和 Z 粒子的实验成为可能.

83. 1985 年:冯·克里津(德国)发现量子霍耳效应并开发了测定物理常数的技术.

84. 1986 年:鲁斯卡(德国)设计第一台透射电子显微镜;比尼格(德国)、罗雷尔(瑞士)设计第一台扫描隧道电子显微镜.

85. 1987 年:柏德诺兹(德国)、缪勒(瑞士)发现氧化物高温超导材料.

86. 1988 年:莱德曼、施瓦茨、斯坦伯格(美国)产生第一个实验室创造的中微子束,并发现中微子,从而证明了轻子的对偶结构.

87. 1989 年:拉姆齐(美国)发明分离振荡场方法及其在原子钟中的应用;德默尔特(美国)、保尔(德国)发展原子精确光谱学和开发离子陷阱技术.

88. 1990 年:弗里德曼、肯德尔(美国)、理查·爱德华·泰勒(加拿大)通过实验首次证明夸克的存在.

89. 1991 年:皮埃尔·吉勒德-热纳(法国)把研究简单系统中有序现象的方法推广到比较复杂的物质形式,特别是推广到液晶和聚合物的研究中.

90. 1992 年:夏帕克(法国)发明并发展用于高能物理学的多丝正比室.

91.1993 年:赫尔斯、J·H·泰勒(美国)发现脉冲双星,由此间接证实了爱因斯坦所预言的引力波的存在.

92.1994 年:布罗克豪斯(加拿大)、沙尔(美国)在凝聚态物质研究中发展了中子衍射技术.

93.1995 年:佩尔(美国)发现 τ 轻子;莱因斯(美国)发现中微子.

94.1996 年:D·M·李、奥谢罗夫、R·C·理查森(美国)发现了可以在低温度状态下无摩擦流动的氦同位素.

95.1997 年:朱棣文、W·D·菲利普斯(美国)、科昂·塔努吉(法国)发明用激光冷却和捕获原子的方法.

96.1998 年:劳克林、霍斯特·路德维希·施特默、崔琦(美国)发现并研究电子的分数量子霍尔效应.

97.1999 年:H·霍夫特、韦尔特曼(荷兰)阐明弱电相互作用的量子结构.

98.2000 年:阿尔费罗夫(俄国)、克罗默(德国)提出异层结构理论,并开发了异层结构的快速晶体管、激光二极管;杰克·基尔比(美国)发明集成电路.

99.2001 年:克特勒(德国)、康奈尔、卡尔·E·维曼(美国)在"碱金属原子稀薄气体的玻色-爱因斯坦凝聚态"以及"凝聚态物质性质早期基本性质研究"方面取得成就.

100.2002 年:雷蒙德·戴维斯、里卡尔多·贾科尼(美国)、小柴昌俊(日本)在天体物理学领域作出的先驱性贡献,其中包括在"探测宇宙中微子"和"发现宇宙 X 射线源"方面的成就.

101.2003 年:阿列克谢·阿布里科索夫、安东尼·莱格特(美国)、维塔利·金茨堡(俄罗斯)三人在超导体和超流体领域中作出的开创性贡献.

102.2004 年:戴维·格罗斯(美国)、戴维·普利策(美国)和弗兰克·维尔泽克(美国)对量子场中夸克渐进自由的发现.

103.2005 年:罗伊·格劳伯(美国)对光学相干的量子理论的贡献;约翰·霍尔(JohnL. Hall,美国)和特奥多尔·亨施(德国)对基于激光的精密光谱学发展作出贡献.

104.2006 年:约翰·马瑟(美国)和乔治·斯穆特(美国)发现了黑体形态和宇宙微波背景辐射的扰动现象.

105.2007 年:法国科学家艾尔伯·费尔和德国科学家皮特·克鲁伯格发现巨磁电阻效应的贡献.

106.2008 年:日本科学家南部阳一郎(YoichiroNambu)发现了亚原子物理的对称性自发破缺机制;日本物理学家小林诚(MakotoKobayashi),益川敏英(ToshihideMaska-wa)提出了对称性破坏的物理机制,并成功预言了自然界至少三类夸克的存在.

107.2009 年:美籍华裔物理学家高锟因为"在光学通信领域中光的传输的开创性成就"而获奖;美国物理学家韦拉德·博伊尔(WillardS. Boyle)和乔治·史密斯(GeorgeE. Smith)因"发明了成像半导体电路——电荷耦合器件图像传感器 CCD"获此殊荣.

108.2010 年:瑞典皇家科学院在斯德哥尔摩宣布,将 2010 年诺贝尔物理学奖授予英国曼彻斯特大学科学家安德烈·海姆和康斯坦丁·诺沃肖洛夫,以表彰他们在石墨烯材料方面的卓越研究.

109. 2011 年:美国加州大学伯克利分校天体物理学家萨尔·波尔马特、美国/澳大利亚物理学家布莱恩·施密特以及美国科学家亚当·里斯因"通过观测遥远超新星发现宇宙的加速膨胀".

110. 2012 年:法国巴黎高等师范学院教授塞尔日·阿罗什、美国国家标准与技术研究院和科罗拉多大学波尔得分校教授大卫·维因兰德因发现测量和操控单个量子系统的突破性实验方法.

附录 G　重要物理实验年表

1. 约公元前 6 世纪,泰勒斯(Thales,公元前 624～546)记述了摩擦后的琥珀吸引轻小物体和磁石吸铁的现象.

2. 公元前 6 世纪,《管子》中总结和声规律,阐述标准调音频率,具体记载三分损益法.

3. 约公元前 5 世纪,《考工记》中记述了滚动摩擦、斜面运动、惯性浮力等现象.

4. 公元前 5 世纪,德谟克利特(Democritus,公元前 460～370)提出万物由原子组成.

5. 公元前 400 年,墨翟(公元前 478～前 392)在《墨经》中记载并论述了杠杆、滑轮、平衡、斜面、小孔成像及光色与温度的关系.

6. 公元前 4 世纪,亚里士多德(Aristotle,前 384～前 322)在其所著《物理学》中总结了若干观察到的事实和实际的经验.他的自然哲学支配西方近 2000 年.

7. 公元前 3 世纪,欧几里得(Euclid,前 330～前 260)论述光的直线传播和反射定律.

8. 公元前 3 世纪,阿基米德(Archimedes,前 287～前 212)发明许多机械,包括阿基米德螺旋;发现杠杆原理和浮力定律;研究过重心.

9. 公元前 3 世纪,古书《韩非子》记载有司南;《吕氏春秋》记有慈石召铁.

10. 公元前 2 世纪,刘安《前 179～前 122》著《淮南子》,记载用冰作透镜,用反射镜作潜望镜,还提到人造磁铁和磁极斥力等.

11. 1 世纪,古书《汉书》记载尖端放电、避雷知识和有关的装置;王充(27～97)著《论衡》,记载有关力学、热学、声学、磁学等方面的物理知识;希龙(Heron,62～150)创制蒸汽旋转器,是利用蒸汽动力的最早尝试,他还制造过虹吸管.

12. 2 世纪,托勒密(C. Ptolemaeus,100～170)发现大气折射;张衡(78～139)创制地动仪,可以测报地震方位,创制浑天仪;王符(85～162)著《潜夫论》,分析人眼的作用.

13. 5 世纪,祖冲之(429～500),改造指南车,精确推算 π 值,在天文学上精确编制《大明历》.

14. 8 世纪，王冰（唐代人）记载并探讨了大气压力现象.

15. 11 世纪，沈括(1031~1095)著《梦溪笔谈》，记载地磁偏角的发现、凹面镜成像原理和共振现象等.

16. 13 世纪，赵友钦(1279~1368)著《革象新书》，记载有他作过的光学实验以及光的照度、光的直线传播、视角与小孔成像等问题.

17. 15 世纪，达·芬奇(L. daVinci, 1452~1519)设计了大量机械，发明温度计和风力计，最早研究永动机不可能问题.

18. 16 世纪，诺曼(R. Norman)在《新奇的吸引力》一书中描述了磁倾角的发现.

19. 1583 年，伽利略(GalileoGalilei, 1564~1642)发现摆的等时性.

20. 1586 年，斯梯芬(S. Stevin, 1542~1620)著《静力学原理》，通过分析斜面上球链的平衡论证了力的分解.

21. 1593 年，伽利略发明空气温度计.

22. 1600 年，吉尔伯特(W. Gilbert, 1548~1603)著《磁石》一书，系统地论述了地球是个大磁石，描述了许多磁学实验，初次提出摩擦吸引轻物体不是由于磁力.

23. 1605 年，弗·培根(F. Bacon, 1561~1626)著《学术的进展》，提倡实验哲学，强调以实验为基础的归纳法，对 17 世纪科学实验的兴起起了很大的号召作用.

24. 1609 年，伽利略初次测光速，未获成功；开普勒(J. Kepler, 1571~1630)著《新天文学》，提出开普勒第一定律、第二定律.

25. 1619 年，开普勒著《宇宙谐和论》，提出开普勒第三定律.

26. 1620 年，斯涅耳(W. Snell, 1580~1626)从实验归纳出光的反射和折射定律.

27. 1632 年，伽利略《关于托勒密和哥白尼两大世界体系的对话》出版，支持了地动学说，首先阐明了运动的相对性原理.

28. 1636 年，麦森(M. Mersenne, 1588~1648)测量声的振动频率，发现谐音，求出空气中的声速.

29. 1638 年，伽利略的《两门新科学的对话》出版，讨论了材料抗断裂、介质对运动的阻力、惯性原理、自由落体运动、斜面上物体的运动、抛射体的运动等问题，给出了匀速运动和匀加速运动的定义.

30. 1643 年，托里拆利(E. Torricelli, 1608~1647)和维维安尼(V. Viviani, 1622~1703)提出气压概念，发明了水银气压计.

31. 1653 年，帕斯卡(B. Pascal, 1623~1662)发现静止流体中压力传递的原理（帕斯卡原理）.

32. 1654 年，盖里克(O. V. Guericke, 1602~1686)发明抽气泵，获得真空.

33. 1658 年，费马(P. Fermat, 1601~1665)提出光线在介质中循最短光程传播的规律（费马原理）.

34. 1660 年，格里马尔迪(F. M. Grimaldi, 1618~1663)发现光的衍射.

35. 1662 年，玻意耳(R. Boyle, 1627~1691)实验发现玻意耳定律；14 年后马略特

(E. Mariotte,1620～1684)也独立地发现此定律.

36. 1663 年,格里开做马德堡半球实验.

37. 1666 年,牛顿(I. Newton,1642～1727)用三棱镜做色散实验.

38. 1669 年,巴塞林那斯(E. Bartholinus)发现光经过方解石有双折射的现象.

39. 1675 年,牛顿作牛顿环实验,这是一种光的干涉现象,但牛顿仍用光的微粒说解释.

40. 1676 年,罗迈(O. Roemer,1644～1710)发表他根据木星卫星被木星掩食的观测,推算出的光在真空中的传播速度.

41. 1678 年,胡克(R. Hooke,1635～1703)阐述了在弹性极限内表示力和形变之间的线性关系的定律(胡克定律).

42. 1687 年,牛顿在《自然哲学的数学原理》中,阐述了牛顿运动定律和万有引力定律.

43. 1690 年,惠更斯(C. Huygens,1629～1695)出版《光论》,提出光的波动说,导出了光的直线传播和光的反射、折射定律,并解释了双折射现象.

44. 1714 年,华伦海特(D. G. Fahrenheit,1686～1736)发明水银温度计,定出第一个经验温标——华氏温标.

45. 1717 年,J. 伯努利(J. Bernoulli,1667～1748)提出虚位移原理.

46. 1738 年,D. 伯努利(DanielBernoulli,1700～1782)的《流体动力学》出版,提出描述流体定常流动的伯努利方程. 他设想气体的压力是由于气体分子与器壁碰撞的结果,导出了玻意耳定律.

47. 1742 年,摄尔修斯(A. Celsius,1701～1744)提出摄氏温标.

48. 1743 年,达朗伯(J. R. d'Alembert,1717～1783)在《动力学原理》中阐述了达朗伯原理.

49. 1744 年,莫泊丢(P. L. M. Maupertuis,1698～1759)提出最小作用量原理.

50. 1745 年,克莱斯特(E. G. V. Kleist,1700～1748)发明储存电的方法;次年,马森布洛克(P. V. Musschenbroek,1692～1761)在莱顿又独立发明,后人称为莱顿瓶.

51. 1747 年,富兰克林(BenjaminFranklin,1706～1790)发表电的单流质理论,提出"正电"和"负电"的概念.

52. 1752 年,富兰克林做风筝实验,引天电到地面.

53. 1755 年,欧拉(L. Euler,1707～1783)建立无黏流体力学的基本方程(欧拉方程).

54. 1760 年,布莱克(J. Brack,1728～1799)发明冰量热器,并将温度和热量区分为两个不同的概念.

55. 1761 年,布莱克提出潜热概念,奠定了量热学基础.

56. 1767 年,普列斯特利(J. Priestley,1733～1804)根据富兰克林所做的"导体内不存在静电荷的实验",推得静电力的平方反比定律.

57. 1775 年,伏打(A. Volta,1745～1827)发明起电盘.

58.1775 年,法国科学院宣布不再审理永动机的设计方案.

59.1780 年,伽伐尼(A. Galvani,1737~1798)发现蛙腿筋肉收缩现象,认为是动物电所致.

60.1785 年,库仑(C. A. Coulomb,1736~1806)用他自己发明的扭秤,从实验得到静电力的平方反比定律.在这以前,米切尔(J. Michell,1724~1793)已有过类似设计,并于1750 年提出磁力的平方反比定律.1791 年才发表.

61.1787 年,查理(J. A. C. Charles,1746~1823)发现气体膨胀的查理~盖·吕萨克定律.盖·吕萨克(Gay~lussac,1778~1850)的研究发表于 1802 年.

62.1788 年,拉格朗日(J. L. Lagrange,1736~1813)的《分析力学》出版.

63.1792 年,伏打研究伽伐尼现象,认为是两种金属接触所致.

64.1798 年,卡文迪什(H. Cavendish,1731~1810)用扭秤实验测定万有引力常数 G.伦福德(CountRumford,即 B. Thompson,1753~1841)发表他的摩擦生热的实验,这些实验事实是反对热质说的重要依据.

65.1799 年,戴维(H. Davy,1778~1829)作真空中的摩擦实验,以证明热是物体微粒的振动所致.

66.1800 年,伏打发明伏打电堆.赫谢尔(W. Herschel,1788~1822)从太阳光谱的辐射热效应发现红外线.

67.1801 年,里特尔(J. W. Ritter,1776~1810)从太阳光谱的化学作用,发现紫线;杨(T. Young,1773~1829)用干涉法测光波波长,提出光波干涉原理.

68.1802 年,沃拉斯顿(W. H. Wollaston,1766~1828)发现太阳光谱中有暗线.

69.1808 年,马吕斯(E. J. Malus,1775~1812)发现光的偏振现象.

70.1811 年,布儒斯特(D. Brewster,1781~1868)发现偏振光的布儒斯特定律.

71.1815 年,夫琅和费(J. V. Fraunhofer,1787~1826)开始用分光镜研究太阳光谱中的暗线.

72.1815 年,菲涅耳(A. J. Fresnel,1788~1827)以杨氏干涉实验原理补充惠更斯原理,形成惠更斯-菲涅耳原理,圆满地解释了光的直线传播和光的衍射问题.

73.1819 年,杜隆(P. 1. Dulong,1785~1838)与珀替(A. T. Petit,1791~1820)发现克原子固体比热是一常数,约为 6 卡/度·克原子,称杜隆·珀替定律.

74.1820 年,奥斯特(H. C. Oersted,1771~1851)发现导线通电产生磁效应;毕奥(J. B. Biot,1774~1862)和沙伐(F. Savart,1791~1841)由实验归纳出电流元的磁场定律;安培(A. M. Ampère,1775~1836)由实验发现电流之间的相互作用力,1822 年进一步研究电流之间的相互作用,提出安培作用力定律.

75.1821 年,塞贝克(T. J. Seebeck,1770~1831)发现温差电效应(塞贝克效应);菲涅耳发表光的横波理论;夫琅禾费发明光栅;傅里叶(J. B. J. Fourier,1768~1830)的《热的分析理论》出版,详细研究了热在介质中的传播问题.

76.1824 年,S. 卡诺(S. Carnot,1796~1832)提出卡诺循环.

77. 1826 年,欧姆 G. S. Ohm,1789～1854)确立欧姆定律.

78. 1827 年,布朗(R. Brown,1773～1858)发现悬浮在液体中的细微颗粒不断地做杂乱无章运动. 这是分子运动论的有力证据.

79. 1830 年,诺比利(L. Nobili,1784～1835)发明温差电堆.

80. 1831 年,法拉第(M. Faraday,1791～1867)发现电磁感应现象.

81. 1833 年,法拉第提出电解定律.

82. 1834 年,楞次(H. F. E. Lenz,1804～1865)建立楞次定律;珀耳帖(J. C. A. Peltier,1785～1845)发现电流可以致冷的珀耳帖效应;克拉珀龙(B. P. E. Clapeyron,1799～1864)导出相应的克拉珀龙方程;哈密顿(W. R. Hamilton,1805～1865)提出正则方程和用变分法表示的哈密顿原理.

83. 1835 年,亨利(J. Henry,1797～1878)发现自感,1842 年发现电振荡放电.

84. 1840 年,焦耳(J. P. Joule,1818～1889)从电流的热效应发现所产生的热量与电流的平方、电阻及时间成正比,称焦耳-楞次定律(楞次也独立地发现了这一定律);其后,焦耳先后于 1843 年,1845 年,1847 年,1849 年,直至 1878 年,测量热功当量,历经 40 年,共进行四百多次实验.

85. 1841 年,高斯(C. F. Gauss,1777～1855)阐明几何光学理论.

86. 1842 年,多普勒(J. C. Doppler,1803～1853)发现多普勒效应;迈尔(R. Mayer,1814～1878)提出能量守恒与转化的基本思想;勒诺尔(H. V. Regnault,1810～1878)从实验测定实际气体的性质,发现与波意耳定律及盖·吕萨克定律有偏离.

87. 1843 年,法拉第从实验证明电荷守恒定律.

88. 1845 年,法拉第发现强磁场使光的偏振面旋转,称为法拉第效应.

89. 1846 年,瓦特斯顿(J. J. Waterston,1811～1883)根据分子运动论假说,导出了理想气体状态方程,并提出能量均分定理.

90. 1849 年,斐索(A. H. Fizeau,1819～1896)首次在地面上测光速.

91. 1851 年,傅科(J. L. Foucault,1819～1868)做傅科摆实验,证明地球自转.

92. 1852 年,焦耳与 W. 汤姆孙(W. Thomson,1824～1907)发现气体焦耳-汤姆生效应(气体通过狭窄通道后突然膨胀引起温度变化).

93. 1853 年,维德曼(G. H. Wiedemann,1826～1899)和夫兰兹(R. Franz)发现,在一定温度下,许多金属的热导率和电导率的比值都是一个常数(维德曼-夫兰兹定律).

94. 1855 年,傅科发现涡电流(傅科电流).

95. 1857 年,韦伯(W. E. Weber,1804～1891)与柯尔劳胥(R. H. A. Kohlrausch,1809～1858)测定电荷的静电单位和电磁单位之比,发现该值接近于真空中的光速.

96. 1858 年,克劳修斯(R. J. E. Claüsius,1822～1888)引进气体分子的自由程概念;普吕克尔(J. Plücker,1801～1868)在放电管中发现阴极射线.

97. 1859 年,麦克斯韦(J. C. Maxwell,1831～1879)提出气体分子的速度分布律;基尔霍夫(G. R. Kirchhoff,1824～1887)开创光谱分析,其后通过光谱分析发现铯、铷等新元素. 他还发现发射光谱和吸收光谱之间的联系, 建立了辐射定律.

98. 1860 年, 麦克斯韦发表气体中输运过程的初级理论.

99. 1861 年, 麦克斯韦引进位移电流概念.

100. 1864 年, 麦克斯韦提出电磁场的基本方程组(后称麦克斯韦方程组), 并推断电磁波的存在, 预测光是一种电磁波, 为光的电磁理论奠定了基础.

101. 1866 年, 昆特(A. Kundt, 1839~1894)作昆特管实验, 用以测量气体或固体中的声速.

102. 1868 年, 玻尔兹曼(L. Boltzmann, 1844~1906)推广麦克斯韦的分子速度分布律, 建立了平衡态气体分子的能量分布律——玻尔兹曼分布律.

103. 1869, 安德纽斯(T. Andrews, 1813~1885)由实验发现气-液相变的临界现象; 希托夫(J. W. Hittorf, 1824~1914)用磁场使阴极射线偏转.

104. 1871 年, 瓦尔莱(C. F. Varley, 1828~1883)发现阴极射线带负电.

105. 1872 年, 玻尔兹曼提出输运方程(后称为玻尔兹曼输运方程)、H 定理和熵的统计诠释.

106. 1873 年, 范德瓦耳斯(J. D. VanderWaals, 1837~1923)提出实际气体状态方程.

107. 1875 年, 克尔(J. Kerr, 1824~1907)发现在强电场的作用下, 某些各向同性的透明介质会变为各向异性, 从而使光产生双折射现象, 称克尔电光效应.

108. 1876 年, 哥尔茨坦(E. Goldstein, 1850~1930)开始大量研究阴极射线的实验, 导致极坠射线的发现.

109. 1876~1878 年, 吉布斯(J. W. Gibbs, 1839~1903)提出化学势的概念、相平衡定律, 建立了粒子数可变系统的热力学基本方程.

110. 1877 年, 瑞利(J. W. S. Rayleigh, 1842~1919)的《声学原理》出版, 为近代声学奠定了基础.

111. 1879 年, 克鲁克斯(W. Crookes, 1832~1919)开始一系列实验, 研究阴极射线; 斯忒藩(J. Stefan, 1835~1893)建立了黑体的面辐射强度与绝对温度关系的经验公式, 制成辐射高温计, 测得太阳表面温度约为 6000℃; 1884 年玻尔兹曼从理论上证明了此公式, 后称为斯忒藩-玻尔兹曼定律; 霍尔(E. H. Hall, 1855~1938)发现电流通过金属, 在磁场作用下产生横向电动势的霍尔效应.

112. 1880 年, 居里兄弟(P. Curie, 1859~1906; J. Curie, 1855~1941)发现晶体的压电效应.

113. 1881 年, 迈克耳孙(A. A. Michelson, 1852~1931)首次作以太漂移实验, 得零结果. 由此产生迈克耳孙干涉仪, 灵敏度极高.

114. 1885 年, 迈克耳孙与莫雷(E. W. Morley, 1838~1923)合作改进斐索流水中光速的测量; 巴耳末(J. J. Balmer, 1825~1898)发表已发现的氢原子可见光波段中 4 根谱线的波长公式.

115. 1887 年, 迈克耳孙与莫雷再次做以太漂移实验, 又得零结果; 赫兹(H. Hertz,

1857～1894)作电磁波实验,证实麦克斯韦的电磁场理论.同时,赫兹发现光电效应.

116. 1890 年,厄沃(B. R. Eotvos)作实验证明惯性质量与引力质量相等;里德伯(R. J. R. Rydberg,1854～1919)发表碱金属和氢原子光谱线通用的波长公式.

117. 1893 年,维恩(W. Wien,1864～1928)导出黑体辐射强度分布与温度关系的位移定律;勒纳德(P. Lenard,1862～1947)研究阴极射线时,在射线管上装一薄铝窗,使阴极射线从管内穿出进入空气,射程约 1cm,人称勒纳德射线.

118. 1895 年,洛伦兹(H. A. Lorentz,1853～1928)发表电磁场对运动电荷作用力的公式,后称该力为洛伦兹力;P. 居里发现居里点和居里定律;伦琴(W. K. Rontgen,1845～1923)发现 X 射线.

119. 1896 年,维恩发表适用于短波范围的黑体辐射的能量分布公式;贝克勒尔(A. H. Becquerel,1852～1908)发现放射性;塞曼(P. Zeeman,1865～1943)发现磁场使光谱线分裂,称塞曼效应;洛伦兹创立经典电子论.

120. 1897 年,J. J. 汤姆孙(J. J. Thomson,1856～1940)从阴极射线证实电子的存在,测出的荷质比与塞曼效应所得数量级相同. 其后,他又进一步从实验确证电子存在的普遍性,并直接测量电子电荷.

121. 1898 年,卢瑟福 E. Rutherford,1871～1937)揭示轴辐射组成复杂,他把"软"的成分称为 α 射线,"硬"的成分称为 β 射线;居里夫妇(P. Curie 与 M. S. Curie,1867～1934)发现放射性元素镭和钋.

122. 1899 年,列别捷夫(A. A. Лебедев,1866～1911)实验证实光压的存在;卢梅尔(O. Lummer,1860～1925)与鲁本斯(H. Rubens,1865～1922)等做空腔辐射实验,精确测得辐射以量分布曲线.

123. 1900 年,瑞利发表适用于长波范围的黑体辐射公式;普朗克(M. Planck,1858～1947)提出了符合整个波长范围的黑体辐射公式,并用能量量子化假设从理论上导出了这个公式;维拉尔德(P. Villard,1860～1934)发现 ν 射线.

124. 1901 年,考夫曼(W. Kaufmann,1871～1947)从镭辐射线测 β 射线在电场和磁场中的偏转,从而发现电子质量随速度变化;理查森(O. W. Richardson,1879～1959)发现灼热金属表面的电子发射规律. 后经多年实验和理论研究,又对这一定律作进一步修正.

125. 1902 年,勒纳德从光电效应实验得到光电效应的基本规律:电子的最大速度与光强无关,为爱因斯坦的光量子假说提供实验基础;吉布斯出版《统计力学的基本原理》,创立统计系综理论.

126. 1903 年,卢瑟福和索迪(F. Soddy,1877～1956)发表元素的嬗变理论.

127. 1905 年,爱因斯坦(A. Einstein,1879～1955)发表关于布朗运动的论文,并发表光量子假说,解释了光电效应等现象;朗之万(P. Langevin,1872～1946)发表顺磁性的经典理论;爱因斯坦发表《关于运动媒质的电动力学》一文,首次提出狭义相对论的基本原理,发现质能之间的相当性.

128. 1906 年,爱因斯坦发表关于固体热容的量子理论.

129. 1907 年,外斯(P. E. Weiss,1865~1940)发表铁磁性的分子场理论,提出磁畴假设.

130. 1908 年,昂尼斯(H. Kammerlingh~Onnes,1853~1926)液化了最后一种"永久气体"——氦;佩兰(J. B. Perrin,1870~1942)实验证实布朗运动方程,求得阿伏伽德罗常数.

131. 1908~1910 年,布雪勒(A. H. Bucherer,1863~1927)等,分别精确测量出电子质量随速度的变化,证实了洛伦兹-爱因斯坦的质量变化公式;1908 年,盖革(H. Geiger,1882~1945)发明计数管;卢瑟福等从 α 粒子测定电子电荷 e 值.

132. 1906~1917 年,密立根(R. A. Millikan,1868~1953)测单个电子电荷值,前后历经 11 年,实验方法做过三次改革,做了上千次数据;1909 年,盖革与马斯登(E. Marsden)在卢瑟福的指导下,从实验发现 α 粒子碰撞金属箔产生大角度散射,导致 1911 年卢瑟福提出有核原子模型的理论. 这一理论于 1913 年为盖革和马斯登的实验所证实;1911 年,昂纳斯发现汞、铅、锡等金属在低温下的超导电性.

133. 1911 年,威尔逊(C. T. R. Wilson,1869~1959)发明威尔逊云室,为核物理的研究提供了重要实验手段;赫斯(V. F. Hess,1883~1964)发现宇宙射线.

134. 1912 年,劳厄(M. V. Laue,1879~1960)提出方案,弗里德里希(W. Friedrich)和尼平(P. Knipping,1883~1935)进行 X 射线衍射实验,从而证实了 X 射线的波动性;能斯特(W. Nernst,1864~1941)提出绝对零度不能达到定律(热力学第三定律).

135. 1913 年,斯塔克(J. Stark,1874~1957)发现原子光谱在电场作用下的分裂现象(斯塔克效应);玻尔(N. Bohr,1885~1962)发表氢原子结构理论,解释了氢原子光谱;布拉格父子(W. H. Bragg,1862~1942;W. L. Bragg,1890~1971)研究 X 射线衍射,用 X 射线晶体分光仪,测定 X 射线衍射角,根据布拉格公式:$2d\sin\theta = \nu$ 算出晶格常数 d.

136. 1914 年,莫塞莱(H. G. J. Moseley,1887~1915)发现原子序数与元素辐射特征线之间的关系,奠定了 X 射线光谱学的基础;弗朗克(J. Franck,1882~1964)与 G. 赫兹(G. Hertz,1887~1957)测汞的激发电位;查德威克(J. Chadwick,1891~1974)发现 β 能谱;西格班(K. M. G. Siegbahn,1886~1978)开始研究 X 射线光谱学.

137. 1915 年,在爱因斯坦的倡议下,德哈斯(W. J. deHaas,1878~1960)首次测量回转磁效应;爱因斯坦建立了广义相对论.

138. 1916 年,密立根用实验证实了爱因斯坦光电方程;爱因斯坦根据量子跃迁概念推出普朗克辐射公式,同时提出了受激辐射理论,后发展为激光技术的理论基础;德拜(P. J. S. Debye,1884~1966)提出 X 射线粉末衍射法.

139. 1919 年,爱丁顿(A. S. Eddington,1882~1944)等在日食观测中证实了爱因斯坦关于引力使光线弯曲的预言;阿斯顿(F. W. Aston,1877~1945)发明质谱仪,为同位素的研究提供重要手段;卢瑟福首次实现人工核反应;巴克豪森(H. G. Barkhausen)发现磁畴.

140. 1921 年,瓦拉塞克发现铁电性.

141. 1922 年,斯特恩(O. Stern,1888~1969)与盖拉赫(W. Gerlach,1889~1979)使银原子束穿过非均匀磁场,观测到分立的磁矩,从而证实空间量子化理论.

142. 1923 年,康普顿(A. H. Compton,1892~1962)用光子和电子相互碰撞解释 X 射线散射中波长变长的实验结果,称康普顿效应.

143. 1924 年,德布罗意 L. deBroglie,1892~1987)提出微观粒子具有波粒二象性的假设.

144. 1924 年,玻色(S. Bose,1894~1974)发表光子所服从的统计规律,后经爱因斯坦补充建立了玻色-爱因斯坦统计.

145. 1925 年,泡利(W. Pauli,1900~1976)发表不相容原理;海森伯(W. K. Heisenberg,1901~1976)创立矩阵力学;乌伦贝克(G. E. Uhlenbeck,1900~)和高斯密特(S. A. Goudsmit,1902~1979)提出电子自旋假设.

146. 1926 年,薛定谔(E. Schrodinger,1887~1961)发表波动力学,证明矩阵力学和波动力学的等价性;费米(E. Fermi,1901~1954)与狄拉克(P. A. M. Dirac,1902~1984)独立提出费米-狄拉克统计;玻恩(M. Born,1882~1970)发表波函数的统计诠释;海森伯发表不确定原理.

147. 1927 年,玻尔提出量子力学的互补原理;戴维森(C. J. Davisson,1881~1958)与革末(L. H. Germer,1896~1971)用低速电子进行电子散射实验,证实了电子衍射;同年,G. P. 汤姆孙(G. P. Thomson,1892~1970)用高速电子获电子衍射花样.

148. 1928 年,拉曼(C. V. Raman,1888~1970)等发现散射光的频率变化,即拉曼效应;狄拉克发表相对论电子波动方程,把电子的相对论性运动和自旋、磁矩联系了起来.

149. 1928~1930 年,布洛赫(F. Bloch,1905~1983)等为固体的能带理论奠定了基础.

150. 1930~1931 年,狄拉克提出正电子的空穴理论和磁单极子理论.

151. 1931 年,A. H. 威尔逊(A. H. Wilson)提出金属和绝缘体相区别的能带模型,并预言介于两者之间存在半导体,为半导体的发展提供了理论基础;劳伦斯(E. O. Lawrence,1901~1958)等建成第一台回旋加速器.

152. 1932 年,考克拉夫特(J. D. Cockcroft,1897~1967)与沃尔顿(E. T. Walton)发明高电压倍加器,用以加速质子,实现人工核蜕变;尤里(H. C. Urey,1893~1981)将天然液态氢蒸发浓缩后,发现氢的同位素-氘的存在;查德威克发现中子;在这以前,卢瑟福于1920 年曾设想原子核中还有一种中性粒子,质量大体与质子相等. 据此曾安排实验,但未获成果;1930 年,玻特(W. Bothe,1891~1957)等在 α 射线轰击铍的实验中,发现过一种穿透力极强的射线,误认为 ν 射线;1931 年约里奥(F. Joliot,1900~1958)与伊伦·居里(1. Curie,1897~1956)让这种穿透力极强的射线,通过石蜡,打出高速质子;查德威克接着做了大量实验,并用威尔逊云室拍照,以无可辩驳的事实说明这一射线即是卢瑟福预言的中子;安德森(C. D. Anderson,1905~)从宇宙线中发现正电子,证实狄拉克的预言;

诺尔(M. Knoll)和鲁斯卡(E. Ruska)发明透射电子显微镜；海森伯、伊万年科(д. д. иваненко)独立发表原子核由质子和中子组成的假说.

153. 1933 年,泡利在索尔威会议上详细论证中微子假说,提出 β 衰变；盖奥克(W. F. Giauque)完成了顺磁体的绝热去磁降温实验,获得千分之几的低温；迈斯纳(W. Mcissner,1882～1974)和奥克森菲尔德(R. Ochsenfeld)发现超导体具有完全的抗磁性；费米发表 β 衰变的中微子理论；图夫(M. A. Tuve)建立第一台静电加速器；布拉开特(P. M. S. Blackett,1897～1974)等从云室照片中发现正负电子对.

154. 1934 年,契仑柯夫(П. А. Черенков)发现液体在 β 射线照射下发光的一种现象,称契仑柯夫辐射；约里奥-居里夫妇发现人工放射性.

155. 1935 年,汤川秀树发表了核力的介子场论,预言了介子的存在；F. 伦敦和 H. 伦敦发表超导现象的宏观电动力学理论；N. 玻尔提出原子核反应的液滴核模型.

156. 1938 年,哈恩(O. Hahn,1879～1968)与斯特拉斯曼(F. Strassmann)发现轴裂变；卡皮查(П. Л. капича,1894～)实验证实氦的超流动性；F. 伦敦提出解释超流动性的统计理论.

157. 1939 年,迈特纳(L. Meitner,1878～1968)和弗利胥(O. Jrisch)根据液滴核模型指出,哈恩-斯特拉斯曼的实验结果是一种原子核的裂变现象；奥本海默(J. R. Oppenheimer,1904～1967)根据广义相对论预言了黑洞的存在；拉比(I. I. Rabi,1898～1987)等用分子束磁共振法测核磁矩.

158. 1940 年,开尔斯特(D. W. Kerst)建造第一台电子感应加速器.

159. 1940～1941 年,朗道(Л. Д. Ландау,1908～1968)提出氦Ⅱ超流性的量子理论.

160. 1941 年,布里奇曼(P. W. Bridgeman,1882～1961)发明能产生 10 万巴高压的装置.

161. 1942 年,在费米主持下,美国建成世界上第一座裂变反应堆.

162. 1944～1945 年,韦克斯勒(В. И. Векслер,1907～1966)和麦克米伦(E. M. McMillan,1907～)各自独立提出自动稳相原理,为高能加速器的发展开辟了道路.

163. 1946 年,阿尔瓦雷兹(L. W. Alvarez,1911～)制成第一台质子直线加速器；珀塞尔(E. M. Purcell)用共振吸收法测核磁矩,布洛赫(F. Bloch,1905～1983)用核感应法测核磁矩,两人从不同的角度实现核共振. 这种方法可以使核磁矩和磁场的测量精度大大提高.

164. 1947 年,库什(P. Kusch)精确测量电子磁矩,发现实验结果与理论预计有微小偏差；兰姆(W. E. Lamb,Jr.)与雷瑟福(R. C. Retherford)用微波方法精确测出氢原子能级的差值,发现狄拉克的量子理论仍与实际有不符之处. 这一实验为量了电动力学的发展提供了实验依据；鲍威尔(C. F. Powell,1903～1969)等用核乳胶的方法在宇宙线中发现 π 介子；罗彻斯特和巴特勒(C. Butler,1922～)在宇宙线中发现奇异粒子；H. P. 卡尔曼和 J. W. 科尔特曼等发明闪烁计数器；普里高金(I. Prigogine,1917～)提出最小熵产生原理.

165.1948 年,奈耳(L. E. F. Neel,1904～)建立和发展了亚铁磁性的分子场理论;张文裕发现 μ 子系弱作用粒子,并发现了 μ 一子原子;肖克利(W. Shockley)、巴丁(J. Bardeen)与布拉顿(W. H. Brattain)发明晶体三极管;伽柏(D. Gabor,1900～1979)提出现代全息照相术前身的波阵面再现原理;朝永振一郎、施温格(J. Schwinger)费因曼(R. P. Feynman,1918～1988)等分别发表相对论协变的重正化量子电动力学理论,逐步形成消除发散困难的重正化方法.

166.1949 年,迈耶(M. G. Mayer)和简森(J. H. D. Jensen)等分别提出核壳层模型理论.

167.1952 年,格拉塞(D. A. Glaser)发明气泡室,比威尔逊云室更为灵敏;A. 玻尔和莫特尔逊(B. B. Mottelson)提出原子核结构的集体模型.

168.1954 年,杨振宁和密耳斯(R. L. Mills)发表非阿贝耳规范场理论;汤斯(C. H. Townes)等制成受激辐射的微波放大器——脉塞.

169.1955 年,张伯伦(O. Chamberlain)与西格雷(E. G. Segrè,1905～)等发现反质子.

170.1956 年,李政道、杨振宁提出弱相互作用中宇称不守恒;吴健雄等实验验证了李政道杨振宁提出的弱相互作用中宇宙不守恒的理论.

171.1957 年,巴丁、施里弗和库珀发表超导微观理论(BCS 理论).

172.1958 年,穆斯堡尔(R. L. Mossbauer)实现 ν 射线的无反冲共振吸收(穆斯堡尔效应).

173.1959 年,王淦昌、王祝翔、丁大利等发现反西格马负超子.

174.1960 年,梅曼(T. H. Maiman)制成红宝石激光器,实现了肖格(A. L. Schawlow)和汤斯 1958 年的预言.

175.1962 年,约瑟夫森(B. D. Josephson)发现约瑟夫效应;1964 年,盖耳曼(M. Gell～Mann)等提出强子结构的夸克模型.

176.1964 年,克洛宁(J. W. Cronin)等实验证实在弱相互作用中 CP 联合变换守恒被破坏.

177.1967～1968 年,温伯格(S. Weinberg)、萨拉姆(A. Salam)分别提出电弱统一理论标准模型.

178.1969 年,普里高金首次明确提出耗散结构理论.

179.1973 年,哈塞尔特(F. J. Hasert)等发现弱中性流,支持了电弱统一理论;丁肇中(1936～)与里 8 希特(B. Richter,1931～)分别发现 J/ψ 粒子.

180.1980 年,克利青(V. Klitzing,1943～)发现量子霍尔效应.

181.1983 年,鲁比亚(C. Rubbia,1934～)和范德梅尔(S. V. d. Meer,1925～)等在欧洲核子研究中心发现 W± 和 Z_0 粒子.

参 考 文 献

高立模. 2006. 近代物理实验. 天津:南开大学出版社

郭奕玲. 2005. 物理学史. 北京:清华大学出版社

霍剑青. 2010. 大学物理实验(第一册~第四册). 北京:高等教育出版社

黄建群,胡险峰,雍志华. 2005. 大学物理实验. 成都:四川大学出版社

李金海. 2003. 误差理论与测量不确定度评定. 北京:中国计量出版社

廖延彪. 2003. 偏振光学. 北京:科学出版社

沈元华. 2004. 设计性研究性物理实验教程. 上海:复旦大学出版社

苑立波,梁艺军,杨军,等. 2005. 光纤实验技术. 哈尔滨:哈尔滨工业大学出版社

周殿清. 2005. 大学物理实验教程. 武汉:武汉大学出版社

周自刚,杨振萍. 2010. 新编大学物理实验. 北京:科学出版社

朱鹤年. 2003. 基础物理实验教程:物理测量的数据处理与实验设计. 北京:高等教育出版社

赵梓森. 1998. 光纤通信工程. 北京:人民邮电出版社